高等数学训练教程

（普通专升本）

张新德　主编

科 学 出 版 社

北 京

内 容 简 介

编者通过五年对考生精心的辅导和对历年真题深入的分析研究，再对照浙江省考试院制定的考试大纲，帮助考生理解并掌握高等数学知识，力争取得优秀的成绩.

本书紧扣大纲、内容翔实、重点突出，注重基础知识复习和解题能力训练；对考试所涵盖的题型合理分类，并示范诠释. 通过内容讲解和经典例题解析，注重培养考生综合运用知识的能力；每个章节后附有针对性的习题和参考答案，方便考生练习并及时检验复习效果.

图书在版编目（CIP）数据

高等数学训练教程：普通专升本/张新德主编. —北京：科学出版社，2016
ISBN 978-7-03-048768-1

Ⅰ. ①高… Ⅱ. ①张… Ⅲ. ①高等数学-成人高等教育-习题集-升学参考资料 Ⅳ. ①O13-44

中国版本图书馆 CIP 数据核字（2016）第 131985 号

责任编辑：马琦杰 杨 阳 / 责任校对：王万红
责任印制：吕春珉 / 封面设计：彬 彬

科学出版社 出版
北京东黄城根北街 16 号
邮政编码：100717
http://www.sciencep.com

三河市骏杰印刷有限公司 印刷
科学出版社发行 各地新华书店经销
*
2016 年 12 月第 一 版 开本：787×1092 1/16
2017 年 8 月第二次印刷 印张：18 3/4
字数：440 000
定价：38.00 元
（如有印装质量问题，我社负责调换〈骏杰〉）
销售部电话 010-62136230 编辑部电话 010-62151821

前　　言

普通专升本入学统一考试，是检验考生是否真正具备大学专科毕业生水平和继续深造能力的考试，也是选拔品学兼优的应届专科毕业生进入本科阶段继续学习深造的重要依据．多年来有很多学子通过这种形式的选拔考试圆了他们的本科梦，实现了他们人生的第二次飞跃．

为了使考生更好地理解高等数学知识内容，力争取得更好的成绩，编者通过五年对考生精心的辅导和对往年真题深入的分析研究，再对照浙江省考试院制定的考试大纲，发现数学试题表述形式虽然千变万化，但只要理解并掌握核心知识点，成功的钥匙就掌握在考生手中．

本书内容编排特点如下．

（1）紧扣大纲、内容翔实、重点突出，注重基础知识复习和解题能力训练，例题和习题贴近考题，实用性、针对性强，有利于考生提高复习效率和考试通过率．对考试所涵盖的题型合理分类，并示范诠释．

（2）通过内容讲解和经典例题解析，注重培养考生综合运用知识的能力．每个章节后附有针对性的习题和参考答案，方便考生练习并及时检验复习效果．

（3）用真题帮助学生确定复习方向．

本书以历年专升本辅导班的讲义为蓝本，认真聆听建议，参阅大量书籍，收集相关资料，反复修改而成，能很好地帮助学生理解高等数学中的知识，提升考试成绩．本书也可以作为高等数学辅导教程．

由于编写时间仓促，书中难免存在不足或错误，恳请各界人士批评指正．

目　录

第一章　函数、极限与连续

【考试内容及要求】

1. 函数

（1）理解函数的概念，会求函数的定义域、表达式及函数值，会作出一些简单的分段函数图像.

（2）掌握函数的单调性、奇偶性、有界性和周期性.

（3）理解函数 $y = f(x)$ 与其反函数 $y = f^{-1}(x)$ 之间的关系（定义域、值域、图像），会求单调函数的反函数.

（4）掌握函数的四则运算与复合运算；掌握复合函数的复合过程.

（5）掌握基本初等函数的性质及其图像.

（6）理解初等函数的概念.

（7）会建立一些简单实际问题的函数关系式.

2. 极限

（1）理解极限的概念（只要求极限的描述性定义），能根据极限概念描述函数的变化趋势. 理解函数在一点处极限存在的充分必要条件，会求函数在一点处的左极限与右极限.

（2）理解极限的唯一性、有界性和保号性，掌握极限的四则运算法则.

（3）理解无穷小量、无穷大量的概念，掌握无穷小量的性质，无穷小量与无穷大量的关系；会比较无穷小量的阶（高阶、低阶、同阶和等价）；会运用等价无穷小量替换求极限.

（4）理解极限存在的两个收敛准则（夹逼准则与单调有界准则），掌握两个重要极限. $\lim\limits_{x \to 0} \dfrac{\sin x}{x} = 1$，$\lim\limits_{x \to \infty} \left(1 + \dfrac{1}{x}\right)^x = e$，并能用其求函数的极限.

3. 连续

（1）理解函数在一点处连续的概念，函数在一点处连续与函数在该点处极限存在的关系；会判断分段函数在分段点的连续性.

（2）理解函数在一点处间断的概念，会求函数的间断点，并会判断间断点的类型.

（3）理解"一切初等函数在其定义区间上都是连续的"，并会利用初等函数的连续性求函数的极限.

（4）掌握闭区间上连续函数的性质：最值定理（有界性定理），介值定理（零点存在定理）；会运用介值定理推证一些简单命题.

1.1　函　　数

【知识要点解读】

函数是高等数学研究的对象，它反映了变量间的联系以及它们的依赖关系．表达函数的方式多种多样，其本质是数集间的一个映射．定义域和变量的对应法则是函数的两要素．

1. 函数的定义

设 x 和 y 是两个变量，D 是一个给定的数集，$\forall x \in D$，按照对应法则 f，y 有唯一确定值与之对应，称 y 是 x 的函数，记作 $y = f(x)$，D 为定义域，$f(D)$ 为值域．

（1）需要熟记以下简单函数的定义域．

简单函数的定义域

函数	定义域要求
$y = \dfrac{1}{x}$	$x \neq 0$，即分式的分母不能为零，$D:(-\infty,0)\bigcup(0,+\infty)$
$y = \sqrt[2n]{x}$	$x \geq 0$，即偶次根号下被开方解析式为非负，$D:[0,+\infty)$
$y = \log_a x$	$x > 0$，即对数函数的真数应大于零，$D:(0,+\infty)$
$y = \tan x$	$D: x \neq k\pi + \dfrac{\pi}{2}, k \in \mathbf{Z}$
$y = \cot x$	$D: x \neq k\pi, k \in \mathbf{Z}$
$y = \arcsin x$（或 $y = \arccos x$）	$D:[-1,1]$

（2）分段函数是特别要注意的一类函数，它是用几个不同解析式"分段"表示的一个函数．分段函数的定义域是各段定义域的并集．

2. 函数的特性

1）奇偶性

定义：若 $x \in D$，有 $-x \in D$，$f(x) = -f(-x)$，则 $f(x)$ 为奇函数；

　　　若 $x \in D$，有 $-x \in D$，$f(x) = f(-x)$，则 $f(x)$ 为偶函数．

几个重要结论：

（1）两个奇函数的和或差仍是奇函数；两个奇函数的积、商（除数不为 0）为偶函数；两个偶函数的和、差、积、商（除数不为 0）仍是偶函数；一个奇函数与一个偶函数的积、商（除数不为 0）为奇函数．

（2）$f(x)$ 为可导函数，$f(x)$ 为奇（偶）函数 $\Rightarrow f'(x)$ 为偶（奇）函数．

（3）$f(x)$ 为任意函数，$x \in (-l,l)$，则 $f(x) + f(-x)$ 为偶函数，$f(x) - f(-x)$ 为奇函数．

（4）$\displaystyle\int_{-a}^{a} f(x)\mathrm{d}x = 2\int_{0}^{a} f(x)\mathrm{d}x$（$f(x)$ 为偶函数），$\displaystyle\int_{-a}^{a} f(x)\mathrm{d}x = 0$（$f(x)$ 为奇函数）．

2）单调性

定义：$\forall x_1, x_2 \in D, x_1 < x_2 \Rightarrow f(x_1) < f(x_2)$，则 $f(x)$ 严格单调增加；

　　　　$\forall x_1, x_2 \in D, x_1 < x_2 \Rightarrow f(x_1) > f(x_2)$，则 $f(x)$ 严格单调减少.

以下列出 8 个常用的单调函数.

常用的单调函数

函数及其单调性	对应的反函数及其单调性
e^x 在 $(-\infty, +\infty)$ 内单调增加	$\ln x$ 在 $(0, +\infty)$ 内单调增加
$\sin x$ 在 $\left[-\dfrac{\pi}{2}, \dfrac{\pi}{2}\right]$ 上单调增加	$\arcsin x$ 在 $[-1,1]$ 上单调增加
$\cos x$ 在 $[0, \pi]$ 上单调减少	$\arccos x$ 在 $[-1,1]$ 上单调减少
$\tan x$ 在 $\left(-\dfrac{\pi}{2}, \dfrac{\pi}{2}\right)$ 内单调增加	$\arctan x$ 在 $(-\infty, +\infty)$ 内单调增加

判别方法：

（1）用定义判别；

（2）用导数判别：$f'(x) > 0$，则 $f(x)$ 严格单调增加；$f'(x) < 0$，则 $f(x)$ 严格单调减少.

3）有界性

定义：$\exists M > 0$，$\forall x \in D$，有 $|f(x)| \leqslant M$，则称 $f(x)$ 在 D 上有界.

以下列出 6 个常用的有界函数.

常用的有界函数

函数		定义域
$|\sin x| \leqslant 1$	$|\cos x| \leqslant 1$	$x \in (-\infty, +\infty)$
$|\arcsin x| \leqslant \dfrac{\pi}{2}$	$|\arccos x| \leqslant \pi$	$x \in [-1,1]$
$|\arctan x| < \dfrac{\pi}{2}$	$|\operatorname{arccot} x| < \pi$	$x \in (-\infty, +\infty)$

4）周期性

定义：$\exists T > 0$，有 $f(x+T) = f(x)$，则 $f(x)$ 以 T 为周期.

几个重要结论：

（1）$f(x)$ 可导，且以 T 为周期，则 $f'(x)$ 也以 T 为周期.

（2）$f(x)$ 连续，且以 T 为周期，则 $\displaystyle\int_a^{a+T} f(x)\mathrm{d}x = \int_0^T f(x)\mathrm{d}x$.

3. 反函数

设函数 $y = f(x)$ 存在反函数，求其反函数 $y = f^{-1}(x)$ 的一般步骤如下：

（1）把函数 $y = f(x)$ 看作是方程 $y - f(x) = 0$，从该方程解出 $x = f^{-1}(y)$；

（2）在表达式 $x = f^{-1}(y)$ 中，把 x、y 互换，便得所求反函数 $y = f^{-1}(x)$；

（3）确定反函数 $y = f^{-1}(x)$ 的定义域（直接函数 $y = f(x)$ 的值域就是反函数 $y = f^{-1}(x)$ 的定义域）.

【例1】 求下列函数的定义域.

（1）$y=\arctan\dfrac{1}{x}+\sqrt{2-x}$；（2）$y=\ln(\ln x)$.

解：（1）由题意可知，$\begin{cases}x\neq 0\\2-x\geq 0\end{cases}\Rightarrow(-\infty,0)\bigcup(0,2]$；

（2）由题意可知，$\begin{cases}x>0\\\ln x>0\end{cases}\Rightarrow x>1$，即$(1,+\infty)$.

【例2】 已知$f(x-2)=x^2-2x+3$，求$f(x+3)$.

解：令$t=x-2$，则$x=t+2$，有

$$f(t)=(2+t)^2-2(2+t)+3=t^2+2t+3,$$

则

$$f(x+3)=(x+3)^2+2(x+3)+3=x^2+8x+18.$$

【例3】 判断函数$f(x)=\ln(x+\sqrt{x^2+1})$的奇偶性.

- - - - - - - - - -

分析：判断函数的奇偶性通常有两种方法：用定义或用性质判断. 在讨论函数的奇偶性时，一定注意先讨论函数的定义域是否关于原点对称.

- - - - - - - - - -

解：函数的定义域$(-\infty,+\infty)$，

$$f(-x)=\ln(-x+\sqrt{x^2+1})=\ln\frac{(x+\sqrt{x^2+1})(-x+\sqrt{x^2+1})}{x+\sqrt{x^2+1}}\quad（分子有理化）$$

$$=\ln\frac{1}{x+\sqrt{x^2+1}}=-f(x),$$

所以该函数为奇函数.

【例4】 设$f(x)=\begin{cases}e^x,&x<1\\x,&x\geq 1\end{cases}$，$\varphi(x)=\begin{cases}x+2,&x<0\\x^2-1,&x\geq 0\end{cases}$，求$f[\varphi(x)]$.

解：可用分析法和图示法解决，

$$f[\varphi(x)]=\begin{cases}e^{\varphi(x)},&\varphi(x)<1\\\varphi(x),&\varphi(x)\geq 1\end{cases}.$$

（1）当$\varphi(x)<1$时，

当$x<0$，$\varphi(x)=x+2<1$，即$\begin{cases}x<0\\x<-1\end{cases}\Rightarrow x<-1$；

当$x\geq 0$，$\varphi(x)=x^2-1<1$，即$\begin{cases}x\geq 0\\x^2<2\end{cases}\Rightarrow 0\leq x<\sqrt{2}$；

（2）当$\varphi(x)\geq 1$时，

当$x<0$，$\varphi(x)=x+2\geq 1$，即$\begin{cases}x<0\\x\geq -1\end{cases}\Rightarrow -1\leq x<0$，

当$x\geq 0$，$\varphi(x)=x^2-1\geq 1$，即$\begin{cases}x\geq 0\\x^2\geq 2\end{cases}\Rightarrow x\geq\sqrt{2}$；

综上所述，$f[\varphi(x)]=\begin{cases} e^{x+2}, & x<-1 \\ x+2, & -1\leqslant x<0 \\ e^{x^2-1}, & 0\leqslant x<\sqrt{2} \\ x^2-1, & x\geqslant\sqrt{2} \end{cases}$.

【例5】　求函数 $y=\log_a(x+\sqrt{x^2-1})$（$x\geqslant1$）的反函数.

解： 由原式两边取以 a 为底的指数函数，得

$$a^y=x+\sqrt{x^2-1}，$$

$$a^{-y}=\frac{1}{x+\sqrt{x^2-1}}=\frac{x-\sqrt{x^2-1}}{(x+\sqrt{x^2-1})(x-\sqrt{x^2-1})}=x-\sqrt{x^2-1}，$$

以上两式相加，得

$$2x=a^y+a^{-y}，\quad x=\frac{a^y+a^{-y}}{2}，$$

所求的反函数为

$$y=\frac{a^x+a^{-x}}{2}，\quad x\in[0,+\infty).$$

练习题

1. 设在区间 $(-\infty,+\infty)$ 上 $f(x)$ 为偶函数，$g(x)$ 为奇函数，且 $f(x)$ 与 $g(x)$ 均不恒为零，则下列函数：（1）$f(x)\cdot g(x)$，（2）$f(x)+g(x)$，（3）$f[g(x)]$，（4）$g[f(x)]$，（5）$f[f(x)]$，（6）$g[g(x)]$ 为偶函数的是_____；为奇函数的是_____ .

2. 选择题.

（1）若 $f(x)$ 为连续奇函数，则 $f(\sin x)$ 为（　　）.
　　（A）奇函数　　　　　　　　　（B）偶函数
　　（C）非负偶函数　　　　　　　（D）既不是非正的函数，也不是非负的函数

（2）若 $f(x)$ 为连续奇函数，则 $f(\cos x)$ 为（　　）.
　　（A）奇函数　　　　　　　　　（B）偶函数
　　（C）非负偶函数　　　　　　　（D）既不是非正的函数，也不是非负的函数

（3）设 $g(x)=f(x)-f(-x)$，则 $g(x)$ 为（　　）.
　　（A）奇函数　　　　　　　　　（B）偶函数
　　（C）非负偶函数　　　　　　　（D）既不是非正的函数，也不是非负的函数

（4）设 $f(x)$ 为连续偶函数，则 $f(x-\sin x)$ 为（　　）.
　　（A）奇函数　　　　　　　　　（B）偶函数
　　（C）非负偶函数　　　　　　　（D）既不是非正的函数，也不是非负的函数

3. 判断下列函数的奇偶性.

（1）$f(x)=2^x+\dfrac{1}{2^x}$；（2）$f(x)=\lg\dfrac{1-x}{1+x}$；（3）$f(x)=\dfrac{1}{a^x-1}+\dfrac{1}{2}$（$a>0,a\neq1$）.

无穷小定义及其性质

	内容	说明
定义	若函数 $f(x)$ 当 $x \to x_0$（或 $x \to \infty$）时极限为零，则称 $f(x)$ 为当 $x \to x_0$（或 $x \to \infty$）时的无穷小	无穷小是一个变量，"0"是作为无穷小的唯一常数，任何一个很小的正数都不能作为无穷小
性质	（1）有限个无穷小的和仍为无穷小 （2）有界函数与无穷小的乘积是无穷小 （3）常数与无穷小的乘积为无穷小 （4）有限个无穷小的乘积仍为无穷小	性质（2）可用来求解一类特殊类型的极限．无穷多个无穷小的和、积不一定是无穷小

提示：利用"有界变量乘以无穷小仍是无穷小"的性质，是求极限问题的一个技巧，如 $\lim\limits_{x \to \infty} \dfrac{\arctan x}{x}$；利用性质"若 $\lim \dfrac{f(x)}{g(x)} = a,\ a \neq \infty$，且 $\lim g(x) = 0$，则 $\lim f(x) = 0$"等都是求极限常用的方法．

无穷小的比较

名称	定义
高阶无穷小 $o(\alpha)$	如果 $\lim \dfrac{\beta}{\alpha} = 0$，就说 β 是比 α 高阶的无穷小，记作 $\beta = o(\alpha)$
低阶无穷小	如果 $\lim \dfrac{\beta}{\alpha} = \infty$，就说 β 是比 α 低阶的无穷小
同阶无穷小	如果 $\lim \dfrac{\beta}{\alpha} = c \neq \infty$，就说 β 与 α 是同阶的无穷小
等价无穷小	如果 $\lim \dfrac{\beta}{\alpha} = 1$，就说 β 与 α 是等价的无穷小，记作 $\beta \sim \alpha$
k 阶无穷小 $o(\alpha^k)$	如果 $\lim \dfrac{\beta}{\alpha^k} = c \neq \infty$，$k > 0$，就说 β 是 α 的 k 阶无穷小

无穷小替换定理：若 $\alpha \sim \alpha'$，$\beta \sim \beta'$，且 $\lim \dfrac{\beta'}{\alpha'}$ 存在，则 $\lim \dfrac{\beta}{\alpha} = \lim \dfrac{\beta'}{\alpha'}$．

对 $\dfrac{0}{0}$ 型的未定式作等价无穷小替换时，必须指出：对分子、分母的乘积因子可以作等价无穷小的代换，但当分子、分母是多项之和的时候，对它们的某一项不能作等价无穷小的代换．

常用的等价无穷小

$x \to 0$ 时，$\sin x \sim x$、$\tan x \sim x$、$\arcsin x \sim x$、$\arctan x \sim x$、$\ln(1+x) \sim x$、$e^x - 1 \sim x$、$a^x - 1 \sim x \ln a$、$(1+x)^a - 1 \sim ax\,(a \in \mathbf{R})$、$1 - \cos x \sim \dfrac{1}{2}x^2$ 等
一般形式，如 $f(x) \to 0$，有：$\ln[1 + f(x)] \sim f(x)$，$[1 + f(x)]^a - 1 \sim af(x)$

差函数中常用的等价无穷小：

$$\tan x - \sin x \sim \frac{x^3}{2}、\quad x - \sin x \sim \frac{x^3}{6}、\quad \tan x - x \sim \frac{x^3}{3}、\quad \arcsin x - x \sim \frac{x^3}{6}、\quad x - \arctan x \sim \frac{x^3}{3}.$$

4. 两个重要极限及其本质形式

两个重要极限

基本形式	变形	要点说明
$\lim\limits_{x\to 0}\dfrac{\sin x}{x}=1$	设 $\lim\limits_{x\to x_0}f(x)=0$ ，则 $$\lim\limits_{x\to x_0}\frac{\sin[f(x)]}{f(x)}=1$$	$\dfrac{0}{0}$ 型极限，分子、分母中的 $f(x)$ 形式必须完全一致，包括系数和正负号，且 $f(x)$ 必须是 $x\to x_0$ 时的无穷小
$\lim\limits_{x\to\infty}\left(1+\dfrac{1}{x}\right)^{x}=e$	设 $\lim\limits_{x\to x_0}f(x)=\infty$ ，则 $$\lim\limits_{x\to x_0}\left[1+\frac{1}{f(x)}\right]^{f(x)}=e$$	1^{∞} 型极限，底和指数中的 $f(x)$ 形式必须完全一致，包括系数和正负号，且 $f(x)$ 必须是 $\lim\limits_{x\to x_0}f(x)=\infty$
$\lim\limits_{x\to 0}\left(1+x\right)^{\frac{1}{x}}=e$	设 $\lim\limits_{x\to x_0}f(x)=0$ ，则 $$\lim\limits_{x\to x_0}\left[1+f(x)\right]^{\frac{1}{f(x)}}=e$$	1^{∞} 型极限，底和指数中的 $f(x)$ 形式必须完全一致，包括系数和正负号，且 $f(x)$ 必须是 $\lim\limits_{x\to x_0}f(x)=0$

5. 求极限的常用方法

（1）利用初等函数的连续性： $\lim\limits_{x\to x_0}f(x)=f(x_0)$.

（2）利用极限的四则运算法则（有时还应先进行代数运算、三角运算后，再利用极限四则运算法则）.

（3）利用两个重要极限.

（4）对于分式的极限，如果分母的极限为零，而分子的极限不为零，则分式的极限为 ∞ .

（5）利用无穷小的性质和无穷小与无穷大的关系等.

（6）熟悉下列极限：

$$\lim_{x\to\infty}\frac{a_0 x^{n}+a_1 x^{n-1}+\cdots+a_{n-1}x+a_n}{b_0 x^{m}+b_1 x^{m-1}+\cdots+b_{m-1}x+b_m}=\begin{cases}0, & n<m\\[2mm]\dfrac{a_0}{b_0}, & n=m\\[2mm]\infty, & n>m\end{cases}\quad\text{（当作公式使用）.}$$

（7）对于分段函数在分段点处的极限，当函数在分段点两侧表达式不一致时，应该利用左、右极限判定.

（8）在计算极限时，应该注意利用"等价无穷小替换"以简化运算.

以上是求极限的常用方法，由于极限贯穿于微积分的始终，以后还会出现极限的其他求法. 如：利用导数定义求极限；用洛必达法则求未定式的极限；用定积分的定义求极限；用数项级数收敛的必要条件求极限等.

1.2.1 极限概念

【例1】 讨论下列数列的极限问题：

（1）若 $\lim\limits_{n\to\infty}x_n$ 和 $\lim\limits_{n\to\infty}y_n$ 都存在，且 $x_n>y_n$，是否一定有 $\lim\limits_{n\to\infty}x_n>\lim\limits_{n\to\infty}y_n$？

（2）若 $\lim\limits_{n\to\infty}x_n$ 存在，$\lim\limits_{n\to\infty}y_n$ 不存在，问极限 $\lim\limits_{n\to\infty}(x_n+y_n)$ 存在吗？

（3）若 $\lim\limits_{n\to\infty}x_n$ 和 $\lim\limits_{n\to\infty}y_n$ 都不存在，问极限 $\lim\limits_{n\to\infty}(x_n+y_n)$ 是否一定不存在？

（4）若 $\lim\limits_{n\to\infty}x_n=0$，是否对任何数列 $\{y_n\}$，都有 $\lim\limits_{n\to\infty}(x_n\cdot y_n)=0$.

解：（1）不一定，如 $x_n=\dfrac{2}{n}$，$y_n=\dfrac{1}{n}$ 满足条件，但 $\lim\limits_{n\to\infty}x_n=\lim\limits_{n\to\infty}y_n=0$；

（2）极限肯定不存在．可用反证法证明．

（3）未必一定不存在，如 $x_n=(-1)^n$，$y_n=(-1)^{n+1}$ 满足条件，但 $\lim\limits_{n\to\infty}(x_n+y_n)=0$．

（4）未必，如 $x_n=\dfrac{1}{n}$，$y_n=n^2$，则 $\lim\limits_{n\to\infty}(x_n\cdot y_n)=\infty$；但如果 $\{y_n\}$ 有界，则有 $\lim\limits_{n\to\infty}(x_n\cdot y_n)=0$ 存在．

【例2】 几个值得注意的极限．

（1）$\lim\limits_{x\to0}e^{\frac{1}{x}}=\infty$ （错）．

正确的是：$\lim\limits_{x\to0^+}e^{\frac{1}{x}}=+\infty$；$\lim\limits_{x\to0^-}e^{\frac{1}{x}}=0$．

（2）$\lim\limits_{x\to0}\arctan\dfrac{1}{x}=\dfrac{\pi}{2}$ （错）．

正确的是：$\lim\limits_{x\to0^-}\arctan\dfrac{1}{x}=-\dfrac{\pi}{2}$；$\lim\limits_{x\to0^+}\arctan\dfrac{1}{x}=\dfrac{\pi}{2}$．

（3）$\lim\limits_{x\to\infty}e^x=\infty$ （错）．

正确的是：$\lim\limits_{x\to+\infty}e^x=+\infty$；$\lim\limits_{x\to-\infty}e^x=0$．

（4）$\lim\limits_{x\to\infty}\arctan x=\dfrac{\pi}{2}$ （错）．

正确的是：$\lim\limits_{x\to+\infty}\arctan x=\dfrac{\pi}{2}$；$\lim\limits_{x\to-\infty}\arctan x=-\dfrac{\pi}{2}$．

（5）$\lim\limits_{x\to\infty}\dfrac{\sqrt{1+x^2}}{x}=1$ （错）．

正确的是：$\lim\limits_{x\to+\infty}\dfrac{\sqrt{1+x^2}}{x}=1$；$\lim\limits_{x\to-\infty}\dfrac{\sqrt{1+x^2}}{x}=-1$．

【例3】 求 $\lim\limits_{x\to+\infty}(\cos\sqrt{x+1}-\cos\sqrt{x})$．

解： 由于 $\cos\sqrt{x+1}-\cos\sqrt{x}=-2\sin\dfrac{\sqrt{x+1}+\sqrt{x}}{2}\cdot\sin\dfrac{\sqrt{x+1}-\sqrt{x}}{2}$ （和差化积），

当 $x\to+\infty$ 时，$\sin\dfrac{\sqrt{x+1}+\sqrt{x}}{2}\leqslant1$，

而 $0\leqslant\left|\sin\dfrac{\sqrt{x+1}-\sqrt{x}}{2}\right|=\left|\sin\dfrac{1}{2(\sqrt{x+1}+\sqrt{x})}\right|\leqslant\dfrac{1}{2(\sqrt{x+1}+\sqrt{x})}$，

故 $\lim\limits_{x\to+\infty}\sin\dfrac{\sqrt{x+1}-\sqrt{x}}{2}=0$，由"无穷小×有界函数＝无穷小"，于是原式等于零.

【例4】 求 $\lim\limits_{x\to0}\dfrac{\sin x+x^2\sin\dfrac{1}{x}}{(1+\cos x)\ln(1+x)}$.

解：原式 $=\lim\limits_{x\to0}\dfrac{1}{1+\cos x}\cdot\dfrac{\sin x+x^2\sin\dfrac{1}{x}}{x}\cdot\dfrac{x}{\ln(1+x)}$

$=\lim\limits_{x\to0}\dfrac{1}{1+\cos x}\cdot\lim\limits_{x\to0}\left(\dfrac{\sin x}{x}+x\sin\dfrac{1}{x}\right)\cdot\lim\limits_{x\to0}\dfrac{x}{\ln(1+x)}=\dfrac{1}{2}$.

【例5】 求 $\lim\limits_{x\to\infty}\dfrac{e^x-x\arctan x}{e^x+x}$.

解：$\lim\limits_{x\to+\infty}\dfrac{e^x-x\arctan x}{e^x+x}=\lim\limits_{x\to+\infty}\dfrac{1-\dfrac{x}{e^x}\arctan x}{1+\dfrac{x}{e^x}}=1$，（因为 $\lim\limits_{x\to+\infty}\dfrac{x}{e^x}=0$）

$\lim\limits_{x\to-\infty}\dfrac{e^x-x\arctan x}{e^x+x}=\lim\limits_{x\to-\infty}\dfrac{\dfrac{e^x}{x}-\arctan x}{\dfrac{e^x}{x}+1}=\dfrac{\pi}{2}$.（因为 $\lim\limits_{x\to-\infty}\dfrac{e^x}{x}=0$）

所以，极限 $\lim\limits_{x\to\infty}\dfrac{e^x-x\arctan x}{e^x+x}$ 不存在.

【例6】 求 $\lim\limits_{x\to0}\left(\dfrac{2+e^{1/x}}{1+e^{4/x}}+\dfrac{\sin x}{|x|}\right)$.

解：因为当 $x\to0^+$ 时，$e^{1/x}\to+\infty$；当 $x\to0^-$ 时，$e^{1/x}\to0$.

$\lim\limits_{x\to0^+}\left(\dfrac{2+e^{1/x}}{1+e^{4/x}}+\dfrac{\sin x}{|x|}\right)=\lim\limits_{x\to0^+}\left(\dfrac{2/e^{4/x}+(e^{1/x}/e^{4/x})}{1/e^{4/x}+1}+\dfrac{\sin x}{x}\right)=1$,

$\lim\limits_{x\to0^-}\left(\dfrac{2+e^{1/x}}{1+e^{4/x}}+\dfrac{\sin x}{|x|}\right)=\lim\limits_{x\to0^-}\left(\dfrac{2+e^{1/x}}{1+e^{4/x}}-\dfrac{\sin x}{x}\right)=2-1=1.$

所以，$\lim\limits_{x\to0}\left(\dfrac{2+e^{1/x}}{1+e^{4/x}}+\dfrac{\sin x}{|x|}\right)=1.$

1.2.2 运用四则运算法则求极限

在使用极限的四则运算法时，我们要注意：只有函数极限存在的条件下，才能运用这些法则，关于商的极限运算法则，要注意分母的极限不能为零. 极限的四则运算法则可以推广到有限个函数情况，但对无限个函数就不一定成立了.

【例7】 $\lim\limits_{x\to1}\dfrac{\sqrt{3-x}-\sqrt{1+x}}{x^2+x-2}=$ _____.

解：$\lim\limits_{x\to1}\dfrac{\sqrt{3-x}-\sqrt{1+x}}{x^2+x-2}$ 为 $\dfrac{0}{0}$ 型，分子有理化，

原式 $= \lim\limits_{x \to 1} \dfrac{3-x-1-x}{(x^2+x-2)(\sqrt{3-x}+\sqrt{1+x})} = -\dfrac{\sqrt{2}}{6}$.

【例8】 求 $\lim\limits_{x \to -\infty} \dfrac{\sqrt{4x^2+x-1}+x+1}{\sqrt{x^2+\sin x}}$.

解：将 $\lim\limits_{x \to -\infty} \dfrac{\sqrt{4x^2+x-1}+x+1}{\sqrt{x^2+\sin x}}$ 分子分母除以 $-x$，

原式 $= \lim\limits_{x \to -\infty} \dfrac{\sqrt{4+\dfrac{1}{x}-\dfrac{1}{x^2}}-1-\dfrac{1}{x}}{\sqrt{1+\dfrac{\sin x}{x^2}}} = 1$.

小结：当 $x \to -\infty$ 可以令 $x = -t$，以减少错误.

【例9】 求极限 $\lim\limits_{x \to \infty} \dfrac{\sqrt{3x^2-1}}{\sqrt[3]{2x^3+1}} = ($ ﹍﹍﹍ $)$.

(A) $\dfrac{\sqrt{3}}{\sqrt[3]{2}}$ 　　　 (B) $-\dfrac{\sqrt{3}}{\sqrt[3]{2}}$ 　　　 (C) $\pm\dfrac{\sqrt{3}}{\sqrt[3]{2}}$ 　　　 (D) 不存在

分析：$x \to \infty$ 包括 $x \to +\infty$ 及 $x \to -\infty$ 两种情况，只有当两个极限相等时，$x \to \infty$ 的极限才存在.

解：因为，$\lim\limits_{x \to +\infty} \dfrac{\sqrt{3x^2-1}}{\sqrt[3]{2x^3+1}} = \dfrac{\sqrt{3}}{\sqrt[3]{2}}$，$\lim\limits_{x \to -\infty} \dfrac{\sqrt{3x^2-1}}{\sqrt[3]{2x^3+1}} = -\dfrac{\sqrt{3}}{\sqrt[3]{2}}$，（$x < 0$），所以，选（D）.

小结：

1. 无穷项和的极限方法

（1）拆项求和；

（2）利用夹逼定理；

（3）利用定积分定义；

（4）利用幂级数求和法.

一般来说，若数列的每一项可提出一个因子 $\dfrac{1}{n}$，剩余的可用一个通式表示，则用定积分定义求解数列的极限；若数列的各项虽可提出一个因子 $\dfrac{1}{n}$，而剩余的不能用一个通式表示，但其各项是按递增或递减排列的，则用夹逼定理求极限.

2. 裂项相消法（部分分式法）

常用的方法有：

$\dfrac{1}{k(k-1)} = \dfrac{1}{k-1} - \dfrac{1}{k}$；

$\dfrac{1}{(ak)^2-1} = \dfrac{1}{2}\left(\dfrac{1}{ak-1} - \dfrac{1}{ak+1}\right)$；

$$\frac{n}{(n+1)!} = \frac{(n+1)-1}{(n+1)!} = \frac{1}{n!} - \frac{1}{(n+1)!};$$

$$\frac{1}{k(k+1)(k+2)} = \frac{1}{2}\left[\frac{1}{k(k+1)} - \frac{1}{(k+1)(k+2)}\right].$$

3. 用等价无穷小替换求极限

无穷小量替换注意"非法替换". 利用无穷小替换求极限, 要注意只能对乘积、商中的因子作等价替换, 而不能对加号、减号连接的部分做替换, 否则会导致错误.

【例10】 求 $\lim\limits_{n\to\infty}\left(\dfrac{1}{1} + \dfrac{1}{1+2} + \cdots + \dfrac{1}{1+2+\cdots+n}\right)$.

解：原式 $= \lim\limits_{n\to\infty}\left(\dfrac{1}{1} + \dfrac{1}{1+2} + \cdots + \dfrac{2}{n(n+1)}\right)$

$$= 2\lim_{n\to\infty}\left(\left(1-\frac{1}{2}\right) + \left(\frac{1}{2}-\frac{1}{3}\right) + \cdots + \left(\frac{1}{n}-\frac{1}{n+1}\right)\right) = 2\lim_{n\to\infty}\left(1-\frac{1}{n+1}\right) = 2.$$

【例11】 求极限 $\lim\limits_{x\to 0}\dfrac{\tan x - \sin x}{x^3}$.

分析：若利用 $x\to 0$ 时, $\tan x \sim x \sim \sin x$ 将极限写出如下形式, 则解法与结论均错误：$\lim\limits_{x\to 0}\dfrac{x-x}{x^3} = 0$. 对某些题目, 在不正确的无穷小量替换（常称之为"非法"替换）下, 即使有时可以得到正确结果, 但仍为错误. 以下为正确解法.

解：$\lim\limits_{x\to 0}\dfrac{\tan x - \sin x}{x^3} = \lim\limits_{x\to 0}\dfrac{\tan x(1-\cos x)}{x^3} = \lim\limits_{x\to 0}\dfrac{x\cdot\frac{1}{2}x^2}{x^3} = \dfrac{1}{2}.$

【例12】 极限式中常数值的确定.

确定下列各题中的常数：

（1）设 $\lim\limits_{x\to\infty}(\sqrt[3]{x^3+x^2+1} - ax - b) = 0$, 确定常数 a 和 b.

（2）设 $\lim\limits_{x\to\infty}[(x^5+4x^4-2)^c - x] = A(\neq 0)$, 求 c 和 A.

解：（1）因为 $\lim\limits_{x\to\infty}(\sqrt[3]{x^3+x^2+1} - ax - b) = 0$, 所以 $\lim\limits_{x\to\infty}\dfrac{1}{x}(\sqrt[3]{x^3+x^2+1} - ax - b) = 0$,

则，$a = \lim\limits_{x\to\infty}\dfrac{\sqrt[3]{x^3+x^2+1}}{x} = 1$,

$$b = \lim_{x\to\infty}\left(\sqrt[3]{x^3+x^2+1} - x\right) = \lim_{x\to\infty}x\left(\sqrt[3]{1+\frac{1}{x}+\frac{1}{x^3}} - 1\right) = \lim_{x\to\infty}x\cdot\frac{1}{3}\left(\frac{1}{x}+\frac{1}{x^3}\right) = \frac{1}{3},$$

因此，$a = 1$, $b = \dfrac{1}{3}$.

小结：此题即求曲线 $y = \sqrt[3]{x^3+x^2+1}$ 的斜渐近线.

（2）原极限 $= \lim\limits_{x \to \infty} x \left[\dfrac{(x^5 + 4x^4 - 2)^c}{x} - 1 \right] = A$

$\Rightarrow \lim\limits_{x \to \infty} \dfrac{(x^5 + 4x^4 - 2)^c - x}{x} = 0 \quad \Rightarrow 5c = 1 \quad \Rightarrow c = \dfrac{1}{5}$,

于是，原极限 $= \lim\limits_{x \to \infty} x \left(\sqrt[5]{1 + \dfrac{4}{x} - \dfrac{2}{x^5}} - 1 \right) = \lim\limits_{x \to \infty} x \cdot \dfrac{1}{5} \left(\dfrac{4}{x} - \dfrac{2}{x^5} \right) = \dfrac{4}{5} \quad \Rightarrow A = \dfrac{4}{5}$.

【例 13】 设 $\lim\limits_{x \to 0} \dfrac{\ln\left(1 + \dfrac{f(x)}{\sin x}\right)}{a^x - 1} = A \, (a > 0, a \neq 1)$，求 $\lim\limits_{x \to 0} \dfrac{f(x)}{x^2}$.

解： 当 $x \to 0$ 时，$a^x - 1 \to 0$，则 $\ln\left(1 + \dfrac{f(x)}{\sin x}\right) \to 0 \Rightarrow \dfrac{f(x)}{\sin x} \to 0$.

$$A = \lim\limits_{x \to 0} \dfrac{\dfrac{f(x)}{\sin x}}{x \ln a} = \dfrac{1}{\ln a} \lim\limits_{x \to 0} \dfrac{f(x)}{x \sin x} = \dfrac{1}{\ln a} \lim\limits_{x \to 0} \dfrac{f(x)}{x^2},$$

所以，$\lim\limits_{x \to 0} \dfrac{f(x)}{x^2} = A \ln a$.

【例 14】 若 $\lim\limits_{x \to 0} \dfrac{\cos 2x - \sqrt{\cos 2x}}{x^k} = a \neq 0$，求 k，a.

解： $\lim\limits_{x \to 0} \dfrac{\cos 2x - \sqrt{\cos 2x}}{x^k} = \lim\limits_{x \to 0} \dfrac{\cos^2 2x - \cos 2x}{x^k \left(\cos 2x + \sqrt{\cos 2x} \right)}$

$$= \lim\limits_{x \to 0} \dfrac{\cos 2x - 1}{x^k \left(1 + \dfrac{1}{\sqrt{\cos 2x}} \right)} = \lim\limits_{x \to 0} \dfrac{-\dfrac{1}{2}(2x)^2}{x^k \left(1 + \dfrac{1}{\sqrt{\cos 2x}} \right)} = a \neq 0,$$

得到 $k = 2$，$a = -1$.

1.2.3　两个重要极限 $\lim\limits_{x \to 0} \dfrac{\sin x}{x} = 1$（$\dfrac{0}{0}$ 型），$\lim\limits_{x \to 0}(1 + x)^{\frac{1}{x}} = e$（$1^\infty$ 型）

【例 15】 $\lim\limits_{x \to 0}(\cos x)^{\frac{1}{\ln(1 + x^2)}} = $ _____.

解： 原式 $= \lim\limits_{x \to 0}(1 + \cos x - 1)^{\frac{1}{\cos x - 1} \cdot \frac{\cos x - 1}{\ln(1 + x^2)}} = e^{\lim\limits_{x \to 0} \frac{-x^2/2}{x^2}} = e^{-1/2} = \dfrac{1}{\sqrt{e}}$.

【例 16】 极限 $\lim\limits_{x \to 0}\left[1 + \ln(1 + x)\right]^{\frac{2}{x}}$.

解： 原式 $= \lim\limits_{x \to 0} \left\{ [1 + \ln(1 + x)]^{\frac{1}{\ln(1 + x)}} \right\}^{\frac{2\ln(1 + x)}{x}} = e^2$.

【例 17】 设极限 $\lim\limits_{x \to \infty}\left(\dfrac{x + 2a}{x - a} \right)^x = 8$，则 $a = $ _____.

解： 原式 $= \lim\limits_{x \to \infty}\left[\left(1 + \dfrac{3a}{x - a}\right)^{\frac{x - a}{3a}} \right]^{\frac{3ax}{x - a}} = e^{3a} = 8 \Rightarrow a = \ln 2$.

【例18】 若 $a > 0$，$b > 0$，且均为常数，则 $\lim\limits_{x \to 0}\left(\dfrac{a^x + b^x}{2}\right)^{\frac{3}{x}} = $ _____.

解：原式 $= \lim\limits_{x \to 0}\left(1 + \dfrac{a^x + b^x - 2}{2}\right)^{\frac{2}{a^x + b^x - 2} \cdot \frac{a^x + b^x - 2}{2} \cdot \frac{3}{x}} = e^{\frac{3}{2}\ln(ab)} = (ab)^{\frac{3}{2}}.$

因为，$\lim\limits_{x \to 0}\left(\dfrac{a^x + b^x - 2}{2} \cdot \dfrac{3}{x}\right) = \dfrac{3}{2}\lim\limits_{x \to 0}\left(\dfrac{a^x \ln a + b^x \ln b}{1}\right) = \dfrac{3}{2}\ln(ab).$ （洛必达法则）

练习题

1. 填空题.

（1）$\lim\limits_{x \to 0} x \sin\dfrac{1}{x} = $ _____.

（2）$\lim\limits_{x \to \infty} \dfrac{\sin x}{x} = $ _____.

（3）$\lim\limits_{x \to 0} \dfrac{3\sin x + x^2 \cos\dfrac{1}{x}}{(1 + \cos x)\ln(1 + x)} = $ _____.

（4）若 $x \to 0$ 时，$(1 - ax^2)^{\frac{1}{4}} - 1$ 与 $x \sin x$ 是等价无穷小，则 $a = $ _____.

（5）当 $x \to 0$ 时，$\alpha(x) = kx^2$ 与 $\beta(x) = \sqrt{1 + x \arcsin x} - \sqrt{\cos x}$ 是等价无穷小，则 $k = $ _____.

（6）极限 $\lim\limits_{x \to \infty} x \sin\dfrac{2x}{x^2 + 1} = $ _____.

2. 选择题.

（1）设 $\alpha(x) = \displaystyle\int_0^{5x} \dfrac{\sin t}{t}\mathrm{d}t$，$\beta(x) = \displaystyle\int_0^{\sin x} (1 + t)^{1/t}\mathrm{d}t$，则当 $x \to 0$ 时，$\alpha(x)$ 是 $\beta(x)$ 的（ ）.

　　（A）高阶无穷小　　　　　　　（B）低阶无穷小

　　（C）同阶但不等价无穷小　　　（D）等价无穷小

（2）设当 $x \to 0$ 时，$(1 - \cos x)\ln(1 + x^2)$ 是比 $x \sin x^n$ 高阶无穷小，而 $x \sin x^n$ 是比 $e^{x^2} - 1$ 高阶无穷小，则正整数 n 等于（ ）.

　　（A）1　　　　（B）2　　　　（C）3　　　　（D）4

（3）设当 $x \to 0$ 时，$e^x - (ax^2 + bx + 1)$ 是比 x^2 高阶无穷小，则（ ）.

　　（A）$a = \dfrac{1}{2}, b = 1$　　　　　　（B）$a = 1, b = 1$

　　（C）$a = -\dfrac{1}{2}, b = 1$　　　　　（D）$a = -1, b = 1$

（4）极限 $\lim\limits_{x \to 0} \dfrac{\sqrt{x \sin x}}{x} = $ （ ）.

　　（A）1　　　　（B）-1　　　　（C）不存在　　　　（D）$\dfrac{1}{2}$

（5）极限 $\lim\limits_{x \to \infty}(\sqrt{2x^2 + x} - \sqrt{2x^2 + 1}) = $ （ ）.

（A）$\dfrac{1}{2\sqrt{2}}$　　　（B）$\dfrac{1}{\sqrt{2}}$　　　（C）$-\dfrac{1}{2\sqrt{2}}$　　　（D）不存在

（6）下列各式正确的是（　　）.

（A）$\lim\limits_{x\to 0^+}\left(1+\dfrac{1}{x}\right)^{N}=1$　　　　　　（B）$\lim\limits_{x\to 0^+}\left(1+\dfrac{1}{x}\right)^{x}=e$

（C）$\lim\limits_{x\to\infty}\left(1-\dfrac{1}{x}\right)^{x}=e$　　　　　　（D）$\lim\limits_{x\to\infty}\left(1+\dfrac{1}{x}\right)^{-x}=e$

（7）设 $f(x)=\begin{cases}\sin\dfrac{1}{x}, & x>0 \\[2mm] x\sin\dfrac{1}{x}, & x<0\end{cases}$，则 $\lim\limits_{x\to 0}f(x)$ 不存在的原因是（　　）.

（A）$f(0)$ 不存在　　　　　　　　　　（B）$\lim\limits_{x\to 0^+}f(x)$ 不存在

（C）$\lim\limits_{x\to 0^-}f(x)$ 不存在　　　　　　（D）$\lim\limits_{x\to 0^+}f(x)$ 和 $\lim\limits_{x\to 0^-}f(x)$ 都不存在

（8）已知 $\lim\limits_{x\to 0}\dfrac{x}{f(3x)}=2$，则 $\lim\limits_{x\to 0}\dfrac{f(2x)}{x}=$（　　）.

（A）3　　　　　（B）$\dfrac{1}{3}$　　　　　（C）$\dfrac{3}{4}$　　　　　（D）$\dfrac{4}{3}$

（9）$\lim\limits_{n\to\infty}\sum\limits_{k=1}^{n}\dfrac{1}{k(k+1)(k+2)}=$（　　）.

（A）$\dfrac{1}{4}$　　　　　（B）$\dfrac{1}{2}$　　　　　（C）1　　　　　（D）0

（10）下列运算过程正确的是（　　）.

（A）$\lim\limits_{x\to 1}\dfrac{x}{x^2-1}=\dfrac{\lim\limits_{x\to 1}x}{\lim\limits_{x\to 1}(x^2-1)}=\infty$

（B）$\lim\limits_{x\to 0}\dfrac{x^2\sin\dfrac{1}{x}}{\sin x}=\lim\limits_{x\to 0}\dfrac{x}{\sin x}\cdot\lim\limits_{x\to 0}x\cdot\lim\limits_{x\to 0}\sin\dfrac{1}{x}=0$

（C）$\lim\limits_{x\to 0}x\sin\dfrac{1}{x}=\lim\limits_{x\to 0}\dfrac{\sin\dfrac{1}{x}}{\dfrac{1}{x}}=1$

（D）$\lim\limits_{x\to\infty}x\sin\dfrac{1}{x}=\lim\limits_{x\to\infty}\dfrac{\sin\dfrac{1}{x}}{\dfrac{1}{x}}=1$

3．求 $\lim\limits_{n\to\infty}\tan^{n}\left(\dfrac{\pi}{4}+\dfrac{2}{n}\right)$.

4．设 a 为常数，且 $\lim\limits_{x\to 0}\left(\dfrac{e^{\frac{1}{x}}-\pi}{e^{\frac{2}{x}}+1}+a\cdot\arctan\dfrac{1}{x}\right)$ 存在，求 a 的值，并计算极限.

5. $\lim\limits_{x\to\infty} x^2\left(a^{\frac{1}{x}}-a^{\frac{1}{x+1}}\right)$ ($a>0$).

练习题参考答案

1. (1) 0. (2) 0. (3) $\dfrac{3}{2}$. (4) -4. (5) $\dfrac{3}{4}$. (6) 2.

2. (1) (C). (2) (B). (3) (A). (4) (C). (5) (D). (6) (A). (7) (B). (8) (B). (9) (A). (10) (D).

3. 解：原式 $=\lim\limits_{n\to\infty}\left(\dfrac{1+\tan\frac{2}{n}}{1-\tan\frac{2}{n}}\right)^{n}=\lim\limits_{n\to\infty}\left(1+\dfrac{2\tan\frac{2}{n}}{1-\tan\frac{2}{n}}\right)^{\frac{1-\tan\frac{2}{n}}{2\tan\frac{2}{n}}\cdot\frac{2\tan\frac{2}{n}}{1-\tan\frac{2}{n}}\cdot n}=e^{4}$.

因为 $\lim\limits_{n\to\infty}\dfrac{2\tan\frac{2}{n}}{1-\tan\frac{2}{n}}\cdot n=\lim\limits_{n\to\infty}\dfrac{2\times\frac{2}{n}\times n}{1-\tan\frac{2}{n}}=4$.

4. 解：$\lim\limits_{x\to0^{-}}\left(\dfrac{e^{\frac{1}{x}}-\pi}{e^{\frac{2}{x}}+1}+a\cdot\arctan\dfrac{1}{x}\right)=-\pi-\dfrac{\pi}{2}a$,

$\lim\limits_{x\to0^{+}}\left(\dfrac{e^{\frac{1}{x}}-\pi}{e^{\frac{2}{x}}+1}+a\cdot\arctan\dfrac{1}{x}\right)=0+\dfrac{\pi}{2}a$.

由于原极限存在，则左、右极限相等，即 $-\pi-\dfrac{\pi}{2}a=\dfrac{\pi}{2}a$，则 $a=-1$，

所以原极限 $=-\dfrac{\pi}{2}$.

5. 解：原式 $=\lim\limits_{x\to\infty}x^2 a^{\frac{1}{x+1}}\left(a^{\frac{1}{x}-\frac{1}{x+1}}-1\right)=\lim\limits_{x\to\infty}x^2 a^{\frac{1}{x+1}}\left(a^{\frac{1}{x(x+1)}}-1\right)$

$=\lim\limits_{x\to\infty}\dfrac{x^2\ln a}{x(x+1)}=\ln a$.

另外，本题也可利用拉格朗日中值定理求解.

1.3 极限存在的两个准则

【知识要点解读】

极限存在准则如下.

(1) 夹逼定理：若 $g(x)\leqslant f(x)\leqslant h(x)$，且 $\lim g(x)=\lim h(x)=A$，则 $\lim f(x)=A$.

(2) 单调有界数列必有极限.

【例1】 求下列各极限：

（1）$\lim\limits_{n\to\infty}\left(\dfrac{1}{\sqrt{n^2+1}}+\dfrac{1}{\sqrt{n^2+2}}+\cdots+\dfrac{1}{\sqrt{n^2+n}}\right)$.

（2）$\lim\limits_{n\to\infty}\left(\dfrac{n}{n^2+1}+\dfrac{n}{n^2+2^2}+\cdots+\dfrac{n}{n^2+n^2}\right)$.

解：（1）因为每一项中提出 $\dfrac{1}{n}$ 后，剩余各项不能用一个通项表示出来，故不能用定积分定义求解.

$$1\leftarrow\frac{n}{\sqrt{n^2+n}}\leqslant\frac{1}{\sqrt{n^2+1}}+\frac{1}{\sqrt{n^2+2}}+\cdots+\frac{1}{\sqrt{n^2+n}}\leqslant\frac{n}{\sqrt{n^2+1}}\to1\ (n\to\infty)$$

故 $\lim\limits_{n\to\infty}\left(\dfrac{1}{\sqrt{n^2+1}}+\dfrac{1}{\sqrt{n^2+2}}+\cdots+\dfrac{1}{\sqrt{n^2+n}}\right)=1$.

（2）$\lim\limits_{n\to\infty}\left(\dfrac{n}{n^2+1}+\dfrac{n}{n^2+2^2}+\cdots+\dfrac{n}{n^2+n^2}\right)=\lim\limits_{n\to\infty}\dfrac{1}{n}\sum\limits_{i=1}^{n}\dfrac{1}{1+\left(\dfrac{i}{n}\right)^2}$

$$=\int_0^1\frac{1}{1+x^2}\,\mathrm{d}x=\arctan x\Big|_0^1=\frac{\pi}{4}.$$

【例2】 求极限 $\lim\limits_{n\to\infty}n\left(\dfrac{1}{n^2+\pi}+\dfrac{1}{n^2+2\pi}+\cdots+\dfrac{1}{n^2+n\pi}\right)$.

解： 因为 $n\cdot\dfrac{n}{n^2+n\pi}<n\left(\dfrac{1}{n^2+\pi}+\dfrac{1}{n^2+2\pi}+\cdots+\dfrac{1}{n^2+n\pi}\right)<n\cdot\dfrac{n}{n^2+\pi}$，且

$$\lim\limits_{n\to\infty}\frac{n^2}{n^2+n\pi}=1,\quad \lim\limits_{n\to\infty}\frac{n^2}{n^2+\pi}=1.$$

所以，由夹逼定理 $\lim\limits_{n\to\infty}n\left(\dfrac{1}{n^2+\pi}+\dfrac{1}{n^2+2\pi}+\cdots+\dfrac{1}{n^2+n\pi}\right)=1$.

【例3】 设 $x_n=\left(1^n+2^n+\cdots+10^n\right)^{\frac{1}{n}}$，求 $\lim\limits_{n\to\infty}x_n$.

解： 因为 $(10^n)^{\frac{1}{n}}<(1^n+2^n+\cdots+10^n)^{\frac{1}{n}}<(10\times10^n)^{\frac{1}{n}}$，

且 $(10^n)^{\frac{1}{n}}=10$，$\lim\limits_{n\to\infty}(10\times10^n)^{\frac{1}{n}}=\lim\limits_{n\to\infty}10\sqrt[n]{10}=10$.

所以，由夹逼定理，$\lim\limits_{n\to\infty}x_n=10$.

【例4】 设 $x_1=10$，$x_{n+1}=\sqrt{6+x_n}$（$n=1,2,3,\cdots$），证明数列 $\{x_n\}$ 极限存在，并求此极限.

证明：（1）由 $x_1=10$，$x_2=\sqrt{6+10}=4$，知 $x_1>x_2$，设对任意正整数 k，$x_k>x_{k+1}$，则有 $x_{k+1}=\sqrt{6+x_k}>\sqrt{6+x_{k+1}}=x_{k+2}$，

由数学归纳法，对一切 n，有 $x_n>x_{n+1}$，故数列 x_n 单调减；由 $x_{n+1}=\sqrt{6+x_n}$，显见 $x_n>0$，所以 $\lim\limits_{n\to\infty}x_n=A$ 存在.

（2）将 $x_{n+1}=\sqrt{6+x_n}$ 两边取极限，得 $A=\sqrt{6+A}$，解得 $A=3$. 因为 $x_n>0$，则 $A\geqslant0$，

故 $A = -2$ 舍去.

【例5】 令 $x_n = 1 + \dfrac{1}{2^a} + \dfrac{1}{3^a} + \cdots + \dfrac{1}{n^a}$，$n = 1, 2, \cdots$，其中 $a \geqslant 2$. 证明数列 $\{x_n\}$ 收敛.

证明： 显然 $\{x_n\}$ 是单调递增的，下面证 $\{x_n\}$ 有上界. 事实上，

$$x_n \leqslant 1 + \frac{1}{2^2} + \frac{1}{3^2} + \cdots + \frac{1}{n^2} \leqslant 1 + \frac{1}{1 \cdot 2} + \frac{1}{2 \cdot 3} + \cdots + \frac{1}{(n-1)n}$$

$$= 1 + \left(1 - \frac{1}{2}\right) + \left(\frac{1}{2} - \frac{1}{3}\right) + \cdots + \left(\frac{1}{n-1} - \frac{1}{n}\right) = 2 - \frac{1}{n} < 2 , \quad n = 1, 2, \cdots$$

于是由单调有界定理，可知数列 $\{x_n\}$ 收敛.

【例6】 设 $x_{n+1} = \dfrac{1}{2}\left(x_n + \dfrac{a}{x_n}\right)$，其中 $a > 0$，$x_0 > 0$，求 $\lim\limits_{n \to \infty} x_n$.

解： 因为 $x_{n+1} = \dfrac{1}{2}\left(x_n + \dfrac{a}{x_n}\right) \geqslant \sqrt{x_n \cdot \dfrac{a}{x_n}} = \sqrt{a}$，所以 $\{x_n\}$ 有界.

且解 $\dfrac{x_{n+1}}{x_n} = \dfrac{1}{2}\left(1 + \dfrac{a}{x_n^2}\right) \leqslant \dfrac{1}{2}\left[1 + \dfrac{a}{(\sqrt{a})^2}\right] = 1$，所以 $\{x_n\}$ 单减，故 $\lim\limits_{n \to \infty} x_n$ 存在.

令 $\lim\limits_{n \to \infty} x_n = l$，则由 $\lim\limits_{n \to \infty} x_{n+1} = \lim\limits_{n \to \infty} \dfrac{1}{2}\left(x_n + \dfrac{a}{x_n}\right)$，可得 $l = \dfrac{1}{2}\left(l + \dfrac{a}{l}\right) \Rightarrow l = \sqrt{a}$，

故 $\lim\limits_{n \to \infty} x_n = \sqrt{a}$.

1.4　求未定式和其他极限

【知识要点解读】

1. 未定式

未定式 $\dfrac{0}{0}$ 型或 $\dfrac{\infty}{\infty}$ 型经常用洛必达法则求解，其他类型的未定式如 $0 \cdot \infty$，$\infty - \infty$，0^{∞}，∞^0，1^{∞} 等要化成 $\dfrac{0}{0}$ 型或 $\dfrac{\infty}{\infty}$ 型才能用洛必达法则.

2. 类未定式

类未定式是不能肯定某种运算结果的极限. 如 $f(x)$，$g(x)$ 均无极限，但不能肯定它们的和 $f(x) + g(x)$ 无极限；又如 $f(x)$ 有极限，$g(x)$ 无极限，但不能肯定 $f(x) \cdot g(x)$ 无极限. 具体问题具体分析.

3. 含有待定常数的极限问题

求解方法：分析极限表达式，确定待定常数.

4. 用高等数学一些基本概念求极限

高等数学许多概念用极限定义，如：

（1）函数 $f(x)$ 在 $x=x_0$ 点连续 $\Leftrightarrow \lim\limits_{x \to x_0} f(x) = f(x_0)$；

（2）函数 $f(x)$ 在 $x=x_0$ 点可导 $\Leftrightarrow f'(x_0) = \lim\limits_{x \to x_0} \dfrac{f(x) - f(x_0)}{x - x_0}$；

（3）定积分 $\int_a^b f(x)\mathrm{d}x = \lim\limits_{\lambda \to 0} \sum\limits_{i=1}^n f(\xi_i)\Delta x_i = \lim\limits_{n \to \infty} \sum\limits_{i=1}^n f\left(a + \dfrac{(b-a)i}{n}\right)\dfrac{b-a}{n}$ （将 $[a,b]$ n

等分），特别 $\int_0^1 f(x)\mathrm{d}x = \lim\limits_{n \to \infty} \sum\limits_{i=1}^n f\left(\dfrac{i}{n}\right)\dfrac{1}{n}$；

（4）级数 $\sum\limits_{i=1}^{\infty} u_i$ 收敛 $\Leftrightarrow \lim\limits_{n \to \infty} S_n = S$，其中 $S_n = u_1 + u_2 + \cdots + u_n$，$\sum\limits_{i=1}^{\infty} u_i$ 收敛

$\Rightarrow \lim\limits_{n \to \infty} u_n = 0$。

反过来可以用以上概念求极限。

【例1】 求 $\lim\limits_{x \to +\infty}(\sin\sqrt{x+1} - \sin\sqrt{x})$。

解： 原式 $= \lim\limits_{x \to +\infty} 2\cos\dfrac{\sqrt{x+1}+\sqrt{x}}{2}\sin\dfrac{\sqrt{x+1}-\sqrt{x}}{2}$ （和差化积）

$= \lim\limits_{x \to +\infty} 2\cos\dfrac{\sqrt{x+1}+\sqrt{x}}{2}\sin\dfrac{1}{2(\sqrt{x+1}+\sqrt{x})} = 0$。（无穷小乘以有界函数等于无

穷小）。

1.4.1 含有待定常数的极限问题

【例2】 若 $\lim\limits_{x \to 0} \dfrac{\sin x}{e^x - a}(\cos x - b) = 5$，则 $a = $ _____，$b = $ _____。

解： 由 $\lim\limits_{x \to 0} \dfrac{\sin x}{e^x - a}(\cos x - b) = 5$，分子的极限为零，则分母的极限 $1 - a = 0$，得 $a = 1$，

又 $\lim\limits_{x \to 0} \dfrac{\sin x}{e^x - 1}(\cos x - b) = 1 - b = 5$，得 $b = -4$。

【例3】 已知 $\lim\limits_{x \to \infty}\left(\dfrac{x^2}{x+1} - ax - b\right) = 0$，其中 a,b 为常数，则（　　）。

（A）$a=1,b=1$　　　（B）$a=-1,b=1$　　　（C）$a=1,b=-1$　　　（D）$a=-1,b=-1$

解： $\lim\limits_{x \to \infty}\left(\dfrac{x^2}{x+1} - ax - b\right) = \lim\limits_{x \to \infty}\dfrac{(1-a)x^2 + (-a-b)x - b}{x+1} = 0$。

由于 $\lim\limits_{x \to \infty}\dfrac{a_0 + a_1 x + \cdots + a_n x^n}{b_0 + b_1 x + \cdots + b_m x^m} = \begin{cases} 0, & n < m \\ \dfrac{a_n}{b_n}, & n = m \\ \infty, & n > m. \end{cases}$，所以 $\begin{cases} 1 - a = 0 \\ -a - b = 0 \end{cases} \Rightarrow \begin{cases} a = 1, \\ b = -1. \end{cases}$ 故选（C）。

【例4】　确定常数 a,b,c，使 $\lim\limits_{x\to 0}\dfrac{ax-\sin x}{\displaystyle\int_b^x \dfrac{\ln(1+t^3)}{t}\mathrm{d}t}=c(c\neq 0)$.

解：由于 $x\to 0$ 时，分子 $ax-\sin x\to 0$，极限 $c\neq 0$，则分母 $\displaystyle\int_b^x \dfrac{\ln(1+t^3)}{t}\mathrm{d}t\to 0$，得 $b=0$；

$$\lim_{x\to 0}\frac{ax-\sin x}{\displaystyle\int_b^x \dfrac{\ln(1+t^3)}{t}\mathrm{d}t}=\lim_{x\to 0}\frac{a-\cos x}{\dfrac{\ln(1+x^3)}{x}}=\lim_{x\to 0}\frac{a-\cos x}{x^2}=c\neq 0.$$

当 $x\to 0$ 时，分母 $x^2\to 0$，极限 $c\neq 0$，则分子 $a-\cos x\to a-1=0$，得 $a=1$；

$$c=\lim_{x\to 0}\frac{1-\cos x}{x^2}=\lim_{x\to 0}\frac{\dfrac{1}{2}x^2}{x^2}=\frac{1}{2},\quad \text{所以}\begin{cases}a=1,\\ b=0,\\ c=\dfrac{1}{2}.\end{cases}$$

1.4.2　用高等数学一些基本概念求极限

【例5】　设 $f(x)=a^x(a>0,a\neq 1)$，则 $\lim\limits_{n\to\infty}\dfrac{1}{n^2}\ln[f(1)f(2)\cdots f(n)]=$ _____.

解：原式 $=\lim\limits_{n\to\infty}\dfrac{1}{n^2}\sum\limits_{i=1}^{n}\ln f(i)=\lim\limits_{n\to\infty}\dfrac{1}{n^2}\sum\limits_{i=1}^{n}\ln a^i=\lim\limits_{n\to\infty}\sum\limits_{i=1}^{n}\left(\dfrac{i}{n}\ln a\right)\dfrac{1}{n}=\int_0^1 x\ln a\,\mathrm{d}x=\dfrac{\ln a}{2}$.

【例6】　已知 $f(n)=\dfrac{1}{n}[n(n+1)\cdots(2n-1)]^{1/n}$，求 $\lim\limits_{n\to\infty}f(n)$.

解：$\ln f(n)=\dfrac{1}{n}\ln\left[\left(1+\dfrac{1}{n}\right)\left(1+\dfrac{2}{n}\right)\cdots\left(1+\dfrac{n-1}{n}\right)\right]=\sum\limits_{i=1}^{n}\ln\left(1+\dfrac{i}{n}\right)\dfrac{1}{n}-\dfrac{\ln 2}{n}$.

$$\lim_{n\to\infty}\ln f(n)=\lim_{n\to\infty}\sum_{i=1}^{n}\ln\left(1+\frac{i}{n}\right)\frac{1}{n}-\lim_{n\to\infty}\frac{\ln 2}{n}=\int_0^1\ln(1+x)\mathrm{d}x$$

$$=x\ln(1+x)\Big|_0^1-\int_0^1\frac{x+1-1}{x+1}\mathrm{d}x=2\ln 2-1=\ln\frac{4}{e}.$$

故，$\ln\left[\lim\limits_{n\to\infty}f(n)\right]=\ln\dfrac{4}{e}\Rightarrow\lim\limits_{n\to\infty}f(n)=\dfrac{4}{e}$.

【例7】　求极限 $\lim\limits_{n\to\infty}\dfrac{n^n}{(n!)^2}$.

解：考察通项为 $u_n=\dfrac{n^n}{(n!)^2}$ 的级数 $\sum\limits_{n=1}^{\infty}\dfrac{n^n}{(n!)^2}$，用比值判别法，

$$\lim_{n\to\infty}\frac{u_{n+1}}{u_n}=\lim_{n\to\infty}\frac{(n+1)^{n+1}}{[(n+1)!]^2}\cdot\frac{(n!)^2}{n^n}=\lim_{n\to\infty}\frac{\left(1+\dfrac{1}{n}\right)^n}{n+1}=0<1,\quad \text{所以，级数}\sum_{n=1}^{\infty}\frac{n^n}{(n!)^2}\text{收敛，}$$

故，$\lim\limits_{n\to\infty}\dfrac{n^n}{(n!)^2}=0$.

【例8】　求极限 $\lim\limits_{n\to\infty}\dfrac{\sqrt[n]{n!}}{n}$.

分析： $\sqrt[n]{n!} = (n!)^{\frac{1}{n}}$ 属于幂指型函数，适用于先取对数，再考虑极限（对多个因子乘积的形式也适用于取对数的处理方法）.

解： 令 $y_n = \dfrac{\sqrt[n]{n!}}{n}$，则有

$$\ln y_n = \frac{1}{n}\sum_{k=1}^{n}\ln k - \ln n = \frac{1}{n}\left(\sum_{k=1}^{n}\ln k - n\ln n\right) = \frac{1}{n}\sum_{k=1}^{n}(\ln k - \ln n) = \frac{1}{n}\sum_{k=1}^{n}\ln\frac{k}{n},$$

因此 $\lim\limits_{n\to\infty}\ln y_n = \lim\limits_{n\to\infty}\dfrac{1}{n}\sum\limits_{k=1}^{n}\ln\dfrac{k}{n} = \lim\limits_{n\to\infty}\sum\limits_{k=1}^{n}\dfrac{1}{n}\ln\dfrac{k}{n}.$

上述等式右端等于积分 $\int_0^1\ln x\,dx$ 的值，即对区间 $[0,1]$ 进行 n 等分构成了区间 $\left[\dfrac{i}{n},\dfrac{i+1}{n}\right]$ $(i=0,1,2,\cdots,n-1)$，并取 $\xi_i = \dfrac{i}{n}$，注意到 $\int_0^1\ln x\,dx$ 为第二类广义积分，并且收敛，

$$\int_0^1\ln x\,dx = x\ln x\Big|_0^1 - x\Big|_0^1 = -1.$$

因此 $\lim\limits_{n\to\infty}\ln y_n = \lim\limits_{n\to\infty}\sum\limits_{k=1}^{n}\dfrac{1}{n}\ln\dfrac{k}{n} = \int_0^1\ln x\,dx = -1$，$\lim\limits_{n\to\infty}y_n = \dfrac{1}{e}$，即 $\lim\limits_{n\to\infty}\dfrac{\sqrt[n]{n!}}{n} = \dfrac{1}{e}$.

1.4.3 无穷和式的极限

【例9】 求下列极限：

（1）$\lim\limits_{n\to\infty}n\left(\dfrac{1}{n^2+1} + \dfrac{1}{n^2+2} + \dfrac{1}{n^2+3} + \cdots + \dfrac{1}{n^2+n}\right)$；

（2）$\lim\limits_{n\to\infty}n\left(\dfrac{1}{(n+1)^2} + \dfrac{1}{(n+2)^2} + \dfrac{1}{(n+3)^2} + \cdots + \dfrac{1}{(n+n)^2}\right)$.

解：（1）$\dfrac{n^2}{n^2+n} \leqslant \lim\limits_{n\to\infty}n\left(\dfrac{1}{n^2+1} + \dfrac{1}{n^2+2} + \dfrac{1}{n^2+3} + \cdots + \dfrac{1}{n^2+n}\right) \leqslant \dfrac{n^2}{n^2+1}$，

又因，$\lim\limits_{n\to\infty}\dfrac{n^2}{n^2+n} = \lim\limits_{n\to\infty}\dfrac{n^2}{n^2+1} = 1$，

所以，用夹逼准则，原数列的极限也是 1.

（2）本题如果按照第（1）题一样缩放，就会导致"夹不住"，从而无法求出极限.

$$\lim\limits_{n\to\infty}n\left(\frac{1}{(n+1)^2} + \frac{1}{(n+2)^2} + \frac{1}{(n+3)^2} + \cdots + \frac{1}{(n+n)^2}\right)$$

$$= \lim\limits_{n\to\infty}\frac{1}{n}\sum_{i=1}^{n}\frac{1}{\left(1+\dfrac{i}{n}\right)^2} = \int_0^1\frac{1}{(1+x)^2}\,dx = \frac{1}{2}.$$

小结： 对于无穷和式的极限，除了用裂项法、级数的相关理论之外，上述两种方法是常常用到的. 我们在解题的时候，首先尝试着进行放缩，如果放缩成功，能够使用夹逼准则，那么该题得到解决. 如果放缩不成功，则应该尝试能否将极限写出定积

分的定义式

$$\int_0^1 f(x)\,\mathrm{d}x = \lim_{n\to\infty} \frac{1}{n}\sum_{i=1}^n f\left(\frac{i}{n}\right)\text{（等分取端点的特殊取法）}$$

写出这种形式的关键有两个：第一个是 $\frac{1}{n}$；第二个是和式中写出关于 $\frac{i}{n}$ 的函数.

1.4.4 利用子序列的极限与函数的极限等值定理，求数列极限

【例 10】 求下列极限：

（1）$\lim\limits_{n\to\infty} \sqrt{n}\left(\sqrt[n]{n}-1\right)$；　　　　　　（2）$\lim\limits_{n\to\infty}\left(n\sin\dfrac{1}{n}\right)^{n^2}$.

分析：将序列中的自然数 n 换成连续变量 x，求出形式相同的函数的极限，即得数列的极限.

解：（1）因为，$\lim\limits_{x\to+\infty} \sqrt{x}\left(\sqrt[x]{x}-1\right) = \lim\limits_{x\to+\infty} \dfrac{x^{\frac{1}{x}}-1}{x^{-\frac{1}{2}}}$

$$= \lim_{x\to+\infty} \frac{e^{\frac{1}{x}\ln x}-1}{x^{-\frac{1}{2}}} = \lim_{x\to+\infty} \frac{\frac{1}{x}\ln x}{x^{-\frac{1}{2}}} = \lim_{x\to+\infty}\frac{\ln x}{\sqrt{x}} = 0 \text{（等价无穷小、洛必达法则）}.$$

（2）因为，$\lim\limits_{x\to+\infty}\left(x\sin\dfrac{1}{x}\right)^{x^2} = \lim\limits_{x\to+\infty}\left[1+\left(x\sin\dfrac{1}{x}-1\right)\right]^{x^2}$，

$$\lim_{x\to+\infty} x^2\left(x\sin\frac{1}{x}-1\right) \xlongequal{u=1/x} \lim_{u\to0^+}\frac{\frac{1}{u}\sin u-1}{u^2} = \lim_{u\to0^+}\frac{\sin u-u}{u^3} = \lim_{u\to0^+}\frac{\cos u-1}{3u^2} = -\frac{1}{6},$$

所以，$\lim\limits_{x\to+\infty}\left(x\sin\dfrac{1}{x}\right)^{x^2} = e^{-\frac{1}{6}}$，故 $\lim\limits_{n\to\infty}\left(n\sin\dfrac{1}{n}\right)^{n^2} = e^{-\frac{1}{6}}$.

1.5　连　续　性

【知识要点解读】

连续性是函数的基本性质，它是用极限方法研究函数性质的第一个范例.

1. 函数连续定义

（1）$\Delta x = x - x_0$，$\Delta y = y - y_0$，若 $\lim\limits_{\Delta x\to0}\Delta y = 0$，则称函数 $y = f(x)$ 在 $x = x_0$ 处连续.

（2）$y = f(x)$ 在 $x = x_0$ 处连续 $\Leftrightarrow \lim\limits_{x\to x_0} f(x) = f(x_0)$.

连续的三个要素为：有定义，有极限，极限值等于函数值. 判断函数在某点连

续的方法有：

（1）利用定义，即用 $f(x_0^+) = f(x_0^-) = f(x_0)$．

（2）基本初等函数在其定义域内是连续的，初等函数及其复合函数在其定义区间内连续．

（3）分段函数的连续性：主要判断分段函数在分段点处的连续性．

2. 间断点类型

间断点定义及分类

定义	分类		
若 $f(x)$ 有下列三种情况之一： （1）在 x_0 点没有定义 （2）$\lim\limits_{x \to x_0} f(x)$ 不存在 （3）$\lim\limits_{x \to x_0} f(x) \neq f(x_0)$ 则点 x_0 称为函数 $f(x)$ 的间断点	第一类 $\lim\limits_{x \to x_0^-} f(x)$ 与 $\lim\limits_{x \to x_0^+} f(x)$ 都存在	跳跃型：左、右极限存在但不相等，即 $\lim\limits_{x \to x_0^-} f(x) \neq \lim\limits_{x \to x_0^+} f(x)$	
		可去型：左、右极限存在且相等，即 $\lim\limits_{x \to x_0^-} f(x) = \lim\limits_{x \to x_0^+} f(x)$	
	第二类 $\lim\limits_{x \to x_0^-} f(x)$ 与 $\lim\limits_{x \to x_0^+} f(x)$ 中至少有一个不存在	无穷型：$\lim\limits_{x \to x_0} f(x)$ 为无穷大	
		振荡型：$\lim\limits_{x \to x_0} f(x)$ 振荡无极限	
		其他类型	

3. 连续函数的性质

（1）连续函数的四则运算、复合运算仍连续．

（2）初等函数在定义区间上连续．

（3）函数可导，则连续；反之不一定成立．

（4）$\Phi(x) = \int_a^x f(x)\mathrm{d}x$，若 $f(x)$ 可积 $\Rightarrow \Phi(x)$ 连续；若 $f(x)$ 连续 $\Rightarrow \Phi(x)$ 可导，且 $\Phi'(x) = f(x)$．

4. 闭区间上连续函数的性质

定理 1（有界性与最值定理）：在闭区间上连续的函数在该区间上有界且一定能取得它的最大值和最小值．

定理 2（零点定理）：设函数 $f(x)$ 在闭区间 $[a,b]$ 上连续，且 $f(a)$ 与 $f(b)$ 异号，那么在开区间 (a,b) 内至少存在一点 ξ，使得 $f(\xi) = 0$．

定理 3（介值定理）：设函数 $f(x)$ 在闭区间 $[a,b]$ 上连续，且在这区间的端点取不同的函数值 $f(a) = A$ 及 $f(b) = B$，那么对于 A 与 B 之间的任意一个数 C，在开区间 (a,b) 内至少存在一点 ξ，使得 $f(\xi) = C$（$a < \xi < b$）．

【例 1】　求 $\lim\limits_{x \to \infty}(\sqrt{1 + x + x^2} - \sqrt{1 - x + x^2})$．

解：原式 $= \lim\limits_{x \to \infty} \dfrac{2x}{\sqrt{1 + x + x^2} + \sqrt{1 - x + x^2}}$　（分子有理化）

$$= \lim_{x \to \infty} \frac{2x}{\left(\sqrt{\dfrac{1}{x^2} + \dfrac{1}{x} + 1} + \sqrt{\dfrac{1}{x^2} - \dfrac{1}{x} + 1} \right) |x|}.$$

由于，$\displaystyle \lim_{x \to +\infty} \frac{2x}{\left(\sqrt{\dfrac{1}{x^2} + \dfrac{1}{x} + 1} + \sqrt{\dfrac{1}{x^2} - \dfrac{1}{x} + 1} \right) x} = 1$；

$$\lim_{x \to -\infty} \frac{2x}{\left(\sqrt{\dfrac{1}{x^2} + \dfrac{1}{x} + 1} + \sqrt{\dfrac{1}{x^2} - \dfrac{1}{x} + 1} \right) (-x)} = -1.$$

故原极限不存在.

1.5.1 通过极限来构造函数

【例2】 求 $f(x) = \displaystyle\lim_{n \to \infty} \sqrt[n]{1 + x^n + \left(\dfrac{x^2}{2} \right)^n}$（$x \geqslant 0$）的表达式.

分析:（1）首先看夹逼准则：① $y_n \leqslant x_n \leqslant z_n$；② $y_n \to A$，$z_n \to A \Rightarrow x_n \to A$（$n \to \infty$）.

（2）对于 $\displaystyle\sum_{i=1}^n u_i = u_1 + u_2 + \cdots + u_n$（$u_n \geqslant 0$，$n$ 为无限数），其放缩法为

$$n \cdot u_{\min} \leqslant u_1 + u_2 + \cdots + u_n \leqslant n \cdot u_{\max}.$$

（3）对于 $\displaystyle\sum_{i=1}^n u_i = u_1 + u_2 + \cdots + u_n$（$u_n \geqslant 0$，$n$ 为有限数），其放缩法为

$$1 \cdot u_{\max} \leqslant u_1 + u_2 + \cdots + u_n \leqslant n \cdot u_{\max}.$$

（看谁在和式 $\displaystyle\sum_{i=1}^n u_i$ 中起"决定性作用"）

于是我们要对 $1 + x^n + \left(\dfrac{x^2}{2} \right)^n$ 在 $x \geqslant 0$ 时进行放缩，首先要找出 $1, x^n, \left(\dfrac{x^2}{2} \right)^n$ 在 $x \geqslant 0$ 时的最大值. 由于若 $a > b > 0$，$n > 0$，则 $a^n > b^n$，故只需比较 $1, x, \dfrac{x^2}{2}$ 在 $x \geqslant 0$ 时的大小即可. 画出图形（对于三个及以上的量做大小比较时，如果能画出图形，最好用几何法），谁大谁小一目了然.

解:（1）当 $x \in [0,1)$ 时，1^n 最大，则

$$\sqrt[n]{1 \cdot 1^n} \leqslant \sqrt[n]{1 + x^n + \left(\dfrac{x^2}{2} \right)^n} \leqslant \sqrt[n]{3 \cdot 1^n}，\ \text{即}\ 1 \leqslant \sqrt[n]{1 + x^n + \left(\dfrac{x^2}{2} \right)^n} \leqslant 3^{\frac{1}{n}}，$$

故当 $n \to \infty$ 时，由夹逼准则得：原极限 $= 1$；

（2）当 $x \in [1,2)$ 时，x^n 最大，则

$$\sqrt[n]{1 \cdot x^n} \leqslant \sqrt[n]{1 + x^n + \left(\dfrac{x^2}{2} \right)^n} \leqslant \sqrt[n]{3 \cdot x^n}，\ \text{即}\ x \leqslant \sqrt[n]{1 + x^n + \left(\dfrac{x^2}{2} \right)^n} \leqslant 3^{\frac{1}{n}} \cdot x，$$

故当 $n \to \infty$ 时，由夹逼准则得：原极限 $= x$；

（3）当 $x \in [2,+\infty)$ 时，$\left(\dfrac{x^2}{2}\right)^n$ 最大，则

$$\sqrt[n]{1 \cdot \left(\frac{x^2}{2}\right)^n} \leqslant \sqrt[n]{1 + x^n + \left(\frac{x^2}{2}\right)^n} \leqslant \sqrt[n]{3 \cdot \left(\frac{x^2}{2}\right)^n}，即 \frac{x^2}{2} \leqslant \sqrt[n]{1 + x^n + \left(\frac{x^2}{2}\right)^n} \leqslant 3^{\frac{1}{n}} \cdot \frac{x^2}{2}，$$

故当 $n \to \infty$ 时，由夹逼准则得，原极限 $= \dfrac{x^2}{2}$.

所以，$f(x) = \lim\limits_{n \to \infty} \sqrt[n]{1 + x^n + \left(\dfrac{x^2}{2}\right)^n} = \begin{cases} 1, & 0 \leqslant x < 1 \\ x, & 1 \leqslant x < 2 \\ \dfrac{x^2}{2}, & x \geqslant 2 \end{cases}$.

1.5.2   连续函数中的参数

【例3】   设函数 $f(x) = \lim\limits_{n \to \infty} \dfrac{x^{2n-1} + ax^2 + bx}{x^{2n} + 1}$ 是连续函数，试确定 a、b 之值.

解： 先求函数 $f(x)$ 的表达式，

当 $|x| < 1$ 时，$\lim\limits_{n \to \infty} x^{2n-1} = \lim\limits_{n \to \infty} x^{2n} = 0$，这时 $f(x) = \lim\limits_{n \to \infty} \dfrac{x^{2n-1} + ax^2 + bx}{x^{2n} + 1} = ax^2 + bx$；

当 $|x| > 1$ 时，$f(x) = \lim\limits_{n \to \infty} \dfrac{x^{2n-1} + ax^2 + bx}{x^{2n} + 1} = \dfrac{1}{x}$；

当 $x = \pm 1$ 时，有：$f(-1) = \dfrac{a - b - 1}{2}$，$f(1) = \dfrac{a + b + 1}{2}$.

于是有

$$f(x) = \begin{cases} \dfrac{1}{x}, & x < -1 \\ \dfrac{a - b - 1}{2}, & x = -1 \\ ax^2 + bx, & -1 < x < 1 \\ \dfrac{a + b + 1}{2}, & x = 1 \\ \dfrac{1}{x}, & x > 1 \end{cases}.$$

下面再求 a、b 的值：

由于 $f(-1-0) = \lim\limits_{x \to -1^-} \dfrac{1}{x} = -1$，

$f(-1+0) = \lim\limits_{x \to -1^+} (ax^2 + bx) = a - b$，

$f(-1) = \dfrac{a - b - 1}{2}$，

由题设函数 $f(x)$ 在 $x = -1$ 连续，所以有：$a - b = -1$.   ············（1）

同理，由于 $f(1-0)=\lim\limits_{x\to 1^-}(ax^2+bx)=a+b$，

$$f(1+0)=\lim_{x\to 1^+}\frac{1}{x}=1，$$

$$f(1)=\frac{a+b+1}{2}，$$

据题设函数 $f(x)$ 在 $x=1$ 连续，所以有：$a+b=1$.　　　　　　　　⋯⋯⋯⋯（2）

将（1）、（2）式联立，解得 $a=0$，$b=1$.

【例4】　设 $f(x)=\begin{cases}\dfrac{a(1-\cos x)}{x^2}, & x>0\\[3mm] 8, & x=0\\[3mm] \dfrac{b\sin x+\displaystyle\int_0^x e^t\mathrm{d}t}{x}, & x<0\end{cases}$ 连续，确定常数 a 与 b.

解：因为 $f(x)$ 连续，所以 $f_-(0)=f_+(0)=f(0)$，

又　　$f_-(0)=\lim\limits_{x\to 0^-}f(x)=\lim\limits_{x\to 0^-}\dfrac{b\sin x+\displaystyle\int_0^x e^t\mathrm{d}t}{x}\left(\dfrac{0}{0}\right)$

$$=\lim_{x\to 0^-}(b\cos x+e^x)=b+1=f(0)=8\Rightarrow b=7，$$

$$f_+(0)=\lim_{x\to 0^+}f(x)=\lim_{x\to 0^+}\frac{a(1-\cos x)}{x^2}\left(\frac{0}{0}\right)$$

$$=\lim_{x\to 0^+}\frac{a\sin x}{2x}=\frac{a}{2}=f(0)=8\Rightarrow a=16.$$

1.5.3　函数的间断点及其分类

【例5】　指出函数 $f(x)=\dfrac{x}{\tan x}$ 的间断点及其所属类型.

解：函数 $f(x)$ 是两个函数 x 与 $\tan x$ 之商，显然分子函数 x 在 $(-\infty,+\infty)$ 内处处连续，而分母 $\tan x$ 不连续的点为 $x_k'=k\pi+\dfrac{\pi}{2}(k=0,\pm1,\pm2,\cdots)$，使分母函数 $\tan x$ 等于零的点为 $x_k''=k\pi\,(k=0,\pm1,\pm2,\cdots)$.

现分别讨论函数 $f(x)$ 在这些点处的连续性.

当 $x=x_k''=0$ 时，

$\lim\limits_{x\to 0}f(x)=\lim\limits_{x\to 0}\dfrac{x}{\tan x}=1$，但 $f(x)$ 在 $x=0$ 点处没有定义，故 $x=0$ 点是 $f(x)$ 的第一类间断点中的可去间断点；

当 $x=x_k''=k\pi\,(k=\pm1,\pm2,\cdots)$ 时，

$\lim\limits_{x\to k\pi}f(x)=\lim\limits_{x\to k\pi}\dfrac{x}{\tan x}=\infty$，故 $x=k\pi\,(k=\pm1,\pm2,\cdots)$ 是 $f(x)$ 的第二类间断点中的无穷型间断点；

当 $x=x_k'=k\pi+\dfrac{\pi}{2}(k=0,\pm1,\pm2,\cdots)$ 时，

$$\lim_{x \to k\pi + \frac{\pi}{2}} f(x) = \lim_{x \to k\pi + \frac{\pi}{2}} \frac{x}{\tan x} = 0$$

而 $f(x)$ 在 $x = k\pi + \dfrac{\pi}{2}$ 处没有定义，故 $x = k\pi + \dfrac{\pi}{2}(k = 0, \pm 1, \pm 2, \cdots)$ 是函数 $f(x)$ 的第一类间断点中的可去间断点.

【例 6】 确定常数 a、b 的值，使函数 $f(x) = \dfrac{e^x - b}{(x-a)(x-1)}$ 有无穷型间断点 $x = 0$，有可去间断点 $x = 1$.

解： 要使 $x = 0$ 点是 $f(x)$ 的无穷型间断点，只需 $\lim\limits_{x \to 0}(e^x - b) = 1 - b \neq 0$，即 $b \neq 1$. 并且 $\lim\limits_{x \to 0}(x-a)(x-1) = 0$，即 $a = 0$.

所以当 $a = 0$，$b \neq 1$ 时，$x = 0$ 是函数 $f(x)$ 的无穷型间断点.

由于 $\lim\limits_{x \to 1}(x-a)(x-1) = 0$，要使得 $f(1-0)$ 及 $f(1+0)$ 都存在，只需

$$\begin{cases} \lim\limits_{x \to 1}(e^x - b) = 0 \\ \lim\limits_{x \to 1}(x-a) \neq 0 \end{cases}, \quad 即 \begin{cases} b = e \\ a \neq 1 \end{cases}.$$

所以当 $b = e, a \neq 1$ 时，$x = 1$ 是函数 $f(x)$ 的可去间断点.

综上所述，取 $a = 0$，$b = e$ 时，有 $f(x) = \dfrac{e^x - e}{x(x-1)}$，故

$$\lim_{x \to 0} f(x) = \lim_{x \to 0} \frac{e^x - e}{x(x-1)} = \infty,$$

$$\lim_{x \to 1} f(x) = \lim_{x \to 1} \frac{e^x - e}{x(x-1)} = e.$$

故 $x = 0$ 是 $f(x)$ 的无穷型间断点，$x = 1$ 是函数 $f(x)$ 的可去间断点.

【例 7】 指出函数 $f(x) = \lim\limits_{n \to \infty} \dfrac{x^{2n+1} + 1}{x^{2n+1} - x^{n+1} + x}$（$n$ 为正整数）的间断点及其所属类型.

解： 先求函数 $f(x)$ 的表达式.

当 $x = 1$ 时，$f(1) = 2$；

当 $x = -1$ 时，$f(-1) = 0$；

当 $0 < |x| < 1$ 时，$\lim\limits_{n \to \infty} x^{2n+1} = \lim\limits_{n \to \infty} x^{n+1} = 0$，有 $f(x) = \dfrac{1}{x}$；

当 $|x| > 1$ 时，有 $f(x) = \lim\limits_{n \to \infty} \dfrac{1 + \left(\dfrac{1}{x}\right)^{2n+1}}{1 - \left(\dfrac{1}{x}\right)^n + \left(\dfrac{1}{x}\right)^{2n}} = 1$.

所以

$$f(x) = \begin{cases} 1, & x < -1 \\ 0, & x = -1 \\ \dfrac{1}{x}, & -1 < x < 1 (x \neq 0) \\ 2, & x = 1 \\ 1, & x > 1 \end{cases},$$

由于 $f(-1-0) = 1$，$f(-1+0) = \lim\limits_{x \to -1^+} \dfrac{1}{x} = -1$，因为 $f(-1-0) \neq f(-1+0)$，

所以 $x = -1$ 是 $f(x)$ 的第一类间断点中的跳跃间断点.

$$f(0-0) = \lim\limits_{x \to 0^-} \dfrac{1}{x} = -\infty，\quad f(0+0) = \lim\limits_{x \to 0^+} \dfrac{1}{x} = +\infty，$$

所以 $x = 0$ 是 $f(x)$ 的第二类间断点中的无穷间断点.

$$f(1-0) = \lim\limits_{x \to 1^-} \dfrac{1}{x} = 1，\quad f(1+0) = 1，\quad f(1) = 2，$$

因为 $f(1-0) = f(1+0) \neq f(1)$.

所以 $x = 1$ 是 $f(x)$ 的第一类间断点中的可去间断点.

【例8】 确定 $f(x) = \dfrac{\ln|x|}{x^2 - 3x + 2}$ 的间断点，并指出类型.

解： 由 $f(x)$ 的表达式，得 $f(x)$ 的间断点为 $\ln|x|$ 的无定义点 $x_1 = 0$ 及分母 $x^2 - 3x + 2$ 的零点 $x_2 = 1$ 与 $x_3 = 2$. 由于

$$\lim\limits_{x \to 0} \ln|x| = -\infty，\quad \lim\limits_{x \to 0}(x^2 - 3x + 2) = 2$$

得 $x_1 = 0$ 为 $f(x)$ 的无穷间断点. 由于

$$\lim\limits_{x \to 1} f(x) = \lim\limits_{x \to 1} \dfrac{\ln|x|}{x^2 - 3x + 2} = \lim\limits_{x \to 1} \dfrac{\ln x}{(x-1)(x-2)} = \lim\limits_{x \to 1} \dfrac{1}{x-2} \dfrac{\ln[1+(x-1)]}{x-1} = -1$$

得 $x_2 = 1$ 为 $f(x)$ 的可去间断点. 又由于

$$\lim\limits_{x \to 2} f(x) = \lim\limits_{x \to 2} \dfrac{\ln|x|}{x^2 - 3x + 2} = \lim\limits_{x \to 2} \dfrac{\ln x}{(x-1)(x-2)} = \infty$$

得 $x_3 = 2$ 也为 $f(x)$ 的无穷间断点.

【例9】 设 $f(x) = \begin{cases} \dfrac{x(x^2-4)}{\sin \pi x}, & x < 0 \\ \dfrac{x(x^2-1)}{x-1}, & x \geq 0 \end{cases}$，求其间断点并判断类型.

分析： 这是分段函数，需要讨论：函数的无定义点（必为间断点）；分段函数的分段点（可能间断也可能连续）.

解：（1）$x = 1$ 是函数的无定义点，由于 $\lim\limits_{x \to 1} f(x) = \lim\limits_{x \to 1} \dfrac{x(x^2-1)}{x-1} = 2$，故 $x = 1$ 为可去间断点；

（2）$x = -1, -2, -3, \cdots$，也是函数的无定义点，由于对于 $x = -2$，

$$\lim_{x \to -2} f(x) = \lim_{x \to -2} \frac{x(x^2-4)}{\sin \pi x} = \frac{8}{\pi},$$

故 $x = -2$ 为可去间断点；

对于 $x = -1, -3, -4, \cdots$，如 $\lim_{x \to -1} f(x) = \infty$，其他点与此类似，故 $x = -1, -3, -4, \cdots$ 为无穷间断点；

（3）$x = 0$ 是分段函数的分段点，由于

$$\begin{cases} \lim_{x \to 0^+} f(x) = \lim_{x \to 0^+} \dfrac{x(x^2-1)}{x-1} = 0 \\ \lim_{x \to 0^-} f(x) = \lim_{x \to 0^-} \dfrac{x(x^2-4)}{\sin \pi x} = -\dfrac{4}{\pi} \end{cases},$$

故 $x = 0$ 为跳跃间断点.

1.5.4 论证函数的连续性

【例 10】 设 $f(x) = \begin{cases} e^{\frac{1}{x}} + 1, & x < 0 \\ 1, & x = 0 \\ 1 + x\sin\dfrac{1}{x}, & x > 0 \end{cases}$，求 $f(x)$ 的连续区间.

解：函数 $f(x)$ 是分段函数，点 $x_0 = 0$ 是分段函数 $f(x)$ 的定义区间的分界点.

当 $x \in (-\infty, 0)$ 时，$f(x) = e^{\frac{1}{x}} + 1$ 是初等函数，根据一切初等函数在其定义区间内都是连续的结论可知，$f(x) = e^{\frac{1}{x}} + 1$ 在 $x \in (-\infty, 0)$ 连续；

同理可知，$f(x) = 1 + x\sin\dfrac{1}{x}$，在 $x \in (0, +\infty)$ 连续.

现在考查 $f(x)$ 在点 $x_0 = 0$ 处的连续性.

因为 $f(0-0) = \lim_{x \to 0^-} f(x) = \lim_{x \to 0^-} \left(e^{\frac{1}{x}} + 1 \right) = 1$，$f(0+0) = \lim_{x \to 0^+} \left(1 + x\sin\dfrac{1}{x} \right) = 1$.

所以，$f(0-0) = f(0+0) = f(0) = 1$，

综上所述，函数 $f(x)$ 在 $(-\infty, +\infty)$ 都连续.

【例 11】 设函数 $f(x)$ 处处有定义，且对任意的 x_1、x_2 都有 $f(x_1 + x_2) = f(x_1) + f(x_2)$，又 $f(x)$ 在 $x_0 = 0$ 点连续. 试证明函数 $f(x)$ 处处连续.

分析：由于对任意的 x_1、x_2 都有 $f(x_1 + x_2) = f(x_1) + f(x_2)$，

现取 $x_1 = x_2 = 0$，有 $f(0) = f(0) + f(0) \Rightarrow f(0) = 0$.

欲证函数 $f(x)$ 处处连续，只需证函数 $f(x)$ 在任意一点 x 处连续即可.

证明：设自变量在任意一点 x 处有增量 Δx，函数对应的增量为

$$\Delta y = f(x + \Delta x) - f(x) = f(x) + f(\Delta x) - f(x) = f(\Delta x)$$

由于函数 $f(x)$ 在 $x_0 = 0$ 点连续，因此有 $\lim_{\Delta x \to 0} f(\Delta x) = f(0) = 0$，

所以，$\lim_{\Delta x \to 0} \Delta y = \lim_{\Delta x \to 0} f(\Delta x) = f(0) = 0$.

由此可知函数 $f(x)$ 在任意一点 x 都连续，所以函数 $f(x)$ 处处连续.

1.5.5 零点定理与根的存在性问题

利用闭区间上连续函数的性质证明中值定理通常有两种方法.

证明的关键有两点：一找函数，二找区间. 即对哪个函数，在哪个区间上，使用哪个定理来证明. 这个区间一般是结论要求的区间或它的一个子区间.

1）直接法（利用介值定理和最值定理）

解题步骤：

（1）将要证的结论变形为 $f(\xi) = C$ 的形式；

（2）说明 C 介于 $f(x)$ 在相关区间上的最小值与最大值之间；

（3）利用介值定理得到命题的证明.

2）间接法（利用零点定理）

解题步骤：

（1）作辅助函数：

① 将要证等式中的 ξ 换成 x，得到相应方程；

② 通过移项，使方程一边为 "0"；

③ 将方程另一边设为辅助函数.

（2）寻找闭区间，使辅助函数在该区间端点处的值异号.

【例 12】 求证方程 $x + p + q\cos x = 0$ 恰有一个实根，其中 p,q 为常数，且 $0 < q < 1$.

解： 令 $f(x) = x + p + q\cos x$，$f'(x) = 1 - q\sin x > 0$，

因 $f(x)$ 在 $(-\infty, +\infty)$ 单调增加，且 $f(-\infty) = -\infty$，$f(+\infty) = +\infty$，

故方程 $x + p + q\cos x = 0$ 恰有一个实根.

【例 13】 证明方程 $x\tan x + 2x^2 = \dfrac{\pi}{4}$ 在 $\left(-\dfrac{\pi}{2}, \dfrac{\pi}{2}\right)$ 内至少有一个实根.

证明： 令 $f(x) = x\tan x + 2x^2 - \dfrac{\pi}{4}$，在 $\left(-\dfrac{\pi}{2}, \dfrac{\pi}{2}\right)$ 连续，因为 $f(0) = -\dfrac{\pi}{4}$，$f\left(\dfrac{\pi}{4}\right) = \dfrac{\pi^2}{8}$，

区间 $\left[0, \dfrac{\pi}{4}\right]$ 上对 $f(x)$ 用零点定理得证.

【例 14】 设 $a_1 < a_2 < a_3$，证明：$\dfrac{1}{x - a_1} + \dfrac{1}{x - a_2} + \dfrac{1}{x - a_3} = 0$ 在区间 (a_1, a_2) 与 (a_2, a_3) 内各至少有一实根.

证明： 设函数 $f(x) = (x - a_2)(x - a_3) + (x - a_1)(x - a_3) + (x - a_1)(x - a_2)$，显然 $f(a_1) > 0$，$f(a_2) < 0$，$f(a_3) > 0$，由方程根的存在定理知在区间 (a_1, a_2) 与 (a_2, a_3) 内各至少有一实根.

【例 15】 证明 $a_0 x^n + a_1 x^{n-1} + \cdots + a_{n-1}x + a_n = 0$（$n$ 为奇数）至少有一实根.

证明： 令 $f(x) = a_0 x^n + a_1 x^{n-1} + \cdots + a_{n-1}x + a_n$ 在 $(-\infty, +\infty)$ 连续，

不妨设 $a_0 > 0$，又因为 n 为奇数，则：$f(-\infty) = -\infty$，$f(+\infty) = +\infty$，由零点定理知，方程至少有一实根.

【例 16】 设函数 $f(x)$ 在闭区间 $[0,1]$ 上可微，对于 $[0,1]$ 上每一个 x，函数 $f(x)$ 值都在开区间 $(0,1)$ 内，且 $f'(x) \neq 1$，证明在 $(0,1)$ 内有且仅有一个 x 使 $f(x) = x$.

证明：先证存在性，令 $F(x) = f(x) - x$，则 $F(x)$ 在 $[0,1]$ 上连续，由于 $0 < f(x) < 1$，又因为 $F(0) = f(0) > 0$，$F(1) = f(1) - 1 < 0$，由零点定理，至少存在 $(0,1)$ 内一点 x，使 $F(x) = f(x) - x = 0$，即 $f(x) = x$。

再证唯一性，若存在 $x_1, x_2 \subset (0,1)$，使 $f(x_1) = x_1, f(x_2) = x_2$，由拉格朗日中值定理，在 x_1, x_2 之间存在一点 $\xi \in (0,1)$，使 $f'(\xi) = \dfrac{f(x_2) - f(x_1)}{x_2 - x_1} = 1$ 与 $f'(x) \neq 1$ 矛盾，所以 $x_1 = x_2$。

综上所述，在 $(0,1)$ 内有且仅有一个 x 使 $f(x) = x$。

练习题

1. 选择题.

（1）设 $f(x) = \lim\limits_{n \to \infty} \dfrac{1+x}{1+x^{2n}}$，则（　　）.

    （A）不存在间断点   （B）存在间断点 $x = 1$

    （C）存在间断点 $x = 0$ （D）存在间断点 $x = -1$

（2）设 $f(x)$ 为不恒等于零的奇函数，且 $f'(0)$ 存在，则函数 $g(x) = \dfrac{f(x)}{x}$（　　）.

    （A）在 $x = 0$ 处左极限不存在   （B）有跳跃间断点 $x = 0$

    （C）在 $x = 0$ 处右极限不存在   （D）有可去间断点 $x = 0$

（3）设函数 $f(x) = \dfrac{1}{e^{\frac{x}{x-1}} - 1}$，则（　　）.

    （A）$x = 0, x = 1$ 都是 $f(x)$ 的第一类间断点

    （B）$x = 0, x = 1$ 都是 $f(x)$ 的第二类间断点

    （C）$x = 0$ 是 $f(x)$ 的第一类间断点，$x = 1$ 是 $f(x)$ 的第二类间断点

    （D）$x = 0$ 是 $f(x)$ 的第二类间断点，$x = 1$ 是 $f(x)$ 的第一类间断点

（4）设 $f(x)$ 为连续函数，则下列函数中必为奇函数的是（　　）.

    （A）$f(t^2)$ （B）$f^2(t)$

    （C）$t[f(t) - f(-t)]$ （D）$t[f(t) + f(-t)]$

（5）$x = 0$ 是函数 $y = (1 - \sin x)^{\frac{1}{x}}$ 的（　　）.

    （A）连续点   （B）可去间断点

    （C）跳跃型间断点   （D）无穷型间断点

（6）设 $\alpha(x) = (x-1)\ln x$，$\beta(x) = 1 - \cos(x-1)$，当 $x \to 1$ 时，$\alpha(x)$ 与 $\beta(x)$ 相比是（　　）无穷小.

    （A）$\alpha(x)$ 比 $\beta(x)$ 高阶   （B）$\alpha(x)$ 比 $\beta(x)$ 低阶

    （C）$\alpha(x)$ 与 $\beta(x)$ 等价   （D）$\alpha(x)$ 与 $\beta(x)$ 同阶但不等价

（7）下列函数中，在定义域内处处连续的函数是（　　）.

    （A）$f(x) = \begin{cases} \dfrac{1-x^2}{1+x}, & x \neq -1 \\ 0, & x = -1 \end{cases}$ （B）$f(x) = \begin{cases} \ln x, & x > 0 \\ x^2, & x \leqslant 0 \end{cases}$

（C）$f(x)=\begin{cases}\dfrac{\sqrt{1+x}-1}{\sqrt{x}}, & x>0 \\ 0, & x\leqslant 0\end{cases}$ （D）$f(x)=\begin{cases}x^3+2x, & x\leqslant 0 \\ e^x, & x>0\end{cases}$

2．设函数 $f(x)=\begin{cases}\dfrac{1-e^{\tan x}}{\arcsin\dfrac{x}{2}}, & x>0 \\ ae^{2x}, & x\leqslant 0\end{cases}$ ，在 $x=0$ 处连续，则 $a=\underline{\qquad}$．

3．设 $f(x)=\lim\limits_{n\to\infty}\dfrac{\ln(e^n+x^n)}{n}(x>0)$，求 $f(x)$ 并讨论 $f(x)$ 连续性．

4．讨论函数 $f(x)=\lim\limits_{n\to\infty}\dfrac{x+x^2e^{nx}}{1+e^{nx}}$ 的连续性．

5．设函数 $f(x)=\begin{cases}\dfrac{\ln(1+ax^3)}{x-\arcsin x}, & x<0 \\ 6, & x=0 \\ \dfrac{e^{ax}+x^2-ax-1}{x\sin\dfrac{x}{4}}, & x>0\end{cases}$ ，问 a 为何值时，$f(x)$ 在 $x=0$ 处连续；

a 为何值时，$x=0$ 是 $f(x)$ 的可去间断点？

练习题参考答案

1．（1）分析：$f(x)$ 是一个极限函数，先求出 $f(x)$ 具体表达式，再判别间断点．

解：由 $\lim\limits_{n\to\infty}x^{2n}=\begin{cases}0, & |x|<1 \\ \infty, & |x|>1 \\ 1, & x=1 \\ 1, & x=-1\end{cases}$ ，$\Rightarrow f(x)=\begin{cases}1+x, & |x|<1 \\ 0, & |x|>1 \\ 1, & x=1 \\ 0, & x=-1\end{cases}$ ，

因为 $f(1-0)=2\neq f(1+0)=0$，$x=1$ 为间断点，所以选（B）．

（2）解：$f(x)$ 为奇函数，$f(-x)=-f(x)$，$f(0)=-f(0)\Rightarrow f(0)=0$，$g(x)$ 在 $x=0$ 处间断，$\lim\limits_{x\to 0}g(x)=\lim\limits_{x\to 0}\dfrac{f(x)}{x}=\lim\limits_{x\to 0}\dfrac{f(x)-f(0)}{x-0}=f'(0)$ 存在，所以 $x=0$ 为 $g(x)$ 的可去间断点，选（D）．

（3）解：因为 $\lim\limits_{x\to 0}f(x)=\infty$，$f(1-0)=-1$，$f(1+0)=0$，所以选（D）．

（4）（D）．（5）（B）．（6）（D）．（7）（C）．

2．解：$f(0+0)=\lim\limits_{x\to 0^+}\dfrac{-\tan x}{x/2}=-2=f(0)=a$，即 $a=-2$．

3．解：当 $0<x\leqslant e$ 时，$f(x)=\lim\limits_{n\to\infty}\dfrac{\ln e^n\left(1+\left(\dfrac{x}{e}\right)^n\right)}{n}=\lim\limits_{n\to\infty}\dfrac{n+\ln\left(1+\left(\dfrac{x}{e}\right)^n\right)}{n}=1$；

当 $x>e$ 时，$f(x)=\lim\limits_{n\to\infty}\dfrac{\ln x^{n}\left(1+\left(\dfrac{e}{x}\right)^{n}\right)}{n}=\lim\limits_{n\to\infty}\dfrac{n\ln x+\ln\left(1+\left(\dfrac{e}{x}\right)^{n}\right)}{n}=\ln x.$

故 $f(x)=\begin{cases}1,&0<x\leqslant e\\\ln x,&x>e\end{cases}.$

当 $0<x\leqslant e$ 时，$f(x)=1$ 连续；当 $x>e$ 时，$f(x)=\ln x$ 连续.

当 $x=e$ 处，$f(e-0)=f(e+0)=f(e)=1$，则 $f(x)$ 在 $x=e$ 点也连续.

所以 $f(x)$ 在 $x>0$ 内连续.

4. 解：讨论此类由极限给出的函数，一般是先设法确定极限，将它转化为一个分段函数，然后再进行讨论.

因为在 $n\to\infty$ 的过程中，当 $x<0$，$x=0$ 或 $x>0$ 时其极限是不同的，故先分别在 $x<0$，$x=0$，$x>0$ 的范围内求极限：

当 $x<0$ 时，$f(x)=\lim\limits_{n\to\infty}\dfrac{x+x^{2}e^{nx}}{1+e^{nx}}=x$（因为此时 $e^{nx}\to 0$）；

当 $x=0$ 时，$f(0)=0$；

当 $x>0$ 时，$f(x)=\lim\limits_{n\to\infty}\dfrac{x+x^{2}e^{nx}}{1+e^{nx}}=\lim\limits_{n\to\infty}\dfrac{xe^{-nx}+x^{2}}{e^{-nx}+1}=x^{2}$（因为此时 $e^{-nx}\to 0$）；

由此可得 $f(x)=\begin{cases}x,&x\leqslant 0\\x^{2},&x>0\end{cases}$

由于 $f(x)$ 在各段上都是连续的，在分界点 $x=0$ 处，有

$\lim\limits_{x\to 0^{-}}f(x)=\lim\limits_{x\to 0^{+}}f(x)=0$，且 $f(0)=0$，即 $f(x)$ 在 $x=0$ 处也连续.

故函数 $f(x)$ 在区间 $(-\infty,+\infty)$ 内连续.

5. 解：$\lim\limits_{x\to 0^{-}}f(x)=\lim\limits_{x\to 0^{-}}\dfrac{\ln(1+ax^{3})}{x-\arcsin x}=-6a,\ \lim\limits_{x\to 0^{+}}f(x)=\lim\limits_{x\to 0^{+}}\dfrac{e^{ax}+x^{2}-ax-1}{x\sin\dfrac{x}{4}}=2a^{2}+4.$

令 $\lim\limits_{x\to 0^{-}}f(x)=\lim\limits_{x\to 0^{+}}f(x)$，有 $-6a=2a^{2}+4$，得 $a=-1$ 或 $a=-2$.

$a=-1$ 时，$\lim\limits_{x\to 0}f(x)=f(0)=6$，则 $f(x)$ 在 $x=0$ 处连续.

$a=-2$ 时，$\lim\limits_{x\to 0}f(x)=12\neq f(0)$，则 $x=0$ 是 $f(x)$ 的可去间断点.

习　　题

1. 选择题.

（1）下列极限存在的是（　　　）.

(A) $\lim\limits_{x\to 0}\dfrac{1}{e^{x}-1}$ 　　　　　　　　(B) $\lim\limits_{x\to 0}\dfrac{x^{2}}{1-x^{2}}$

(C) $\lim\limits_{x\to 0}e^{\frac{1}{x}}$ 　　　　　　　　　(D) $\lim\limits_{x\to\infty}\sin x$

（2）设函数 $f(x) = \begin{cases} \dfrac{\sin x}{|x|}, & x \neq 0 \\ 1, & x = 0 \end{cases}$，则 $x = 0$ 是 $f(x)$ 的（　　）.

　　（A）连续点　　　　　　　　　　（B）可去间断点

　　（C）跳跃间断点　　　　　　　　（D）振荡间断点

（3）设函数 $f(x) = \ln\sqrt{1+3x}$，则当 $x \to 0$ 时，有（　　）.

　　（A）$f(x)$ 是比 x 高阶的无穷小

　　（B）$f(x)$ 是比 x 低阶的无穷小

　　（C）$f(x)$ 与 x 同阶的无穷小

　　（D）$f(x)$ 与 x 是等价无穷小

（4）函数 $f(x)$ 在 $x = x_0$ 处有定义是 $\lim\limits_{x \to x_0} f(x)$ 存在的（　　）.

　　（A）充分条件　　　　　　　　　（B）必要条件

　　（C）充要条件　　　　　　　　　（D）既非充分也非必要条件

（5）$\lim\limits_{x \to x_0^-} f(x) = \lim\limits_{x \to x_0^+} f(x)$ 是 $\lim\limits_{x \to x_0} f(x)$ 存在的（　　）.

　　（A）充分条件　　　　　　　　　（B）必要条件

　　（C）充要条件　　　　　　　　　（D）既非充分也非必要条件

（6）如果当 $x \to \infty$ 时，$\dfrac{1}{ax^2 + bx + c}$ 是比 $\dfrac{1}{x+1}$ 高阶的无穷小，则 a, b, c 应满足（　　）.

　　（A）$a = 0, b = 1, c = 1$　　　　　（B）$a \neq 0, b = 1, c$ 为任意常数

　　（C）$a \neq 0, b, c$ 为任意常数　　　（D）a, b, c 为任意常数

（7）极限 $\lim\limits_{x \to 0} \dfrac{e^{\frac{1}{x}} + 1}{e^{\frac{1}{x}} - 1} \arctan\dfrac{1}{x} = $（　　）.

　　（A）不存在　　　（B）$-\dfrac{\pi}{2}$　　　（C）$\dfrac{\pi}{2}$　　　（D）1

（8）$\lim\limits_{x \to \infty} \dfrac{\sqrt{x^2 + 2x - 3}}{x - 1} = $（　　）.

　　（A）1　　　　　　　　　　　　　（B）-1

　　（C）∞　　　　　　　　　　　（D）不存在，但不为 ∞

（9）设函数 $f(x) = \dfrac{1 + e^{\frac{1}{x}}}{2 + 3e^{\frac{1}{x}}}$，则 $x = 0$ 是 $f(x)$ 的（　　）.

　　（A）可去间断点　　　　　　　　（B）无穷间断点

　　（C）跳跃间断点　　　　　　　　（D）振荡间断点

（10）设 $\lim\limits_{t \to +\infty} \dfrac{x^2 e^{t(x-2)} + ax - 1}{e^{t(x-2)} + 1}$ 在 $(-\infty, +\infty)$ 内连续，则常数 $a = $（　　）.

　　（A）$\dfrac{1}{2}$　　　　（B）$\dfrac{3}{2}$　　　　（C）$\dfrac{5}{2}$　　　　（D）$\dfrac{7}{2}$

（11）当 $x \to 0^+$ 时，与 $\sqrt{x}$ 等价的无穷小量是（　　）.

（A）$1-e^{\sqrt{x}}$ （B）$\ln\dfrac{1-x}{1-\sqrt{x}}$

（C）$\sqrt{1+\sqrt{x}}-1$ （D）$1-\cos\sqrt{x}$

（12）函数 $f(x)=\dfrac{\left(e^{\frac{1}{x}}+e\right)\tan x}{x\left(e^{\frac{1}{x}}-e\right)}$ 在 $[-\pi,\pi]$ 上的第一类间断点是 $x=$（　　　）.

（A）0 （B）1

（C）$-\dfrac{\pi}{2}$ （D）$\dfrac{\pi}{2}$

（13）函数 $f(x)=\dfrac{|x|\sin(x-2)}{x(x-1)(x-2)^2}$ 在下列哪个区间内有界（　　　）.

（A）$(-1,0)$ （B）$(0,1)$

（C）$(1,2)$ （D）$(2,3)$

2．填空题.

（1）$\lim\limits_{x\to\infty}\left(\dfrac{\sin x}{x}-x\sin\dfrac{1}{x}\right)=$ ＿＿＿＿＿＿＿．

（2）设 $f(x)=\begin{cases}\dfrac{\cos 2x-\cos 3x}{x^2}, & x\neq 0\\ a, & x=0\end{cases}$ ，若 $f(x)$ 连续，则 $a=$ ＿＿＿＿＿＿＿＿＿．

（3）函数 $f(x)=\dfrac{x+1}{x^2-1}$ 的无穷型间断点是 $x=$ ＿＿＿＿＿＿＿．

（4）函数 $y=\dfrac{\ln x}{x}$（$x>0$）的值域范围为＿＿＿＿＿＿．

3．设函数 $f(x)=\begin{cases}\dfrac{\tan x}{x}, & x<0\\ a-1, & x=0\\ x\cos\dfrac{1}{x}+b, & x>0\end{cases}$ ，

（1）a、b 为何值时，极限 $\lim\limits_{x\to 0}f(x)$ 存在；

（2）a、b 为何值时，函数 $f(x)$ 在点 $x=0$ 处连续？

4．已知 $\lim\limits_{x\to 0}\dfrac{\sqrt{1+f(x)\tan x}-1}{\sin x}=2$ ，求 $\lim\limits_{x\to 0}f(x)$ ．

5．计算 $\lim\limits_{x\to 0}\dfrac{1+\sin x-\cos x}{1+\sin px-\cos px}$ （其中 p 是不等于零的常数）．

6．设数列 $\{x_n\}$ 满足 $0<x_1<\pi$ ，$x_{n+1}=\sin x_n$（$n=1,2,\cdots$）.

（1）证明 $\lim\limits_{n\to\infty}x_n$ 存在，并求该极限；（2）计算 $\lim\limits_{n\to\infty}\left(\dfrac{x_{n+1}}{x_n}\right)^{\frac{1}{x_n^2}}$ ．

7. 求极限 $\lim\limits_{x\to 0}\dfrac{2\cos^x x-2}{x\ln\cos x}$.

8. 求极限 $\lim\limits_{x\to 0}\dfrac{e^{x^2}-e^{2-2\cos x}}{x^4}$.

9. 求极限 $\lim\limits_{x\to -\infty}x\left(\sqrt{x^2+100}+x\right)$.

习题参考答案

1. (1)（B）.（2）（C）.（3）（C）.（4）（D）.（5）（C）.（6）（C）.（7）（C）.（8）（D）.（9）（C）.

(10)（C）（分析：$f(x)=\begin{cases}x^2, & x>2\\ \dfrac{3+2a}{2}, & x=2\\ ax-1, & x<2\end{cases}$）.（11）（B）.（12）（A）.（13）（A）.

2. (1) -1.（2）$\dfrac{5}{2}$.（3）1.

(4) 解：$y=\dfrac{\ln x}{x}$，$x>0$，$y'=\dfrac{1-\ln x}{x^2}$，当 $x\in(0,e)$ 时，$y'>0$；当 $x\in(e,+\infty)$ 时，$y'<0$. 且 $\lim\limits_{x\to 0^+}\dfrac{\ln x}{x}=-\infty$，$\lim\limits_{x\to +\infty}\dfrac{\ln x}{x}=0$，所以 $y(e)=\dfrac{1}{e}$ 为最大值，故值域范围为 $\left(-\infty,\dfrac{1}{e}\right]$.

3. (1) $b=1$，a 任意实数；（2）$b=1$，$a=2$.

4. 4.

5. $\dfrac{1}{p}$.

6. (1) 证明：由于 $0<x<\pi$ 时，$0<\sin x<x$，$x_{n+1}-x_n=\sin x_n-x_n<0$，即该数列为单调递减数列；又 $x_{n+1}=\sin x_n\geqslant -1$，即该数列有下界，由单调有界准则知 $\lim\limits_{n\to\infty}x_n$ 存在. 设 $\lim\limits_{n\to\infty}x_n=A$，则 $A=\sin A$，解得 $A=0$.

(2) 原式 $=\lim\limits_{n\to\infty}\left(\dfrac{x_{n+1}}{x_n}\right)^{\frac{1}{x_n^2}}=\lim\limits_{n\to\infty}\left(\dfrac{\sin x_n}{x_n}\right)^{\frac{1}{x_n^2}}\xlongequal{x_n=t}\lim\limits_{t\to 0}\left(\dfrac{\sin t}{t}\right)^{\frac{1}{t^2}}$ （利用第一个重要极限）

$=\lim\limits_{t\to 0}\left(1+\dfrac{\sin t-t}{t}\right)^{\frac{1}{t^2}}=e^{-\frac{1}{6}}$.

7. 解：$\lim\limits_{x\to 0}\dfrac{2\cos^x x-2}{x\ln\cos x}=\lim\limits_{x\to 0}\dfrac{2(e^{x\ln\cos x}-1)}{x\ln\cos x}=\lim\limits_{x\to 0}\dfrac{2x\ln\cos x}{x\ln\cos x}=2$ （等价无穷小替换）.

8. 解：$\lim\limits_{x\to 0}\dfrac{e^{x^2}-e^{2-2\cos x}}{x^4}=\lim\limits_{x\to 0}\dfrac{e^{x^2}(1-e^{2-2\cos x-x^2})}{x^4}=\lim\limits_{x\to 0}\dfrac{1-e^{2-2\cos x-x^2}}{x^4}$

$=\lim\limits_{x\to 0}\dfrac{-(2-2\cos x-x^2)}{x^4}=\lim\limits_{x\to 0}\dfrac{x^2+2\cos x-2}{x^4}$

$$= \lim_{x \to 0} \frac{2x - 2\sin x}{4x^3} = \lim_{x \to 0} \frac{x - \sin x}{2x^3} = \lim_{x \to 0} \frac{1 - \cos x}{6x^2}$$

$$= \lim_{x \to 0} \frac{\dfrac{1}{2}x^2}{6x^2} = \frac{1}{12}.$$

9. 解：原式 $= \lim_{x \to -\infty} \dfrac{100x}{\sqrt{x^2 + 100} - x} = \lim_{x \to -\infty} \dfrac{100}{-\sqrt{1 + \dfrac{100}{x^2}} - 1} = -\dfrac{100}{2} = -50$.

当 $x < 0$ 时，$x = -\sqrt{x^2}$.

第二章 导数与微分及其计算

【考试内容及要求】

（1）理解导数的概念及其几何意义，了解左导数与右导数的定义，理解函数的可导性与连续性的关系，会用定义求函数在一点处的导数.

（2）会求曲线上一点处的切线方程与法线方程.

（3）熟记导数的基本公式，会运用函数的四则运算求导法则、复合函数求导法则和反函数求导法则求导. 会求分段函数的导数.

（4）会求隐函数的导数. 掌握对数求导法与参数方程求导法.

（5）理解高阶导数的概念，会求一些简单函数的 n 阶导数.

（6）理解函数微分的概念，掌握微分运算法则与一阶微分形式不变性，理解可微与可导的关系，会求函数的一阶微分.

2.1 导数的概念

【知识要点解读】

导数概念是高等数学的基本概念，它极限概念为基础，并且是极限概念的具体应用. 它反映了函数的变化率问题，因此在科学技术中有广泛的应用.

1. 导数的定义

$$f'(x_0) = \lim_{\Delta x \to 0} \frac{\Delta y}{\Delta x} = \lim_{\Delta x \to 0} \frac{f(x_0 + \Delta x) - f(x_0)}{\Delta x}.$$

（1）几个等价形式：

令 $x = x_0 + \Delta x$，$f'(x_0) = \lim_{x \to x_0} \frac{\Delta y}{\Delta x} = \lim_{x \to x_0} \frac{f(x) - f(x_0)}{x - x_0}$；

令 $\Delta x = h$，$f'(x_0) = \lim_{h \to 0} \frac{f(x_0 + h) - f(x_0)}{h}$；

令 $h = -\Delta x$，$f'(x_0) = \lim_{\Delta x \to 0} \frac{f(x_0 - \Delta x) - f(x_0)}{-\Delta x}$.

（2）$f'(x_0) \Leftrightarrow f'_-(x_0) = f'_+(x_0)$.

2. 导数的几何意义

$f'(x_0)$ 表示曲线 $y = f(x)$ 在点 $[x_0, f(x_0)]$ 的切线斜率，从而求曲线的切线与法线方程简单易行.

曲线 $y = f(x)$ 在点 $[x_0, f(x_0)]$ 的切线：$y - f(x_0) = f'(x_0)(x - x_0)$；

曲线 $y = f(x)$ 在点 $[x_0, f(x_0)]$ 的法线：$y - f(x_0) = -\dfrac{1}{f'(x_0)}(x - x_0)$.

3. 可导与连续关系

函数 $f(x)$ 在 x_0 处，可微 $\Leftrightarrow$ 可导 $\rightarrow$ 连续 $\rightarrow$ 极限存在；反之极限存在不一定连续；连续不一定可导.

4. 分段函数的求导方法

（1）如果分段函数在各开区间内可导，可分别求出它们在各开区间内的导数.
（2）判断函数在分界点 x_0 处的可导性. 一般方法为：

① 如果函数在分界点 x_0 的两侧由一个表达式表达，则需考查极限 $\lim\limits_{x \to x_0} \dfrac{f(x) - f(x_0)}{x - x_0}$ 的存在性.

② 如果函数在分界点 x_0 的两侧由不同的表达式表达，则需考查极限 $\lim\limits_{x \to x_0^-} \dfrac{f(x) - f(x_0)}{x - x_0}$ 与 $\lim\limits_{x \to x_0^+} \dfrac{f(x) - f(x_0)}{x - x_0}$ 的情况. 若两者都存在且相等，则函数 $f(x)$ 在 x_0 处可导；否则，$f(x)$ 在 x_0 处不可导.

2.1.1　导数的概念

【例 1】　设函数 $f(x)$ 在点 x_0 处可导，则

（1）$\lim\limits_{h \to 0} \dfrac{f(x_0 - 3h) - f(x_0)}{h} = \underline{\hspace{2cm}}$；

（2）$\lim\limits_{h \to 0} \dfrac{f(x_0 + h) - f(x_0 - h)}{2h} = \underline{\hspace{2cm}}$；

（3）$\lim\limits_{n \to \infty} n\left[f\left(x_0 + \dfrac{1}{n}\right) - f\left(x_0 - \dfrac{1}{2n}\right) \right] = \underline{\hspace{2cm}}$；

（4）$\lim\limits_{x \to 0} \dfrac{x}{f(x_0) - f(x_0 + x)} = \underline{\hspace{2cm}}$.

解：（1）由导数的定义有

$$\lim\limits_{h \to 0} \frac{f(x_0 - 3h) - f(x_0)}{h} = \lim\limits_{h \to 0} \frac{f(x_0 - 3h) - f(x_0)}{-3h} \cdot (-3) = -3f'(x_0).$$

（2）同理 $\lim\limits_{h \to 0} \dfrac{f(x_0 + h) - f(x_0 - h)}{2h} = f'(x_0)$.

（3）$\lim\limits_{n \to \infty} n\left[f\left(x_0 + \dfrac{1}{n}\right) - f\left(x_0 - \dfrac{1}{2n}\right) \right] = \lim\limits_{n \to \infty} \dfrac{f\left(x_0 + \dfrac{1}{n}\right) - f\left(x_0 - \dfrac{1}{2n}\right)}{\left(\dfrac{3}{2}\right)\dfrac{1}{n}} \cdot \left(\dfrac{3}{2}\right) = \dfrac{3}{2} f'(x_0)$.

（4）$\lim\limits_{x \to 0} \dfrac{x}{f(x_0) - f(x_0 + x)} = \lim\limits_{x \to 0} \dfrac{1}{\dfrac{f(x_0) - f(x_0 + x)}{x}} = -\dfrac{1}{f'(x_0)} \, (f'(x_0) \neq 0)$.

【例2】 设函数 $f(x) = \left| x^3 - 1 \right| \varphi(x)$，其中 $\varphi(x)$ 在 $x = 1$ 处连续，则 $\varphi(1) = 0$ 是 $f(x)$ 在 $x = 1$ 处可导的（ ）.

（A）充分必要条件 　　　　　　（B）必要但非充分条件

（C）充分但非必要条件 　　　　（D）既非充分也非必要条件

解： $f'_+(1) = \lim\limits_{x \to 1^+} \dfrac{\left| x^3 - 1 \right| \varphi(x)}{x - 1} = 3\varphi(1)$，同理 $f'_-(1) = -3\varphi(1)$

$f(x)$ 在 $x = 1$ 处可导 $\Leftrightarrow f'_+(1) = f'_-(1)$，即 $\varphi(1) = 0$，故选（A）.

【例3】 设 $f(x)$ 在 $x = a$ 的某个邻域内有定义，则 $f(x)$ 在 $x = a$ 处可导的一个充分条件是（ ）.

（A）$\lim\limits_{h \to +\infty} h\left[f\left(a + \dfrac{1}{h} \right) - f(a) \right]$ 存在 （B）$\lim\limits_{h \to 0} \dfrac{f(a + 2h) - f(a + h)}{h}$ 存在

（C）$\lim\limits_{h \to 0} \dfrac{f(a + h) - f(a - h)}{2h}$ 存在 （D）$\lim\limits_{h \to 0} \dfrac{f(a) - f(a - h)}{h}$ 存在

解： 因为 $\lim\limits_{h \to +\infty} h\left[f\left(a + \dfrac{1}{h} \right) - f(a) \right] = f'_+(a)$，所以（A）不入选.

又因为 $\lim\limits_{h \to 0} \dfrac{f(a + 2h) - f(a + h)}{h}$ 的存在与 $f(x)$ 在 $x = a$ 处的值看不出有什么联系，即使在 $x = a$ 不连续，以上极限也可能存在，所以（B）也不入选.

类似地也说明（C）不入选.

由排除法可知（D）入选.

【例4】 设 $f(x)$ 在 $(-\infty, +\infty)$ 上有定义，对于任何 $x, y \in (-\infty, +\infty)$ 有 $f(x + y) = f(x)f(y)$，且 $f'(0) = 1$，试证明：对于任何 $x \in (-\infty, +\infty)$，有 $f'(x) = f(x)$.

证明： 因为对于任何 $x, y \in (-\infty, +\infty)$ 有

$$f(x + y) = f(x)f(y)$$

取 $y = 0$，得

$$f(x) = f(x)f(0)$$

即或者 $f(x) = 0$，或者 $f(0) = 1$.

如果 $f(x) = 0$，命题得证；

以下讨论 $f(0) = 1$ 的情况：对于任何 $x \in (-\infty, +\infty)$ 有

$$f'(x) = \lim\limits_{\Delta x \to 0} \frac{f(x + \Delta x) - f(x)}{\Delta x} = \lim\limits_{\Delta x \to 0} \frac{f(x)f(\Delta x) - f(x)}{\Delta x}$$

$$= \lim\limits_{\Delta x \to 0} f(x) \frac{f(\Delta x) - 1}{\Delta x} = \lim\limits_{\Delta x \to 0} f(x) \frac{f(\Delta x) - f(0)}{\Delta x} = f(x)f'(0),$$

由于 $f'(0) = 1$，得 $f'(x) = f(x)$.

2.1.2　论证函数的可导性及导函数的某些性质

【例5】　设 $f(x)=\begin{cases}\sin(x-1)+2, & x<1 \\ ax+b, & x\geqslant1\end{cases}$，问 a,b 取何值时 $f(x)$ 在 $(-\infty,+\infty)$ 内可导.

分析：要使 $f(x)$ 在 $(-\infty,+\infty)$ 内可导，则分段函数在分段点是连续的和可导的，利用这两点就可以求出 a,b 的值.

解：

$$\begin{cases}\lim\limits_{x\to1^+}f(x)=\lim\limits_{x\to1^+}(ax+b)=a+b \\ \lim\limits_{x\to1^-}f(x)=\lim\limits_{x\to1^-}[\sin(x-1)+2]=2, \\ f(1)=a+b\end{cases}$$

要使 $f(x)$ 在 $x=1$ 处连续，则

$$a+b=2.$$

又因

$$f'_+(1)=\lim_{x\to1^+}\frac{f(x)-f(1)}{x-1}=\lim_{x\to1^+}\frac{(ax+b)-(a+b)}{x-1}=a,$$

$$f'_-(1)=\lim_{x\to1^-}\frac{f(x)-f(1)}{x-1}=\lim_{x\to1^-}\frac{\sin(x-1)+2-(a+b)}{x-1}=\lim_{x\to1^-}\frac{\sin(x-1)}{x-1}=1,$$

要使 $f(x)$ 在 $x=1$ 处可导，则

$$a=1,$$

故 $a=1$，$b=1$.

> **小结**：$f(x)$ 在 $(-\infty,+\infty)$ 内可导隐含了函数在分段点是连续的和可导的，求待定常数时我们往往要用这两个条件.

【例6】　设 $f(x)=\begin{cases}\ln(1+x), & x>0 \\ 0, & x=0 \\ \dfrac{1}{x}\sin^2x, & x<0\end{cases}$，求 $f'(x)$.

解：当 $x>0$ 时，$f'(x)=\dfrac{1}{x+1}$；当 $x<0$ 时，$f'(x)=\dfrac{x\sin2x-\sin^2x}{x^2}$.
由于 $x=0$ 是该函数的分界点，由导数的定义，我们有

$$f'_+(0)=\lim_{x\to0^+}\frac{f(x)-f(0)}{x-0}=\lim_{x\to0^+}\frac{\ln(x+1)-0}{x-0}=1,$$

$$f'_-(0)=\lim_{x\to0^-}\frac{f(x)-f(0)}{x-0}=\lim_{x\to0^-}\frac{\sin^2x}{x^2}=1,$$

因此 $f'(0)=1$，于是

$$f'(x)=\begin{cases} \dfrac{1}{x+1}, & x>0 \\ 1, & x=0 \\ \dfrac{x\sin 2x-\sin^2 x}{x^2}, & x<0 \end{cases},$$

即

$$f'(x)=\begin{cases} \dfrac{1}{x+1}, & x\geqslant 0 \\ \dfrac{x\sin 2x-\sin^2 x}{x^2}, & x<0 \end{cases}.$$

【例 7】 设 $f(x)=\begin{cases} ax^2+bx+c, x<0 \\ \ln(1+x), x\geqslant 0 \end{cases}$，确定常数 a,b,c 使得 $f''(0)$ 存在.

解：如果 $f(x)$ 在 $x=0$ 处可导，则 $f(x)$ 在 $x=0$ 处必连续，有

$$\lim_{x\to 0^-}(ax^2+bx+c)=\lim_{x\to 0^+}\ln(1+x)=f(0)=0$$

即 $c=0$.

又由于 $f'(0)$ 存在，得

$$\lim_{x\to 0^-}\frac{ax^2+bx}{x}=\lim_{x\to 0^+}\frac{\ln(1+x)}{x}$$

即 $b=f'(0)=1$. 因此得 $f'(x)=\begin{cases} 2ax+1, & x<0 \\ \dfrac{1}{1+x}, & x\geqslant 0 \end{cases}$；

为使 $f''(0)$ 存在，需要有

$$\lim_{x\to 0^-}\frac{2ax+1-1}{x}=\lim_{x\to 0^+}\frac{\dfrac{1}{(1+x)}-1}{x}=2a=-1$$

由此得 $a=-\dfrac{1}{2}$.

【例 8】 设函数 $f(x)$ 在 $x=x_0$ 点连续，且 $\lim_{x\to x_0}\dfrac{f(x)}{x-x_0}=a$（$a\neq 0$），试证明 $f(x)$ 在 $x=x_0$ 可导，且 $f'(x_0)=a$.

证明：利用导数的定义来证明 $f(x)$ 在点 x_0 处是否可导，必须先求出函数值 $f(x_0)$. 由函数连续性定义，有

$$f(x_0)=\lim_{x\to x_0}f(x)=\lim_{x\to x_0}\left[(x-x_0)\cdot\frac{f(x)}{x-x_0}\right]$$

$$=\lim_{x\to x_0}(x-x_0)\cdot\lim_{x\to x_0}\frac{f(x)}{x-x_0}=0.$$

再由导数的定义，有

$$f'(x_0)=\lim_{x\to x_0}\frac{f(x)-f(x_0)}{x-x_0}=\lim_{x\to x_0}\frac{f(x)}{x-x_0}=a.$$

> **小结：** 在论证含有抽象函数记号的函数是否可导时，一定要充分注意题目所给出的函数所满足的条件，并通过导数的定义，正确地利用这些条件，既不能随意地"扩大"所给条件，也不能主观地增加条件，从而导致错误的论证方法.

【例9】 函数 $f(x) = (x^2 - x - 2)|x^3 - x|$ 不可导点的个数是（　　）.

(A) 3　　　　　(B) 2　　　　　(C) 1　　　　　(D) 0

解： 由于 $|x|$ 不可导点只有 $x = 0$，$f(x) = (x+1)(x-2)|x(x+1)(x-1)|$，因此 $f(x)$ 不可导点可能是 $x = 0$，$x = -1$，$x = 1$，但由于绝对值号内、外均有因子 $x+1$，故 $x = -1$ 是可导的点，故 $f(x)$ 不可导点只有 $x = 0$ 和 $x = 1$ 两个，故应选（B）.

> **小结：** $|x|$ 在 $x = 0$ 处不可导，但 $x|x|$ 在 $x = 0$ 处可导.

【例10】 设函数 $f(x) = \lim\limits_{n \to \infty} \sqrt[n]{1 + |x|^{3n}}$，则 $f(x)$ 在 $(-\infty, +\infty)$ 内（　　）.

(A) 处处可导　　　　　　　　　(B) 恰有一个不可导点

(C) 恰有两个不可导点　　　　　(D) 至少有三个不可导点

解： $f(x) = \begin{cases} -x^3, & x < -1 \\ 1, & -1 \leqslant x \leqslant 1 \\ x^3, & x > 1 \end{cases}$，$f'(x) = \begin{cases} -3x^2, & x < -1 \\ 0, & -1 < x < 1 \\ 3x^2, & x > 1 \end{cases}$.

$f'_+(-1) = 0 \neq f'_-(-1) = -3$，$f'_+(1) = 3 \neq f'_-(1) = 0$，恰有两个不可导点，故选（C）.

【例11】 设 $f(x) = 3x^3 + x^2|x|$. 则使 $f^{(n)}(0)$ 存在的最高阶数 n 为（　　）.

(A) 0　　　　　(B) 1　　　　　(C) 2　　　　　(D) 3

解： $f(x) = 3x^3 + x^2|x| = \begin{cases} 4x^3, & x \geqslant 0 \\ 2x^3, & x < 0 \end{cases}$，于是可有

$$f'(x) = \begin{cases} 12x^2, & x > 0 \\ 6x^2, & x < 0 \end{cases}, \quad f''(x) = \begin{cases} 24x, & x > 0 \\ 12x, & x < 0 \end{cases}, \quad f'''(x) = \begin{cases} 24, & x > 0 \\ 12, & x < 0 \end{cases}.$$

显然 $f'_+(0) = f'_-(0) = 0$，$f''_+(0) = f''_-(0) = 0$，$f'''_+(0) = 24$，$f'''_-(0) = 12$，即知 $f(x)$ 在 $x = 0$ 处只有二阶导数；三阶及三阶以上导数均不存在. 因此 $n = 2$，所以应选（C）.

2.1.3　利用导数的定义求极限

【例12】 求 $\lim\limits_{x \to 0} \dfrac{(2 + \tan x)^{10} - (2 - \sin x)^{10}}{\sin x}$

解： 原式 $= \lim\limits_{x \to 0} \dfrac{(2 + \tan x)^{10} - 2^{10} - (2 - \tan x)^{10} + 2^{10}}{\sin x}$

$= \lim\limits_{x \to 0} \dfrac{(2 + \tan x)^{10} - 2^{10}}{\sin x} - \dfrac{(2 - \tan x)^{10} - 2^{10}}{\sin x}$

$= \lim\limits_{x \to 0} \dfrac{(2 + \tan x)^{10} - 2^{10}}{\tan x} \cdot \dfrac{\tan x}{\sin x} + \lim\limits_{x \to 0} \dfrac{(2 - \tan x)^{10} - 2^{10}}{-\tan x} \cdot \dfrac{\tan x}{\sin x}$

$$=\left[(2+x)^{10}\right]'_{x=0}+\left[(2+x)^{10}\right]'_{x=0}=10\times2^{10}$$

2.1.4 导数的几何意义

【例 13】 设周期函数 $f(x)$ 在 $(-\infty,+\infty)$ 内可导，周期为 4，又 $\lim\limits_{x\to0}\dfrac{f(1)-f(1-x)}{2x}=-1$，则曲线 $y=f(x)$ 在点 $(5,f(5))$ 处的切线的斜率为（ ）.

(A) $\dfrac{1}{2}$ (B) 0 (C) -1 (D) -2

解：$f(x)$ 在 $(-\infty,+\infty)$ 内可导，$f(x)=f(x+4)$，故 $f'(x)=f'(x+4)$，因此 $f'(5)=f'(1)$，而由

$$\lim\limits_{x\to0}\dfrac{f(1)-f(1-x)}{2x}=\dfrac{1}{2}\lim\limits_{x\to0}\dfrac{f(1-x)-f(1)}{-x}=\dfrac{1}{2}f'(1)=-1\text{，得 }f'(1)=-2\text{，}$$

即所求斜率为 -2. 应选（D）.

【例 14】 已知 $f(x)$ 是周期为 5 的连续函数，它在 $x=0$ 的某个邻域内满足关系式：$f(1+\sin x)-3f(1-\sin x)=8x+\alpha(x)$，其中 $\alpha(x)$ 是 $x\to0$ 时比 x 高阶无穷小，且 $f(x)$ 在 $x=1$ 处可导，求曲线 $y=f(x)$ 在点 $(6,f(6))$ 处的切线方程.

分析：因为 $f(6)=f(1+5)=f(1)$，$f'(6)=f'(1+5)=f'(1)$，只要求出 $f(1)$，$f'(1)$.

解：$\lim\limits_{x\to0}[f(1+\sin x)-3f(1-\sin x)]=\lim\limits_{x\to0}[8x+\alpha(x)]\Rightarrow f(1)-3f(1)=0$，所以 $f(1)=0=f(6)$；

$$\lim\limits_{x\to0}\dfrac{f(1+\sin x)-3f(1-\sin x)}{x}=\lim\limits_{x\to0}\dfrac{8x+\alpha(x)}{x}=8$$

$$\lim\limits_{x\to0}\dfrac{f(1+\sin x)-f(1)}{\sin x}+3\lim\limits_{x\to0}\dfrac{f(1-\sin x)-f(1)}{-\sin x}=8\Rightarrow 4'f(1)=8\text{，}f'(1)=2\text{，}$$

所以切线方程为 $y=2(x-6)$.

【例 15】 设曲线 $f(x)=x^n$ 在点 $(1,1)$ 处切线与 x 轴交点为 $(\xi_n,0)$，则 $\lim\limits_{n\to\infty}f(\xi_n)=$ _____.

解：$f'(x)=nx^{n-1}$，$f'(1)=n$，过点 $(1,1)$ 点切线为 $y-1=n(x-1)$ 与 x 轴交点 $(\xi_n,0)$，令 $y=0$，得 $\xi_n=1-\dfrac{1}{n}$，则 $\lim\limits_{n\to\infty}f(\xi_n)=\lim\limits_{n\to\infty}\left(1-\dfrac{1}{n}\right)^n=e^{-1}$.

2.1.5 函数连续性与可导性讨论

【例 16】 设 $f(x)=\begin{cases}x^\lambda\cos\dfrac{1}{x}, & x\neq0\\ 0, & x=0\end{cases}$，其导函数在 $x=0$ 处连续，则 λ 的取值范围是_____.

解：由已知 $f'(0)=\lim\limits_{x\to0}f'(x)=\lim\limits_{x\to0}\left(\lambda x^{\lambda-1}\cos\dfrac{1}{x}-x^{\lambda-2}\sin\dfrac{1}{x}\right)\Rightarrow\lambda>2$.

【例 17】 设 $f(x) = \begin{cases} x\arctan\dfrac{1}{x^2}, & x \neq 0 \\ 0, & x = 0 \end{cases}$，讨论 $f'(x)$ 在 $x = 0$ 处的连续性.

分析： 如函数 $f(x)$ 在 $x = 0$ 处连续，则 $\lim\limits_{x \to 0} f(x) = f(0)$. 因此先要求出 $\lim\limits_{x \to 0} f'(x)$ 和 $f'(0)$.

解： $f'(0) = \lim\limits_{x \to 0} \dfrac{x\arctan\dfrac{1}{x^2}}{x} = \dfrac{\pi}{2}$，$\lim\limits_{x \to 0} f'(x) = \lim\limits_{x \to 0}\left(\arctan\dfrac{1}{x^2} - \dfrac{2x^2}{1+x^4}\right) = \dfrac{\pi}{2}$，

所以 $f'(x)$ 在 $x = 0$ 处是连续的.

【例 18】 已知两曲线 $y = f(x)$ 与 $y = \int_0^{\arctan x} e^{-t^2}\,\mathrm{d}t$ 在点 $(0,0)$ 处的切线相同，写出此切线方程，并求极限 $\lim\limits_{n \to \infty} nf\left(\dfrac{2}{n}\right)$.

解： 由已知条件得 $f(0) = 0$，$f'(0) = \left.\dfrac{e^{-(\arctan x)^2}}{1+x^2}\right|_{x=0} = 1$，故所求切线为 $y = x$.

$$\lim\limits_{n \to \infty} nf\left(\dfrac{2}{n}\right) = \lim\limits_{n \to \infty} 2 \cdot \dfrac{f\left(\dfrac{2}{n}\right) - f(0)}{\dfrac{2}{n}} = 2f'(0) = 2.$$

【例 19】 设 $f(x)$ 在 $(-\infty, +\infty)$ 有定义，$f(x+y) = f(x) + f(y) + 2xy$，$f'(0) = a$，求 $f(x)$.

解： 考查极限 $\lim\limits_{h \to 0} \dfrac{f(x+h) - f(x)}{h} = \lim\limits_{h \to 0} \dfrac{f(x) + f(h) + 2xh - f(x)}{h}$

$$= \lim\limits_{h \to 0} \dfrac{f(h) + 2xh}{h} = 2x + \lim\limits_{h \to 0} \dfrac{f(h)}{h},$$

同样，我们仍然希望上述极限能与 $f'(0)$ 联系，故考虑

$$f(0) = f(0+0) = f(0) + f(0) + 0，\text{即 } f(0) = 0，$$

从而 $\lim\limits_{h \to 0} \dfrac{f(x+h) - f(x)}{h} = 2x + \lim\limits_{h \to 0} \dfrac{f(h) - f(0)}{h} = 2x + f'(0) = 2x + a$

从而 $f'(x) = 2x + a$，于是 $f(x) = x^2 + ax + C$，

由 $f(0) = 0$ 得 $C = 0$，所以 $f(x) = x^2 + ax$.

【例 20】 设 $f(x) = a_1\sin x + a_2\sin 2x + \cdots + a_n\sin nx$，其中 $a_1, a_2, \cdots, a_n$ 都是实数，n 是正整数，已知对一切实数 x 有 $|f(x)| \leqslant |\sin x|$，证明 $|a_1 + 2a_2 + \cdots + na_n| \leqslant 1$.

证明： $f'(x) = a_1\cos x + 2a_2\cos 2x + \cdots + na_n\cos nx$，

$f'(0) = a_1 + 2a_2 + \cdots + na_n$，$f(0) = 0$，

所以 $|a_1 + 2a_2 + \cdots + na_n| = |f'(0)| = \left|\lim\limits_{x \to 0} \dfrac{f(x) - f(0)}{x}\right| \leqslant \lim\limits_{x \to 0}\left|\dfrac{\sin x}{x}\right| = 1$.

练习题

1. 选择题.

（1）若函数 $f(x)$ 对任何 x 均满足 $f(1+x)=2f(x)$，且 $f'(0)=c$（c 为常数），则必有（　　）.

（A）$f'(1)=0$　　（B）$f'(1)=c$　　（C）$f'(1)$ 不存在　　（D）$f'(1)=2c$

（2）曲线 $y=e^{1-x^2}$ 与直线 $x=-1$ 的交点为 P，则曲线 $y=e^{1-x^2}$ 在点 P 处的切线方程是（　　）.

（A）$2x-y-1=0$　　　　　　　（B）$2x+y+1=0$

（C）$2x+y-3=0$　　　　　　　（D）$2x-y+3=0$

（3）设 $y=x-\dfrac{1}{2}\sin x$，则 $\dfrac{\mathrm{d}x}{\mathrm{d}y}=$（　　）.

（A）$1-\dfrac{1}{2}\cos y$　　（B）$1-\dfrac{1}{2}\cos x$　　（C）$\dfrac{2}{2-\cos x}$　　（D）$\dfrac{2}{2-\cos y}$

（4）设 $f(x)=e^{(\tan x)^k}$，且 $f'\left(\dfrac{\pi}{4}\right)=e$，则 $k=$（　　）.

（A）1　　　　　（B）-1　　　　　（C）$\dfrac{1}{2}$　　　　　（D）2

（5）判断函数 $f(x)=\begin{cases}x+2, & x\leqslant 1 \\ 2x^2, & x>1\end{cases}$，在 $x=1$ 处是否可导的最简单的办法是（　　）.

（A）由 $f(1)=3$ 得 $f'(1)=3'=0$ 故可导且导数为 0

（B）因在 $x=1$ 处 $(x+2)'\neq(2x^2)'$ 故不可导

（C）$\lim\limits_{x\to 1^+}\dfrac{f(x)-f(1)}{x-1}-\lim\limits_{x\to 1^+}\dfrac{2x^2-3}{x-1}$ 不存在，故不可导

（D）由 $f(1+0)=2\neq 3=f(1-0)$，故不可导

（6）函数 $f(x)=\ln|x-1|$ 的导数是（　　）.

（A）$f'=\dfrac{1}{|x-1|}$　　　　　　　　（B）$f'=\dfrac{1}{x-1}$

（C）$f'=\dfrac{1}{1-x}$　　　　　　　　（D）$f'=\begin{cases}\dfrac{1}{x-1}, & x>1 \\ \dfrac{1}{1-x}, & x<1\end{cases}$

（7）设 $f(x)=\begin{cases}x^2\sin\dfrac{1}{x}, & x\neq 0 \\ 0, & x=0\end{cases}$，则在 $x=0$ 处 $f(x)$（　　）.

（A）极限不存在；　　　　　　　　（B）极限存在但不连续；

（C）连续但不可导；　　　　　　　（D）连续且可导

（8）设函数 $f(x)$ 可导，$f(0)=f'(0)=0$，且 $f''(0)=2$，现有甲、乙两种不同方法计算极限 $\lim\limits_{x\to 0}\dfrac{f(x)}{x^2}$：

甲：$\lim\limits_{x \to 0} \dfrac{f(x)}{x^2} = \lim\limits_{x \to 0} \dfrac{f'(x)}{2x} = \lim\limits_{x \to 0} \dfrac{f''(x)}{2} = \dfrac{1}{2} f''(0) = 1$；

乙：$\lim\limits_{x \to 0} \dfrac{f(x)}{x^2} = \lim\limits_{x \to 0} \dfrac{f'(x)}{2x} = \lim\limits_{x \to 0} \dfrac{f'(x) - f'(0)}{2x} = \dfrac{1}{2} f''(0) = 1$.

则选项正确的是（　　）.

  （A）甲正确乙不正确   （B）甲不正确乙正确

  （C）甲乙都正确   （D）甲乙都不正确

2. 填空题.

（1）设 $f(x) = x(x-1)(x-2)\cdots(x-2015)$，则 $f'(0)$ _____.

（2）设 $f(x) = e^{3-x}$，则 $\lim\limits_{x \to +\infty} x\left[f\left(2 + \dfrac{2}{x} \right) - f(2) \right] =$ _____.

（3）曲线 $y = x^{\frac{3}{2}}$ 上点 _____ 处的切线与直线 $y = 3x - 1$ 平行.

（4）若函数 $f(x) = \begin{cases} a + 2e^x, & x < 0 \\ x^2 + bx + 1, & x \geq 0 \end{cases}$，处处可导，则 $a =$ _____，$b =$ _____.

3. 已知两曲线 $y = f(x)$ 与 $y = \displaystyle\int_0^{\arctan x} e^{-t^2} \, \mathrm{d}t$ 在点 $(0,0)$ 处的切线相同,写出此切线方程,并求极限 $\lim\limits_{n \to \infty} nf\left(\dfrac{2}{n} \right)$.

练习题参考答案

1.（1）（D）.（2）（D）.（3）（C）.（4）（C）.（5）（D）.（6）（B）.（7）（D）.（8）（B）.

2.（1）$-2015!$.（2）$-2e$.（3）$(4,8)$.（4）$(-1, 2)$.

3. 解：已知 $f(0) = 0$，$f'(0) = \dfrac{e^{-(\arctan x)^2}}{1 + x^2}\bigg|_{x=0} = 1$，故所求切线方程为 $y = x$.

$$\lim\limits_{n \to \infty} nf\left(\dfrac{2}{n} \right) = \lim\limits_{n \to \infty} \dfrac{f\left(\dfrac{2}{n} \right)}{\dfrac{1}{n}} = \lim\limits_{n \to \infty} 2\dfrac{f\left(\dfrac{2}{n} \right) - f(0)}{\dfrac{2}{n}} = 2f'(0) = 2.$$

2.2　导数的计算

【知识要点解读】

（1）函数求导四则运算法则和复合函数求导法则以及导数基本公式是微分学的重要内容，也是深入学习积分学的基础，必须熟练掌握和运算准确.

（2）复合函数微分法则在求导中起着极其重要的作用，清楚分析函数的复合关系，可使运算正确迅速.

（3）对幂指函数，以及分子分母都是因子连乘积、乘方、开方的函数求导，可以用对数求导法使运算简洁.

（4）对初等函数求高阶导数，常常用不完全归纳法，先求一阶、二阶、三阶导数，就可以看到一般规律性，从而得到 n 阶导数的表达式.

$$f'(x) = \lim_{\Delta x \to 0} \frac{f(x + \Delta x) - f(x)}{\Delta x}, \quad y'' = (y')', \cdots, y^{(n)} = \left[y^{(n-1)} \right]'.$$

◆ 熟记常用函数的高阶导数公式：

① $(a^x)^{(n)} = a^x (\ln a)^n$；

② $(x^n)^{(n)} = n!$；

③ $(\sin x)^{(n)} = \sin\left(x + n \cdot \frac{\pi}{2} \right)$；

④ $(\cos x)^{(n)} = \cos\left(x + n \cdot \frac{\pi}{2} \right)$；

⑤ $\left(\dfrac{1}{x + a} \right)^{(n)} = \dfrac{(-1)^n n!}{(x + a)^{n+1}}$；

⑥ $\left[\ln(x + a) \right]^{(n)} = \left(\dfrac{1}{x + a} \right)^{(n-1)} = \dfrac{(-1)^{n-1}(n-1)!}{(x + a)^n}$；

⑦ $\left[f(ax + b) \right]^{(n)} = a^n f^{(n)}(ax + b)$.

◆ 掌握高阶求导法则：

① $\left[kf(x) \right]^{(n)} = kf^{(n)}(x)$；

② $\left[f(x) \pm g(x) \right]^{(n)} = f^{(n)}(x) \pm g^{(n)}(x)$；

③ $\left[f(x) \cdot g(x) \right]^{(n)} = f^{(n)}g + C_n^1 f^{(n-1)}g' + C_n^2 f^{(n-2)}g'' + \cdots + f(x)g^{(n)}(x)$.

（5）隐函数求导：可以利用复合函数的求导公式.

（6）参数方程求导.

参数方程：$\begin{cases} x = x(t) \\ y = y(t) \end{cases}$

$$\frac{dy}{dx} = \frac{y'(t)}{x'(t)};$$

$$\frac{d^2 y}{dx^2} = \frac{d}{dx}\left[\frac{y'(t)}{x'(t)} \right] = \frac{d}{dt}\left[\frac{y'(t)}{x'(t)} \right] \cdot \frac{dt}{dx}$$

$$= \frac{y''(t)x'(t) - y'(t)x''(t)}{\left[x'(t) \right]^2} \cdot \frac{1}{x'(t)} = \frac{y''(t)x'(t) - y'(t)x''(t)}{\left[x'(t) \right]^3}.$$

2.2.1 复合函数求导法

【例 1】 求函数 $y = \ln\left(x + \sqrt{x^2 + a^2} \right)$ 的导数.

解：$y' = \dfrac{1}{x + \sqrt{x^2 + a^2}} \cdot \left(x + \sqrt{x^2 + a^2} \right)'$

解联立方程组：

$$\begin{cases} x_0^2 + 2x_0 y_0 + y_0^2 - 4x_0 - 5y_0 + 3 = 0 \\ x_0 + y_0 - 1 = 0 \end{cases}, \quad 得 x_0 = 1, y_0 = 0,$$

切点坐标为 $(1,0)$，斜率 $k = -\dfrac{2}{3}$，切线方程为：$y = -\dfrac{2}{3}(x-1)$.

2.2.4 对数求导法

对被求导数的函数先取对数，再化简，转化成隐函数求导，主要用到对数函数的下列性质：

$$\ln N^a = a \ln N, \quad \ln MN = \ln M + \ln N, \quad \ln \frac{M}{N} = \ln M - \ln N, \quad e^{\ln N} = N$$

即通过取对数，可把幂指函数、乘积、商的求导问题转化成函数相乘、相加、相减的求导，从而达到简化运算的目的. 因此一般在被求导的函数表达式中出现幂指函数、多个因式相乘或相除、多次开方运算时，采用对数求导法.

【例10】 设 $f(x) = \left(1 + \dfrac{1}{x}\right)^x$，求 $f'\left(\dfrac{1}{2}\right)$.

解：$f\left(\dfrac{1}{2}\right) = (1+2)^{\frac{1}{2}} = \sqrt{3}$，

两边取对数

$$\ln f(x) = x[\ln(x+1) - \ln x],$$

两边求导

$$\frac{f'(x)}{f(x)} = [\ln(x+1) - \ln x] + x\left(\frac{1}{x+1} - \frac{1}{x}\right),$$

故 $f'\left(\dfrac{1}{2}\right) = f\left(\dfrac{1}{2}\right)\left[\ln\dfrac{3}{2} - \ln\dfrac{1}{2} + \dfrac{1}{2}\left(\dfrac{2}{3} - 2\right)\right] = \sqrt{3}\left(-\dfrac{2}{3} + \ln 3\right)$.

【例11】 设 $y = \sqrt{e^{\frac{1}{x}}\sqrt{x\sqrt{\sin x}}}$，求 y'.

解：两边取对数

$$\ln y = \frac{1}{2x} + \frac{1}{4}\ln x + \frac{1}{8}\ln(\sin x),$$

两边求导

$$\frac{y'}{y} = -\frac{1}{2x^2} + \frac{1}{4x} + \frac{\cos x}{8\sin x},$$

故 $y' = \left(-\dfrac{1}{2x^2} + \dfrac{1}{4x} + \dfrac{\cos x}{8\sin x}\right)\sqrt{e^{\frac{1}{x}}\sqrt{x\sqrt{\sin x}}}$.

小结：对上两类函数求导，往往两边取对数后再求导.

【例12】 设函数 $f(x)$ 和 $g(x)$ 都可导，且 $y = [f(x)]^{g(x)}$，则 $y' = ($ 　　$)$.

（A）$g(x)[f(x)]^{g(x)-1}f'(x)$

（B）$[f(x)]^{g(x)}\left[g'(x)\ln f(x)+\dfrac{g(x)}{f(x)}\right]$

（C）$[f(x)]^{g(x)}\left[g'(x)\ln f(x)+g(x)\dfrac{f'(x)}{f(x)}\right]$

（D）以上都不对

解：这是一个幂指函数，利用对数求导法，可得答案（C）.

2.2.5　反函数的导数

函数 $y=f(x)$ 的反函数 $x=f^{-1}(y)$ 的导数一般有两种计算方法.

方法 1：由 $y=f(x)$ 写出它的反函数 $x=f^{-1}(y)$ 的表达式，然后计算 $f^{-1}(y)$ 的导数；

方法 2：当 $f'(x)\neq 0$ 时，利用公式 $\dfrac{\mathrm{d}f^{-1}(y)}{\mathrm{d}y}=\left[\dfrac{\mathrm{d}f(x)}{\mathrm{d}x}\bigg|_{x=f^{-1}(y)}\right]^{-1}$ 计算.

【例 13】　设 $y=\ln\tan x\left(0<x<\dfrac{\pi}{2}\right)$，求它的反函数 $x=\varphi(y)$ 的导数.

解法 1：由 $y=\ln\tan x$ 可得它的反函数 $x=\varphi(y)=\arctan e^{y}\ (-\infty<y<+\infty)$，所以，

$$\varphi'(y)=\frac{e^{y}}{1+e^{2y}}\ (-\infty<y<+\infty)\cdot$$

解法 2：$\varphi'(y)=\dfrac{1}{(\ln\tan x)'}=\dfrac{\tan x}{\sec^{2}x}=\dfrac{\tan x}{1+\tan^{2}x}$，由 $y=\ln\tan x$ 可得 $\tan x=e^{y}$ 将它代入

得到：$\varphi'(y)=\dfrac{e^{y}}{1+e^{2y}}\ (-\infty<y<+\infty)$.

2.2.6　分段函数微分法

分段函数 $f(x)$ 是指在自变量的不同变化范围内，其对应法则用不同的数学式来表达的函数.

求分段函数导数的步骤如下：

（1）验证分段函数在分段点处的连续性，如果分段函数在分段点不连续，则该函数在分段点处不可导；

（2）如果分段函数在分段点处连续，则用导数定义求该函数在分段点处的导数（或左、右导数）；

（3）求分段函数在除去分段点后各个区间上的导数；

（4）综合上述（2）、（3）得到的结果，写出导函数的分段表达式.

【例 14】　设函数 $f(x)=\lim\limits_{n\to\infty}\dfrac{x^{4}e^{n(x-1)}+ax^{3}+b}{e^{n(x-1)}+1}$，当常数 a、b 取何值时，函数 $f(x)$ 在其定义域内处处可导？

解：先求函数 $f(x)$ 的表达式

当 $x=1$ 时，$f(1)=\dfrac{1+a+b}{2}$；

当 $x<1$ 时，$x-1<0$，$\lim\limits_{n\to\infty}e^{n(x-1)}=0$，$f(x)=\lim\limits_{n\to\infty}\dfrac{x^4e^{n(x-1)}+ax^3+b}{e^{n(x-1)}+1}=ax^3+b$；

当 $x>1$ 时，$x-1>0$，$\lim\limits_{n\to\infty}e^{n(x-1)}=+\infty$，$\lim\limits_{n\to\infty}e^{-n(x-1)}=0$，$f(x)=x^4$.

所以

$$f(x)=\begin{cases}ax^3+b, & x<1\\[2mm]\dfrac{1}{2}(a+b+1), & x=1\\[2mm]x^4, & x>1\end{cases}$$，函数 $f(x)$ 的定义域为 $(-\infty,+\infty)$.

当 $-\infty<x<1$ 时，$f'(x)=(ax^3+b)'=3ax^2$；

当 $1<x<+\infty$ 时，$f'(x)=4x^3$.

因此 $f(x)$ 在 $(-\infty,1)\bigcup(1,+\infty)$ 内处处可导.

下面再讨论函数 $f(x)$ 在点 $x=1$ 的可导性.

由于 $f(1-0)=\lim\limits_{x\to1^-}f(x)=\lim\limits_{x\to1^-}(ax^3+b)=a+b$，

$f(1+0)=\lim\limits_{x\to1^+}f(x)=\lim\limits_{x\to1^+}x^4=1$，

$f(1)=\dfrac{1+a+b}{2}$，

由可导必连续，则有：$f(1-0)=f(1+0)=f(1)$，即 $a+b=1=\dfrac{1+a+b}{2}$，$a+b=1$.

再讨论函数 $f(x)$ 在点 $x=1$ 处的可导性，

$$\begin{cases}f'_-(1)=\lim\limits_{x\to1^-}\dfrac{f(x)-f(1)}{x-1}=3a\\[3mm]f'_+(1)=\lim\limits_{x\to1^+}\dfrac{f(x)-f(1)}{x-1}=4\end{cases}，$$

当且仅当 $f'_-(1)=f'_+(1)$，即 $3a=4\Rightarrow a=\dfrac{4}{3}$，而 $b=-\dfrac{1}{3}$，此时函数 $f(x)$ 在 $x=1$ 可导.

综上所述，当 $a=\dfrac{4}{3}$，$b=-\dfrac{1}{3}$ 时，

$$f(x)=\begin{cases}\dfrac{4}{3}x^3-\dfrac{1}{3}, & x<1\\[2mm]1, & x=1\\[2mm]x^4, & x>1\end{cases}$$ 在其定义域 $(-\infty,+\infty)$ 处处可导，且其导函数为

$$f'(x)=\begin{cases}4x^2, & x<1\\[2mm]4x^3, & x\geqslant1\end{cases}.$$

2.2.7　参数函数求导法

【例 15】　设函数 $y=y(x)$ 由参数方程 $\begin{cases}x=t^2+2t\\y=\ln(1+t)\end{cases}$ 确定，则曲线 $y=y(x)$ 在 $x=3$ 处

的法线与 x 轴交点的横坐标是（　　）.

（A）$\dfrac{1}{8}\ln 2+3$　　（B）$-\dfrac{1}{8}\ln 2+3$　　（C）$-8\ln 2+3$　　（D）$8\ln 2+3$

解：$x=3$ 时，$t^2+2t=3$，$t=1$，$y=\ln 2$，

$$\frac{dy}{dx}=\frac{1}{(1+t)(2+2t)}，\quad \frac{dy}{dx}\Big|_{t=1}=\frac{1}{8}.$$

在 $x=3$ 处法线为：$y-\ln 2=-8(x-3)$，令 $y=0$，得与 x 轴交点为 $\dfrac{1}{8}\ln 2+3$，故选（A）.

【例 16】 曲线 $\begin{cases}x=e^t\cos t\\ y=e^t\sin t\end{cases}$ 在点 $(x,y)=(1,0)$ 处法线方程为_____.

解：由 $x=1,y=0$，得 $t=0$，$\dfrac{dy}{dx}\Big|_{(1,0)}=1$，所求法线为：$y=-(x-1)$，即 $x+y-1=0$.

【例 17】 设函数 $y=y(x)$ 由参数方程 $\begin{cases}x=1+2t^2,\\ y=\displaystyle\int_1^{1+2\ln t}\frac{e^u}{u}du\end{cases}(t>1)$ 确定，求 $\dfrac{d^2y}{dx^2}\Big|_{x=9}$.

解：由 $\dfrac{dy}{dt}=\dfrac{e^{1+2\ln t}}{1+2\ln t}\cdot\dfrac{2}{t}=\dfrac{2et}{1+2\ln t}$，$\dfrac{dx}{dt}=4t$，则

$$\frac{dy}{dx}=\frac{\dfrac{dy}{dt}}{\dfrac{dx}{dt}}=\frac{\dfrac{2et}{1+2\ln t}}{4t}=\frac{e}{2(1+2\ln t)},$$

所以

$$\frac{d^2y}{dx^2}=\frac{d}{dx}\left(\frac{dy}{dx}\right)=\frac{d}{dt}\left(\frac{dy}{dx}\right)\frac{dt}{dx}=-\frac{e}{4t^2(1+2\ln 2t)^2},$$

当 $x=9$ 时，由 $x=1+2t^2$ 和 $t>0$ 得 $t=2$，故

$$\frac{d^2y}{dx^2}\Big|_{x=9}=-\frac{e}{16(1+2\ln 2)^2}.$$

【例 18】 设 $\begin{cases}x=a(t-\sin t)\\ y=a(1-\cos t)\end{cases}$，求 $\dfrac{d^2y}{dx^2}$.

解：$\dfrac{dy}{dx}=\dfrac{y'(t)}{x'(t)}=\dfrac{a\sin t}{a(1-\cos t)}=\cot\dfrac{t}{2}$，

$$\frac{d^2y}{dx^2}=\frac{d}{dx}\left(\cot\frac{t}{2}\right)=\frac{d}{dt}\left(\cot\frac{t}{2}\right)\cdot\frac{dt}{dx}=-\frac{1}{2}\csc^2\frac{t}{2}\cdot\frac{1}{a(1-\cos t)}=-\frac{1}{4a}\csc^4\frac{t}{2}.$$

2.2.8　求函数高阶导数

（1）求初等函数的 n 阶导数，必须熟记以下几个基本初等函数的 n 阶导数公式：

$(e^x)^{(n)}=e^x$；　　　　$(a^x)^{(n)}=a^x(\ln a)^n$；　　　　$(\sin x)^{(n)}=\sin\left(x+\dfrac{n\pi}{2}\right)$

$(\cos x)^{(n)}=\cos\left(x+\dfrac{n\pi}{2}\right)$；　　　　$(\ln x)^{(n)}=(-1)^{n-1}(n-1)!\dfrac{1}{x^n}$.

（2）将函数恒等变形，化为比较简单的且已知其 n 阶导数公式的函数，然后利用已知的函数的 n 阶导数公式，求出函数的 n 阶导数.

如果函数 y 是两个函数 $u(x)$ 与 $v(x)$ 的乘积 $y = u(x)v(x)$，且 $u(x)$、$v(x)$ 中有一个函数是次数较低的多项式函数时，则可采用莱布尼茨公式求 n 阶导数 $y^{(n)}$.

【例19】 已知 $f(x)$ 有任意阶导数，且 $f'(x) = [f(x)]^2$，则当 n 为大于 2 的正整数时，$f(x)$ 的 n 阶导数 $f^{(n)}(x)$ 是（　　）.

（A）$n![f(x)]^{n+1}$　　（B）$n[f(x)]^{n+1}$　　（C）$[f(x)]^{2n}$　　（D）$n![f(x)]^{2n}$

解： 由 $f'(x) = [f(x)]^2$，两边对 x 求导得 $f''(x) = 2f(x)f'(x) = 2[f(x)]^3$，

$f'''(x) = 3![f(x)]^4$ …… 归纳可得 $f^{(n)}(x) = n![f(x)]^{n+1}$，所以选（A）.

【例20】 求下列高阶导数：

（1）$f(x) = \sin\dfrac{x}{2} + \cos 2x$，求 $f^{(28)}(\pi)$；

（2）$f(x) = \sin x \cos x \cos 2x \cos 4x \cos 8x$，求 $f^{(n)}(x)$.

解：（1）由公式直接有 $f^{(n)}(x) = \left(\dfrac{1}{2}\right)^n \sin\left(\dfrac{x}{2} + n \cdot \dfrac{\pi}{2}\right) + 2^n \cos\left(2x + n \cdot \dfrac{\pi}{2}\right)$，

故 $f^{(28)}(\pi) = \left(\dfrac{1}{2}\right)^{28} \sin\left(\dfrac{x}{2} + 28 \times \dfrac{\pi}{2}\right) + 2^{28} \cos\left(2x + 28 \times \dfrac{\pi}{2}\right) = \left(\dfrac{1}{2}\right)^{28} + 2^{28}$.

（2）$f(x) = \dfrac{1}{2}\sin 2x \cos 2x \cos 4x \cos 8x = \dfrac{1}{4}\sin 4x \cos 4x \cos 8x = \dfrac{1}{16}\sin 16x$，

故 $f^{(n)}(x) = \dfrac{1}{16}(16)^n \sin\left(16x + n \cdot \dfrac{\pi}{2}\right) = 16^{n-1} \sin\left(16x + n \cdot \dfrac{\pi}{2}\right)$.

【例21】 求函数 $y = \dfrac{x^3}{x^2 - 3x + 2}$ 的 n 阶导数 $y^{(n)}$.

分析： 函数为有理假分式时，先利用多项式除法化为多项式与有理真分式之和，再将有理真分式化为部分分式之和，然后求出 n 阶导数.

解： $y = x + 3 + \dfrac{7x - 6}{(x-1)(x-2)} = x + 3 + \dfrac{8}{x-2} - \dfrac{1}{x-1}$，

由公式 $\left(\dfrac{1}{x+a}\right)^{(n)} = \dfrac{(-1)^n n!}{(x+a)^{n+1}}$，得 $y' = 1 - \dfrac{8}{(x-2)^2} + \dfrac{1}{(x-1)^2}$，

当 $n > 1$ 时，$y^{(n)} = \dfrac{8(-1)^n n!}{(x-2)^{n+1}} - \dfrac{(-1)^n n!}{(x-1)^{n+1}} = (-1)^n n!\left[\dfrac{8}{(x-2)^{n+1}} - \dfrac{1}{(x-1)^{n+1}}\right]$.

【例22】 设 $y = \sin^6 x + \cos^6 x$，求 $y^{(n)}$.

解： $y = (\sin^2 x)^3 + (\cos^2 x)^3 = (\sin^2 x + \cos^2 x)(\sin^4 x - \sin^2 x \cos^2 x + \cos^4 x)$

$= (\sin^2 x + \cos^2 x)^2 - 3\sin^2 x \cos^2 x = 1 - \dfrac{3}{4}\sin^2 2x = 1 - \dfrac{3}{4} \cdot \dfrac{1 - \cos 4x}{2}$

$y = \dfrac{5}{8} + \dfrac{3}{8}\cos 4x$，所以 $y^{(n)} = \dfrac{3}{8} \cdot 4^n \cos\left(4x + \dfrac{n\pi}{2}\right)$.

【例 23】　设 $y=(1-x^2)\cos x$，求 $y^{(n)}$.

解：令 $u=\cos x$，$v=1-x^2$，$y=u(x)v(x)$，

$$u^{(k)}=\cos\left(x+\frac{k\pi}{2}\right)，\quad (k=1,2,\cdots)$$

$$v'=-2x，\quad v''=-2，\quad v^{(k)}=0，\quad (k=3,4,\cdots)$$

$$y^{(n)}=\left[(1-x^2)\cos x\right]^{(n)}=(uv)^{(n)}=u^{(n)}v+nu^{(n-1)}v'+\frac{n(n-1)}{2}u^{(n-2)}v''$$

$$=(1-x^2)\cos\left(x+\frac{n\pi}{2}\right)-2nx\sin\left(x+\frac{n\pi}{2}\right)+n(n-1)\cos\left(x+\frac{n\pi}{2}\right).$$

【例 24】　设 $y=e^x\cos x$，求 $y^{(n)}$.

解：$y'=e^x\cos x-e^x\sin x=\sqrt{2}e^x\cos\left(x+\frac{\pi}{4}\right)$，

$$y''=\left(\sqrt{2}\right)^2e^x\cos\left(x+2\cdot\frac{\pi}{4}\right)，$$

$$\cdots\cdots$$

$$y^{(n)}=\left(\sqrt{2}\right)^ne^x\cos\left(x+n\cdot\frac{\pi}{4}\right).$$

【例 25】　设 $y=x^3\sin x$，求 $y^{(6)}(0)$.

解：（1）由于 $y=x^3\sin x$ 无穷阶可导，则可以先将其抽象展开为 $y=\sum\limits_{n=0}^{\infty}\dfrac{y^{(n)}(0)}{n!}x^n$；

（2）又由于 $y=x^3\sin x=x^3\left[x-\dfrac{1}{6}x^3+o(x^3)\right]=x^4-\dfrac{1}{6}x^6+o(x^6)$；

（3）根据函数展开式的唯一性，比较（1），（2）式的系数，则 $\dfrac{y^{(6)}(0)}{6!}=-\dfrac{1}{6}$，于是

$y^{(6)}(0)=-\dfrac{6!}{6}=-120$.

小结：考查高阶导数 $f^{(n)}(x_0)$ 主要是用两种方法：

一是用莱布尼茨公式；

二是先写出 $y=f(x)$ 泰勒展开式或者麦克劳林展开式，再通过比较系数来获得 $f^{(n)}(0)$.

具体说来，

（1）任何一个无穷阶可导的函数 $y=f(x)=\sum\limits_{n=0}^{\infty}\dfrac{f^{(n)}(x_0)}{n!}(x-x_0)^n$ 或者 $y=f(x)$

$=\sum\limits_{n=0}^{\infty}\dfrac{f^{(n)}(0)}{n!}x^n$；

（2）题目给出一个具体的无穷阶可导函数 $y=f(x)$ 可以通过已知公式展开成幂级数；

（3）根据函数展开式的唯一性，比较（1），（2）式的系数，就可以获得 $f^{(n)}(x_0)$ 或者 $f^{(n)}(0)$.

第二种展开式的方法较第一种莱布尼茨公式更为稳妥、优越.

【例26】 求函数 $f(x) = x^2 \ln(1+x)$ 在 $x=0$ 处的 n 阶导数 $f^{(n)}(0), (n \geq 3)$.

解法1：由莱布尼茨公式

$$f^{(n)}(x) = \left[\ln(1+x)\right]^{(n)} \cdot x^2 + C_n^1 \left[\ln(1+x)\right]^{(n-1)} \cdot 2x + C_n^2 \left[\ln(1+x)\right]^{(n-2)} \cdot 2$$

$$f^{(n)}(0) = (-1)^{n-3} n(n-1)(n-3)! = \frac{(-1)^{n-1} n!}{n-2}.$$

解法2：由 $\ln(1+x)$ 的麦克劳林级数： $\ln(1+x) = x - \frac{x^2}{2} + \frac{x^3}{3} - \cdots + (-1)^{n-1}\frac{x^n}{n} + \cdots$

$$f(x) = x^2 \ln(1+x) = x^3 - \frac{x^4}{2} + \frac{x^5}{3} - \cdots + (-1)^{n-1}\frac{x^{n+2}}{n} + \cdots$$

又 $f(x) = f(0) + f'(0)x + \cdots + \frac{f^{(n)}(0)}{n!}x^n + \cdots$，比较两式 x^n 的系数得

$\frac{f^n(0)}{n!} = (-1)^{n-3}\frac{1}{n-2}$，所以 $f^n(0) = \frac{(-1)^{n-1} n!}{n-2}$.

【例27】 设 $f(x) = \begin{cases} \dfrac{\ln(1+2x)}{x}, & -\dfrac{1}{2} < x < \dfrac{1}{2} 且 x \neq 0 \\ 2, & x = 0 \end{cases}$，求 $f^{(100)}(0)$.

- -

分析：由于是分段函数，如果按定义硬算非常麻烦，一定有技巧. 麦克劳林公式中含有 $f(x)$ 在 $x=0$ 的各阶导数，故利用麦克劳林公式的唯一性可以求出函数在 $x=0$ 的高阶导数.

- -

解：因为 $\ln(1+u) = u - \frac{u^2}{2} + \frac{u^3}{3} - \cdots + (-1)^{100}\frac{u^{101}}{101} + o(u^{101})$，$|u| < 1$，

所以当 $x \neq 0$ 时，$f(x) = \frac{1}{x}\ln(1+2x)$

$$= \frac{1}{x}\left[2x - \frac{(2x)^2}{2} + \frac{(2x)^3}{3} - \cdots + (-1)^{100}\frac{(2x)^{101}}{101} + o(x^{101})\right],$$

又 $f(0) = 2$，则

$$f^{(100)}(0) = \frac{2^{101}}{101}100!, \quad |x| < \frac{1}{2}.$$

小结：当函数 $y = f(x)$ 是分段函数时，求函数在某点的高阶导数，可以考虑用泰勒展开式来处理.

【例28】 设 $f(x)$ 在 $x=0$ 的某邻域内二阶可导，且 $\lim\limits_{x \to 0}\left[\frac{\sin 3x}{x^3} + \frac{f(x)}{x^2}\right] = 0$，求 $f(0)$，

$f'(0)$，$f''(0)$ 及 $\lim\limits_{x \to 0}\frac{f(x)+3}{x^2}$.

解：$\lim\limits_{x \to 0}\left[\frac{\sin 3x}{x^3} + \frac{f(x)}{x^2}\right] = \lim\limits_{x \to 0}\frac{\sin 3x + xf(x)}{x^3}$，即 $\sin 3x + xf(x) = o(x^3)$，

$$\sin 3x = 3x - \frac{1}{6}(3x)^3 + o(x^4),$$

$$xf(x) = x\left[f(0) + f'(0)x + \frac{f''(0)}{2}x^2 + o(x^3)\right] = f(0)x + f'(0)x^2 + \frac{f''(0)}{2}x^3 + o(x^3)$$

所以 $\sin 3x + xf(x) = [3 + f(0)]x + f'(0)x^2 + \left[-\frac{9}{2} + \frac{f''(0)}{2}\right]x^3 + o(x^3)$,

于是 $f(0) = -3$, $f'(0) = 0$, $f''(0) = 9$,

由于 $f(x) = -3 + \frac{9}{2}x^2 + o(x^2)$, 所以, $\lim\limits_{x \to 0} \dfrac{f(x) + 3}{x^2} = \dfrac{9}{2}$.

练习题

1. 选择题.

（1）设 $x^3 - 2x^2y + 5xy^2 - 5y + 1 = 0$ 确定了 y 是 x 的函数，则 $\dfrac{\mathrm{d}^2 y}{\mathrm{d}x^2}$ 在点 $(1,1)$ 处的值是（ ）.

（A）$-\dfrac{4}{3}$　　　（B）$-\dfrac{16}{9}$　　　（C）$-\dfrac{34}{27}$　　　（D）$-\dfrac{130}{27}$

（2）若函数 $f(x)$ 处处二次可微，则

$$\lim_{k \to 0}\left[\lim_{h \to 0}\frac{f(p+k+h) - f(p+k) - f(p+h) + f(p)}{hk}\right] = (\quad).$$

（A）$f'(h)f'(k)$　　（B）$f''(p)$　　（C）$\left[f'(p)\right]^2$　　（D）$f'\left[f'(p)\right]$

（3）已知曲线的参数方程是 $\begin{cases} x = 2(t - \sin t) \\ y = 2(1 - \cos t) \end{cases}$，则曲线在 $t = \dfrac{\pi}{2}$ 处的切线方程是（ ）.

（A）$x + y = \pi$　　（B）$x - y = \pi - 4$　　（C）$x - y = \pi$　　（D）$x + y = \pi - 4$

（4）设参数方程为 $\begin{cases} x = a\cos t \\ y = b\sin t \end{cases}$，则二阶导数 $\dfrac{\mathrm{d}^2 y}{\mathrm{d}x^2} = (\quad)$.

（A）$\dfrac{b}{a\sin^2 t}$　　　　　　　　　（B）$-\dfrac{b}{a^2\sin^3 t}$

（C）$\dfrac{b}{a\cos^2 t}$　　　　　　　　　（D）$-\dfrac{b}{a^2\sin t\cos^2 t}$

2. 求由参数方程所确定的函数的二阶导数.

（1）设 $\begin{cases} x = \ln(2 + t) \\ y = t + \dfrac{1}{2}t^2 \end{cases}$，求 $\dfrac{\mathrm{d}^2 y}{\mathrm{d}x^2}$.

（2）设 $\begin{cases} x = \ln\sin t \\ y = \cos t + t\sin t \end{cases}$，求 $\dfrac{\mathrm{d}^2 y}{\mathrm{d}x^2}$.

3. 求曲线 $\begin{cases} x = e^t \sin 2t \\ y = e^t \cos t \end{cases}$ 在点 $(0,1)$ 处的法线方程.

4. 设 $f(x) = \dfrac{1}{(1 - 2x)(1 + x)}$，求 $f^{(n)}(0)$.

5. 设 $f(x)$ 在 $(-\infty, +\infty)$ 上一阶可导，且 $f''(0)$ 存在，又 $f(0) = f'(0) = 0$，试求函数

$$g(x) = \begin{cases} \dfrac{f(x)}{x}, & x \neq 0 \\ 0, & x = 0 \end{cases} \quad \text{的导数.}$$

6. 设函数 $y = e^x \sin x$，求 $y^{(n)}$.

7. 设 $f(x) = \sin^4 x + \cos^4 x$，求 $f^{(n)}(x)$.

练习题参考答案

1. （1）（C）.（2）（B）.（3）（B）.（4）（B）.

2. （1）$(2t+3)(t+2)$.（2）$\sin t(\tan t + t)$.

3. 解：$\dfrac{dy}{dx} = \dfrac{e^t \cos t - e^t \sin t}{e^t \sin 2t + 2e^t \cos 2t} = \dfrac{\cos t - \sin t}{\sin 2t + 2\cos 2t}$，点 $(0,1)$ 对应的参数 $t = 0$，

$$\left. \dfrac{dy}{dx} \right|_{t=0} = \left. \dfrac{\cos t - \sin t}{\sin 2t + 2\cos 2t} \right|_{t=0} = \dfrac{1}{2}.$$

所求法线方程为 $y - 1 = -2x$，即 $2x + y - 1 = 0$.

4. $\dfrac{n!}{3}(2^{n+1} + (-1)^n)$.

5. 提示：$g'(x) = \begin{cases} \dfrac{xf'(x) - f(x)}{x^2}, & x \neq 0 \\ \dfrac{f''(0)}{2}, & x = 0 \end{cases}$.

6. $y^{(n)} = \left(\sqrt{2}\right)^n e^x \sin\left(x + \dfrac{n\pi}{4}\right)$.

7. 提示：$f(x) = 1 - 2\sin^2 x \cos^2 x = 1 - \dfrac{1}{2}\sin^2 2x$

$f'(x) = -\sin 4x$

$f^{(n)}(x) = -4^{n-1} \sin\left[4x + (n-1)\dfrac{\pi}{2}\right]$.

2.3 微分及其计算

【内容及知识要点】

微分是高等数学的基本概念，它的实质是函数增量的线性主部. 函数可微，则可导，反之也成立.

1. 微分的定义

若 $\Delta y = A\Delta x + o(\Delta x)$，其中 $\Delta x = x - x_0$，$\Delta y = f(x) - f(x_0)$，则称函数 $y = f(x)$ 在 $x = x_0$ 处可微. $dy = A\Delta x \Rightarrow A = f'(x_0)$，$dy = f'(x_0)dx$.

注：（1）微分 dy 是关于 Δx 的线性函数.

（2）$\Delta y - dy$ 是关于 Δx 的高阶无穷小.

（3）通常把 dy 称为 Δy 的线性主部.

2. 微分的运算

微分的运算与导数运算类似.

3. 可导与可微的关系

函数可导 $\Leftrightarrow$ 函数可微.

【**例 1**】 若函数 $y = f(x)$ 有 $f'(x_0) = \dfrac{1}{2}$，则当 $\Delta x \to 0$ 时，该函数在 $x = x_0$ 处的微分 dy 是（ ）.

（A）与 Δx 等价的无穷小 　　　　（B）与 Δx 同阶的无穷小

（C）比 Δx 低价的无穷小 　　　　（D）比 Δx 高价的无穷小

解：按照微分定义，在 $x = x_0$ 处，$dy = f'(x_0)\Delta x = \dfrac{1}{2}\Delta x$，当 $\Delta x \to 0$ 时，dy 与 Δx 为同阶无穷小，于是选择（B）.

【**例 2**】 设函数 $f(u)$ 可导，$y = f(x^2)$ 当自变量 x 在 $x = -1$ 处取得增量 $\Delta x = -0.1$ 时，相应的函数增量 Δy 的线性主部为 0.1，则 $f'(1) = $（ ）.

（A）-1 　　　（B）0.1 　　　（C）1 　　　（D）0.5

解：函数的微分是函数增量的线性主部，且 $dy = y'dx = y'\Delta x$，而
$$dy = f'(x^2)dx^2 = 2xf'(x^2)dx = 2xf'(x^2)\Delta x,$$
因此 $0.1 = -2f'(1)(-0.1)$ 可得 $f'(1) = 0.5$．故选（D）.

练习题

1. 设 $y = f(x)$，已知 $\lim\limits_{x \to 0}\dfrac{f(x_0) - f(x_0 + 2x)}{6x} = 3$，则 $dy|_{x=x_0} = $（ ）.

（A）$-9dx$ 　　　　（B）$18dx$ 　　　　（C）$-3dx$ 　　　　（D）$2dx$

2. 设 $y = f(x)$，且 $f'(x^2) = \dfrac{1}{x^2}$，则 $dy = $（ ）.

（A）$\dfrac{2}{x^2}dx$ 　　　　（B）$-\dfrac{2}{x^3}dx$ 　　　　（C）$\ln x^2 dx$ 　　　　（D）$\dfrac{1}{x}dx$

3. 设 $f'(x) = g(x)$，则 $df(x^2) = $_____.

4. $de^{\sin^2(1-x)} = $_____.

5. 设 $f(u) = \lim\limits_{x \to \infty} u\left(\dfrac{x+u}{x-u}\right)^x$，则 $d[f(u)] = $_____.

练习题参考答案

1.（A）. 2.（D）. 3. $2xg(x^2)\mathrm{d}x$. 4. $-\sin 2(1-x)e^{\sin^2(1-x)}\mathrm{d}x$. 5. $(1+2u)e^{2u}\mathrm{d}u$.

习　　题

1. 填空题.

（1）设函数 $f(x)$ 在 x 处可导，a,b 为常数，则 $\lim\limits_{h\to 0}\dfrac{f(x+ah)-f(x-bh)}{h}=$ _____.

（2）曲线 $x^2 y+\ln y=1$ 在点 $(1,1)$ 处的法线方程是_____.

（3）设函数 $f(x)=e^{\cos^2\sqrt{x}}$，则微分 $\mathrm{d}y$_____.

2. 计算题.

（1）$y=x\sqrt{\ln x}+x^x$，求 y'.

（2）设函数 $f(x)$ 有二阶导数，$y=f(\sin 2x)$，求 y''.

（3）计算 $\lim\limits_{x\to\frac{\pi}{2}^-}\dfrac{\ln\tan x}{\ln\tan 2x}$.

（4）设 $\begin{cases} x=e^t \\ y=e^t\cos t \end{cases}$，求 $\dfrac{\mathrm{d}^2 y}{\mathrm{d}x^2}$.

（5）设函数 $f(x)=\begin{cases} \dfrac{g(x)-\cos x}{x}, & x\neq 0 \\ a, & x=0 \end{cases}$，其中 $g(x)$ 有一阶连续导数，且 $g(0)=1$，确定 a 的值，使 $f(x)$ 在 $x=0$ 处连续.

（6）设函数 $f''(x)$ 在 $x=0$ 的某邻域内连续，且 $\lim\limits_{x\to 0}\dfrac{f(x)}{x}=0$，$f''(0)=4$，求 $\lim\limits_{x\to 0}\left[1+\dfrac{f(x)}{x}\right]^{\frac{1}{x}}$.

3. 应用题.

（1）在椭圆 $\dfrac{x^2}{a^2}+\dfrac{y^2}{b^2}=1$ 内，可作各种内接矩形，求面积最大的内接矩形.

（2）要设计容积为 V 的有盖圆柱形贮油桶，已知侧面单位面积的造价是底面造价的一半，而上盖的单位面积造价又是侧面造价的一半，问贮油桶半径 r 取何值时总造价最省？（可设上盖造价为 a 元/m^2）

（3）在曲线 $y=1-x^2\,(0\leqslant x\leqslant 1)$ 上求一点，使曲线在该点的切线与两坐标轴所围成的三角形面积最小，并求出此最小面积.

习题参考答案

1.（1）$(a+b)f'(x)$. （2）$y=x$. （3）$\dfrac{\cos\sqrt{x}\sin\sqrt{x}}{-\sqrt{x}}e^{\cos^2\sqrt{x}}\mathrm{d}x$.

2. （1） $\sqrt{\ln x} + \dfrac{1}{2\sqrt{\ln x}} + x^x(\ln x + 1)$. （2） $4\cos^2 2x f'' - 4\sin 2x f'$. （3） -1 .

（4） $-e^{-t}(\sin t + \cos t)$. （5） $a = g'(0)$.

（6）解： $\lim\limits_{x\to 0}\dfrac{f(x)}{x} = 0$ ，所以 $\lim\limits_{x\to 0}f(x) = 0$.

又因为 $f''(x)$ 在 $x = 0$ 的某邻域内连续，所以得 $f(0) = 0$ ，

由导数定义 $f'(0) = \lim\limits_{x\to 0}\dfrac{f(x) - f(0)}{x - 0} = 0$.

$$\lim_{x\to 0}\left[1 + \frac{f(x)}{x}\right]^{\frac{1}{x}} = \lim_{x\to 0}\left[1 + \frac{f(x)}{x}\right]^{\frac{x}{f(x)}\cdot\frac{f(x)}{x^2}} = e^{\lim\limits_{x\to 0}\frac{f'(x)}{2x}} = e^{\lim\limits_{x\to 0}\frac{f''(x)}{2}} = e^2 .$$

3. （1）提示： $S = 4xy = 4bx\sqrt{1 - \dfrac{x^2}{a^2}}$ ，求导后得 $x = \dfrac{\sqrt{2}}{2}a, y = \dfrac{\sqrt{2}}{2}b$ 时面积最大.

（2）提示： $y = 2a\cdot 2\pi r\cdot\dfrac{V}{\pi r^2} + 4a\pi r^2 + a\pi r^2 = \dfrac{4aV}{r} + 5a\pi r^2$ ，求导得 $r = \sqrt[3]{\dfrac{2V}{5\pi}}$.

（3）提示：设切点坐标为 $(t, 1 - t^2)$ ，则 $S = \dfrac{1}{2}(t^2 + 1)\left(\dfrac{t^2 + 1}{2t}\right)$ ，求导可得 $\left(\dfrac{1}{\sqrt{3}}, \dfrac{2}{3}\right)$ ，此时面积 $S_{\min} = \dfrac{4\sqrt{3}}{9}$.

第三章　中值定理及导数的应用

【考试内容及要求】
（1）理解罗尔中值定理、拉格朗日中值定理及它们的几何意义，理解柯西中值定理、泰勒中值定理. 会用罗尔中值定理证明方程根的存在性. 会用拉格朗日中值定理证明一些简单的不等式.

（2）掌握洛必达法则，会用洛必达法则求 $\dfrac{0}{0}$，$\dfrac{\infty}{\infty}$，$0\cdot\infty$，$\infty-\infty$，1^{∞}，∞^{0} 和 0^{0} 型未定式的极限.

（3）会利用导数判定函数的单调性，会求函数的单调区间，会利用函数的单调性证明一些简单的不等式.

（4）理解函数极值的概念，会求函数的极值和最值，会解决一些简单的应用问题.

（5）会判定曲线的凹凸性，会求曲线的拐点.

（6）会求曲线的渐近线（水平渐近线、垂直渐近线和斜渐近线）.

（7）会描绘一些简单的函数的图形.

3.1　中　值　定　理

【知识要点解读】

拉格朗日中值定理是罗尔定理的推广；柯西中值定理和泰勒中值定理是拉格朗日中值定理的推广. 四个中值定理的条件都是充分非必要条件.

微分中值定理

定理名称	条件	结论
罗尔定理	函数 $f(x)$ 在 $[a,b]$ 上连续，在 (a,b) 内可导，且 $f(a)=f(b)$	在 (a,b) 内至少存在一点 ξ，使得 $f'(\xi)=0$
拉格朗日中值定理	函数 $f(x)$ 在 $[a,b]$ 上连续，在 (a,b) 内可导	在 (a,b) 内至少存在一点 ξ，使得 $f'(\xi)=\dfrac{f(b)-f(a)}{b-a}$
柯西中值定理	函数 $f(x)$、$F(x)$ 在 $[a,b]$ 上连续，在 (a,b) 内可导，对任意 $x\in(a,b)$，$F'(x)\neq0$	在 (a,b) 内至少存在一点 ξ，使得 $\dfrac{f(b)-f(a)}{F(b)-F(a)}=\dfrac{f'(\xi)}{F'(\xi)}$

推论： $f(x)=c \Leftrightarrow f'(x)=0$.

应用范围：

（1）关于一个函数的增量与导数之间的证明，一般用拉格朗日中值定理.

（2）关于 $F'(x)=0$ 有实根的证明，用罗尔定理.

（3）关于两个函数的增量与导数之间的证明，一般用柯西中值定理.

（4）要证明 $f(x)=$ 常数，只要证明 $f'(x)=0$.

3.1.1　满足中值定理条件的区间求解

【例1】　使函数 $f(x)=\sqrt[3]{x^2(1-x^2)}$ 满足罗尔定理条件的区间是（　　）.

（A）$[0,1]$　　　　（B）$[-1,1]$　　　　（C）$[-2,2]$　　　　（D）$\left[-\dfrac{3}{5},\dfrac{4}{5}\right]$

解：显然函数在 $(-\infty,+\infty)$ 上连续.

$$f'(x)=\frac{2}{3}\left[\sqrt[3]{\frac{1-x^2}{x}}-x\cdot\sqrt[3]{\frac{x^2}{(1-x^2)^2}}\right],\quad(x\ne 0,-1,1).$$

由此可知，（A）满足条件.

【例2】　设 $f(x)$ 在 $[0,1]$ 上连续，在 $(0,1)$ 内可导，且 $f(0)=0$.

求证：存在一点 $c\in(0,1)$，使 $cf'(c)+2f(c)=f'(c)$.

- -

分析：（1）当欲证结论为"至少存在一点 $\xi\in(a,b)$ 使得 $f'(\xi)=h(\xi)$，及类似命题"，其证明程序一般为：第一步构造辅助函数 $F(x)$；第二步验证 $F(x)$ 满足罗尔定理条件.

（2）辅助函数的构造常用常数变易法，其步骤为：

第一步：把结论中的 ξ 换为 x；

第二步：通过初等变形化为易于消除导数符号的形式；

第三步：利用观察法或积分求出全部原函数；

第四步：移项使等式一边为积分常数，把此常数变为函数，即为所构造的辅助函数.

如本题：欲证 $cf'(c)+2f(c)=f'(c)$，即 $(c-1)f'(c)=-2f(c)$，亦即 $\dfrac{f'(c)}{f(c)}=\dfrac{2}{1-c}$，此式可看作 $\dfrac{f'(x)}{f(x)}=\dfrac{2}{1-x}$ 在 $x=c$ 处的值. 而 $\dfrac{f'(x)}{f(x)}=\dfrac{2}{1-x}$ 是由（可分离变量型，积分）$\ln f(x)=-2\ln(x-1)+\ln\tilde{c}$ 求导而来，整理得 $\tilde{c}=(x-1)^2 f(x)$，此即为辅助函数.

- -

证明：构造函数 $F(x)=(x-1)^2 f(x)$，易验证，$F(x)$ 在 $[0,1]$ 上满足罗尔定理条件，从而在 $(0,1)$ 内至少存在一点 c，使 $F'(c)=0$，即 $cf'(c)+2f(c)=f'(c)$.

【例3】　证明方程 $2^x-x-1=0$ 除了 $x=0$ 和 $x=1$ 之外，不存在其他实根.

证明：设 $f(x)=2^x-x-1$ 除 0 和 1 之外还有第三个零点 x_0. 由罗尔定理知，在以 0、1 与 x_0 三个零点为端点所构成的两个相邻开区间内至少存在一点 ξ_1 和 ξ_2，使 $f'(\xi_1)=f'(\xi_2)=0$，即方程 $f'(x)=0$ 至少有两个实根.

因 $f'(x)=2^x\ln 2-1$，而 $2^x\ln 2-1=0$ 仅有一个实根 $x=-\log_2(\ln 2)$，这与上述结论矛盾. 所以原假设不成立.

3.1.2 利用中值定理解题的技巧

微分中值定理通常用来证明一些等式、不等式及方程根的存在性，在这些问题中，常涉及辅助函数的构造，通常有三种：找原函数法；指数因子法；常数 k 值法.

1. 找原函数法

【**例 4**】 设 $f(x)$ 在 $[0,1]$ 上连续，在 $(0,1)$ 内二阶可导，$f(0) = f(1) = 0$，证明存在 $\xi \in (0,1)$，使 $f''(\xi) = \dfrac{2f'(\xi)}{1-\xi}$.

证明： 即证 $f''(x)(1-x) = 2f'(x)$ 在 $(0,1)$ 有根，采用"找原函数法"，两边积分得
$$(1-x)f'(x) = f(x) \quad （积分常数已取作 0），\cdots\cdots\cdots\cdots\cdots（1）$$
此时若取 $F(x) = (1-x)f'(x) - f(x)$，则 $F(x)$ 不满足罗尔定理，无法继续证明. 我们对（1）式两边再积分一次，得
$$(1-x)f(x) = 0 \quad （积分常数已取作 0），$$

令 $G(x) = (1-x)f(x)$，则可验证 $G(x)$ 在 $[0,1]$ 上满足罗尔定理，故 $\exists \xi_1 \in (0,1)$，使 $G'(\xi_1) = 0$，又 $G'(1) = -f(1) = 0$，再由罗尔定理，$\exists \xi \in (\xi_1, 1) \subset (0,1)$，使 $G''(\xi) = 0$，即 $f''(\xi)(1-\xi) - 2f'(\xi) = 0$，

即
$$f''(\xi) = \frac{2f'(\xi)}{1-\xi}.$$

2. 指数因子法

【**例 5**】 设 $f(x)$，$g(x)$ 在 $[a,b]$ 上连续，在 (a,b) 内可导，$f(a) = f(b) = 0$，证明：
（1）对于任意的 λ，$\exists \xi \in (a,b)$，使 $f'(\xi) + \lambda f(\xi) = 0$；
（2）$\exists \eta \in (a,b)$，使 $f'(\mu) + f(\eta)g'(\eta) = 0$.

证明：（1）即证 $f'(x) + \lambda f(x) = 0$ 在 (a,b) 内有根，我们仍然希望找到 $F(x)$，使 $F'(x) = f'(x) + \lambda f(x)$，但这里对 $f'(x) + \lambda f(x)$ 作不定积分，不能很快找到 $F(x)$，因此不能用"找原函数法".

如果能找到一个与 $f(x)$ 有关的函数 $H(x)$，使 $H'(x) = 0$ 有根，而由 $H'(x) = 0$ 可推得 $f'(x) + \lambda f(x) = 0$，则也能证明所需结论.

注意到
$$(e^{\lambda x}f(x))' = e^{\lambda x}[f'(x) + \lambda f(x)],$$
故取
$$H(x) = e^{\lambda x}f(x)，$$
则显然 $H(x)$ 在 $[a,b]$ 满足罗尔定理，故 $\exists \xi \in (a,b)$，使 $H'(\xi) = 0$，即
$$e^{\lambda \xi}[f'(\xi) + \lambda f(\xi)] = 0，$$
由于 $e^{\lambda \xi} \neq 0$，故有 $f'(\xi) + \lambda f(\xi) = 0$.

（2）同（1）的分析，所证结论中 $g'(\eta)$ 的位置相当于（1）中的 λ，而（1）中的 λ 是由 $e^{\lambda x}$ 求导而得到的，故辅助函数可取作 $G(x) = e^{g(x)}f(x)$.

则 $G(x)$ 在 $[a,b]$ 满足罗尔定理，故 $\exists \eta \in (a,b)$，使 $G'(\eta) = 0$，即

$$e^{g(\eta)}[f'(\mu) + f(\eta)g'(\eta)] = 0 ,$$

由于 $e^{g(\eta)} > 0$，故 $f'(\mu) + f(\eta)g'(\eta) = 0$．

3. 常数 k 值法

【**例6**】　设 $f(x)$ 在 $[a,b]$ 上连续，在 (a,b) 内可导，证明 $\exists \xi \in (a,b)$，使

$$\frac{bf(b) - af(a)}{b - a} = f(\xi) + \xi f'(\xi) .$$

证法 1：注意到要证的等式的右端正是 $[xf(x)]'\big|_{x=\xi}$，而左端分子恰为 $xf(x)$ 在 $x = b$，$x = a$ 的函数值之差，因此很容易想到拉格朗日中值定理.

令 $F(x) = xf(x)$，则 $F(x)$ 在 $[a,b]$ 满足拉格朗日中值定理，故 $\exists \xi \in (a,b)$，使

$$\frac{bf(b) - af(a)}{b - a} = [xf(x)]'\big|_{x=\xi} ,$$

即

$$\frac{bf(b) - af(a)}{b - a} = f(\xi) + \xi f'(\xi) .$$

证法 2：注意到要证的等式的左端是一个常数，我们不妨令其为 k，则只要证 $\exists \xi \in (a,b)$，使 $f(\xi) + \xi f'(\xi) = k$．

由

$$\frac{bf(b) - af(a)}{b - a} = k ,$$

知

$$bf(b) - bk = af(a) - ak \quad\cdots\cdots\cdots\cdots\cdots\cdots\cdots\cdots（1）$$

这是一个关于 a, b 对称的等式（a, b 互换等式不变），令 $F(x) = xf(x) - kx$，

则 $F(x)$ 在 $[a,b]$ 上连续，在 (a,b) 内可导，且 $F(a) = F(b)$（由（1）式），故由罗尔定理，$\exists \xi \in (a,b)$，使 $F'(\xi) = 0$，即 $f(\xi) + \xi f'(\xi) - k = 0$，

即

$$f(\xi) + \xi f'(\xi) = k = \frac{bf(b) - af(a)}{b - a} .$$

练习题

1. 设 $f(x)$ 在 $[0,1]$ 上连续，在 $(0,1)$ 内可微，且 $f(0) = 1$，$f(1) = 0$，则在 $(0,1)$ 内至少存在一点 c，使（　　）.

（A）$f'(c) = -\dfrac{f(c)}{c}$　　　　　　（B）$f'(c) = \dfrac{f(c)}{c}$

（C）$f(c) = \dfrac{f'(c)}{c}$　　　　　　（D）$f(c) = -\dfrac{f'(c)}{c}$

2. 设 $0 < a < b$，$n > 1$，则下列不等式成立的是（　　）.

（A）$\dfrac{b-a}{a} < \ln \dfrac{b}{a} < \dfrac{b-a}{b}$

（B）$\dfrac{b-a}{b} < \ln \dfrac{a}{b} < \dfrac{b-a}{a}$

（C）$nb^{n-1}(b-a) < b^n - a^n < na^{n-1}(b-a)$

（D）$nb^{n-1}(a-b) < a^n - b^n < na^{n-1}(a-b)$

3．设 $f(x)$，$F(x)$ 在 $[a, b]$ 上连续，在 (a, b) 内可导，且 $F'(x) \neq 0$，则在 (a, b) 内至少有一点 ξ，使式子＿＿＿＿成立.

4．函数 $f(x) = \begin{cases} 3 - x^2, & x \leqslant 1 \\ \dfrac{1}{x}, & x > 1 \end{cases}$，在区间 $[0, 2]$ 上满足拉格朗日定理条件的 $\xi = $＿＿＿＿.

5．设 $f(x)$ 在 $[a, b]$ 上连续，在 (a, b) 内可导，且 $f(a) = f(b) = 1$，试证存在 $\xi \in (a, b)$，$\eta \in (a, b)$，使得 $e^{\eta - \xi} \left[f'(\eta) + f \right] = 1$.

练习题参考答案

1．（A）. 2．（D）. 3．$\dfrac{f(b) - f(a)}{F(b) - F(a)} = \dfrac{f'(\xi)}{F'(\xi)}$. 4．$\dfrac{1}{2}, \sqrt{2}$.

5．提示：对 $F(x) = e^x f(x)$ 和 $\varphi(x) = e^x$ 分别在 $[a, b]$ 上应用拉格朗日中值定理可证.

3.2　洛必达法则

【知识要点解读】

洛必达法则是求未定式极限的有效方法. 在应用中要注意洛必达法则适用范围，洛必达法则若失效，并不能说明所求函数极限不存在，这时可改用其他方法计算.

洛必达法则：未定式 $\dfrac{0}{0}$ 型或 $\dfrac{\infty}{\infty}$ 型，则 $\lim\limits_{x \to x_0} \dfrac{f(x)}{g(x)} = \lim\limits_{x \to x_0} \dfrac{f'(x)}{g'(x)}$.

注意事项：

（1）只有 $\dfrac{0}{0}$ 型或 $\dfrac{\infty}{\infty}$ 型才能用洛必达法则.

（2）其他类型的未定式，如 $0 \cdot \infty$、$\infty - \infty$、0^0、∞^0、1^∞ 等要化成 $\dfrac{0}{0}$ 型或 $\dfrac{\infty}{\infty}$ 型才能用洛必达法则.

（3）洛必达法则与等价无穷小代换、变量代换等其他方法配合使用效果更佳.

（4）须注意，运用洛必达法则是一种试验过程. 若导数比值确有极限，则原极限即有答案；而当导数比值极限不存在，或虽然可能存在，却不能由已知条件求出此极限时，则洛必达法则试验失败，应另寻其他方法解决问题.

【例1】 已知当 $x \to 1$ 时，$(2x)^x - 2$ 与 $a(x-1) + b(x-1)^2$ 是等价无穷小，求 a, b 的值.

解：由已知条件有 $\lim\limits_{x \to 1} \dfrac{(2x)^x - 2}{a(x-1) + b(x-1)^2} = \lim\limits_{x \to 1} \dfrac{(2x)^x (1 + \ln 2x)}{a + 2b(x-1)} = \dfrac{2(1 + \ln 2)}{a + 2b \cdot 0} = 1$，

所以 $a = 2(1 + \ln 2)$，显然 b 为任意实常数.

【例2】 $\lim\limits_{x \to 0} \dfrac{\arctan x - x}{\ln(1 + 2x)^3} = $＿＿＿＿.

解：极限为 $\dfrac{0}{0}$ 型，$x \to 0$ 时，$\ln(1 + 2x^3) \sim 2x^3$

原式 $= \lim_{x \to 0} \dfrac{\arctan x - x}{2x^3} = \lim_{x \to 0} \dfrac{\dfrac{1}{1+x^2} - 1}{6x^2} = \lim_{x \to 0} \dfrac{-1}{6(1+x^2)} = -\dfrac{1}{6}$.

【例3】　$\lim\limits_{x \to \infty} x\left[\sin\ln\left(1+\dfrac{3}{x}\right) - \sin\ln\left(1+\dfrac{1}{x}\right)\right] = $ _____.

解：极限为 $\infty \cdot 0$ 型，令 $t = \dfrac{1}{x}$，

原式 $= \lim\limits_{t \to 0} \dfrac{\sin\ln(1+3t) - \sin\ln(1+t)}{t} = \lim\limits_{t \to 0}\left[\dfrac{3\cos\ln(1+3t)}{1+3t} - \dfrac{\cos\ln(1+t)}{1+t}\right] = 3-1 = 2$.

【例4】　设 $y = y(x)$ 是二阶常系数微分方程 $y'' + py' + qy = e^{3x}$ 满足 $y(0) = y'(0) = 0$ 的特解，则当 $x \to 0$ 时，函数 $\dfrac{\ln(1+x^2)}{y(x)}$ 的极限（　　）.

（A）不存在　　　　（B）等于 1　　　　（C）等于 2　　　　（D）等于 3

解：$\lim\limits_{x \to 0} \dfrac{\ln(1+x^2)}{y(x)} = \lim\limits_{x \to 0} \dfrac{x^2}{y(x)} = \lim\limits_{x \to 0} \dfrac{2x}{y'(x)} = \lim\limits_{x \to 0} \dfrac{2}{y''(x)} = \dfrac{2}{y''(0)} = 2$. 所以选（C）.

【例5】　求极限 $\lim\limits_{n \to \infty}\left[n - n^2\ln\left(1+\dfrac{1}{n}\right)\right]$，$n \in \mathbf{N}$.

解：把正整数 n 换为连续自变量 x，当 $n \to \infty$ 时，有 $x \to +\infty$，原式化为求极限

$$\lim_{x \to +\infty}\left[x - x^2\ln\left(1+\dfrac{1}{x}\right)\right]$$

当 $x \to +\infty$ 时，$\lim\limits_{x \to +\infty}\left[x - x^2\ln\left(1+\dfrac{1}{x}\right)\right]$ 属于 $\infty - \infty$ 型未定式.

令 $x = \dfrac{1}{t}$，当 $x \to +\infty$ 时，$t \to 0^+$，则有

$$\lim_{x \to +\infty}\left[x - x^2\ln\left(1+\dfrac{1}{x}\right)\right] = \lim_{t \to 0^+}\left[\dfrac{1}{t} - \dfrac{1}{t^2}\ln(1+t)\right]$$

$$= \lim_{t \to 0^+} \dfrac{t - \ln(1+t)}{t^2} = \lim_{t \to 0^+} \dfrac{1 - \dfrac{1}{1+t}}{2t} = \lim_{t \to 0^+} \dfrac{1}{2(1+t)} = \dfrac{1}{2}.$$

根据海涅定理（即数列极限与函数极限的关系），有

$$\lim_{n \to \infty}\left[n - n^2\ln\left(1+\dfrac{1}{n}\right)\right] = \lim_{x \to +\infty}\left[x - x^2\ln\left(1+\dfrac{1}{x}\right)\right] = \dfrac{1}{2}.$$

【例6】　求 $\lim\limits_{n \to \infty}\left(n\tan\dfrac{1}{n}\right)^{n^2}$，$n \in \mathbf{N}$.

解法1：因为 $\lim\limits_{x \to +\infty}\left(x\tan\dfrac{1}{x}\right)^{x^2} = \lim\limits_{t \to 0^+}\left(\dfrac{\tan t}{t}\right)^{1/t^2} = \lim\limits_{t \to 0^+} e^{\frac{\ln\tan t - \ln t}{t^2}} = e^{1/3}$.

所以 $\lim\limits_{n \to \infty}\left(n\tan\dfrac{1}{n}\right)^{n^2} = e^{1/3}$.

其中 $\lim\limits_{t\to 0^+}\dfrac{\ln\tan t-\ln t}{t^2}=\lim\limits_{t\to 0^+}\dfrac{t\sec^2 t-\tan t}{2t^2\tan t}=\lim\limits_{t\to 0^+}\dfrac{t-\sin t\cos t}{2t^2\sin t\cos t}=\dfrac{1}{3}$.

解法 2：极限为 1^∞ 型，用第二个重要极限计算.

因为 $\lim\limits_{x\to +\infty}\left(x\tan\dfrac{1}{x}\right)^{x^2}=\lim\limits_{t\to 0^+}\left(\dfrac{\tan t}{t}\right)^{1/t^2}=\lim\limits_{t\to 0^+}\left(1+\dfrac{\tan t-t}{t}\right)^{\frac{t}{\tan t-t}\cdot\frac{\tan t-t}{t}\cdot\frac{1}{t^2}}=e^{1/3}$.

其中 $\lim\limits_{t\to 0^+}\dfrac{\tan t-t}{t}\cdot\dfrac{1}{t^2}=\lim\limits_{t\to 0^+}\dfrac{\sec^2 t-1}{3t^2}=\lim\limits_{t\to 0^+}\dfrac{\tan^2 t}{3t^2}=\dfrac{1}{3}$.

所以 $\lim\limits_{n\to\infty}\left(n\tan\dfrac{1}{n}\right)^{n^2}=e^{1/3}$.

比较解法 1、解法 2，显然解法 2 简单一些.

【例 7】 设 $\lim\limits_{x\to 0}\dfrac{\sin 6x+xf(x)}{x^3}=0$，求 $\lim\limits_{x\to 0}\dfrac{6+f(x)}{x^2}$.

解：
$$\lim\limits_{x\to 0}\dfrac{\sin 6x+xf(x)}{x^3}=\lim\limits_{x\to 0}\dfrac{\sin 6x-6x+6x+xf(x)}{x^3}$$
$$\lim\limits_{x\to 0}\dfrac{\sin 6x-6x}{x^3}+\lim\limits_{x\to 0}\dfrac{6+f(x)}{x^2}=-36+\lim\limits_{x\to 0}\dfrac{6+f(x)}{x^2}=0$$

因此 $$\lim\limits_{x\to 0}\dfrac{6+f(x)}{x^2}=36.$$

【例 8】 当 $x\to 0$ 时，问 $3x-4\sin x+\sin x\cos x$ 是 x 的几阶无穷小？

解： 当 $x\to 0$ 时，$f(x)=3x-4\sin x+\sin x\cos x\to 0$，
$f'(x)=3-4\cos x+\cos 2x\to 0$，$f''(x)=4\sin x-2\sin 2x\to 0$，
$f'''(x)=4\cos x-4\cos 2x\to 0$，$f^{(4)}(x)=-4\sin x+8\sin 2x\to 0$，
$f^{(5)}(x)=-4\cos x+16\cos 2x\to 12$，

所以，$3x-4\sin x+\sin x\cos x$ 是 x 的 5 阶无穷小.

【例 9】 设 $f(x)=x-(a+b\cos x)\sin x$，求 a，b 的值，使 $f(x)$ 成为 x 的尽量高阶的无穷小，并求出最高阶.

解： 当 $x\to 0$ 时，$f(x)=x-(a+b\cos x)\sin x\to 0$，
$f'(x)=1-a\cos x-b\cos 2x\to 0$，要求 $a+b=1$，
$f''(x)=a\sin x+2b\sin 2x\to 0$，
$f'''(x)=a\cos x+4b\cos 2x\to 0$，要求 $a+4b=0$，

所以 $a=\dfrac{4}{3}$，$b=-\dfrac{1}{3}$.

$f^{(4)}(x)=-a\sin x-8b\sin 2x\to 0$，$f^{(5)}(x)=-a\cos x-16b\cos 2x\to 4$，

最高达到 5 阶.

练习题

1. 求极限.

（1）求 $\lim\limits_{x\to 0}\left(\dfrac{1+x}{1-e^{-x}}-\dfrac{1}{x}\right)$.

（2）求 $\lim\limits_{x\to 0}\dfrac{\sqrt{1+\tan x}-\sqrt{1+\sin x}}{x\ln(1+x)-x^2}$.

（3）$\lim\limits_{x\to 0}\dfrac{(1+x)^{\frac{1}{x}}-e}{x}$.

（4）$\lim\limits_{x\to 0^+}x^{\frac{1}{\ln(e^x-1)}}$.

2．求常数 a,b 使得 $\lim\limits_{x\to 0}\dfrac{1}{bx-\sin x}\int_0^x\dfrac{t^2}{\sqrt{a+t}}\mathrm{d}t=1$ ， $a\ne 0$.

练习题参考答案

1．（1） $\lim\limits_{x\to 0}\left(\dfrac{1+x}{1-e^{-x}}-\dfrac{1}{x}\right)=\lim\limits_{x\to 0}\dfrac{x+x^2-1+e^{-x}}{x(1-e^{-x})}=\lim\limits_{x\to 0}\dfrac{x+x^2-1+e^{-x}}{x^2}=\dfrac{3}{2}$.

（2）原式 $=\lim\limits_{x\to 0}\dfrac{\tan x-\sin x}{\left[x\ln(1+x)-x^2\right]\left(\sqrt{1+\tan x}+\sqrt{1+\sin x}\right)}$

$=\dfrac{1}{2}\lim\limits_{x\to 0}\dfrac{\tan x(1-\cos x)}{x\left[\ln(1+x)-x\right]}=\dfrac{1}{2}\lim\limits_{x\to 0}\dfrac{\dfrac{1}{2}x^2}{\ln(1+x)-x}=-\dfrac{1}{2}$.

（3）原式 $=\lim\limits_{x\to 0}\dfrac{\left[e^{\ln(1+x)/x}-e\right]}{x}=\lim\limits_{x\to 0}(1+x)^{1/x}\dfrac{\dfrac{x}{1+x}-\ln(1+x)}{x^2}$

$=e\lim\limits_{x\to 0}\dfrac{x-(1+x)\ln(1+x)}{(1+x)x^2}=-\dfrac{e}{2}$.

（4）$\lim\limits_{x\to 0}x^{\frac{1}{\ln(e^x-1)}}=\exp\left\{\lim\limits_{x\to 0}\dfrac{\ln x}{\ln(e^x-1)}\right\}=\exp\left\{\lim\limits_{x\to 0}\dfrac{e^x-1}{xe^x}\right\}=\exp\lim\limits_{x\to 0}\dfrac{x}{xe^x}=e$.

2．分析：所给极限问题为含变上限的积分．这类问题的基本求法是利用洛必达法则，通过求导数将变上限积分形式去掉．

解：依题，利用洛必达法则得

$$\lim\limits_{x\to 0}\dfrac{1}{b-\cos x}\cdot\dfrac{x^2}{\sqrt{a+x}}=1,$$

注意上式左边极限存在，且分子极限为零，因此其分母极限必须为零，则

$$\lim\limits_{x\to 0}(b-\cos x)\sqrt{a+x}=0,$$

因而 $b=1$ ，即有 $\lim\limits_{x\to 0}\dfrac{x^2}{1-\cos x}\cdot\dfrac{1}{\sqrt{a+x}}=1$.

利用极限运算法则和洛必达法则，得到

$$\dfrac{1}{\sqrt{a}}\lim\limits_{x\to 0}\dfrac{2x}{\sin x}=1\Rightarrow\dfrac{2}{\sqrt{a}}=1，\text{故 }a=4.$$

于是，当 $a=4$ ， $b=1$ 时原命题成立．

3.3　函数的单调性、极值、最值

【知识要点解读】

1.　函数的单调性

利用导数可以判别函数的单调性，可以找出函数的单调区间，求方程 $f(x)=0$ 在某区间上根的个数和用单调性证明不等式.

（1）判别函数单调性.

$f(x)>0 \Rightarrow f(x)$ 单调增加；　$f'(x)<0 \Rightarrow f(x)$ 单调减少.

（2）利用函数单调性证不等式.

（3）利用函数 $f(x)$ 的单调性判定方程 $f(x)=0$ 根的个数.

方法：方程 $f(x)=0$ 的根，就是曲线 $y=f(x)$ 与 x 轴的交点，找出 $y=f(x)$ 的单调区间，在每个单调区间上讨论函数 $f(x)$ 是否变号，若变号，则有一根，否则无根.

2.　函数的极值

可导函数的极值点是驻点，反之驻点不一定是极值点，函数不可导的连续点也可能是极值点，所以我们应在驻点和函数不可导的连续点中找极值点. 可以用极值存在的第一充分条件逐个判别，也可以利用二阶导数，用极值存在的第二充分条件判别.

1）极值的定义

定义：若存在 x_0 的一个邻域，对此邻域内除 x_0 外的任何 x，均有 $f(x)<f(x_0)$（ $f(x)<f(x_0)$ ），则称 x_0 为 $f(x)$ 的一个极大（小）值点， $f(x_0)$ 称为 $f(x)$ 的一个极大（小）值.

注：极值是局部性概念，仅在 x_0 附近考虑；而最值是整体性概念，要在整个区间考虑.

2）函数取得极值的必要条件

定理 1：若 $f(x)$ 在 x_0 处可导，且在 x_0 处取得极值，则 $f'(x_0)=0$.

注：① 导数为零的点称为驻点，此时定理 1 可叙述为"对可导函数，极值点一定是驻点".

② 若可导函数无驻点，则函数无极值.

③ 驻点不一定为极值点.

例如， $y=x^3, y'=3x^2$ 有驻点 $x=0$，但 $x=0$ 不是极值点.

④ 千万不要误认为只有驻点才可能成为极值点，导数不存在的点（函数不可导的连续点）也有可能成为极值点.

例如， $y=|x|$ 在 $x=0$ 处不可导，但 y 在 $x=0$ 处有极小值 0.

3）函数取得极值的充分条件

定理 2（第一充分条件）：设 $f'(x_0)=0$ 或 $f'(x_0)$ 不存在.

① $x<x_0$ 时，$f'(x_0)>0$，$x>x_0$ 时，$f'(x)<0$，则 x_0 为极大点；

② $x<x_0$ 时，$f'(x_0)<0$，$x>x_0$ 时，$f'(x)>0$，则 x_0 为极小点；

③ 若在 x_0 两侧，$f'(x)$ 不变号，则 x_0 不是极值点.

通常采用列表的方式说明问题.

定理 3（第二充分条件）：设 $f'(x_0)=0$，若 $f''(x_0)<0$，则 x_0 为极大点；若 $f''(x_0)>0$，则 x_0 为极小点；若 $f''(x_0)=0$，则需进一步判断.

4）求极值步骤

① 求 $f'(x)$.

② 求出 $f(x)$ 的驻点及 $f'(x)$ 不存在的点.

③ 用判别法一或判别法二判定上述点是否为极值点，然后求出极值.

3. 最值或者取值范围问题

（1）求闭区间 $[a,b]$ 上连续函数 $f(x)$ 的最值. 方法如下：

① 求出 $f(x)$ 在 (a,b) 内的可疑点——驻点与不可导点，并求出这些可疑点处的函数值；

② 求出端点的函数值 $f(a)$ 和 $f(b)$；

③ 比较以上所求得的所有函数值，其中最大者为 $f(x)$ 在 $[a,b]$ 上的最大值 M，最小值为 $f(x)$ 在 $[a,b]$ 上的最小值 m.

（有时这类问题也可命制为"求连续函数 $f(x)$ 在 $[a,b]$ 上的值域."）

（2）求开区间 (a,b) 内连续函数 $f(x)$ 的最值或者取值范围：

开区间的问题要比闭区间复杂，一般需要全面地考察 $f(x)$ 在区间内的性态，主要的思考程序是：

① 求出 $f(x)$ 在 (a,b) 内的可疑点——驻点与不可导点，并求出这些可疑点处的函数值；

② 用这些可疑点将区间 (a,b) 划分为若干子区间，分别讨论子区间上的增减性；

③ 求单侧极限：

若 a，b 为有限常数，则求 $\lim\limits_{x\to a^+}f(x)$ 与 $\lim\limits_{x\to b^-}f(x)$；

若 a 为 $-\infty$，则求 $\lim\limits_{x\to-\infty}f(x)$；

若 b 为 $+\infty$，则求 $\lim\limits_{x\to+\infty}f(x)$.

【**例 1**】 设函数 $f(x)$ 连续，且 $f'(0)>0$ 则存在 $\delta>0$，使得（　　）.

（A）$f(x)$ 在 $(0,\delta)$ 内单调增加

（B）$f(x)$ 在 $(-\delta,0)$ 内单调减少

（C）对任意的 $x\in(0,\delta)$ 有 $f(x)>f(0)$

（D）对任意的 $x \in (-\delta, 0)$ 有 $f(x) > f(0)$

分析：函数 $f(x)$ 只在一点的导数大于零，一般不能推导出单调性，因此可排除（A），（B）选项，再利用导数的定义及极限的保号性进行分析即可.

解：由导数的定义，知

$$f'(0) = \lim_{x \to 0} \frac{f(x) - f(0)}{x} > 0,$$

根据保号性，知存在 $\delta > 0$，当 $x \in (-\delta, 0) \bigcup (0, \delta)$ 时，有

$$\frac{f(x) - f(0)}{x} > 0,$$

即当 $x \in (-\delta, 0)$ 时，$f(x) < f(0)$；而当 $x \in (0, \delta)$ 时，有 $f(x) > f(0)$．故应选（C）．

【例 2】 设 $f(x), g(x)$ 是恒大于零的可导函数，且 $f'(x)g(x) - f(x)g'(x) < 0$，则当 $a < x < b$ 时，有（　　）.

（A）$f(x)g(b) > f(b)g(x)$ 　　　　　　（B）$f(x)g(a) > f(a)g(x)$

（C）$f(x)g(x) > f(b)g(b)$ 　　　　　　（D）$f(x)g(x) > f(a)g(a)$

解：取 $F(x) = \dfrac{f(x)}{g(x)}$，$F'(x) = \dfrac{f'(x)g(x) - f(x)g'(x)}{g^2(x)} < 0$，所以 $F(x)$ 单调减少，$x < b$，则有 $F(x) > F(b)$，即选（A）.

【例 3】 设 $f(x) = xe^x$，则 $f^{(n)}(x)$ 在点_____，取得极小值_____.

解：$f^{(n)}(x) = e^x(x + n)$，$\left[f^{(n)}(x) \right]' = e^x(x + n + 1) = 0$，$x = -(n + 1)$，

当 $x < -(n + 1)$ 时，$f^{(n+1)}(x) < 0$，当 $x > -(n + 1)$ 时，$f^{(n+1)}(x) > 0$，所以 $f^{(n)}(x)$ 在 $x = -(n + 1)$ 处取得极小值 $-e^{-(n+1)}$.

【例 4】 设 $f(x)$ 导数在 $x = a$ 处连续，又 $\lim\limits_{x \to a} \dfrac{f'(x)}{x - a} = -1$，则（　　）.

（A）$x = a$ 为 $f(x)$ 的极小值点

（B）$x = a$ 为 $f(x)$ 的极大值点

（C）$[a, f(a)]$ 为 $f(x)$ 的拐点

（D）$x = a$ 既不是 $f(x)$ 的极值点，$[a, f(a)]$ 也不是拐点

解：由 $\lim\limits_{x \to a} \dfrac{f'(x)}{x - a} = -1 < 0$，存在 $(a - \delta, a) \bigcup (a, a + \delta)$，使 $\dfrac{f'(x)}{x - a} < 0$

当 $x \in (a - \delta, a)$ 时，$f'(x) > 0$；当 $x \in (a, a + \delta)$ 时，$f'(x) < 0$，

所以 $x = a$ 为 $f(x)$ 的极大值点，故选（B）.

3.3.1　隐函数的极值

【例 5】 设 $a > 0$，求由方程 $x^3 + y^3 - 3axy = 0$ 所确定的函数 $y = f(x)$ 在 $x > 0$ 范围内的极值点.

解：据隐函数的求导法则，在方程两端对 x 求导，得

$$3x^2 + 3y^2 y' - 3ay - 3axy' = 0,$$

整理，得

$$y' = \frac{ay - x^2}{y^2 - ax} ,$$

令 $y' = 0$ ，得

$$y = \frac{x^2}{a} ,$$

代入给定的方程，得

$$\frac{x^6}{a^3} - 2x^3 = 0 .$$

因 $x > 0$ ，解得 $x = a\sqrt[3]{2}$ ，即点 $(a\sqrt[3]{2}, \ a\sqrt[3]{4})$ 是隐函数 $y = f(x)$ 的驻点.

方程两边再对 x 求导，得

$$y'' = \frac{(ay' - 2x)(y^2 - ax) - (ay - x_2)(2yy' - a)}{(y^2 - ax)} .$$

因为当 $x = a\sqrt[3]{2}$ 时， $y = a\sqrt[3]{4}$ 以及 $y' = 0$ ，代入二阶导数表达式，得到

$$y''\Big|_{x=a\sqrt[3]{2}} = -\frac{2}{a} < 0 .$$

所以， $x = a\sqrt[3]{2}$ 是方程 $x^3 + y^3 - 3axy = 0$ 所确定的隐函数 $y = f(x)$ 的极大值点.

【例6】　设 $y = y(x)$ 是由方程 $x^3 - 3xy^2 + 2y^3 = 32$ （ $y \neq 0$ ）所确定，求函数 $y = y(x)$ 的极值.

解： 方程两边对 x 求导数，得

$$3x^2 - 3y^2 - 6xyy' + 6y^2 y' = 0 ,$$

化简，得

$$(x - y)(x + y - 2yy') = 0 .$$

因为 $x = y$ 不满足曲线的方程 $x^3 - 3xy^2 + 2y^3 = 32$ ，所以上式中 $x - y \neq 0$ ，从而有

$$x + y - 2yy' = 0 , \quad y' = \frac{x + y}{2y} .$$

令 $y' = 0$ ，得 $y = -x$ ，由联立方程组

$$\begin{cases} y = -x \\ x^3 - 3xy^2 + 2y^3 = 32 \end{cases} ，解得驻点 x = -2 时， y = 2 .$$

$$y'' = \frac{(1 + y')y - (x + y)y'}{2y^2} = \frac{y - xy'}{2y^2} ,$$

由于 $y'|_{x=-2} = 0$ ， $y''|_{x=-2} = \frac{1}{4} > 0 .$

根据函数极值第二充分条件可判定 $y(-2) = 2$ 是极小值，而无极大值.

3.3.2　参数方程所表示的函数的极值

【例7】　求参数方程

$$x = \frac{1}{4}(t+1)^2 , \quad y = \frac{1}{4}(t-1)^2 \quad （ t \geqslant 0 ）$$

所确定的函数 $y = f(x)$ 的极值.

解： 由于 $\dfrac{dy}{dt} = \dfrac{1}{2}(t-1)$，$\dfrac{dx}{dt} = \dfrac{1}{2}(t+1)$，

故
$$\frac{dy}{dx} = \frac{t-1}{t+1},$$

因此，当 $t = 1$ 时，$\dfrac{dy}{dx} = 0$，$x = 1$，$y = 0$，又因

$$\frac{d^2 y}{dx^2} = \frac{d\left(\dfrac{dy}{dx}\right)}{dt} \cdot \frac{1}{\dfrac{dx}{dt}} = \frac{4}{(t+1)^3},$$

所以
$$\left.\frac{d^2 y}{dx^2}\right|_{x=1} = \left.\frac{4}{(t+1)^3}\right|_{t=1} = \frac{1}{2} > 0,$$

于是 $x = 1$ 是所给函数的极小值点，且极小值

$$\left.y\right|_{x=1} = \left.\frac{1}{4}(t-1)^2\right|_{t=1} = 0.$$

【例8】 函数 $F(x)$ 对于一切实数 x 满足微分方程
$$xf''(x) + 3x[f'(x)]^2 = 1 - e^{-x}$$

（1）若 $f(x)$ 在点 $x = C (C \neq 0)$ 有极值，试证它是极小值；

（2）若 $f(x)$ 在点 $x = 0$ 处有极值，则它是极大值还是极小值？

解：（1）由于 $f(x)$ 可导，且 $x = C$ 为 $f(x)$ 的极值点，故有 $f'(C) = 0 (C \neq 0)$，将 $x = C$ 代入原方程得 $Cf''(C) = 1 - e^{-C}$，解得 $Cf''(C) = \dfrac{1 - e^{-C}}{C}$.

无论 $C > 0$ 还是 $C < 0$，均有 $Cf''(C) > 0$，故 $f(C)$ 为 $f(x)$ 的极小值.

（2）由于 $f(0)$ 为 $f(x)$ 的极值点，故 $f'(0) = 0$，又由于 $f''(x)$ 存在，所以 $f'(x)$ 连续，即 $\lim\limits_{x \to 0} f'(x) = 0$，由定义

$$f''(0) = \lim_{x \to 0} \frac{f'(x) - f'(0)}{x - 0} = \lim_{x \to 0} \frac{f'(x)}{x} = \lim_{x \to 0} f''(x)$$
$$= \lim_{x \to 0}\left\{\frac{1 - e^{-x}}{x} - 3[f'(x)]^2\right\} = \lim_{x \to 0} \frac{1 - e^{-x}}{x} = 1 > 0$$

从而知 $f(0)$ 为 $f(x)$ 的极小值.

3.3.3　极值与最值

【例9】 设 $f(x)$ 有二阶连续导数，且 $f'(0) = 0$，$\lim\limits_{x \to 0} \dfrac{f''(x)}{|x|} = 1$，则（　　　）.

（A）$f(0)$ 是 $f(x)$ 的极大值

（B）$f(0)$ 是 $f(x)$ 的极小值

（C）$(0, f(0))$ 是曲线 $y = f(x)$ 的拐点

（D）$f(0)$ 不是 $f(x)$ 的极大值，$(0, f(0))$ 也不是曲线 $y = f(x)$ 的拐点

解：由于 $\lim\limits_{x \to 0}\dfrac{f''(x)}{|x|}=1>0$，由极限的保号性知在 $x=0$ 的某去心邻域有 $\dfrac{f''(x)}{|x|}>0$，即 $f''(x)>0$，从而 $f'(x)$ 单调增，又 $f'(0)=0$，则在 $x=0$ 的左半邻域 $f'(x)<0$，而在 $x=0$ 的右半邻域内 $f(x)>0$，从而 $f(x)$ 在 $x=0$ 处取极小值，故选（B）.

【例10】　求 $f(x)=\sqrt{x}\ln x$ 在 $(0,+\infty)$ 内的最大、最小值.

解：由于 $f'(x)=\dfrac{1}{2\sqrt{x}}(2+\ln x)$，令 $f'(x)=0$，解得 $x_0=e^{-2}\in(0,+\infty)$.

当 $x\in[0,e^{-2}]$ 时，$f'(x)<0$，$f(x)$ 单调减少，当 $x\in[e^{-2},+\infty)$ 时，$f'(x)>0$，$f(x)$ 单调增加，于是 $x_0=e^{-2}$ 为 $f(x)$ 的极小值点. 另外，由

$$\lim\limits_{x \to 0^+}\sqrt{x}\ln x=0 \ \text{及} \ \lim\limits_{x \to +\infty}\sqrt{x}\ln x=+\infty$$

可以确定 $f(x)$ 在 $(0,+\infty)$ 内的最小值为 $f(e^{-2})=-2e^{-1}$，无最大值.

【例11】　求函数 $f(x)=\ln x+\dfrac{1}{x}$ 在 $(0,+\infty)$ 内的最小值.

解：$f'(x)=\dfrac{1}{x}-\dfrac{1}{x^2}=\dfrac{x-1}{x^2}$，$f''(x)=\dfrac{2-x}{x^3}$.

令 $f'(x)=0$，得驻点 $x=1$，

又 $f''(1)=1>0$，故 $f(1)=1$ 是极小值.

由于 $f(x)$ 在 $(0,+\infty)$ 内有唯一的极值 $f(1)$，且为极小值，所以 $f(1)=1$ 是 $f(x)$ 在 $(0,+\infty)$ 内的最小值.

> **小结**：如果连续函数在一个区间 I（有限或无限，开或闭）内有唯一的极值点 x_0，那么当 $f(x_0)$ 是极小值时，则必有 $\min f(x)=f(x_0)$；当 $f(x_0)$ 是极大值时，则必有 $\max f(x)=f(x_0)$.

【例12】　求 $y=\dfrac{x+2}{2x^2+3x+6}$ 的最大值与最小值.

解：由于方程 $2x^2+3x+6=0$ 无实根，故函数 y 的定义域为 $(-\infty,+\infty)$. 又由于

$$y'=\dfrac{-2x(x+4)}{(2x^2+3x+6)^2}$$

令 $y'=0$，得驻点 $x_1=-4$，$x_2=0$，可以判定 $y(-4)=-\dfrac{1}{13}$ 为极小值，$y(0)=\dfrac{1}{3}$ 为极大值. 又由于 $\lim\limits_{x \to -\infty}y=\lim\limits_{x \to +\infty}y=0$

得 $y(-4)=-\dfrac{1}{13}$ 为 y 在 $(-\infty,+\infty)$ 上的最小值，$y(0)=\dfrac{1}{3}$ 为 y 在 $(-\infty,+\infty)$ 上的最大值.

【例13】　求数列 $\left\{\sqrt[n]{n}\right\}$ 的最大项.

解：设函数 $f(x)=x^{\frac{1}{x}}$（$x>0$），则

$$f'(x)=x^{\frac{1}{x}}\left(\dfrac{1}{x^2}-\dfrac{1}{x^2}\ln x\right)=x^{\frac{1}{x}-2}(1-\ln x),$$

所以，当 $0<x<e$ 时，$f'(x)>0$，$f(x)$ 单调增加；当 $x>e$ 时，$f'(x)<0$，$f(x)$ 单

调减少.

所以，$1 < 2^{\frac{1}{2}}$，$3^{\frac{1}{3}} > 4^{\frac{1}{4}} > 5^{\frac{1}{5}} > \cdots > n^{\frac{1}{n}} > \cdots$

又 $2^{\frac{1}{2}} < 3^{\frac{1}{3}}$，所以在数列 $\left\{\sqrt[n]{n}\right\}$ 中最大项为 $3^{\frac{1}{3}}$.

【例14】 求函数 $f(x) = e^{-x^2}\cos x^2$ 的值域.

解： 显然 $f(x)$ 的定义域为 $(-\infty, +\infty)$，令 $x^2 = t$，则可考虑 $g(t) = e^{-t}\cos t$，$t \in [0, +\infty)$ 的值域，因为

$$g'(t) = -e^{-t}(\cos t + \sin t)$$

所以，其驻点为 $t_k = k\pi + \dfrac{3\pi}{4}$（$k = 0,1,2,\cdots$），

而 $g(t_k) = (-1)^{k+1}\dfrac{\sqrt{2}}{2}e^{-t_k}$（$k = 0,1,2,\cdots$）.

$g(t_0)$、$g(t_2)$、$g(t_4)$……为负数，其中 $g(t_0) = -\dfrac{\sqrt{2}}{2}e^{-\frac{3\pi}{4}}$ 为最小.

$g(t_1)$、$g(t_3)$、$g(t_5)$……为正数，但均小于 $g(0) = 1$，又 $\lim\limits_{t \to +\infty} g(t) = 0$.

所以，$g(t)$ 在 $[0, +\infty)$ 上的最大值为 $g(0) = 1$，最小值为 $g\left(\dfrac{3\pi}{4}\right) = -\dfrac{\sqrt{2}}{2}e^{-\frac{3\pi}{4}}$，故 $g(t)$ 的

值域为 $\left[-\dfrac{\sqrt{2}}{2}e^{-\frac{3\pi}{4}}, 1\right]$，也就是 $f(x)$ 的值域为 $\left[-\dfrac{\sqrt{2}}{2}e^{-\frac{3\pi}{4}}, 1\right]$.

【例15】 设常数 $a > 0$，求函数 $f(x) = \dfrac{1}{1+|x|} + \dfrac{1}{1+|x-a|}$ 的最值.

解： 因为

$$f(x) = \begin{cases} \dfrac{1}{1+x} + \dfrac{1}{1+x-a}, & x \geqslant a \\[2mm] \dfrac{1}{1+x} + \dfrac{1}{1+a-x}, & 0 \leqslant x < a \\[2mm] \dfrac{1}{1-x} + \dfrac{1}{1+a-x}, & x < 0 \end{cases}$$

$f(x)$ 在 $x = 0, a$ 两点不可导，在其他点可导，

$$f'(x) = \begin{cases} -\dfrac{1}{(1+x)^2} - \dfrac{1}{(1+x-a)^2}, & x > a \\[2mm] -\dfrac{1}{(1+x)^2} + \dfrac{1}{(1+a-x)^2}, & 0 < x < a \\[2mm] \dfrac{1}{(1-x)^2} + \dfrac{1}{(1+a-x)^2}, & x < 0 \end{cases}$$

从而 $f(x)$ 仅有一个驻点 $x = \dfrac{a}{2}$，

而 $$f\left(\dfrac{a}{2}\right) = \dfrac{4}{2+a}, \quad f(0) = f(a) = 1 + \dfrac{1}{1+a}, \quad \lim\limits_{x \to \infty} f(x) = 0,$$

故函数 $f(x)$ 的最大值为 $1+\dfrac{1}{1+a}$，没最小值，$x=\dfrac{a}{2}$ 为其极小值.

【例 16】　证明对任意 $x\in(0,2)$，不等式 $4x\ln x\geqslant x^2+2x-3$ 成立.

证明：设 $f(x)=4x\ln x-x^2-x+3$，考虑 $f(x)$ 在 $(0,2)$ 内的正负号与极值问题.

先求驻点：$f'(x)=4+4\ln x-2x-2$．令 $f'(x)=0$，解出驻点 $x_0=1\in(0,2)$．

进一步考察两个单侧极限的情况：$\lim\limits_{x\to0^+}f(x)=3>0$，$\lim\limits_{x\to2^-}f(x)=8\ln2-5>0$．

又 $f''(x)=\dfrac{4}{x}-2$，$f''(1)=2>0$，因此 $f(1)=0=\min\limits_{x\in(0,2)}f(x)$．

这意味着 $f(x)\geqslant0$，即原不等式成立.

【例 17】　设给定曲线 $y=\dfrac{1}{x^2}$，求曲线的切线被两坐标轴所截线段的最短长度.

解：设切点为 $\left(u,\dfrac{1}{u^2}\right)$，则切线方程为 $y-\dfrac{1}{u^2}=-\dfrac{2}{u^3}(x-u)$，即 $y=-\dfrac{2}{u^3}x+\dfrac{3}{u^2}$，在两轴上的截距分别为：$\dfrac{3}{2}u$，$\dfrac{3}{u^2}$．

设所截线段长度为 l，则 $l=3\sqrt{\dfrac{u^2}{4}+\dfrac{1}{u^4}}$，

设 $f(u)=\dfrac{u^2}{4}+\dfrac{1}{u^4}$，则 $f'(u)=\dfrac{u}{2}-\dfrac{4}{u^5}$，令 $f'(u)=0$，得 $u=\pm\sqrt2$，

而 $f''(u)=\dfrac{1}{2}+\dfrac{20}{u^6}>0$，故 $u=\pm\sqrt2$ 为极小值点，于是所求线段的最短长度为 $l=\dfrac{3\sqrt3}{2}$．

练习题

1. 选择题.

（1）若 $f(x)$ 在 (a,b) 内单调增加，则必有（　　）.

  （A）$f'(x)<0$ （B）$f'(x)>0$

  （C）$f'(x)\geqslant0$ （D）A、B、C 都不对

（2）若 $a^2-3b<0$，则方程 $f(x)\equiv x^3+ax^2+bx+c=0$（　　）.

  （A）无实根   （B）有唯一实根

  （C）有三个实根   （D）有重实根

（3）若 $f(x)$ 在 x_0 至少二阶可导，且 $\lim\limits_{x\to x_0}\dfrac{f(x)-f(x_0)}{(x-x_0)^2}=-1$，则函数 $f(x)$ 在 $x=x_0$ 处

（　　）.

  （A）取得极大值   （B）取得极小值

  （C）无极值   （D）不一定有极值

（4）设函数 $f(x)$ 在 $x=0$ 的某邻域内可导，且 $f'(0)=0$，$\lim\limits_{x\to0}\dfrac{f'(x)}{\sin x}=1$，则在 $x=0$ 处：

  （A）函数 $f(x)$ 取得极小值

  （B）函数 $f(x)$ 取得极大值

（C）曲线 $y = f(x)$ 有拐点 $(0, f(0))$

（D）$f(0)$ 不是函数 $f(x)$ 的极值，$(0, f(0))$ 也不是曲线 $y = f(x)$ 的拐点

2．曲线 $y = 4 - x^2$ 与直线 $y = 1 + 2x$ 相交于 A，B 两点，C 是曲线段 $\overset{\frown}{AB}$ 上任意一点，试确定 C，使它到直线段 AB 距离最大.

3．证明：当 $x > 0$ 时，$(1 + x)^{1 + \frac{1}{x}} < e^{1 + \frac{x}{2}}$.

4．证明：若 $x > 0$，$x \neq 1$，$m > 1$，则 $x^m - 1 > m(x - 1)$.

5．设函数 $f(x)$ 满足方程 $f(x) + 4f\left(-\dfrac{1}{x}\right) = \dfrac{1}{x}$，求函数 $f(x)$ 的极大值与极小值.

6．求数列 $\left\{\dfrac{(1 + n)^3}{(1 - n)^2}\right\}$ 的最小项的项数及该项的值.

7．设 $f(x) = (1 - x)^3 \displaystyle\sum_{n=1}^{\infty} n^2 x^n - 2x - 1$，求 $f(x)$ 的最值.

练习题参考答案

1．（1）（D）．（2）（B）．（3）（A）．（4）（A）．

2．$(-1, 3)$.

3．证明：取对数，则要证的不等式变形为

$$\left(1 + \frac{1}{x}\right)\ln(1 + x) < 1 + \frac{x}{2}.$$

即证，$2(1 + x)\ln(1 + x) < 2x + x^2$

令 $f(x) = 2x + x^2 - 2(1 + x)\ln(1 + x)$，下证 $f(x) > 0, (x > 0)$.

由于 $f(x)$ 在区间 $[0, +\infty)$ 上可导，$f'(x) = 2x - 2\ln(1 + x)$，

在 $(0, +\infty)$ 内 $f''(x) = \dfrac{2x}{1 + x} > 0$，

因此，$f'(x)$ 在 $[0, +\infty)$ 上单调增加，$f'(x) > f'(0) = 0$，于是 $f(x)$ 为 $[0, +\infty)$ 上的单调增加函数，故 $f(x) > f(0) = 0(x > 0)$．变形即得结论.

4．证明：令 $f(x) = x^m - 1 - m(x - 1)$，则

$$f'(x) = m(x^{m-1} - 1)$$

因为 $m - 1 > 0$，故有

$$x^{m-1} < 1, \quad 0 < x < 1$$
$$x^{m-1} = 1, \quad x = 1$$
$$x^{m-1} > 1, \quad x > 1$$

因此，当 $x = 1$ 时，$f(x)$ 最小，最小值是 0．故知当 $x > 0$，$x \neq 1$ 时，$f(x) > 0$，即

$$x^m - 1 > m(x - 1).$$

5．解：$f(x) + 4f\left(-\dfrac{1}{x}\right) = \dfrac{1}{x}$，令 $t = -\dfrac{1}{x}$，则原方程变形为：$f\left(-\dfrac{1}{t}\right) + 4f(t) = -t$．由

于函数表示法与用什么字母表示无关的特征，所以方程又可写成：$4f(x)+f\left(-\dfrac{1}{x}\right)=-x$，

解线性方程组 $\begin{cases} f(x)+4f\left(-\dfrac{1}{x}\right)=\dfrac{1}{x} \\ 4f(x)+f\left(-\dfrac{1}{x}\right)=-x \end{cases}$，解得 $f(x)=-\dfrac{1}{15}\left(\dfrac{1}{x}+4x\right)$.

$$f'(x)=-\frac{1}{15}\left(-\frac{1}{x^2}+4\right),\quad f''(x)=-\frac{2}{15}\frac{1}{x^3}.$$

令 $f'(x)=0\Rightarrow x_1=\dfrac{1}{2},x_2=-\dfrac{1}{2}$（驻点），

因为 $f''\left(\dfrac{1}{2}\right)=-\dfrac{16}{15}<0$，$f''\left(-\dfrac{1}{2}\right)=\dfrac{16}{15}>0$，

故 $f\left(\dfrac{1}{2}\right)=-\dfrac{4}{15}$ 为 $f(x)$ 的极大值，$f\left(-\dfrac{1}{2}\right)=\dfrac{4}{15}$ 为 $f(x)$ 的极小值.

6．解：令 $f(x)=\dfrac{(1+x)^3}{(1-x)^2}$（$x\geqslant 2$），$f'(x)=\dfrac{(1+x)^2(5-x)}{(1-x)^3}$，

令 $f'(x)=0\Rightarrow x=5$，因为：当 $2\leqslant x<5$ 时，$f'(x)<0$，当 $x>5$ 时，$f'(x)>0$.

所以 $x=5$ 为 $f(x)$ 的极小值点，$f(5)=\dfrac{27}{2}$，

故数列 $\left\{\dfrac{(1+n)^3}{(1-n)^2}\right\}$ 的最小项的项数是 $n=5$，该项的数值为 $\dfrac{27}{2}$.

7．解：令 $\varphi(x)=\displaystyle\sum_{n=1}^{\infty}n^2x^n=x\sum_{n=1}^{\infty}n^2x^{n-1}=x\left(\sum_{n=1}^{\infty}\int_0^x n^2x^{n-1}\mathrm{d}x\right)'=x\left(\sum_{n=1}^{\infty}nx^n\right)'=\dfrac{x(1+x)}{(1-x)^3}$

则 $f(x)=(1-x)^3\varphi(x)-2x-1=x^2-x-1$，

$f'(x)=2x-1$，令 $f'(x)=0$，得驻点 $x=\dfrac{1}{2}$，$f''(x)=2>0$.

故 $f\left(\dfrac{1}{2}\right)=-\dfrac{5}{4}$ 为 $f(x)$ 的最小值.

3.4　曲线凹凸、拐点及作图

【知识要点解读】

　　利用函数的二阶导数，可以判别函数曲线的凹凸性，若函数二阶导数连续，在拐点二阶导数等于零，反之并不一定成立，若经过该点二阶导数变号，则这点是拐点.

　　精确地研究函数的形态，画出函数的图形，是函数单调性、凹凸性和求函数的极值、拐点、渐近线等知识的综合应用.

1. 曲线的凹凸性

（1）定义：$\forall x_1, x_2 \in D$，有 $f\left(\dfrac{x_1 + x_2}{2}\right) < \dfrac{f(x_1) + f(x_2)}{2}$，称曲线 $f(x)$ 在 D 上凹；

　　　　　$\forall x_1, x_2 \in D$，有 $f\left(\dfrac{x_1 + x_2}{2}\right) > \dfrac{f(x_1) + f(x_2)}{2}$，称曲线 $f(x)$ 在 D 上凸.

（2）判别方法：若 $f''(x) > 0 \Rightarrow$ 曲线 $f(x)$ 凹；若 $f''(x) < 0 \Rightarrow$ 曲线 $f(x)$ 凸.

2. 拐点

（1）定义：曲线上凹凸的转折点为拐点.

　　拐点存在的必要条件：$f(x)$ 二阶导数连续，$[x_0, f(x_0)]$ 为拐点 $\Rightarrow f''(x_0) = 0$. 反之不成立，例如，$f(x) = x^4$，$f''(x) = 12x^2$，$f''(0) = 0$，但 $(0, 0)$ 不是拐点.

$$\text{可能的拐点} \begin{cases} (1)\ f''(x)\text{的零点} \\ (2)\ f''(x)\text{不存在的点} \end{cases} \text{——可疑点}$$

　　拐点存在的充分条件：找出 $f''(x) = 0$ 的点，若在该点左右 $f''(x)$ 变号，则为拐点；找出 $f''(x)$ 不存在的连续点，若在该点左右 $f''(x)$ 变号，则为拐点.

（2）判别方法：

　　方法一：设 $(x_0, f(x_0))$ 为可疑点，若 $f''(x)$ 在 x_0 两侧变号，则 $(x_0, f(x_0))$ 为拐点，否则不是拐点.

　　方法二：设 $f''(x_0) = 0$，若 $f'''(x_0) \neq 0$，则 $(x_0, f(x_0))$ 为拐点，否则要进一步判断.

（3）确定曲线的凹凸区间和拐点的步骤：

① 确定对应函数 $y = f(x)$ 的定义域；

② 求出 $f''(x)$ 的全部零点和所有连续但导数不存在的点；

③ 以上述诸点为分界点，将函数 $f(x)$ 的定义域划分为若干个区间；

④ 分别根据每个区间上二阶导数的符号，确定曲线 $y = f(x)$ 在该区间上的凹凸性；

⑤ 求出凹弧和凸弧的分界点，可得曲线 $y = f(x)$ 的拐点.

3. 渐近线

曲线 $y = f(x)$，

（1）若 $\lim\limits_{x \to \infty} f(x) = A$ 或 $\lim\limits_{x \to +\infty} f(x) = A$ 或 $\lim\limits_{x \to -\infty} f(x) = A$，则 $y = A$ 为水平渐近线；

（2）若 $\lim\limits_{x \to x_0} f(x) = \infty$ 或 $\lim\limits_{x \to x_0^+} f(x) = \infty$ 或 $\lim\limits_{x \to x_0^-} f(x) = \infty$，则 $x = x_0$ 为铅直渐近线；

（3）若 $\lim\limits_{x \to \infty} \dfrac{f(x)}{x} = k$，$\lim\limits_{x \to \infty}[f(x) - kx] = b$，则 $y = kx + b$ 为斜渐近线.

【例1】 设 $f(x) = |x(1-x)|$，则（　　）.

（A）$x = 0$ 是 $f(x)$ 的极值点，但 $(0, 0)$ 不是曲线 $y = f(x)$ 的拐点

（B）$x = 0$ 不是 $f(x)$ 的极值点，但 $(0, 0)$ 是曲线 $y = f(x)$ 的拐点

（C）$x=0$ 是 $f(x)$ 的极值点，且 $(0,0)$ 是曲线 $y=f(x)$ 的拐点

（D）$x=0$ 不是 $f(x)$ 的极值点，$(0,0)$ 也不是曲线 $y=f(x)$ 的拐点

分析：求分段函数的极值点与拐点，按要求只需讨论 $x=0$ 两侧 $f'(x)$，$f''(x)$ 的符号.

解： $f(x)=\begin{cases}-x(1-x), & -1<x\leqslant0\\ x(1-x), & 0<x<1\end{cases}$，

$f'(x)=\begin{cases}-1+2x, & -1<x<0\\ 1-2x, & 0<x<1\end{cases}$，　$f''(x)=\begin{cases}2, & -1<x<0\\ -2, & 0<x<1\end{cases}$，

从而 $-1<x<0$ 时，$f(x)$ 凹，$0<x<1$ 时，$f(x)$ 凸，于是 $(0,0)$ 为拐点.

又 $f(0)=0$，$x\neq0,1$ 时，$f(x)>0$，从而 $x=0$ 为极小值点.

所以，$x=0$ 是极值点，$(0,0)$ 是曲线 $y=f(x)$ 的拐点，故选（C）.

【例2】 设 $f'(x_0)=0$，$f''(x_0)=0$，$f'''(x_0)>0$，则下列选项正确的是（　）.

（A）$f'(x_0)$ 是 $f'(x)$ 的极大值　　（B）$f(x_0)$ 是 $f(x)$ 的极大值

（C）$f(x_0)$ 是 $f(x)$ 的极小值　　（D）$[x_0,f(x_0)]$ 是曲线 $y=f(x)$ 的拐点

解： 由 $f'''(x_0)=\lim\limits_{x\to x_0}\dfrac{f''(x)-f''(x_0)}{x-x_0}=\lim\limits_{x\to x_0}\dfrac{f''(x)}{x-x_0}>0$，

由保号性，则存在邻域 $(x_0-\delta,x_0)\bigcup(x_0,x_0+\delta)$，$\dfrac{f''(x)}{x-x_0}>0$，

当 $x\in(x_0-\delta,x_0)$ 时，$f''(x)<0$；当 $x\in(x_0,x_0+\delta)$ 时，$f''(x)>0$，

所以 $[x_0,f(x_0)]$ 为曲线 $y=f(x)$ 的拐点.

【例3】 求曲线 $\begin{cases}x=t^2\\ y=3t+t^3\end{cases}$ 的拐点.

解： $\dfrac{\mathrm{d}y}{\mathrm{d}x}=\dfrac{3+3t^2}{2t}=\dfrac{3}{2}\left(\dfrac{1}{t}+t\right)$，$(t\neq0)$，

$\dfrac{\mathrm{d}^2y}{\mathrm{d}x^2}=\dfrac{3}{2}\left(\dfrac{1-\frac{1}{t^2}}{2t}\right)=\dfrac{3}{4}\left(\dfrac{1}{t}-\dfrac{1}{t^3}\right)$，

$\dfrac{\mathrm{d}^3y}{\mathrm{d}x^3}=\dfrac{3}{4}\left(\dfrac{\frac{3}{t^4}-\frac{1}{t^2}}{2t}\right)=\dfrac{3}{8}\left(\dfrac{3}{t^5}-\dfrac{1}{t^3}\right)$.

令　$\dfrac{\mathrm{d}^2y}{\mathrm{d}x^2}=0$，$\dfrac{1}{t}-\dfrac{1}{t^3}=0$，$t_1=-1$，$t_2=1$，

$\dfrac{\mathrm{d}^3y}{\mathrm{d}x^3}\Big|_{t=-1}=\dfrac{3}{8}\left(\dfrac{3}{t^5}-\dfrac{1}{t^3}\right)\Big|_{t=-1}=-\dfrac{3}{4}\neq0$，$\dfrac{\mathrm{d}^3y}{\mathrm{d}x^3}\Big|_{t=1}=\dfrac{3}{8}\left(\dfrac{3}{t^5}-\dfrac{1}{t^3}\right)\Big|_{t=1}=\dfrac{3}{4}\neq0$，

因为 $\dfrac{\mathrm{d}^2y}{\mathrm{d}x^2}\Big|_{t=\pm1}=0$ 及 $\dfrac{\mathrm{d}^3y}{\mathrm{d}x^3}\Big|_{t=-1}\neq0$ 及 $\dfrac{\mathrm{d}^3y}{\mathrm{d}x^3}\Big|_{t=1}\neq0$.

所以 $t=\pm1$ 所对应的点 $(1,4)$ 及 $(1,-4)$ 是曲线的拐点.

【例4】 曲线 $y = \dfrac{1}{x} + \ln(e^x + 1)$，渐近线的条数为（   ）.

(A) 0   (B) 1   (C) 2   (D) 3

分析：先找出无定义点，确定其是否为对应铅垂渐近线；再考虑水平或斜渐近线. 一般来说，有水平渐近线（即 $\lim\limits_{x\to\infty} y = c$）就不再考虑斜渐近线，但当 $\lim\limits_{x\to\infty} y$ 不存在，就要分别讨论 $x \to -\infty$ 和 $x \to +\infty$ 两种情况，即左右两侧的渐近线. 本题在 $x < 0$ 的一侧有水平渐近线，而在 $x > 0$ 的一侧有斜渐近线. 关键应注意指数函数 e^x 当 $x \to \infty$ 时极限不存在，必须分 $x \to -\infty$ 和 $x \to +\infty$ 进行讨论.

解：因为 $\lim\limits_{x\to 0}\left[\dfrac{1}{x} + \ln(e^x + 1)\right] = \infty$，所以 $x = 0$ 为铅垂渐近线；

又 $\lim\limits_{x\to -\infty}\left[\dfrac{1}{x} + \ln(e^x + 1)\right] = 0$，所以 $y = 0$ 为水平渐近线；

进一步，$\lim\limits_{x\to +\infty}\dfrac{y}{x} = \lim\limits_{x\to +\infty}\left[\dfrac{1}{x^2} + \dfrac{\ln(e^x + 1)}{x}\right] = 1$，

$\lim\limits_{x\to +\infty}(y - x) = \lim\limits_{x\to +\infty}\left[\dfrac{1}{x} + \ln(e^x + 1) - x\right] = \lim\limits_{x\to +\infty}[\ln(e^x + 1) - x] = \lim\limits_{x\to +\infty}\ln\dfrac{e^x + 1}{e^x} = 0$，

于是有斜渐近线 $y = x$.

于是答案选（D）.

【例5】 $y = x\ln\left(e + \dfrac{1}{x}\right)$（$x > 0$）的渐近线方程是_____.

解：函数在 $x = 0$ 处无定义，$\lim\limits_{x\to +0} x\ln\left(e + \dfrac{1}{x}\right) = \lim\limits_{t\to +\infty}\dfrac{\ln(e + t)}{t} = 0$，曲线 y 无铅直渐近线；

$\lim\limits_{x\to\infty} y = \lim\limits_{x\to +\infty} x\ln\left(e + \dfrac{1}{x}\right) = \infty$，曲线 y 无水平渐近线；

$\lim\limits_{x\to +\infty}\dfrac{y}{x} = 1$，$\lim\limits_{x\to +\infty}(y - x) = \lim\limits_{x\to +\infty}\left(x\ln e\left(1 + \dfrac{1}{ex}\right) - x\right) = \lim\limits_{x\to +\infty} x\ln\left(1 + \dfrac{1}{ex}\right) = \lim\limits_{x\to +\infty}\dfrac{x}{ex} = \dfrac{1}{e}$.

所以 $y = x + \dfrac{1}{e}$ 为曲线的斜渐近线.

【例6】 曲线 $y = (2x - 1)e^{1/x}$ 的斜渐近线方程为_____.

解：$\lim\limits_{x\to\infty}\dfrac{y}{x} = \lim\limits_{x\to\infty}\dfrac{(2x - 1)e^{1/x}}{x} = 2$，

$\lim\limits_{x\to\infty}(y - x) = \lim\limits_{x\to\infty}[(2x - 1)e^{1/x} - 2x] = \lim\limits_{x\to\infty}[2x(e^{1/x} - 1) - e^{1/x}] = 2 - 1 = 1$.

所以 $y = 2x + 1$ 为所求斜渐近线.

【例7】 求曲线 $y = x\arctan x$ 的渐近线.

解：显然曲线 $y = x\arctan x$ 无水平渐近线和垂直渐近线.

$$\lim\limits_{x\to +\infty}\dfrac{f(x)}{x} = \lim\limits_{x\to +\infty}\arctan x = \dfrac{\pi}{2} = a$$

$$b = \lim_{x \to +\infty}(f(x) - ax) = \lim_{x \to +\infty}\left(x \arctan x - \frac{\pi}{2}x\right) = \lim_{x \to +\infty}x\left(\arctan x - \frac{\pi}{2}\right)$$

$$= \lim_{x \to +\infty}\frac{\arctan x - \frac{\pi}{2}}{\frac{1}{x}} = \lim_{x \to +\infty}\frac{\frac{1}{1+x^2}}{-\frac{1}{x^2}} = -1 = b$$

所以，$y = -\frac{\pi}{2}x - 1$ 是当 $x \to +\infty$ 的斜渐近线.

同理，$y = -\frac{\pi}{2}x - 1$ 是当 $x \to -\infty$ 的斜渐近线.

【例8】　已知函数 $y = \dfrac{x^3}{(x-1)^2}$，求（1）函数的增减区间及极值；（2）函数的凹凸区间及拐点；（3）函数的渐近线.

解： 函数定义域为 $(-\infty, 1) \bigcup (1, +\infty)$，

$$y' = \frac{x^2(x-3)}{(x-1)^3}，\quad y' = 0，得驻点 x=0，x=3$$

$$y'' = \frac{6x}{(x-1)^4}，\quad y'' = 0，得 x = 0$$

列表讨论如下：

x	$(-\infty, 0)$	0	$(0,1)$	$(1,3)$	3	$(3,+\infty)$
y'	$+$	0	$+$	$-$	0	$+$
y''	$-$	0	$+$	$+$	$+$	$+$
y	$\uparrow$	拐点 $(0,0)$	$\uparrow$	$\downarrow$	极小值 $y=\frac{27}{4}$	$\uparrow$

由表可知：（1）函数单调增区间 $(-\infty, 0)$，$(0,1)$，$(3,+\infty)$；单调减区间 $(1,3)$. 极小值 $y(3) = \dfrac{27}{4}$.

（2）函数图形在 $(-\infty, 0)$ 内是（向上）凸的，在 $(0,1)$，$(1,+\infty)$ 是（向上）凹的，拐点 $(0,0)$.

（3）$\lim_{x \to 1} = \dfrac{x^3}{(x-1)^2} = +\infty$，知 $x = 1$ 是函数图形的铅直渐近线；

$$\lim_{x \to \infty}\frac{y}{x} = \lim_{x \to \infty}\frac{x^2}{(x-1)^2} = 1，\quad \lim_{x \to \infty}(y - x) = \lim_{x \to \infty}\left[\frac{x^2}{(x-1)^2} - x\right] = 2，$$

故 $y = x + 2$ 为函数图形的斜渐近线.

【例9】　设函数 $y = \dfrac{x^3 + 4}{x^2}$，求（1）函数增减区间及极值；（2）函数图形的凹凸区间及拐点；（3）对应曲线的渐近线.

解：（1）$y' = 1 - \dfrac{8}{x^3}$，令 $y' = 0$，得 $x = 2$.

当 $x = 2$ 时，$y' = 0$，函数在 $(-\infty, 0) \bigcup (0, 2)$ 内单调减少；

当 $x > 2$ 时，$y' > 0$，函数在 $(2, +\infty)$ 单调增加；

$x = 2$ 时，函数取得极小值 3.

（2）$y'' = \dfrac{24}{x^4} > 0$，函数图形在 $(-\infty, 0)$、$(0, +\infty)$ 是凹的，无拐点.

（3）由于 $\lim\limits_{x \to 0} y = \infty$，所以 $x = 0$ 为铅直渐近线.

又 $\lim\limits_{x \to \infty} \dfrac{f(x)}{x} = 1$，$\lim\limits_{x \to \infty}(f(x) - x) = 0$，故 $y = x$ 为斜渐近线.

练习题

1. 设 $f'(x) = (x-1)(2x+1)$，$x \in (-\infty, +\infty)$，则在 $\left(\dfrac{1}{2}, 1\right)$ 内，$f(x)$ 单调（　　）.

　　（A）增加，曲线 $y = f(x)$ 为凹的　　　　（B）减少，曲线 $y = f(x)$ 为凹的

　　（C）减少，曲线 $y = f(x)$ 为凸的　　　　（D）增加，曲线 $y = f(x)$ 为凸的

2. 设函数 $f(x) = \dfrac{|x-1|}{x}$，正确的结论是（　　）.

　　（A）$x = 1$ 是 $f(x)$ 的极值点，但 $(1, 0)$ 不是曲线 $y = f(x)$ 的拐点

　　（B）$x = 1$ 不是 $f(x)$ 的极值点，但 $(1, 0)$ 是曲线 $y = f(x)$ 的拐点

　　（C）$x = 1$ 是 $f(x)$ 的极值点，且 $(1, 0)$ 是曲线 $y = f(x)$ 的拐点

　　（D）$x = 1$ 不是 $f(x)$ 的极值点，$(1, 0)$ 也不是曲线 $y = f(x)$ 的拐点

3. 设点 $(1, -1)$ 是曲线 $y = x^3 + ax^2 + bx + c$ 的拐点，且函数 $y = x^3 + ax^2 + bx + c$ 在 $x = 0$ 处有极值，则 $a = $ _____，$b = $ _____，_____.

4. 曲线 $y = 2 - \sqrt[3]{x-1}$ 的拐点是 _____.

5. 已知点 $(1, 3)$ 是曲线 $y = ax^3 + bx^2$ 的拐点，则 $a = $ _____，$b = $ _____.

6. 设 $y = f(x) = \dfrac{(x^2 + 2x - 3)e^{\frac{1}{x}}}{(x^2 - 1)\arctan x}$，求其渐近线.

练习题参考答案

1.（B）.　2.（C）.　3. $-3, 0, 1$.　4. $(1, 2)$.　5. $-\dfrac{3}{2}$，$\dfrac{9}{2}$.

6. 解：（1）$\lim\limits_{x \to +\infty} \dfrac{(x^2 + 2x - 3)e^{\frac{1}{x}}}{(x^2 - 1)\arctan x} = \dfrac{2}{\pi}$，$\lim\limits_{x \to -\infty} \dfrac{(x^2 + 2x - 3)e^{\frac{1}{x}}}{(x^2 - 1)\arctan x} = -\dfrac{2}{\pi}$，

故 $y = \dfrac{2}{\pi}$ 及 $y = -\dfrac{2}{\pi}$ 为 $f(x)$ 的水平渐近线.

（2）使 $f(x)$ 没有意义的点：$x = -1$，$x = 0$，$x = 1$，

$\lim\limits_{x \to -1} \dfrac{(x^2 + 2x - 3)e^{\frac{1}{x}}}{(x^2 - 1)\arctan x} = \infty$，所以 $x = -1$ 是铅直渐近线.

$\lim\limits_{x \to 1} \dfrac{(x^2 + 2x - 3)e^{\frac{1}{x}}}{(x^2 - 1)\arctan x} = \dfrac{8e}{\pi}$，所以 $x = 1$ 不是铅直渐近线.

$$\lim_{x \to 0^+} \frac{(x^2 + 2x - 3)e^{\frac{1}{x}}}{(x^2 - 1)\arctan x} = \infty，所以 x = 0 为铅直渐近线.$$

3.5　泰勒公式展开及应用

【知识要点解读】

泰勒公式中的拉格朗日中值余项可以用来估计近似代替所产生的最大误差. 而初等函数带皮亚诺余项的泰勒展开式使我们可以很方便地计算某些极限.

1. 泰勒公式

设函数 $f(x)$ 在 $x = x_0$ 的一个邻域内有一阶、二阶，……直到 $n+1$ 阶导数，则

$$f(x) = \sum_{k=0}^{n} \frac{f^{(k)}(x_0)}{k!}(x - x_0)^k + R_n(x),$$

其中，拉格朗日余项：

$$R_n(x) = \frac{f^{(n+1)}(\xi)}{(n+1)!}(x - x_0)^{n+1}, \xi \in (x, x_0)$$

皮亚诺余项：

$$R_n(x) = o[(x - x_0)^n].$$

2. 麦克劳林公式

设函数 $f(x)$ 在 $x = 0$ 的一个邻域内有一阶、二阶，……直到 $n+1$ 阶导数，则

$$f(x) = \sum_{k=0}^{n} \frac{f^{(k)}(0)}{k!}x^k + R_n(x),$$

其中拉格朗日余项：

$$R_n(x) = \frac{f^{(n+1)}(\theta x)}{(n+1)!}x^{n+1}, \theta \in (0,1)$$

皮亚诺余项：

$$R_n(x) = o(x^n).$$

3. 几个常用函数的麦克劳林公式

在用泰勒公式求极限时经常使用以下几个公式：

$$e^x = 1 + x + \frac{x^2}{2!} + \cdots + \frac{x^n}{n!} + o(x^n)；$$

$$\sin x = x - \frac{x^3}{3!} + \cdots + \left(\sin \frac{n\pi}{2}\right)\frac{x^n}{n!} + o(x^n)；$$

$$\cos x = 1 - \frac{x^2}{2!} + \cdots + \left(\cos \frac{n\pi}{2}\right)\frac{x^n}{n!} + o(x^n)；$$

$$\ln(1+x) = x - \frac{x^2}{2} + \cdots + (-1)^{n-1}\frac{x^n}{n} + o(x^n) ;$$

$$(1+x)^m = 1 + mx + \frac{m(m-1)}{2!}x^2 + \cdots + \frac{m(m-1)\cdots(m-n+1)}{n!}x^n + o(x^n) .$$

【例 1】 $y = 2^x$ 的麦克劳林公式中 x^n 项的系数是_____.

解： $y^{(n)} = (\ln 2)^n 2^x$，$y^{(n)}(0) = (\ln 2)^n$，

所以，$y = 2^x$ 的麦克劳林公式中 x^n 项的系数是 $\dfrac{y^{(n)}(0)}{n!} = \dfrac{(\ln 2)^n}{n!}$.

【例 2】 已知函数 $f(x)$ 在区间 $(1-\delta, 1+\delta)$ 内具有二阶导数，$f'(x)$ 严格单调减少，且 $f(1) = f'(1) = 1$，则（　　）.

（A）在 $(1-\delta, 1)$ 和 $(1, 1+\delta)$ 内均有 $f(x) < x$

（B）在 $(1-\delta, 1)$ 和 $(1, 1+\delta)$ 内均有 $f(x) > x$

（C）在 $(1-\delta, 1)$ 内 $f(x) < x$，在 $(1, 1+\delta)$ 内 $f(x) > x$

（D）在 $(1-\delta, 1)$ 内 $f(x) > x$，在 $(1, 1+\delta)$ 内 $f(x) < x$

解： $f(x) = f(1) + f'(1)(x-1) + \dfrac{f''(\xi)}{2!}(x-1)^2 = 1 + x - 1 + \dfrac{f''(\xi)}{2!}(x-1)^2$

$$= x + \frac{f''(\xi)}{2!}(x-1)^2 < x \quad (\xi \text{ 在 } x \text{ 与 } 1 \text{ 之间}),$$

因为 $f'(x)$ 严格单调减，则 $f''(x) < 0$，$f''(\xi) < 0$. 故选（A）.

【例 3】 若 $\lim\limits_{x \to 0} \dfrac{\sin 6x + xf(x)}{x^3} = 0$，则 $\lim\limits_{x \to 0} \dfrac{6 + f(x)}{x^2}$ 为（　　）.

（A）0　　　　　（B）6　　　　　（C）36　　　　　（D）∞

分析： 此题不能用洛必达法则，因为 $f(x)$ 不一定可导，只能将 $\sin 6x$ 展成三阶麦克劳林公式，而求出所要求极限.

解： $\sin 6x = 6x - \dfrac{1}{3!}(6x)^3 + o(x^3)$

$$0 = \lim_{x \to 0} \frac{\sin 6x + xf(x)}{x^3} = \lim_{x \to 0} \frac{\left[6x - \dfrac{1}{3!}(6x)^3 + o(x^3)\right] + xf(x)}{x^3}$$

$$= \lim_{x \to 0} \frac{6x - 36x^3 + xf(x)}{x^3} = \lim_{x \to 0}\left[\frac{6 + f(x)}{x^2} - 36\right]$$

所以 $\quad \lim\limits_{x \to 0} \dfrac{6 + f(x)}{x^2} = 36$. 故选（C）.

练习题

1. 函数 $f(x) = x\ln(1+x)$ 的带有拉格朗日型余项的 n 阶 $(n > 3)$ 麦克劳林公式为_____.

2．$f(x)=xe^x$ 的 n 阶麦克劳林公式为_____．

练习题参考答案

1．$x^2-\dfrac{x^3}{2}+\cdots+\dfrac{(-1)^{n-2}}{n-1}x^n+\left[\dfrac{(-1)^{n-1}}{n(n+1)(1+\theta x)^n}+\dfrac{(-1)^n}{(n+1)(1+\theta x)^{n+1}}\right]x^{n+1}\ (0<\theta<1)$．

2．提示：$xe^x=x+x^2+\dfrac{x^3}{2!}+\cdots+\dfrac{x^n}{(n-1)!}+\dfrac{e^{\theta x}(n+1+\theta x)}{(n+1)!}x^{n+1}\ (0<\theta<1)$

或 $R_n(x)=\dfrac{e^\xi(n+1+\xi)}{(n+1)!}x^{n+1}\ (0<\xi<x)$．

习　　题

1．选择题．

（1）函数 $f(x)=x^3-3x$ 在区间 $[0,1]$ 上满足拉格朗日中值定理的 ξ 是（　　）．

　　（A）$\dfrac{1}{\sqrt{3}}$　　　　（B）0　　　　（C）±1　　　　（D）$\pm\sqrt{3}$

（2）下列极限中能使用洛必达法则的是（　　）．

　　（A）$\lim\limits_{x\to\infty}\dfrac{\sin x}{x}$　　　　　　　　（B）$\lim\limits_{x\to\infty}\dfrac{x-\sin x}{x+\sin x}$

　　（C）$\lim\limits_{x\to\frac{\pi}{2}}\dfrac{\tan 5x}{\sin 3x}$　　　　　　　（D）$\lim\limits_{x\to+\infty}\dfrac{\ln(1+e^x)}{x}$

（3）下列各式运用洛必达法则正确的是（　　）．

　　（A）$\lim\limits_{n\to\infty}\sqrt[n]{n}=e^{\lim\limits_{n\to\infty}\frac{\ln n}{n}}=e^{\lim\limits_{n\to\infty}\frac{(\ln n)'}{n'}}=e^{\lim\limits_{n\to\infty}\frac{1/n}{1}}=1$

　　（B）$\lim\limits_{x\to0}\dfrac{x+\sin x}{x-\sin x}=\lim\limits_{x\to0}\dfrac{1+\cos x}{1-\cos x}=\infty$

　　（C）$\lim\limits_{x\to0}\dfrac{x^2\sin\dfrac{1}{x}}{\sin x}=\lim\limits_{x\to0}\dfrac{2x\sin\dfrac{1}{x}-\cos\dfrac{1}{x}}{\cos x}$ 不存在

　　（D）$\lim\limits_{x\to0}\dfrac{x}{e^x}=\lim\limits_{x\to0}\dfrac{1}{e^x}=1$

（4）已知函数 $y'=f'(x)$ 图像如右，则函数 $y=f(x)$ 必有（　　）．

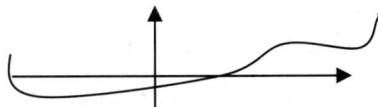

　　（A）一个极大值点　　　　　　　　（B）两个极大值点
　　（C）一个极大值点、一个极小值点　　（D）无极值

（5）设 $\lim\limits_{x\to a}\dfrac{f(x)-f(a)}{(x-a)^2}=-1$，则在点 $x=a$ 处（　　）．

（A）$f(x)$ 的导数存在，且 $f'(a) \neq 0$　　（B）$f(x)$ 取得极大值

（C）$f(x)$ 取得极小值　　（D）$f(x)$ 导数不存在

（6）设函数 $y = f(x)$ 具有二阶导数，且 $f'(x) > 0$，$f''(x) > 0$，Δx 为自变量 x 在 x_0 处的增量，Δy 与 dy 分别为 $f(x)$ 在点 x_0 处对应的增量与微分，若 $\Delta x > 0$，则（　　）．

（A）$0 < dy < \Delta y$　　（B）$0 < \Delta y < dy$　　（C）$\Delta y < dy < 0$　　（D）$dy < \Delta y < 0$

2．填空题．

（1）曲线 $y = \dfrac{x^2}{2x+1}$ 的斜渐近线方程为_____．

（2）曲线 $y = \dfrac{(1+x)^{\frac{3}{2}}}{\sqrt{x}}$ 的斜渐近线方程为_____．

（3）设函数 $y(x)$ 由参数方程 $\begin{cases} x = t^3 + 3t + 1 \\ y = t^3 - 3t + 1 \end{cases}$ 确定，则曲线 $y = y(x)$ 向上凸的 x 取值范围为_____．

3．已知函数 $f(x)$ 在 $[0,1]$ 上连续，在 $(0,1)$ 内可导，且 $f(0) = 0$，$f(1) = 1$，证明：

（1）存在 $\xi \in (0,1)$，使得 $f(\xi) = 1 - \xi$；

（2）存在两个不同的点 $\eta, \varsigma \in (0,1)$，使得 $f'(\eta)f'(\varsigma) = 1$．

4．求函数 $y = (x-1)e^{\frac{\pi}{2}+\arctan x}$ 的单调区间和极值，并求该函数图形的渐近线．

5．设有三次方程 $x^3 - 3ax + 2b = 0$，其中 $a > 0$，$b^2 < a^3$，试证明该方程有且仅有三个实根．

6．讨论函数 $f(x) = x^2 - \ln x^2$ 的单调区间，并求极值．

7．证明题．

（1）证明：当 $x > 1$ 时，$e^x > ex$．

（2）已知函数 $f(x)$ 具有二阶导数，且 $\lim\limits_{x \to 0} \dfrac{f(x)}{x} = 0$，$f(1) = 0$，试证明：至少有一个 $\xi \in (0,1)$，使 $f''(\xi) = 0$．

（3）设 $f(x)$ 在 $(-\infty, +\infty)$ 内可导，$\lim\limits_{x \to \infty} f'(x) = e$，$\lim\limits_{x \to \infty} \left(\dfrac{x+c}{x-c}\right)^x = \lim\limits_{x \to \infty}[f(x) - f(x-1)]$，求 c 的值．

（4）设 $x > 0$，证明 $\ln\left(1 + \dfrac{1}{x}\right) > \dfrac{1}{x+1}$．

（5）设函数 $f(x)$ 的导函数 $f'(x)$ 在 $[a, b]$ 上单调增加，且 $f(a) = f(b) = 0$，求证：当 $a < x < b$ 时，$f(x) < 0$．

（6）证明不等式：当 $x \geq 0$ 时，$2x\arctan x \geq \ln(1 + x^2)$．

（7）函数 $f(x) = a\sin x + \dfrac{1}{3}\sin 3x$ 在 $x = \dfrac{\pi}{3}$ 处取得极值，求常数 a 的值，并判定时极大值还是极小值．

（8）设 $f(x)$ 在 $[1, e]$ 上可导，且 $0 < f(x) < 1$，$f'(x) > \dfrac{1}{x}$．证明：在 $(1, e)$ 内有唯一的 ξ，使得 $f(\xi) = \ln \xi$．

习题参考答案

1.（1）（A）.（2）（D）.（3）（B）.（4）（C）.（5）（B）.（6）（A）.

分析：（5）因在 $x=a$ 的某邻域内 $\dfrac{f(x)-f(a)}{(x-a)^2}<0$，从而 $f(x)<f(a)$，故选（B）.

（6）$\Delta y-dy=f(x_0+\Delta x)-f(x_0)-f'(x_0)\Delta x$ （前两项用拉格朗日定理）

$$=f'(\xi)\Delta x-f'(x_0)\Delta x=\Delta x\left[f'(\xi)-f'(x_0)\right],\quad \xi\in(x_0,x_0+\Delta x),$$

由于 $f''(x)>0$，所以 $f'(x)$ 递增，故 $f'(\xi)-f'(x_0)>0$，从而 $\Delta y-dy>0$.

又由于 $dy=f'(x_0)\Delta x>0$，故选（A）.

2.（1）$y=\dfrac{x}{2}-\dfrac{1}{4}$.　　（2）$y=x+\dfrac{3}{2}$.

（3）解：$\dfrac{dy}{dx}=\dfrac{t^2-1}{t^2+1}$，$\dfrac{d^2y}{dx^2}=\dfrac{4t}{3(t^2+1)^3}<0$，得 $t<0$，所以 x 的取值范围 $(-\infty,1)$.

3.解：（1）令 $g(x)=f(x)-1+x$，则 $g(x)$ 在 $[0,1]$ 上连续，且 $g(0)=-1<0$，$g(1)=1>0$，所以存在 $\xi\in(0,1)$，使得 $g(\xi)=f(\xi)-1+\xi=0$，即 $f(\xi)=1-\xi$.

（2）根据拉格朗日中值定理，存在 $\eta\in(0,\xi),\varsigma\in(\xi,1)$，使得

$$f'(\eta)=\frac{f(\xi)-f(0)}{\xi}=\frac{1-\xi}{\xi},f'(\varsigma)=\frac{f(1)-f(\xi)}{1-\xi}=\frac{\xi}{1-\xi},\quad 从而\ f'(\eta)f'(\varsigma)=1.$$

4.解：$y'=\dfrac{x^2+x}{1+x^2}e^{\frac{\pi}{2}+\arctan x}$，$y'=0$ 得驻点 $x_1=0,x_2=-1$

x	$(-\infty,-1)$	-1	$(-1,0)$	0	$(0,+\infty)$
y'	$+$	0	$-$	0	$+$
y	↑	极大值 $-2e^{\frac{\pi}{4}}$	↓	极小值 $-e^{\frac{\pi}{2}}$	↑

由此可见递增区间 $(-\infty,-1)$，$(0,+\infty)$，递减区间 $(-1,0)$，极大值 $f(-1)=-2e^{\frac{\pi}{4}}$，

极小值 $f(0)=-e^{\frac{\pi}{4}}$，由于 $a_1=\lim\limits_{x\to+\infty}\dfrac{f(x)}{x}=\lim\limits_{x\to+\infty}\dfrac{x-1}{x}e^{\frac{\pi}{2}+\arctan x}=e^{\pi}$，

$$b_1=\lim\limits_{x\to+\infty}\left[f(x)-e^{\pi}x\right]=\lim\limits_{x\to+\infty}\left[(x-1)e^{\frac{\pi}{2}+\arctan x}-e^{\pi}x\right]=-e^{\pi};$$

$$a_2=\lim\limits_{x\to+\infty}\frac{f(x)}{x}=\lim\limits_{x\to+\infty}\frac{x-1}{x}e^{\frac{\pi}{2}+\arctan x}=1,$$

$$b_2=\lim\limits_{x\to+\infty}\left[f(x)-e^{\pi}x\right]=\lim\limits_{x\to+\infty}\left[(x-1)e^{\frac{\pi}{2}+\arctan x}-x\right]=-2.$$

可见渐近线为 $y_1=e^{\pi}(x-2)$，$y_2=x-2$.

5.证明：设辅助函数 $f(x)=x^3-3ax+2b$，$x\in(-\infty,+\infty)$，显然 $f(x)$ 在 $(-\infty,+\infty)$ 内连续且可导.

$$f'(x)=3x^2-3a=3(x^2-a)=3(x-\sqrt{a})(x+\sqrt{a})$$

令 $f'(x)=0$，解得驻点 $x=\sqrt{a}$，$x=-\sqrt{a}$ （$a>0$）.

由于 $a > 0$，$b^2 < a^3$，可推知 $|b| < a\sqrt{a}$，即 $-a\sqrt{a} < b < a\sqrt{a}$，

所以　$f(\sqrt{a}) = 2(b - a\sqrt{a}) < 0$，$f(-\sqrt{a}) = 2(b + a\sqrt{a}) > 0$．

列下表讨论 $f(x)$ 的单调区间及极值．

x	$(-\infty, -\sqrt{a})$	$-\sqrt{a}$	$(-\sqrt{a}, \sqrt{a})$	$\sqrt{a}$	$(\sqrt{a}, +\infty)$
$f'(x)$	+	0	−	0	+
$f(x)$	↑	极大值 $2(b + a\sqrt{a})$	↓	极大值 $2(b - a\sqrt{a})$	↑

因为 $\lim\limits_{x \to -\infty} f(x) = \lim\limits_{x \to -\infty} (x^3 - 3ax + 2b) = -\infty$，$f(-\sqrt{a}) = 2(b + a\sqrt{a}) > 0$，所以据连续函数的零点定理，可知方程 $f(x) = 0$ 在 $(-\infty, -\sqrt{a})$ 内至少有一个实根；

因为 $f(\sqrt{a}) = 2(b - a\sqrt{a}) < 0$，$\lim\limits_{x \to +\infty} f(x) = \lim\limits_{x \to +\infty} (x^3 - 3ax + 2b) = +\infty$，所以同理方程 $f(x) = 0$ 在 $(\sqrt{a}, +\infty)$ 内至少有一个实根．

又 $f(x)$ 在 $(-\infty, -\sqrt{a})$ 内是单调增的，在 $(-\sqrt{a}, \sqrt{a})$ 内是单调减的，在 $(\sqrt{a}, +\infty)$ 内是单调增的，故方程 $f(x) = 0$ 在 $(-\infty, -\sqrt{a})$，$(-\sqrt{a}, \sqrt{a})$，$(\sqrt{a}, +\infty)$ 内分别最多有一个实根．

综上所述，方程 $f(x) = 0$ 在 $(-\infty, -\sqrt{a})$，$(-\sqrt{a}, \sqrt{a})$，$(\sqrt{a}, +\infty)$ 内有且仅有三个实根．

6．$(-\infty, -1) \cup (0, 1)$ 上减；$(-1, 0) \cup (1, +\infty)$ 上增，$x = \pm 1$ 处取得极小值 1．

7．（1）设辅助函数 $f(x) = e^x - ex$，利用单调性可以证明不等式成立．

（2）由 $\lim\limits_{x \to 0} \dfrac{f(x)}{x} = 0$ 可以知道：$f(0) = 0$，$f'(0) = 0$；函数 $f(x)$ 在 $[0, 1]$ 上满足罗尔定理，可以得到 $f'(\eta) = 0$，$\eta \in (0, 1)$；又函数 $f'(x)$ 在 $[0, \eta]$ 上满足罗尔定理．由此可以得到结论．

（3）左边，由条件易知 $c \neq 0$，$\lim\limits_{x \to \infty} \left(\dfrac{x + c}{x - c} \right)^x = e^{2c}$；

右边，由拉格朗日中值定理，有：$f(x) - f(x - 1) = f'(\xi) \cdot 1$，其中 ξ 介于 $x - 1$ 与 x 之间，那么

$$\lim\limits_{x \to \infty} [f(x) - f(x - 1)] = \lim\limits_{x \to \infty} f'(\xi) = e,$$

于是有，$e^{2c} = e$，得到 $c = \dfrac{1}{2}$．

（4）提示：用单调性证或在区间 $[x, x + 1]$ 上用拉格朗日中值定理证．

（5）提示：用罗尔定理及单调性证．或反证法，在 $[a, x_0]$ 及 $[x_0, b]$ 上用拉格朗日中值定理．

（6）提示：利用单调性或最值．

（7）$a = 2$，极大值．

（8）提示：用零点定理及单调性．

第四章　证明不等式

【知识要点解读】

不等式（或等式）的证明是考试中的难点，不等式的证明涉及的知识面较为广泛，包括初等函数性质与基本不等式的灵活运用、连续函数性质与极限方法、导数概念与微分中值定理、以及泰勒公式. 就分析的方法而言，可以是下列方法之一或交叉运用.

（1）构造辅助函数，由函数的增减性与最大、最小值入手.

（2）由拉格朗日微分中值定理入手，特别是遇到 $f'(x)$ 与 $f(x)$ 比较大小时，应首选这一方法进行试验.

（3）在给出 $f''(x)$ 或更高阶导数的条件时，应首选泰勒公式方法进行试验.

（4）在某些条件下，可将不等式问题转化为一个区间上的最大最小值问题或上下界问题.

（5）利用曲线的凹凸性证明不等式.

4.1　函数的单调性与不等式证明

利用函数的单调性证明函数不等式 $f(x) \geqslant g(x)$，$x \in [a,b]$ 的思路如下：

（1）对欲证的不等式作简单的恒等变形，使不等式变为

$$f(x) - g(x) \geqslant 0 \text{ 或 } g(x) - f(x) \leqslant 0,$$

令函数 $F(x) = f(x) - g(x)$（或 $F(x) = g(x) - f(x)$），$x \in [a,b]$. 那么要证的不等式等价于求证明：$F(x) \geqslant 0$ 或（$F(x) \leqslant 0$）.

（2）求 $F'(x)$，通过讨论 $F'(x)$ 的符号来确定 $F(x)$ 的单调性.

（3）求出 $F(a)$ 或 $F(b)$ 的值，把 $F(x)$ 的值与 $F(a)$ 或 $F(b)$ 作比较.

【例1】　当 $x > 0$ 时，试证：$\ln(1+x) > \dfrac{\arctan x}{1+x}$.

证明：将所证不等式变形为 $(1+x)\ln(1+x) > \arctan x$

记　$f(x) = (1+x)\ln(1+x) - \arctan x$，则 $f(0) = 0$，且

$$f'(x) = 1 + \ln(1+x) - \frac{1}{1+x^2} = \ln(1+x) + \frac{x^2}{1+x^2}.$$

当 $x > 0$ 时，$f'(x) > 0$，即 $f(x)$ 在 $[0, +\infty)$ 内单增. 于是当 $x > 0$ 时，有 $f(x) > f(0)$. 故原不等式成立.

【例2】 试证：当 $0 < x_1 < x_2 < \dfrac{\pi}{2}$ 时，$\dfrac{x_1}{x_2} < \dfrac{\sin x_1}{\sin x_2}$.

证明： 设 $f(x) = \dfrac{\sin x}{x}$，$f'(x) = \dfrac{x\cos x - \sin x}{x^2} = \dfrac{\cos x(x - \tan x)}{x^2}$，

设 $g(x) = x - \tan x$，$g'(x) = 1 - \sec^2 x < 0$，$x \in \left(0, \dfrac{\pi}{2}\right)$，故 $x - \tan x < 0$.

所以　当 $x \in \left(0, \dfrac{\pi}{2}\right)$ 时，$f'(x) < 0$，$f(x)$ 单调递减.

　　当 $0 < x_1 < x_2 < \dfrac{\pi}{2}$ 时，$\dfrac{x_1}{x_2} < \dfrac{\sin x_1}{\sin x_2}$.

【例3】 试证：$x\ln\dfrac{1+x}{1-x} + \cos x \geqslant 1 + \dfrac{x^2}{2}$，$(-1 < x < 1)$.

证明： 令 $f(x) = x\ln\dfrac{1+x}{1-x} + \cos x - 1 - \dfrac{x^2}{2}$，$-1 < x < 1$，$f(-x) = f(x)$，所以只讨论当 $x \geqslant 0$ 时即可.

又　$f'(x) = \ln\dfrac{1+x}{1-x} + \dfrac{2x}{1-x^2} - \sin x - x$，$0 \leqslant x < 1$，

　　$f''(x) = \dfrac{4}{(1-x^2)^2} - \cos x - 1$，

　　$f'''(x) = \dfrac{16x(1-x^2)}{(1-x^2)^4} + \sin x$.

当 $x \in [0,1)$ 时，$f'''(x) \geqslant 0$，从而 $f''(x)$ 单调递增，则 $f''(x) \geqslant f''(0) = 2 > 0$，所以当 $x \in [0,1)$ 时，$f'(x)$ 单调递增，即 $f'(x) \geqslant f'(0) = 0$.

所以　$x \in [0,1)$ 时，$f(x)$ 单调递增，即 $f(x) \geqslant f(0) = 0$，

故　当 $-1 < x < 1$ 时，有 $x\ln\dfrac{1+x}{1-x} + \cos x \geqslant 1 + \dfrac{x^2}{2}$.

【例4】 试证：当 $x > 0$ 时，$(x^2 - 1)\ln x \geqslant (x-1)^2$.

分析： 只要证 $g(x) = (x-1)\big[(x+1)\ln x - (x-1)\big] = (x-1)f(x) \geqslant 0$，

设 $f(x) = (x+1)\ln x - (x-1)$. 即证当 $0 < x < 1$ 时，$f(x) \leqslant 0$；当 $x \geqslant 1$ 时，$f(x) \geqslant 0$.

证明： 令 $f(x) = (x+1)\ln x - (x-1)$，$f'(x) = \ln x + \dfrac{x+1}{x} - 1 = \ln x + \dfrac{1}{x}$，$f''(x) = \dfrac{x-1}{x^2}$.

（1）当 $0 < x < 1$ 时，$f''(x) < 0$，$f'(x)$ 单调递减，$x < 1$，则 $f'(x) > f'(1) = 1 > 0$，$f(x)$ 单调递增，$0 < x < 1$，$f(x) < f(1) = 0$，所以 $g(x) \geqslant 0$，即不等式成立.

（2）当 $x \geqslant 1$ 时，$f''(x) \geqslant 0$，$f'(x)$ 单调递增，$x \geqslant 1$，则 $f'(x) \geqslant f'(1) = 1 > 0$，$f(x)$ 单调递增，$f(x) \geqslant f(1) = 0$，所以 $g(x) \geqslant 0$，即不等式成立.

由（1）、（2）可知，当 $x > 0$ 时，不等式成立.

【例5】 设 $e < a < b < e^2$，证明 $\ln^2 b - \ln^2 a > \dfrac{4}{e^2}(b-a)$.

证明：设 $f(x)=\ln^2 x-\dfrac{4}{e^2}x$，则 $f'(x)=2\dfrac{\ln x}{x}-\dfrac{4}{e^2}$，

再求 $f''(x)=2\dfrac{1-\ln x}{x^2}$，

所以　当 $x>e$，$f''(x)<0$，

故　$f'(x)$ 单调递减，

当 $e<x<e^2$ 时，$f'(x)>f'(e^2)=0$

即　当 $e<x<e^2$ 时，$f(x)$ 单调递增，因此当 $e<a<b<e^2$ 时，$f(b)>f(a)$

即　$\ln^2 b-\dfrac{4}{e^2}b>\ln^2 a-\dfrac{4}{e^2}a$，故 $\ln^2 b-\ln^2 a>\dfrac{4}{e^2}(b-a)$.

4.2　函数的极值（最值）与不等式证明

利用函数的极值和最值证明不等式的方法，基本上与利用函数的单调性证明不等式的方法类似，不过这里是把辅助函数值与函数的极值或最值比较，而不是只与函数的区间端点值比较.

【例6】　设常数 p 满足 $0<p<1$，试证明：当 $x>-1$ 时，恒有不等式 $(1+x)^p-px\leqslant 1$ 成立.

证明：设辅助函数 $f(x)=(1+x)^p-px$，$x\in(-1,+\infty)$，只需证明 $f(x)$ 在 $(-1,+\infty)$ 内的最大值为 1，原不等式就成立.

$$f'(x)=p(1+x)^{p-1}-p=p\left[(1+x)^{p-1}-1\right],$$

$$f''(x)=p(p-1)(1+x)^{p-2}=\dfrac{p(p-1)(1+x)^p}{(1+x)^2},$$

令　$f'(x)=0$，得唯一驻点 $x=0\in(-1,+\infty)$.

$f''(0)=p(p-1)<0$（因为 $0<p<1$），

因此，唯一驻点 $x=0$ 是极大值点，故必为最大值点，所以
$$\max_{-1<x<+\infty} f(x)=f(0)=1,$$

于是有　$(1+x)^p-px\leqslant 1$，$x\in(-1,+\infty)$.

【例7】　设 $0<a<1$，当 $x>0$ 时，证 $x^a-ax\leqslant 1-a$.

证明：设 $f(x)=x^a-ax-(1-a)$，则 $f'(x)=ax^{a-1}-a$．令 $f'(x)=0$，$x=1$，又 $f''(x)=a(a-1)x^{a-2}$，$f''(1)=a(a-1)<0$，所以 $f(1)$ 为极大值，又唯一驻点，所以为最大值．于是当 $x>0$ 时，有 $f(x)\leqslant f(1)=0$.

因此，当 $x>0$ 时，$x^a-ax\leqslant 1-a$.

【例8】　证明：$\dfrac{\ln x}{x^n}\leqslant\dfrac{1}{ne}$，$x>0$.

证明：最值法，设 $f(x)=\dfrac{\ln x}{x^n}$，$f'(x)=\dfrac{1-n\ln x}{x^{n+1}}$，令 $f'(x)=0$，得 $x=e^{\frac{1}{n}}$.

当 $0<x<e^{\frac{1}{n}}$ 时，$f'(x)>0$；当 $x>e^{\frac{1}{n}}$ 时，$f'(x)<0$，

知 $f\left(e^{\frac{1}{n}}\right)=\dfrac{1}{ne}$ 是最大值，所以 $\dfrac{\ln x}{x^n}\leqslant\dfrac{1}{ne}$.

4.3　拉格朗日微分中值定理与不等式证明

【例9】　试证不等式：$\sqrt{101}-\sqrt{100}<\dfrac{1}{20}$.

证明： 令 $f(x)=\sqrt{x}$ ，在 $[100,101]$ 上对 $f(x)$ 应用拉格朗日中值定理，得

$$f(101)-f(100)=f'(\xi)=\dfrac{1}{2\sqrt{\xi}}，（100<\xi<101）$$

即

$$\sqrt{101}-\sqrt{100}=\dfrac{1}{2\sqrt{\xi}}，（100<\xi<101）$$

由于 $\dfrac{1}{2\sqrt{\xi}}<\dfrac{1}{20}$ ，得

$$\sqrt{101}-\sqrt{100}<\dfrac{1}{20} .$$

【例10】　证明不等式 $\dfrac{b-a}{b}<\ln\dfrac{b}{a}<\dfrac{b-a}{a}$ （ $b>a>0$ ）.

证明： 将不等式变形为 $\dfrac{1}{b}<\dfrac{\ln b-\ln a}{b-a}<\dfrac{1}{a}$.

取 $f(x)=\ln x$ ，则 $f(x)$ 在闭区间 $[a,b]$ 上连续，在开区间 (a,b) 内可导. 由拉格朗日中值定理得，至少存在一点 $\xi\in(a,b)$ ，使得 $f'(\xi)=\dfrac{f(b)-f(a)}{b-a}$ ，即 $\dfrac{1}{\xi}=\dfrac{\ln b-\ln a}{b-a}$. 又 $a<\xi<b$ ，则 $\dfrac{1}{b}<\dfrac{1}{\xi}<\dfrac{1}{a}$ ，即 $\dfrac{1}{b}<\dfrac{\ln b-\ln a}{b-a}<\dfrac{1}{a}$ ，故不等式成立.

【例11】　设 $a>1$ ， $n\geqslant1$ ，试证明不等式：$\dfrac{a^{\frac{1}{n+1}}}{(n+1)^2}<\dfrac{a^{\frac{1}{n}}-a^{\frac{1}{n+1}}}{\ln a}<\dfrac{a^{\frac{1}{n}}}{n^2}$.

证明： 因为 $a>1$ ， $\ln a>0$ ，原不等式可变形为

$$\dfrac{a^{\frac{1}{n+1}}\ln a}{(n+1)^2}<\dfrac{a^{\frac{1}{n}}-a^{\frac{1}{n+1}}}{(n+1)-n}<\dfrac{a^{\frac{1}{n}}\ln a}{n^2}，$$

考察上面不等式中间部分，它是函数 $f(x)=a^{\frac{1}{x}}$ ，在区间 $[n,n+1]$ 上函数增量之负值与相应的自变量的增量之比，显然我们可以考虑利用拉格朗日中值定理来证明不等式.

设 $f(x)=a^{\frac{1}{x}}$ （ $a>1$ ），函数在 $[n,n+1]$ 上连续且可导， $f(x)=a^{\frac{1}{x}}$ 满足拉格朗日中值定理条件，于是至少存在一点 $\xi\in[n,n+1]$ ，使

$$\dfrac{a^{\frac{1}{n+1}}-a^{\frac{1}{n}}}{(n+1)-n}=-\dfrac{a^{\frac{1}{\xi}}\ln a}{\xi^2}，\quad\text{或}\quad\dfrac{a^{\frac{1}{n}}-a^{\frac{1}{n+1}}}{1}=\dfrac{a^{\frac{1}{\xi}}\ln a}{\xi^2}，$$

因为 $f'(x)=\left(a^{\frac{1}{x}}\right)'=-\dfrac{a^{\frac{1}{x}}\ln a}{x^2}$，其中 $a>1$，$\ln a>0$，$a^{\frac{1}{x}}>0$，$x^2>0$．

所以 $f'(x)<0$，$x\in[n,n+1]$．

即 $a^{\frac{1}{x}}$ 在 $[n,n+1]$ 上为单调减少的函数．而 $n<\xi<n+1$，故

$$a^{\frac{1}{n+1}}<a^{\frac{1}{\xi}}<a^{\frac{1}{n}}，\quad \frac{1}{(n+1)^2}<\frac{1}{\xi^2}<\frac{1}{n^2}，$$

于是有
$$\frac{a^{\frac{1}{n+1}}\ln a}{(n+1)^2}<a^{\frac{1}{n}}-a^{\frac{1}{n+1}}=\frac{a^{\frac{1}{\xi}}\ln a}{\xi^2}<\frac{a^{\frac{1}{n}}\ln a}{n^2}，$$

即
$$\frac{a^{\frac{1}{n+1}}}{(n+1)^2}<\frac{a^{\frac{1}{n}}-a^{\frac{1}{n+1}}}{\ln a}<\frac{a^{\frac{1}{n}}}{n^2}．$$

【例 12】 设 $x\in(0,1)$，证明不等式 $x<\ln(1+x)+\arctan x<2x$．

证明：欲证的不等式可等价变形为 $1<\dfrac{\ln(1+x)+\arctan x}{x}<2$．

令 $f(x)=\ln(1+x)+\arctan x$，$f(0)=0$．$\forall x\in(0,1)$，$f(x)$ 在 $[0,x]$ 上满足拉格朗日中值定理的条件，于是应有

$$\frac{\ln(1+x)+\arctan x-0}{x}=\frac{1}{1+\xi}+\frac{1}{1+\xi^2}．$$

其中 $\xi\in(0,x)\subset(0,1)$，并且由 $\dfrac{1}{1+x}$ 与 $\dfrac{1}{1+x^2}$ 在 $[0,1]$ 上的连续性与单调性可得

$$\frac{1}{2}<\frac{1}{1+\xi}<1\ \text{且}\ \frac{1}{2}<\frac{1}{1+\xi^2}<1，$$

所以
$$1<\frac{\ln(1+x)+\arctan x}{x}<2．$$

4.4 泰勒公式与不等式证明

此方法多用于所给条件为"$f(x)$ 二阶以上可导"，根据泰勒公式

$$f(x)=f(x_0)+f'(x_0)(x-x_0)+\frac{f''(x_0)}{2!}(x-x_0)^2+\cdots+\frac{f^{(n)}(\xi)}{n!}(x-x_0)^n$$

其展开点一般选取：
（1）题设函数值较简单的点；
（2）端点或中点；
（3）极值点（最值点），因为隐含 $f'(x_0)=0$．

【例 13】 设 $\lim\limits_{x\to 0}\dfrac{f(x)}{x}=1$ 且 $f''(x)>0$，证明 $f(x)\geqslant x$．

证明：右边是多项式，故 $f(x)$ 要表示成多项式，条件中又给出高阶导数的信息，所以考虑用泰勒公式在 $x=0$ 点得展开式．

由 $\lim\limits_{x \to 0} \dfrac{f(x)}{x} = 1$，又 $\lim\limits_{x \to 0} x = 0$，知 $\lim\limits_{x \to 0} f(x) = 0 = f(0)$．

从而 $\lim\limits_{x \to 0} \dfrac{f(x)}{x} = \lim\limits_{x \to 0} \dfrac{f(x) - f(0)}{x} = 1 = f'(0)$，于是 $f(x)$ 在 $x = 0$ 处展成泰勒公式，

$$f(x) = f(0) + f'(0)x + \frac{f''(\xi)}{2!}x^2 = x + \frac{f''(\xi)}{2!}x^2 \geqslant x.$$

【例 14】 证明：当 $x > 0$ 时，$\sqrt{1+x} > 1 + \dfrac{x}{2} - \dfrac{x^2}{8}$．

证明：当 $x > 0$ 时，$f(x) = \sqrt{1+x}$ 的二阶麦克劳林公式为

$$\sqrt{1+x} > 1 + \frac{x}{2} - \frac{x^2}{8} + \frac{1}{16}(1+\xi)^{-\frac{5}{2}}x^3$$

式中：$0 < \xi < x$，又 $\dfrac{1}{16}(1+\xi)^{-\frac{5}{2}}x^3 > 0$，故有 $\sqrt{1+x} > 1 + \dfrac{x}{2} - \dfrac{x^2}{8}$．

【例 15】 试证明：当 $x > 0$ 时，恒有不等式 $e^x - 1 - x > 1 - \cos x$ 成立．

证明：要证的不等式可变形为：$e^x + \cos x > 2 + x$，$(x > 0)$．

设 $f(x) = e^x + \cos x$，显然 $f(x)$ 有直至三阶导数，现将 $f(x)$ 展成二阶带拉格朗日型余项的麦克劳林公式：

$$f(0) = 2, \quad f'(0) = 1, \quad f''(0) = 0, \quad f'''(\xi) = e^{\xi} + \sin\xi, \quad (0 < \xi < x).$$

$$e^x + \cos x = 2 + x + 0 + \frac{1}{3!}(e^{\xi} + \sin\xi)x^3, \quad (0 < \xi < x).$$

因为 $e^{\xi} > 1$，$|\sin\xi| \leqslant 1$，所以 $e^{\xi} + \sin\xi > 0$，

有 $e^x + \cos x > 2 + x$，

即 $e^x - 1 - x > 1 - \cos x$，$(x > 0)$．

【例 16】 试证明：当 $0 < x < 1$ 时，恒有不等式 $(1+x)\ln^2(1+x) < x^2$ 成立．

证明：要证的不等式可变形为 $(1+x)\ln^2(1+x) - x^2 < 0$，$(0 < x < 1)$．

设 $f(x) = (1+x)\ln^2(1+x) - x^2$，

$$f(0) = 0, \quad f'(0) = 0, \quad f''(0) = 0, \quad f'''(\xi) = -2\frac{\ln(1+\xi)}{(1+\xi)^2}.$$

现将 $f(x)$ 展成二阶带拉格朗日型余项的麦克劳林公式：

$$(1+x)\ln^2(1+x) - x^2 = 0 + 0 + 0 - 2\frac{\ln(1+\xi)}{(1+\xi)^2}x^3 = -2\frac{\ln(1+\xi)}{(1+\xi)^2}x^3 < 0, \quad (0 < \xi < x < 1)$$

所以 $(1+x)\ln^2(1+x) < x^2$，$(0 < x < 1)$．

【例 17】 设 $f(x)$ 在 $[0,2]$ 上二阶导数连续，且 $f(1) = 0$，记 $M = \max\limits_{[0,2]}|f''(x)|$，证明

$$\left| \int_0^2 f(x)\mathrm{d}x \right| \leqslant \frac{1}{3}M.$$

证明：根据题设，选取展开点 $x_0 = 1$ 展开成泰勒公式如下：

$$f(x) = f(1) + f'(1)(x-1) + \frac{f''(\xi)}{2!}(x-1)^2, \quad \text{其中 } \xi \text{ 介于 } x, 1 \text{ 之间}.$$

两边积分：$\displaystyle\int_0^2 f(x)\mathrm{d}x = f'(1)\int_0^2 (x-1)\mathrm{d}x + \int_0^2 \frac{f''(\xi)}{2!}(x-1)^2\mathrm{d}x = \frac{1}{2}\int_0^2 f''(\xi)(x-1)^2\mathrm{d}x$

所以：$\left| \int_0^2 f(x)\mathrm{d}x \right| = \frac{1}{2}\int_0^2 |f''(\xi)|(x-1)^2\mathrm{d}x \leqslant \frac{1}{2}M\int_0^2(x-1)^2\mathrm{d}x = \frac{1}{3}M$.

4.5 函数的凹凸性与不等式证明

由函数图形凹凸性判定定理得，当 $f''(x)>0$ 时，$f(x)$ 在开区间 (a,b) 内的图形是凹的，即有 $f\left(\dfrac{x_1+x_2}{2}\right) < \dfrac{f(x_1)+f(x_2)}{2}$ ，式中 x_1 和 x_2 是 (a,b) 内的任意互异两点.

【例 18】 试证：对任意的 $x_1>0$ ，$x_2>0$ （ $x_1 \neq x_2$ ），有不等式 $x_1\ln x_1 + x_2\ln x_2 > (x_1+x_2)\ln\dfrac{x_1+x_2}{2}$ 成立.

证明：设 $f(t)=t\ln t$ ，$(t>0)$ ，

$$f'(t)=\ln t+1 , \quad f''(t)=\frac{1}{t}>0 .$$

因此 $f(t)=t\ln t$ ，在 $(0,+\infty)$ 内为凹弧，根据凹弧的定义，对任意的 $x_1,x_2 \in (0,+\infty)$ ，$(x_1 \neq x_2)$ ，有 $\dfrac{f(x_1)+f(x_2)}{2} > f\left(\dfrac{x_1+x_2}{2}\right)$ ，

即

$$\frac{x_1\ln x_1 + x_2\ln x_2}{2} > \frac{x_1+x_2}{2}\ln\frac{x_1+x_2}{2} ,$$

$$x_1\ln x_1 + x_2\ln x_2 > (x_1+x_2)\ln\frac{x_1+x_2}{2} .$$

【例 19】 设常数 p （ $0<p<1$ ），试证明：对任意实数 a 和 b ，有不等式 $|a|^p+|b|^p \leqslant 2^{1-p}(|a|+|b|)^p$ 成立.

证明：设 $f(x)=x^p$ ，$(x \geqslant 0)$ ，有

$$f(|a|)=|a|^p , \quad f(|b|)=|b|^p , \quad f(|a|+|b|)=(|a|+|b|)^p ,$$

则问题转化为证明：$f(|a|)+f(|b|) \leqslant 2^{1-p}f|a|+|b|$ ，$\dfrac{f(|a|)+f(|b|)}{2} \leqslant f\left(\dfrac{|a|+|b|}{2}\right)$.

只需证明 $f(x)=x^p$ 在区间 $[|a|,|b|]$ 或 $[|b|,|a|]$ 上为凸弧，即证明在区间 $[|a|,|b|]$ 或 $[|b|,|a|]$ 上 $f''(x) \leqslant 0$.

事实上，有 $f'(x)=px^{p-1}$ ，$f''(x)=p(p-1)x^{p-2}$ ，

其中 $0<p<1$ ，$p-1<0$ ，当 $x>0$ 时，$x^{p-2}>0$ ，因此 $f''(x)<0$ ，

于是 $f(x)=x^p$ ，在 $x \in [0,+\infty)$ 上为凸弧，根据凸弧的定义，对任意的 $|a|,|b| \in [0,+\infty)$ ，

有 $\dfrac{f(|a|)+f(|b|)}{2} \leqslant f\left(\dfrac{|a|+|b|}{2}\right)$ ，

即 $|a|^p+|b|^p \leqslant 2^{1-p}(|a|+|b|)^p$.

4.6 利用常数变量化证明不等式

如果欲证不等式都是常数，则可以将其中一个或者几个常数变量化，再利用导数工具或中值定理去证明.

【例 20】 设 $0 < a < b$，证明 $\ln \dfrac{b}{a} > 2 \dfrac{b-a}{a+b}$.

分析： 我们可以想到三种思路

思路 1，$b \to x \Rightarrow \ln \dfrac{x}{a} > 2 \dfrac{x-a}{a+x}$（$x > a > 0$）；

思路 2，$a \to x \Rightarrow \ln \dfrac{b}{x} > 2 \dfrac{b-x}{x+b}$（$0 < x < b$）；

思路 3，先化成"齐次式"，$\ln \dfrac{b}{a} > 2 \dfrac{\dfrac{b}{a}-1}{1+\dfrac{b}{a}}$，$\dfrac{b}{a} \to x \Rightarrow \ln x > 2 \dfrac{x-1}{1+x}$，其中 $x > 1$.

显然第三种思路最为简单. $\ln x > 2 \dfrac{x-1}{1+x} \Leftrightarrow (1+x)\ln x - 2(x-1) > 0$，（$x > 1$）.

证明： 令 $F(x) = (1+x)\ln x - 2(x-1)$，则

$$F'(x) = \frac{1}{x} + \ln x - 1, \quad F''(x) = -\frac{1}{x^2} + \frac{1}{x} = \frac{1}{x}\left(1 - \frac{1}{x}\right) > 0.$$

可得，$F'(x) > F'(1) = 0 \Rightarrow F(x) > F(1) = 0$. 然后令 $x = \dfrac{b}{a}$，即得证.

【例 21】 求证明：$a^3 + b^3 + c^3 \geqslant 3abc$，其中 a,b,c 均为正数.

证明： 设 $f(x) = x^3 - 3abx + a^3 + b^3$，$x \in (0, +\infty)$，求导得驻点 $x = \sqrt{ab}$，且为极小值点，极小值为 $f(\sqrt{ab}) = (\sqrt{a}^3 - \sqrt{b}^3)^2 \geqslant 0$，唯一驻点，极小值就是最小值，于是 $f(x) \geqslant 0$，取 $x = c$，即得证.

【例 22】 设 $p > 0$，$q > 0$，$0 < r < 1$，试证明不等式 $(p+q)^r < p^r + q^r$ 成立.

证明： 由于 $p > 0$，$q > 0$，知 $\dfrac{q}{p} > 0$，把欲证的不等式恒等变形为

$$p^r\left(1 + \frac{q}{p}\right)^r < p^r + q^r, \quad \left(1 + \frac{q}{p}\right)^r < 1 + \left(\frac{q}{p}\right)^r,$$

令 $c = \dfrac{q}{p}$，欲证的不等式就变形为 $(1+c)^r < 1 + c^r$，（$c > 0$）.

设辅助函数 $f(x) = (1 + x^r) - (1 + x)^r$，$x \in [0, +\infty)$

$f'(x) = rx^{r-1} - r(1+x)^{r-1} = r\left[\dfrac{1}{x^{1-r}} - \dfrac{1}{(1+x)^{1-r}}\right] > 0$，因此函数 $f(x)$ 在 $x \in [0, +\infty)$ 上是单调增加，从而有

$$f(x) = (1 + x^r) - (1+x)^r > f(0) = 0, \quad (x > 0),$$

即 $1 + x^r > (1+x)^r$，（$x > 0$）.

当 $p > 0$，$q > 0$ 时，令 $x = \dfrac{q}{p} > 0$，即得到 $(p+q)^r < p^r + q^r$.

【例 23】 对任意的实数 a 和 b，试证明不等式

$$\frac{|a+b|}{1+|a+b|} \leqslant \frac{|a|}{1+|a|} + \frac{|b|}{1+|b|}$$

成立.

证明：设辅助函数 $f(x) = \dfrac{x}{1+x}$，$x \in [0, +\infty)$.

$$f'(x) = \left(\frac{x}{1+x}\right)' = \frac{1}{(1+x)^2} > 0,$$

因此 $f(x)$ 在 $[0, +\infty)$ 上是单调增加的函数.

由于　　$0 \leqslant |a+b| \leqslant |a|+|b|$，

故有　　$f(|a+b|) \leqslant f(|a|+|b|)$，

即　　$\dfrac{|a+b|}{1+|a+b|} \leqslant \dfrac{|a|+|b|}{1+|a|+|b|}$，

从而有 $\dfrac{|a+b|}{1+|a+b|} \leqslant \dfrac{|a|+|b|}{1+|a|+|b|} + \dfrac{|b|}{1+|a|+|b|} \leqslant \dfrac{|a|}{1+|a|} + \dfrac{|b|}{1+|b|}$.

【例 24】　设 $0 < a < b$，证明不等式 $\dfrac{2a}{a^2+b^2} < \dfrac{\ln b - \ln a}{b-a} < \dfrac{1}{\sqrt{ab}}$.

证明：先证右边不等式，设 $\varphi(x) = \ln x - \ln a - \dfrac{x-a}{\sqrt{ax}}(x > a > 0)$，

$$\varphi'(x) = \frac{1}{x} - \frac{1}{\sqrt{a}}\left(\frac{1}{2\sqrt{x}} + \frac{a}{2x\sqrt{x}}\right) = -\frac{(\sqrt{x}-\sqrt{a})^2}{2x\sqrt{ax}} < 0,$$

故　　当 $x > a > 0$ 时，$\varphi(x)$ 单调减，所以 $\varphi(x) < \varphi(a) = 0$，即 $\ln x - \ln a < \dfrac{x-a}{\sqrt{ax}}$

从而　　当 $b > a > 0$ 时，$\ln b - \ln a < \dfrac{b-a}{\sqrt{ab}}$，即 $\dfrac{\ln b - \ln a}{b-a} < \dfrac{1}{\sqrt{ab}}$.

再证左边不等式，

证法 1：设 $f(x) = (x^2+a^2)(\ln x - \ln a) - 2a(x-a)(x > a > 0)$

$$f'(x) = 2x(\ln x - \ln a) + \frac{(x-a)^2}{x} > 0,$$

故当 $x > a > 0$ 时，$f(x)$ 单调增，所以 $f(x) > f(a) = 0$，即

$$(x^2+a^2)(\ln x - \ln a) - 2a(x-a) > 0$$

从而　当 $b > a > 0$ 时，$(b^2+a^2)(\ln b - \ln a) - 2a(b-a) > 0$，

即 $\dfrac{2a}{a^2+b^2} < \dfrac{\ln b - \ln a}{b-a}$.

证法 2：设 $f(x) = \ln x (x > a > 0)$，由拉格朗日中值定理，至少存在一点 $\xi \in (a,b)$，

使 $\dfrac{\ln b - \ln a}{b-a} = \dfrac{1}{\xi} > \dfrac{1}{b} > \dfrac{2a}{a^2+b^2}$.

【例 25】　设 $f(x)$ 在 $[a,b]$ 上连续，且 $f(x) > 0$. 证明：$\displaystyle\int_a^b f(x)\mathrm{d}x \cdot \int_a^b \frac{1}{f(x)}\mathrm{d}x \geqslant (b-a)^2$.

证明： $b \to x$．令 $F(x) = \int_a^x f(t) \mathrm{d}t \cdot \int_a^x \frac{1}{f(t)} \mathrm{d}t - (x-a)^2$ $(x \geqslant a)$，

则
$$F'(x) = f(x) \cdot \int_a^x \frac{1}{f(t)} \mathrm{d}t + \frac{1}{f(x)} \int_a^x f(t) \mathrm{d}t - 2(x-a)$$

$$= \int_a^x \left[\frac{f(x)}{f(t)} + \frac{f(t)}{f(x)} - 2 \right] \mathrm{d}t \geqslant \int_a^x (2-2)\, \mathrm{d}t = 0$$

可得 $F(x)$ 为增函数，

故 $F(b) \geqslant F(a) = 0$．

【例 26】 设 $\lim\limits_{x \to 0} \dfrac{f(x)}{x} = 1$，且 $f''(x) > 0$，证明：$f(x) \geqslant x$．

证法 1： 由 $\lim\limits_{x \to 0} \dfrac{f(x)}{x} = 1$ 知 $f(0) = 0$，$f'(0) = 1$，由泰勒公式知

$$f(x) = f(0) + f'(0)x + \frac{f''(\xi)}{2!} x^2 = x + \frac{f''(\xi)}{2!} x^2 \geqslant x \left(f''(x) > 0 \right)$$

原式得证.

证法 2： 由证法 1 知 $f(0) = 0$，$f'(0) = 1$

又 $f''(x) > 0$，则 $f'(x)$ 单调增，由拉格朗日中值定理知

$f(x) = f(x) - f(0) = f'(c)x$（$c$ 介于 0 与 x 之间）

由于 $f'(x)$ 单调增，则 $f(x) = f'(c)x \geqslant f'(0)x = x$．

证法 3： 只要证 $f(x) - x \geqslant 0$，令 $F(x) = f(x) - x$，

只要证明 $F(x) \geqslant 0$，

由于 $F'(x) = f'(x) - 1$，

显然 $F'(0) = f'(0) - 1 = 0$，

又 $F''(x) = f''(x) > 0$，则 $F'(x)$ 单调增，$x = 0$ 为 $F'(x)$ 唯一的零点，即 $x = 0$ 为 $F(x)$ 唯一驻点，又 $F''(0) = f''(0) > 0$，

则 $x = 0$ 为 $F(x)$ 在 $(-\infty, +\infty)$ 上唯一极值点，且在该点取极小值，因此 $F(x)$ 在 $x = 0$ 处取得它在 $(-\infty, +\infty)$ 上的最小值，

从而 $F(x) \geqslant F(0) = f(0) - 0 = 0$．

习　题

1．证明：对 $x > 0$ 成立不等式：$\left(1 + \dfrac{1}{x}\right)^x < e < \left(1 + \dfrac{1}{x}\right)^{x+1}$．

2．设 $x \in (0,1)$，证明：$(1+x)\ln^2(1+x) < x^2$．

3．设 $x \in (0,1)$，证明：$\dfrac{1}{\ln 2} - 1 < \dfrac{1}{\ln(1+x)} - \dfrac{1}{x} < \dfrac{1}{2}$．

习题参考答案

1. 分析：如果不等式成立，两边取对数，可有：$\dfrac{1}{1+x} < \ln\left(1+\dfrac{1}{x}\right) < \dfrac{1}{x}$.

要证明后者，记 $\dfrac{1}{x} = t$，$t > 0$，只需证明不等式 $\dfrac{t}{1+t} < \ln(1+t) < t$.

证明：显然有 $\ln(1+t) < t$（自己证明看看），于是只需证上述左侧不等式.

令 $f(t) = \dfrac{t}{1+t} - \ln(1+t)$，$t \in [0, +\infty)$，则有 $f(0) = 0$，并且 $t > 0$ 时，又有

$$f'(t) = \dfrac{1}{(1+t)^2} - \dfrac{1}{1+t} < 0.$$

于是当 $t > 0$ 时，$f'(t) < 0$，$f(t)$ 为单调减函数，又因 $f(0) = 0$（初值），故可推断 $f(t) < 0$，即有不等式 $\dfrac{t}{1+t} < \ln(1+t)$ 成立.

2. 证明：用函数单调性证明不等式

$x \in (0,1)$，令 $\varphi(x) = (1+x)\ln^2(1+x) - x^2$，$\varphi(0) = 0$

$\varphi'(x) = \ln^2(1+x) + 2\ln(1+x) - 2x$，$\varphi'(0) = 0$

$\varphi''(x) = \dfrac{2\ln(1+x)}{1+x} + \dfrac{2}{1+x} - 2 = \dfrac{2}{1+x}[\ln(1+x) - x] = \dfrac{2}{1+x}g(x)$ ·············（*）

其中 $g(x) = \ln(1+x) - x$，$g'(x) = \dfrac{1}{1+x} - 1 = \dfrac{-x}{1+x} < 0$（$0 < x < 1$）.

$g(x)$ 单调减，$x > 0$，$g(x) < g(0) = 0$，由式（*）可知 $\varphi''(x) < 0$，

则 $\varphi'(x)$ 单调减，$x > 0$，$\varphi'(x) < \varphi'(0) = 0$，则 $\varphi(x)$ 单调减，$x > 0$，$\varphi(x) < \varphi(0) = 0$，即 $(1+x)\ln^2(1+x) < x^2$.

3. 证明：令 $g(x) = \dfrac{1}{\ln(1+x)} - \dfrac{1}{x}$，要证 $\dfrac{1}{\ln 2} - 1 \leqslant \min\{g(x)\} \leqslant g(x) \leqslant \max\{g(x)\} \leqslant \dfrac{1}{2}$.

由（1）$g'(x) = \dfrac{(1+x)\ln^2(1+x) - x^2}{x^2(1+x)\ln^2(1+x)} < 0$，$g(x)$ 单调减，$x < 1$，则 $g(x) > g(1) = \dfrac{1}{\ln 2} - 1$，不等式左边成立；

又 $0 < x < 1$，上证 $g(x)$ 单调减，则 $g(x) < g(+0) = \dfrac{1}{2}$，不等式右边成立.

$$\lim_{x \to +0} g(x) = \lim_{x \to +0} \dfrac{x - \ln(1+x)}{x\ln(1+x)} = \lim_{x \to +0} \dfrac{x - \ln(1+x)}{x^2} = \lim_{x \to +0} \dfrac{1 - \dfrac{1}{1+x}}{2x} = \lim_{x \to +0} \dfrac{1}{2(1+x)} = \dfrac{1}{2}.$$

第五章 方程 $f(x)=0$ 根的问题

【知识要点解读】

讨论方程根的问题（也称为函数的零点问题）通常可以考虑下面这些方法：

（1）零点定理（主要用于证明根的存在性）．设 $f(x)$ 在 $[a,b]$ 上连续，且 $f(a)f(b)<0$，则 $f(x)=0$ 在 (a,b) 内至少有一个根．这个定理还可以推广为：若 $f(x)$ 在 (a,b) 内连续，$\lim\limits_{x\to a^+}f(x)=\alpha$，$\lim\limits_{x\to b^-}f(x)=\beta$ 且 $\alpha\beta<0$，则 $f(x)=0$ 在 (a,b) 内至少有一个根．

（2）单调性（主要用于证明根的唯一性）．若 $f(x)$ 在 (a,b) 内单调，则 $f(x)=0$ 在 (a,b) 内至多有一个根．

（3）罗尔中值定理．利用罗尔中值定理讨论方程的根应运用构造辅助函数的方法，除观察法外常按下法进行：将欲证相等的二式移至等号一端，并视根为 x，再做积分．特别地，若欲讨论的方程中既有函数 $f(x)$ 又有其导函数 $f'(x)$．经常借助指数函数 e^x 构造辅助函数，再用罗尔中值定理，利用 $e^x\neq0$ 达到目的．

（4）对于抽象函数，根的个数的讨论，往往借助于反证法．

（5）方程中含有字母常数，讨论字母常数取何值时，判断方程有几个根的方法：

① 把要证明的方程转化为 $g(x)=k$ 的形式，求出 $g(x)$ 的单调区间、极值，求出每个严格单调区间两端函数（极限）值，画草图讨论曲线与 $y=k$ 相交的情况，确定方程根的个数；

② 把要证明的方程转化为 $f(x)=0$ 的形式，求出 $f(x)$ 的单调区间，极值，求出每个严格单调区间两端函数（极限）值，画草图讨论曲线与 x 轴相交的情况，确定方程根的个数．

5.1 讨论方程 $f(x)=0$ 在某一区间 (a,b) 内至少有一个实根

【例1】 设函数 $f(x)$ 在 $[0,2a]\,(a>0)$ 上连续，又 $f(0)=f(2a)$，试证明：至少存在一点 $\xi\in(0,2a)$，使得 $f(\xi)=f(\xi+a)$．

证明： 把欲证的结论变形为：$f(\xi+a)-f(\xi)=0$，

那么欲证的命题等价于证明方程：$f(x+a)-f(x)=0$ 在 $(0,2a)$ 内至少有一个实根．

作辅助函数 $F(x)=f(x+a)-f(x)$，$x\in[0,a]$，显然有 $F(x)$ 在 $[0,a]$ 上连续．

$F(0)=f(a)-f(0)=f(a)-f(2a)$，

$F(a)=f(2a)-f(a)$，

$F(0)\cdot F(a)=-[f(2a)-f(a)]^2$．

如果 $f(a)=f(2a)$，则取 $\xi=a$，命题得证；

如果 $f(a) \neq f(2a)$，$F(0) \cdot F(a) < 0$，根据闭区间上连续函数的零点定理，可知至少存在一点 $\xi \in (0,a) \subset (0,2a)$，使得

$$F(\xi) = f(\xi + a) - f(\xi) = 0，$$

即 $f(\xi) = f(\xi + a)$．

> **小结**：由零点定理可知，若 $f(x)$ 在闭区间 $[a,b]$ 上连续，且 $f(a) \cdot f(b) < 0$，则方程 $f(x)=0$ 在开区间 (a,b) 内至少存在一根．进一步若 $f(x)$ 在 (a,b) 上单调，则 $f(x)=0$ 在 (a,b) 内仅存在唯一根．此方法简便易懂，但具有局限性．如果遇到方程 $f(x)=0$ 具有偶重根，或 $f(a) \cdot f(b) > 0$，或 $f(x)$ 表达式中系数为一些字母表示的常数，函数值正负无法判断，那么零点定理就无法使用．

【例2】　证明方程 $4ax^3 + 3bx^2 + 2cx = a + b + c$ 在开区间 $(0,1)$ 内至少存在一根．

分析：如果设 $f(x) = 4ax^3 + 3bx^2 + 2cx - (a+b+c)$，

那么 $f(0) = -(a+b+c)$，$f(1) = 3a + 2b + c$．由于无法判断 $f(0)$ 和 $f(1)$ 的正负，从而不能使用零点定理证明．

此时，如果我们能够找到一个在闭区间 $[a,b]$ 上满足罗尔定理三个条件的函数 $F(x)$，且有 $F'(x) = f(x)$，那么由罗尔定理可得，$F'(x) = f(x) = 0$ 在开区间 (a,b) 内至少存在一根．

证明：令 $F(x) = ax^4 + bx^3 + cx^2 - (a+b+c)x$

则 $F(x)$ 在闭区间 $[0,1]$ 上连续，在开区间 $(0,1)$ 内可导，且 $F(0) = F(1) = 0$．由罗尔定理，在 $(0,1)$ 内至少存在一点 ξ，使得 $F'(\xi) = 0$．故 $F'(x) = f(x) = 0$ 在 $(0,1)$ 内至少存在一根．

> **小结**：直接从 $f(x)$ 找 $F(x)$ 有时会有些困难，而经过适当的变形（或等价方程）后，便可找到满足罗尔定理三个条件的 $F(x)$，进而根的存在性问题获得解决．
>
> 如果我们希望用罗尔定理讨论方程 $f(x)=0$ 根的存在性，那么构造的辅助函数 $F(x)$ 应满足 $F'(x) = f(x)$，并且 $F(x)$ 满足罗尔定理的三个条件．值得注意的是，辅助函数 $F(x)$ 往往并不唯一，可根据要求灵活选择．
>
> 此外，了解下列求导公式有助于寻找辅助函数 $F(x)$．
>
> （1）$[x^\mu f(x)]' = x^{\mu-1}[xf'(x) + \mu f(x)]$．
>
> （2）$[e^{\lambda x} f(x)]' = e^{\lambda x}[f'(x) + \lambda f(x)]$．
>
> （3）$[e^{g(x)} f(x)]' = e^{g(x)}[f'(x) + g'(x)f(x)]$．
>
> （4）$[f(x)\ln x]' = f'(x)\ln x + \dfrac{f(x)}{x}$．

【例3】　试证：方程 $\sin x + x\ln x \cdot \cos x = 0$ 在 $[1,\pi]$ 内至少有一个实根．

证明：对任意的 $x \in [1,\pi]$，原方程可变形为 $\dfrac{1}{x}\sin x + \ln x \cdot \cos x = 0$，

方程的左端为：$f(x) = (\ln x)' \sin x + \ln x \cdot (\sin x)' = (\ln x \cdot \sin x)'$

又 $\lim\limits_{x\to 0^+} f(x) = \lim\limits_{x\to 0^+} \dfrac{x^2-1}{x^3} = -\infty$， $\lim\limits_{x\to +\infty} f(x) = 0$，

从而若原方程有且仅有一个实根，则 $k = \dfrac{2}{9}\sqrt{3}$ 或 $k \le 0$．

【例 10】 就 k 的不同取值情况，确定方程 $x - \dfrac{\pi}{2}\sin x = k$ 在开区间 $\left(0, \dfrac{\pi}{2}\right)$ 内根的数量，并证明．

解：令 $f(x) = x - \dfrac{\pi}{2}\sin x - k$， $f'(x) = 1 - \dfrac{\pi}{2}\cos x = 0$，得 $x_0 = \arccos\dfrac{2}{\pi}$．

当 $0 < x < x_0$ 时， $f'(x) < 0$， $f(x)$ 单调减，

当 $x > x_0$ 时， $f'(x) > 0$， $f(x)$ 单调增，

所以 $y_0 = x_0 - \dfrac{\pi}{2}\sin x_0 - k$ 为最小值， $f(0) = f\left(\dfrac{\pi}{2}\right) = -k$．

（1）当 $y_0 > 0$ 时，即 $k < x_0 - \dfrac{\pi}{2}\sin x_0$，方程无实根；

（2）当 $y_0 = 0$ 时，即 $k = x_0 - \dfrac{\pi}{2}\sin x_0$，方程有唯一实根；

（3）当 $y_0 < 0$ 时，即 $k > x_0 - \dfrac{\pi}{2}\sin x_0$，若 $-k > 0$，即 $k < 0$，由零点定理在 $(0, x_0)$， $\left(x_0, \dfrac{\pi}{2}\right)$

各有一实根，共有两个实根；若 $k > 0$，在 $\left(0, \dfrac{\pi}{2}\right)$ 无实根．

综上所述，

$$
\begin{cases}
x_0 - \dfrac{\pi}{2}\sin x_0 < k < 0， & \text{方程有两个实根} \\[2mm]
k = x_0 - \dfrac{\pi}{2}\sin x_0， & \text{方程有唯一实根} \\[2mm]
k < x_0 - \dfrac{\pi}{2}\sin x_0 \text{ 或 } k > x_0 - \dfrac{\pi}{2}\sin x_0 \text{ 且 } k > 0， & \text{方程无实根}
\end{cases}
$$

【例 11】 讨论曲线 $y = 4\ln x + k$ 与 $y = 4x + \ln^4 x$ 的交点个数．

分析：问题等价于方程 $\ln^4 x - 4\ln x + 4x - k = 0$ 的根的个数．

解：设 $f(x) = \ln^4 x - 4\ln x + 4x - k$， $f'(x) = \dfrac{4(\ln^3 x - 1 + x)}{x}$， $x = 1$ 为 $f(x)$ 的驻点，

当 $0 < x < 1$ 时， $f'(x) < 0$， $f(x)$ 单调减；当 $x > 1$ 时， $f'(x) > 0$， $f(x)$ 单调增，故 $f(1) = 4 - k$ 为 $f(x)$ 的最小值．

当 $k < 4$，即 $4 - k > 0$ 时， $f(x) = 0$ 无实根，即两条曲线无交点；

当 $k = 4$，即 $4 - k = 0$ 时， $f(x) = 0$ 有唯一实根，即两条曲线只有一个交点；

当 $k > 4$，即 $4 - k < 0$ 时，由于 $\lim\limits_{x\to 0} f(x) = +\infty$， $\lim\limits_{x\to +\infty} f(x) = +\infty$．

故 $f(x) = 0$ 有两个实根，即两条曲线有两个交点．

【例 12】 设方程 $x^3 - 9x + A = 0$，讨论 A 取何值时：（1）方程有一个实根；（2）方程有两个不同实根；（3）方程有三个不同实根.

解： 设 $f(x) = x^3 - 9x + A$，则 $f(x)$ 为三次多项式，最多有三个实根.

用导数讨论函数的增减区间与极值的分布情况.

$f'(x) = 3x^2 - 9 = 3(x + \sqrt{3})(x - \sqrt{3})$. 令 $f'(x) = 0$，解得驻点 $x_1 = -\sqrt{3}$，$x_2 = \sqrt{3}$.

当 $x \in (-\infty, -\sqrt{3})$ 时，$f'(x) > 0$，$f(x)$ 单调增加；

当 $x \in (-\sqrt{3}, \sqrt{3})$ 时，$f'(x) < 0$，$f(x)$ 单调减少；

当 $x \in (\sqrt{3}, +\infty)$ 时，$f'(x) > 0$，$f(x)$ 单调增加.

可知 $x_1 = -\sqrt{3}$ 为极大值点，$f(-\sqrt{3}) = A + 6\sqrt{3}$；

$x_2 = \sqrt{3}$ 为极小值点，$f(\sqrt{3}) = A - 6\sqrt{3}$.

（1）由上述增减性讨论可知，当极大值与极小值取同号，比如均大于零时，注意到 $\lim\limits_{x \to +\infty} f(x) = +\infty$，$y = f(x)$ 在 $(\sqrt{3}, +\infty)$ 内恒为正，无零点.又因为 $\lim\limits_{x \to -\infty} f(x) = -\infty$，由极限的保号性可知 $y = f(x)$ 在 $(-\infty, -\sqrt{3})$ 内可取得负值，再由连续函数的零点定理，可知 $f(x)$ 仅在 $(-\infty, -\sqrt{3})$ 内有一个零点. 此时 $f(-\sqrt{3})f(\sqrt{3}) = A^2 - 108 > 0$.

同理，当极大值与极小值均小于零时，可得同样结果.

于是知，当 $|A| > 6\sqrt{3}$ 时，方程 $x^3 - 9x + A = 0$ 有一个实根.

（2）显然，当 $f(x)$ 的极大值与极小值有一个为零时，即

$$f(-\sqrt{3})f(\sqrt{3}) = A^2 - 108 = 0$$

时，$f(x)$ 恰有两个零点，此时 $|A| = 6\sqrt{3}$.

故当 $|A| = 6\sqrt{3}$ 时，方程 $x^3 - 9x + A = 0$ 有两个不同的实根.

（3）当极大值与极小值取得异号，即 $f(-\sqrt{3})f(\sqrt{3}) = A^2 - 108 < 0$ 时，$f(x)$ 恰有三个零点，注意到 $\lim\limits_{x \to -\infty} f(x) = -\infty$ 与 $\lim\limits_{x \to +\infty} f(x) = +\infty$，得知三个零点分别为

$$x_1^* \in (-\infty, -\sqrt{3}), \quad x_2^* \in (-\sqrt{3}, \sqrt{3}), \quad x_3^* \in (\sqrt{3}, +\infty).$$

于是当 $|A| = 6\sqrt{3}$ 时，方程 $x^3 - 9x + A = 0$ 有三个不同的实根.

【例 13】 讨论方程 $\ln x = ax$（其中，$a > 0$）有几个实根.

解： 取函数 $f(x) = \ln x - ax$，$x \in (0, +\infty)$，$f'(x) = \dfrac{1}{x} - a$，令 $f'(x) = 0$，得驻点 $x = \dfrac{1}{a}$.

当 $0 < x < \dfrac{1}{a}$ 时，$f'(x) > 0$，因此函数 $f(x)$ 在 $\left(0, \dfrac{1}{a}\right)$ 内单调增加；

当 $\dfrac{1}{a} < x < +\infty$ 时，$f'(x) < 0$，因此函数 $f(x)$ 在 $\left(\dfrac{1}{a}, +\infty\right)$ 内单调减少.

又 $\lim\limits_{x \to 0^+} f(x) = -\infty$，$\lim\limits_{x \to +\infty} f(x) = -\infty$，从而 $f\left(\dfrac{1}{a}\right)$ 为最大值. 故

当 $f\left(\dfrac{1}{a}\right) = \ln\dfrac{1}{a} - 1 = 0$ 即 $a = \dfrac{1}{e}$ 时，曲线 $f(x) = \ln x - ax$ 与 x 轴仅有一个交点，这时，原方程有唯一实根；

当 $f\left(\dfrac{1}{a}\right)=\ln\dfrac{1}{a}-1>0$ 即 $0<a<\dfrac{1}{e}$ 时，曲线 $f(x)=\ln x-ax$ 与 x 轴有两个交点，这时，原方程有两个实根；

当 $f\left(\dfrac{1}{a}\right)=\ln\dfrac{1}{a}-1<0$ 即 $a>\dfrac{1}{e}$ 时，曲线 $f(x)=\ln x-ax$ 与 x 轴没有一个交点，这时，原方程没有实根.

5.4 讨论方程 $f(x)=0$ 在某一区间 (a,b) 内有唯一实根的思考方法

（1）先讨论实根的存在性：论证方程 $f(x)=0$ 在 (a,b) 内至少有一个实根.

（2）再论证实根的唯一性：其思考方法是讨论函数 $f(x)$ 在 $[a,b]$ 上是单调增（减）的，从而可知方程 $f(x)=0$ 在 (a,b) 内最多有一个实根. 有时视题目的条件，也可采取反证法.

【例 14】 若 $3a^2-5b<0$，则方程 $x^5+2ax^3+3bx+4c=0$ （ ）.

（A）无实根 （B）有唯一实根 （C）有三个不同实根 （D）有五个不同实根

解：因为 $f(x)=x^5+2ax^3+3bx+4c$ 是奇次的，故方程 $f(x)=0$ 至少有一实根，又 $f'(x)$ 的判别式 $\Delta=12(3a^2-5b)<0$，

方程 $f'(x)=0$ 无实数解，所以方程 $f(x)=0$ 只有唯一实根. 故选（B）.

【例 15】 设 $f''(x)<0$，$f(1)=2$，$f'(1)=-3$，求证：$f(x)=0$ 在 $(1,+\infty)$ 有且仅有一个实根.

证法 1：由 $f''(x)<0$ 知 $f'(x)$ 在 $(1,+\infty)$ 上单调减，又 $f'(1)=-3<0$，则当 $x\in(1,+\infty)$ 时 $f'(x)<0$，从而 $f(x)$ 在 $(1,+\infty)$ 上单调减，方程 $f(x)=0$ 在 $(1,+\infty)$ 上最多一个实根.

由泰勒公式知当 $x\in(1,+\infty)$ 时

$$f(x)=f(1)+f'(1)(x-1)+\frac{f''(\xi)}{2!}(x-1)^2$$
$$=2-3(x-1)+\frac{f''(\xi)}{2!}(x-1)^2$$
$$\leqslant 2-3(x-1)=5-3x$$

令 $x=2$，则 $f(2)\leqslant 5-6=-1<0$，

又 $f(1)=2>0$，由零点定理知，方程 $f(x)=0$ 在 $(1,+\infty)$ 内有根，

故 $f(x)=0$ 在 $(1,+\infty)$ 有且仅有一个实根.

证法 2：根的唯一性同证法 1，以下只证存在性.

$$f(2)-f(1)=f'(c)(2-1) \quad (1<c<2)$$
$$\leqslant f'(1)(2-1) \ (f'(x)\text{ 递减})$$

即 $f(2)\leqslant f(1)+f'(1)(2-1)=-1<0$，$f(1)=2>0$

由零点定理知方程 $f(x)=0$ 在 $(1,+\infty)$ 内至少有一个实根.

【例 16】 设函数 $f(x)$ 在 $[0,1]$ 上可导，且 $0<f(x)<1$，$f'(x)\neq-1$，试证：方程 $f(x)+x-1=0$ 在 $(0,1)$ 内有且仅有一个实根.

证明：先证根的存在性，

设辅助函数 $F(x) = f(x) + x - 1$，据题设可知 $F(x)$ 在 $[0,1]$ 上连续，并且有

$$F(0) = f(0) - 1 < 0，\quad F(1) = f(1) > 0，\quad F(0) \cdot F(1) < 0.$$

由闭区间上连续函数的零点定理可知，至少存在一点 $\xi \in (0,1)$，使 $F(\xi) = 0$，即方程 $f(x) + x - 1 = 0$ 在 $(0,1)$ 内至少有一个实根.

再证根的唯一性，

用反证法：假设方程 $f(x) + x - 1 = 0$ 在 $(0,1)$ 内有两个实根 x_1, x_2（$0 < x_1 < x_2 < 1$），必有

$$F(x_1) = f(x_1) + x_1 - 1 = 0，\quad F(x_2) = f(x_2) + x_2 - 1 = 0.$$

由于 $F(x) = f(x) + x - 1$ 在 $[0,1]$ 上连续且可导，$F(x_1) = F(x_2)$，因此 $F(x)$ 满足罗尔定理条件，从而至少存在一点 $\eta \in (0,1)$，使 $F'(\eta) = 0$.

$$F'(x) = [f(x) + x - 1]' = f'(x) + 1，$$

由 $F'(\eta) = f'(\eta) + 1 = 0$，得 $f'(\eta) = -1$，这与题设 $f'(x) \neq -1$ 矛盾，所以方程最多只有一个实根.

综上所述，方程 $f(x) + x - 1 = 0$ 在 $(0,1)$ 内有且仅有一个实根.

【例 17】 试证：当 $8b - a^2 > 0$ 时，实系数方程 $\dfrac{1}{3}x^3 + \dfrac{1}{2}ax^2 + 2bx - 3c = 0$ 有且仅有一个实根.

证明： 设辅助函数 $f(x) = \dfrac{1}{3}x^3 + \dfrac{1}{2}ax^2 + 2bx - 3c$，显然 $f(x)$ 在 $(-\infty, +\infty)$ 内连续且可导.

先证根的存在性，

由于 $\lim\limits_{x \to \infty} \dfrac{1}{f(x)} = 0$，因此当 $x \to \infty$ 时，$f(x) \to \infty$.

又由于 $f(x) = x^3 \left(\dfrac{1}{3} + \dfrac{a}{2x} + \dfrac{2b}{x^2} - \dfrac{3c}{x^3} \right)$，

可知必定存在充分大的正数 N，当 $|x| > N$ 时，$f(x)$ 与 x 的符号相同. 现取 $x_0 > N$，必有 $f(x_0) > 0$，$f(-x_0) < 0$. 由连续函数的零点定理知，至少存在一点 $\xi \in (-x_0, x_0)$，使 $f(\xi) = 0$，即方程 $\dfrac{1}{3}x^3 + \dfrac{1}{2}ax^2 + 2bx - 3c = 0$ 至少有一个实根.

再证根的唯一性，

$$f'(x) = x^2 + ax + 2b = \left(x + \dfrac{1}{2}a \right)^2 + 2b - \dfrac{1}{4}a^2 = \left(x + \dfrac{1}{2}a \right)^2 + \dfrac{1}{4}(8b - a^2)，$$

据题设 $8b - a^2 > 0$，$\left(x + \dfrac{1}{2}a \right)^2 \geqslant 0$，因此 $f'(x) > 0$，即 $f(x)$ 在 $(-\infty, +\infty)$ 内是单调增加的函数，因此方程 $f(x) = 0$ 最多只有一个实根.

综上所述，方程 $\dfrac{1}{3}x^3 + \dfrac{1}{2}ax^2 + 2bx - 3c = 0$ 有且仅有一个实根.

【例 18】 求证方程 $x + p + q\cos x = 0$ 恰有一个实根，其中 p, q 为常数，且 $0 < q < 1$.

证明： 令 $f(x) = x + p + q\cos x$，由 $\lim\limits_{x \to +\infty} f(x) = +\infty$，知存在 b，使 $f(b) > 0$.

由 $\lim\limits_{x \to -\infty} f(x) = -\infty$，知存在 a，使 $f(a) < 0$，故由零点定理可知，在 (a,b) 内至少存在

一点 c，使 $f(c)=0$，即方程 $f(x)=0$ 在 (a,b) 内至少有一实根.

又因为 $f'(x)=1-q\sin x>0$，故 $f(x)$ 在 $(-\infty,+\infty)$ 内单调，所以 $f(x)=0$ 在 $(-\infty,+\infty)$ 内至多有一个实根.

综上所述，方程 $x+p+q\cos x=0$ 恰有一个实根.

【例19】　证明方程 $\tan x=1-x$ 在 $(0,1)$ 内有且仅有一个实根.

证明：先证明方程根的存在性，设 $f(x)=\tan x-1+x$，则函数 $f(x)$ 在 $[0,1]$ 上连续，在 $(0,1)$ 内可导. 因为 $f(0)=-1$，$f(1)=\tan 1$，由零点定理知，函数 $f(x)$ 在 $(0,1)$ 内至少有一个零点，即方程 $f(x)=0$ 在 $(0,1)$ 内至少有一个根.

再证唯一性，因为 $f'(x)=\sec^2 x+1>0$，所以，$(0,1)$ 在 $[0,1]$ 上是单调递增函数. 所以由此可得，方程 $\tan x=1-x$ 在 $(0,1)$ 内有且仅有一个实根.

习　　题

1. 方程 $x^3-3x+1=0$ 在 $[-1,1]$ 内（　　　　）.

（A）无实根　　（B）有一个实根　　（C）有两个实根　　（D）有三个实根

2. 设 $f(x)$ 在 $[0,+\infty)$ 可导，且当 $x>0$ 时，$f'(x)>k>0$，证明：当 $f(0)<0$ 时，方程 $f(x)=0$ 在 $(0,+\infty)$ 内有且仅有一个实根.

3. 设当 $x>0$ 时，方程 $kx+\dfrac{1}{x^2}=1$ 有且仅有一个解，求 k 的取值范围.

习题参考答案

1.（B）. 用零点定理，单调性即可说明.

2. 提示：用单调性可证 $f(x)>kx+f(0)$，取 x_0 使 $kx_0+f(0)>0$ 在 $[0,x_0]$ 用零点定理证存在性.

3. 解：令 $f(x)=kx+\dfrac{1}{x^2}-1$，则 $f'(x)=k-\dfrac{2}{x^3}$，$f''(x)=\dfrac{6}{x^4}>0$.

所以当 $x>0$ 时，有

（1）当 $k<0$ 时，$f'(x)<0$，$f(x)$ 严格单调减少，而此时 $\lim\limits_{x\to 0^+}f(x)=+\infty$，$\lim\limits_{x\to+\infty}f(x)=-\infty$. 由介值性知 $f(x)=0$ 有且仅有一个根.

（2）当 $k=0$ 时，$f(x)=0$ 有且仅有一根 $x=1$.

（3）当 $k>0$ 时，令 $f'(x)=0$，得唯一驻点 $x_0=\sqrt[3]{\dfrac{2}{k}}$，且为极小值点，也为最小值点，

由 $f(x)=0$ 有且仅有一根得 $f(x_0)=0$，即 $k\sqrt[3]{\dfrac{2}{k}}+\dfrac{1}{\sqrt[3]{\left(\dfrac{2}{k}\right)^2}}-1=0$，解得 $k=\dfrac{2\sqrt{3}}{9}$.

易知，当 $k\neq\dfrac{2\sqrt{3}}{9}$ 时，$f(x)=0$ 无根或有两个根.

总之，当 $k=\dfrac{2\sqrt{3}}{9}$ 时或 $k\leqslant 0$ 时，方程有且仅有一个根.

第六章 不定积分

【考试内容及要求】

（1）理解原函数与不定积分的概念及其关系，理解原函数存在定理，掌握不定积分的性质．

（2）熟记基本不定积分公式．

（3）掌握不定积分的第一类换元法（"凑"微分法），第二类换元法（限于三角换元与一些简单的根式换元）．

（4）掌握不定积分的分部积分法．

（5）会求一些简单的有理函数的不定积分．

6.1 不定积分的概念及性质

【知识要点解读】

1. 原函数

若在区间 I 上 $F'(x) = f(x)$，则称 $F(x)$ 为 $f(x)$ 的一个原函数，称 $f(x)$ 为 $F(x)$ 的导函数．

2. 不定积分

$\int f(x)\mathrm{d}x = F(x) + C$，为 $f(x)$ 原函数的全体．

3. 不定积分性质

（1）$F(x)$ 和 $G(x)$ 均为 $f(x)$ 的原函数，则 $F(x) = G(x) + C$．

（2）线性运算 $\int [kf(x) + mg(x)]\mathrm{d}x = k\int f(x)\mathrm{d}x + m\int g(x)\mathrm{d}x$．

与微分运算的可逆性 $\int f'(x)\mathrm{d}x = f(x) + C$，$\left(\int f(x)\mathrm{d}x\right)' = f(x)$．

【例 1】 计算 $\int e^{\sin x} \sin x \cos x \mathrm{d}x$ 结果正确的是（ ）．

（A）$e^{\sin x} + C$ （B）$e^{\sin x} \cos x + C$ （C）$e^{\sin x} \sin x + C$ （D）$e^{\sin x}(\sin x - 1) + C$

解： 可以通过分部积分求出结果，也可以对四个选项求导后，跟被积函数相比，应选（D）．

【例2】 若 $f(x)$ 的导函数为 $\sin x$，则 $f(x)$ 的一个原函数是（　　）.

（A）$1+\sin x$　　（B）$1-\sin x$　　（C）$1+\cos x$　　（D）$1-\cos x$

解：理解它们之间的关系 $\int f(x)\mathrm{d}x \leftarrow f(x) \rightarrow f'(x)$，答案：（B）.

【例3】 设 $f(x)$ 是连续函数，$F(x)$ 是 $f(x)$ 的原函数，则（　　）正确.

（A）当 $f(x)$ 是奇函数时，$F(x)$ 必是偶函数

（B）当 $f(x)$ 是偶函数时，$F(x)$ 必是奇函数

（C）当 $f(x)$ 是周期函数时，$F(x)$ 必是周期函数

（D）当 $f(x)$ 是单调增函数时，$F(x)$ 必是单调增函数

答案：（A）. 可以选取较简单的函数，逐个检验.

【例4】 设 $\int \dfrac{\sin x}{f(x)}\mathrm{d}x = \arctan\cos x + C$，求 $\int f(x)\mathrm{d}x$.

解：两边求导得：$\dfrac{\sin x}{f(x)} = \dfrac{-\sin x}{1+\cos^2 x}$，则 $f(x) = -(1+\cos^2 x)$，两边积分得

$$\int f(x)\mathrm{d}x = -\int (1+\cos^2 x)\mathrm{d}x = -\left(\frac{3}{2}x + \frac{1}{4}\sin 2x\right) + C.$$

【例5】 已知 $F(x)$ 是 $f(x)$ 的一个原函数，且 $f(x) = \dfrac{xF(x)}{1+x^2}$，求 $f(x)$.

解：$F'(x) = f(x)$，$f(x)\mathrm{d}x = \mathrm{d}F(x)$，由 $f(x) = \dfrac{xF(x)}{1+x^2}$ 得 $F'(x) = \dfrac{xF(x)}{1+x^2}$，变形得：

$\dfrac{F'(x)}{F(x)} = \dfrac{x}{1+x^2}$，两边积分得：$\ln F(x) = \dfrac{1}{2}\ln(1+x^2) + \ln C$，即 $F(x) = C\sqrt{1+x^2}$，则：

$f(x) = F'(x) = \dfrac{Cx}{\sqrt{1+x^2}}$.

【例6】 设 $F(x)$ 是 $f(x)$ 的原函数，且当 $x \geqslant 0$ 时，

$$f(x)F(x) = \frac{xe^x}{2(1+x)^2}$$

已知 $F(0)=1, F(x)>0$，试求 $f(x)$.

解：由 $F'(x) = f(x)$，有 $2F(x)F'(x) = \dfrac{xe^x}{(1+x)^2}$，两边积分得：

$$F^2(x) = \int 2F(x)F'(x)\mathrm{d}x = \int \frac{xe^x}{(1+x)^2}\mathrm{d}x = \frac{e^x}{1+x} + C$$

由 $F(0)=1, F(x)>0$，得 $F(x) = \sqrt{\dfrac{e^x}{1+x}}$. 求导后即得 $f(x) = F'(x) = \dfrac{xe^{\frac{x}{2}}}{2(1+x)^{\frac{3}{2}}}$.

【例7】 设 $f'(\ln x) = \begin{cases} 1, & 0 < x \leqslant 1 \\ x, & 1 < x < +\infty \end{cases}$，及 $f(0)=0$，求 $f(x)$.

解：$f(x) = \int f'(x)\,\mathrm{d}x \xlongequal{x=\ln t} \int f'(\ln t)\cdot\dfrac{1}{t}\mathrm{d}t$

$$= \begin{cases} \int \dfrac{1}{t} dt = \ln t + c_1, & 0 < t \leqslant 1 \\ \int t \cdot \dfrac{1}{t} dt = t + c_2, & t > 1 \end{cases} = \begin{cases} x + c_1, & x \leqslant 0 \\ e^x + c_2, & x > 0 \end{cases},$$

由 $f(x)$ 在 $x = 0$ 处可导必连续，得

$$\lim_{x \to 0^-} f(x) = \lim_{x \to 0^-} (x + c_1) = c_1 = f(0) = 0 \text{，得 } c_1 = 0.$$

$$\lim_{x \to 0^+} f(x) = \lim_{x \to 0^+} (e^x + c_2) = 1 + c_2 = f(0) = 0 \text{，得 } c_2 = -1.$$

知 $f(x) = \begin{cases} x, & x \leqslant 0 \\ e^x - 1, & x > 0 \end{cases}$.

【例8】 求 $f(x) = \begin{cases} x^2 + 1, & x \geqslant 0 \\ e^x, & x < 0 \end{cases}$ 满足 $F(0) = 1$ 的原函数 $F(x)$.

解： 当 $x \geqslant 0$ 时，$F(x) = \dfrac{1}{3} x^3 + x + C_1$，当 $x < 0$ 时，$F(x) = e^x + C_2$.

由于 $f(x)$ 可积，$F(x)$ 必然连续，因此 $\lim\limits_{x \to 0^+} F(x) = \lim\limits_{x \to 0^-} F(x)$，得到：$C_1 = C_2 + 1$.

于是 $f(x)$ 的所有原函数为

$$F(x) = \begin{cases} \dfrac{1}{3} x^3 + x + C_1, & x \geqslant 0 \\ e^x + C_1 - 1, & x < 0 \end{cases},$$

满足 $F(0) = 1$ 的原函数 $F(x)$ 为 $(C_1 = 1)$

$$F(x) = \begin{cases} \dfrac{1}{3} x^3 + x + 1, & x \geqslant 0 \\ e^x, & x < 0 \end{cases},$$

显然 $F(x)$ 连续并且可导.

6.2 不定积分的基本计算

【知识要点解读】

不定积分的重点是计算.

方法：熟记公式，基本出发，辨别类型，灵活运用.

1. 直接积分法

熟悉基本积分公式是基础. 利用基本积分公式和性质或者将被积函数经适当变形后再用公式和性质求积分的方法称为直接积分法，是计算不定积分的一种基本方法.

2. 第一类换元积分法

第一类换元积分法又称"凑微分"法，它是复合函数求导数的逆运算，该方法在求不定积分中经常使用，但比用复合函数求导法则求导要困难得多. 因此想要熟练掌握换元法，要熟悉常用的微分公式和基本凑微分类型，具体分析，灵活运用.

熟练掌握凑微分法，牢记以下几种凑微分形式：

（1）$f(ax+b)\mathrm{d}x = \dfrac{1}{a}f(ax+b)\mathrm{d}(ax+b)$．

（2）$f(ax^n+b)x^{n-1}\mathrm{d}x = \dfrac{1}{na}f(ax^n+b)\mathrm{d}(ax^n+b)$．

（3）$f(e^x)e^x\mathrm{d}x = f(e^x)\mathrm{d}(e^x)$．

（4）$f\left(\dfrac{1}{x}\right)\dfrac{\mathrm{d}x}{x^2} = -f\left(\dfrac{1}{x}\right)\mathrm{d}\left(\dfrac{1}{x}\right)$．

（5）$f(\ln x)\dfrac{\mathrm{d}x}{x} = f(\ln x)\mathrm{d}(\ln x)$．

（6）$f(\sqrt{x})\dfrac{\mathrm{d}x}{\sqrt{x}} = 2f(\sqrt{x})\mathrm{d}(\sqrt{x})$．

（7）$f(\sin x)\cos x\mathrm{d}x = f(\sin x)\mathrm{d}(\sin x)$．

（8）$f(\cos x)\sin x\mathrm{d}x = -f(\cos x)\mathrm{d}(\cos x)$．

（9）$f(\tan x)\sec^2 x\mathrm{d}x = f(\tan x)\mathrm{d}(\tan x)$．

（10）$f(\cot x)\csc^2 x\mathrm{d}x = -f(\cot x)\mathrm{d}(\cot x)$．

（11）$\dfrac{f(\arcsin x)}{\sqrt{1-x^2}}\mathrm{d}x = f(\arcsin x)\mathrm{d}(\arcsin x)$．

（12）$\dfrac{f(\arctan x)}{1+x^2}\mathrm{d}x = f(\arctan x)\mathrm{d}(\arctan x)$．

3. 第二类换元积分法

第二类换元积分法的关键是作变量的一个适当代换 $x = \psi(t)$，第二类换元积分法常用的变量代换有：

（1）三角代换：

被积函数中含有 $\sqrt{a^2-x^2}$ 时，常用代换 $x = a\sin t$，$\left(-\dfrac{\pi}{2} \leqslant t \leqslant \dfrac{\pi}{2}\right)$；

被积函数中含有 $\sqrt{a^2+x^2}$ 时，常用代换 $x = a\tan t$，$\left(-\dfrac{\pi}{2} < t < \dfrac{\pi}{2}\right)$；

被积函数中含有 $\sqrt{x^2-a^2}$ 时，常用代换 $x = a\sec t$，$\left(0 < t < \dfrac{\pi}{2}\right)$．

（2）倒数代换：令 $x = \dfrac{1}{t}$，分母中因子次数较高时．特别是幂次为偶数的情形．

（3）根式代换：被积函数由 $\sqrt[n]{ax+b}$ 构成，令 $\sqrt[n]{ax+b} = t$．

（4）万能代换：

令 $t = \tan\dfrac{x}{2}$，则 $x = 2\arctan t$，$\sin x = \dfrac{2t}{1+t^2}$，$\cos x = \dfrac{1-t^2}{1+t^2}$，$\mathrm{d}x = \dfrac{2}{1+t^2}\mathrm{d}t$．

4. 分部积分法

分部积分公式 $\int u\mathrm{d}v = uv - \int v\mathrm{d}u$ ，是积分形式的转变，将难的积分 $\int u\mathrm{d}v$ 转化为任意的积分 $\int v\mathrm{d}u$ ，正确使用分部积分，关键是恰当选择 u, v ，一般采用"反、对、幂、三、指"法. 分部积分分为以下三种类型：

（1）化简型 $\int p_n(x)e^{ax}\mathrm{d}x$ ， $\int p_n(x)\sin ax\mathrm{d}x$ ， $p_n(x)$ 为 n 次多项式，分部积分使计算简化.

（2）方程型 $\int e^{ax}\cos\beta x\mathrm{d}x$ ，分部积分，再解方程，得到所求结果.

（3）递推型 $\int \sin^n x\mathrm{d}x$ ，分部积分，得到递推式，递推得到所求结果.

5. 有理函数的积分

（1）若被积函数是有理假分式，则首先用多项式除法将其分解为多项式与有理真分式的和.

（2）对有理真分式的积分来说，若其分母易于分解因式，则用部分分式法求其积分.

（3）当有理真分式的分母次数较高而难于分解因式，或部分分式法用起来很麻烦时，可考虑用其他方法.

6. 三角有理函数的积分

理论上可以用三角函数的万能代换，化为有理函数的积分. 形如 $\int \dfrac{a\sin x + b\cos x}{c\sin x + d\cos x}\mathrm{d}x$ 的三角有理函数积分可采用拆项的方法，拆成

$$A\int \frac{(c\sin x + d\cos x)'}{c\sin x + d\cos x}\mathrm{d}x + B\int \frac{c\sin x + d\cos x}{c\sin x + d\cos x}\mathrm{d}x$$

其中 A, B 为待定常数，可由下式通过比较系数确定.

$$A(c\sin x + d\cos x)' + B(c\sin x + d\cos x) = a\sin x + b\cos x.$$

6.2.1 凑微分法

【例1】 设 $\int xf(x)\mathrm{d}x = \arcsin x + C$ ，则 $\int \dfrac{1}{f(x)}\mathrm{d}x = $ _____ .

解： $xf(x) = (\arcsin x)' = \dfrac{1}{\sqrt{1-x^2}} \Rightarrow f(x) = \dfrac{1}{x\sqrt{1-x^2}}$

所以 $\int \dfrac{1}{f(x)}\mathrm{d}x = \int x\sqrt{1-x^2}\mathrm{d}x = -\dfrac{1}{2}\int (1-x^2)^{1/2}\mathrm{d}(1-x^2) = -\dfrac{1}{3}(1-x^2)^{3/2} + C.$

【例2】 已知 $f'(e^x) = xe^{-x}$ ，且 $f(1) = 0$ ，则 $f(x) = $ _____ .

解：令 $t = e^x$ ， $f'(t) = \dfrac{\ln t}{t}$ ， $f(t) = \int f'(t)\mathrm{d}t = \int \dfrac{\ln t}{t}\mathrm{d}t = \dfrac{1}{2}(\ln t)^2 + C.$

由 $f(1)=0$，得 $C=0$，所以 $f(x)=\dfrac{1}{2}(\ln x)^2$.

【例3】 $\displaystyle\int\dfrac{\mathrm{d}x}{\sqrt{x(4-x)}}=$ _____ .

解：$\displaystyle\int\dfrac{\mathrm{d}x}{\sqrt{x(4-x)}}=\int\dfrac{\mathrm{d}(x-2)}{\sqrt{2^2-(x-2)^2}}=\arcsin\dfrac{x-2}{2}+C.$

【例4】 $\displaystyle\int\dfrac{x+5}{x^2-6x+13}\mathrm{d}x=$ _____ .

解：原式 $=\displaystyle\int\dfrac{\dfrac{1}{2}(x^2-6x+13)}{x^2-6x+13}\mathrm{d}x+8\int\dfrac{1}{x^2-6x+13}\mathrm{d}x$

$=\dfrac{1}{2}\ln(x^2-6x+13)+8\displaystyle\int\dfrac{\mathrm{d}(x-3)}{(x-3)^2+2^2}$

$=\dfrac{1}{2}\ln(x^2-6x+13)+4\arctan\dfrac{x-3}{2}+C.$

【例5】 求 $\displaystyle\int\dfrac{x+1}{\sqrt{x^2+4x+13}}\mathrm{d}x$.

解：原式 $=\dfrac{1}{2}\displaystyle\int\dfrac{\mathrm{d}(x^2+4x+13)}{\sqrt{x^2+4x+13}}-\int\dfrac{\mathrm{d}x}{\sqrt{x^2+4x+13}}$

$=\sqrt{x^2+4x+13}-\displaystyle\int\dfrac{\mathrm{d}(x+2)}{\sqrt{(x+2)^2+3^2}}=\sqrt{x^2+4x+13}-\ln\left|x+2+\sqrt{x^2+4x+13}\right|+C.$

【例6】 求 $\displaystyle\int\sqrt{1+\sin x}\,\mathrm{d}x$.

解法1：原式 $=\displaystyle\int\dfrac{\cos x}{\sqrt{1-\sin x}}\mathrm{d}x=\int\dfrac{\mathrm{d}\sin x}{\sqrt{1-\sin x}}=-2\sqrt{1-\sin x}+C.$

解法2：原式 $=\displaystyle\int\sqrt{\left(\sin\dfrac{x}{2}+\cos\dfrac{x}{2}\right)^2}\,\mathrm{d}x=\int\left(\sin\dfrac{x}{2}+\cos\dfrac{x}{2}\right)\mathrm{d}x=-2\left(\cos\dfrac{x}{2}-\sin\dfrac{x}{2}\right)+C.$

【例7】 求 $\displaystyle\int\dfrac{1}{(1+x^4)\sqrt[4]{1+x^4}}\mathrm{d}x$.

解：原式 $=\displaystyle\int\dfrac{1}{(1+x^4)^{\frac{5}{4}}}\mathrm{d}x=\int\dfrac{1}{x^5(1+x^{-4})^{\frac{5}{4}}}\mathrm{d}x=-\dfrac{1}{4}\int\dfrac{1}{(1+x^{-4})^{\frac{5}{4}}}\mathrm{d}x^{-4}$

$=-\dfrac{1}{4}\cdot(-4)(1+x^{-4})^{-\frac{1}{4}}+C=\dfrac{x}{\sqrt[4]{1+x^4}}+C.$

【例8】 求 $\displaystyle\int\dfrac{x}{\sqrt{1+x^2}}e^{\sqrt{1+x^2}}\mathrm{d}x$.

分析：通过观察，联想 $\left(\sqrt{1+x^2}\right)' = \dfrac{x}{\sqrt{1+x^2}}$.

解：原式 $= \displaystyle\int e^{\sqrt{1+x^2}}\mathrm{d}\sqrt{1+x^2} = e^{\sqrt{1+x^2}} + C.$

【例9】 求 $\displaystyle\int \dfrac{\arctan\dfrac{1}{x}}{1+x^2}\mathrm{d}x$.

解：原式 $= \displaystyle\int \dfrac{\arctan\dfrac{1}{x}}{x^2\left[1+\left(\dfrac{1}{x}\right)^2\right]}\mathrm{d}x = -\int \dfrac{\arctan\dfrac{1}{x}}{1+\left(\dfrac{1}{x}\right)^2}\mathrm{d}\left(\dfrac{1}{x}\right)$

$\qquad = -\displaystyle\int \arctan\dfrac{1}{x}\,\mathrm{d}\left(\arctan\dfrac{1}{x}\right) = -\dfrac{1}{2}\left(\arctan\dfrac{1}{x}\right)^2 + C$

【例10】 求 $\displaystyle\int \dfrac{x^2+1}{x\sqrt{1+x^4}}\mathrm{d}x$.

解：原式 $= \displaystyle\int \dfrac{x}{\sqrt{1+x^4}}\mathrm{d}x + \int \dfrac{1}{x\sqrt{1+x^4}}\mathrm{d}x = \dfrac{1}{2}\int \dfrac{\mathrm{d}x^2}{\sqrt{1+x^4}} + \int \dfrac{1}{x^3\sqrt{1+x^{-4}}}\mathrm{d}x$

$\qquad = \dfrac{1}{2}\ln\left(x^2+\sqrt{1+x^4}\right) - \dfrac{1}{2}\displaystyle\int \dfrac{1}{\sqrt{1+x^{-4}}}\mathrm{d}x^{-2}$

$\qquad = \dfrac{1}{2}\ln\left(x^2+\sqrt{1+x^4}\right) - \dfrac{1}{2}\ln\left(x^{-2}+\sqrt{1+x^{-4}}\right) + C.$

【例11】 $\displaystyle\int \dfrac{x^4+1}{x^6+1}\mathrm{d}x$.

解：原式 $= \displaystyle\int \dfrac{x^4-x^2+1+x^2}{x^6+1}\mathrm{d}x$

$\qquad = \displaystyle\int \dfrac{1}{x^2+1}\mathrm{d}x + \int \dfrac{x^2}{x^6+1}\mathrm{d}x = \arctan x + \dfrac{1}{3}\arctan x^3 + C.$

【例12】 计算 $\displaystyle\int \dfrac{1}{\sqrt{(x-a)(b-x)}}\mathrm{d}x$.

分析：注意到被积函数中含有两个根式，可以先将其中一个根式有理化，再将余下的根式作变量替换.

解法1：原式 $= \dfrac{\sqrt{x-a}}{(x-a)\sqrt{b-x}} = \dfrac{1}{x-a}\sqrt{\dfrac{x-a}{b-x}}$

令 $\sqrt{\dfrac{x-a}{b-x}}=t$, 即 $x=\dfrac{a+bt^2}{1+t^2}$, $\mathrm{d}x=\dfrac{2(b-a)t}{(1+t^2)^2}\mathrm{d}t$, $\displaystyle\int\dfrac{1}{\sqrt{(x-a)(b-x)}}\mathrm{d}x$

$=\displaystyle\int\dfrac{1+t^2}{(b-a)t^2}t\dfrac{2(b-a)t}{(1+t^2)^2}\mathrm{d}t=2\int\dfrac{1}{1+t^2}\mathrm{d}t=2\arctan t+C=2\arctan\sqrt{\dfrac{x-a}{b-x}}+C.$

解法 2：原式 $=\displaystyle\int\dfrac{2}{\sqrt{b-x}}\mathrm{d}\sqrt{x-a}=2\int\dfrac{\mathrm{d}\sqrt{x-a}}{\sqrt{(b-a)-(\sqrt{x-a})^2}}=2\arcsin\sqrt{\dfrac{x-a}{b-a}}+C.$

【例 13】 $\displaystyle\int\dfrac{x+1}{x(1+xe^x)}\mathrm{d}x$.

解：原式 $=\displaystyle\int\dfrac{xe^x+e^x}{xe^x(1+xe^x)}\mathrm{d}x\xlongequal{xe^x=t}\int\dfrac{\mathrm{d}(xe^x)}{xe^x(1+xe^x)}$

$=\displaystyle\int\dfrac{\mathrm{d}t}{t(1+t)}=\ln\left|\dfrac{xe^x}{1+xe^x}\right|+C.$

【例 14】 $\displaystyle\int\tan^4 x\mathrm{d}x$.

解：原式 $=\displaystyle\int(\tan^4 x-1+1)\mathrm{d}x$

$=x+\displaystyle\int(\tan^2 x+1)(\tan^2 x-1)\mathrm{d}x$

$=x+\displaystyle\int\sec^2 x(\tan^2 x-1)\mathrm{d}x=x+\int(\tan^2 x-1)\mathrm{d}\tan x$

$=x+\dfrac{1}{3}\tan^3 x-\tan x+C.$

【例 15】 计算 $\displaystyle\int\dfrac{\mathrm{d}x}{\sin^4 x+\cos^4 x}$.

解：原式 $=\displaystyle\int\dfrac{\mathrm{d}x}{1-2\sin^2 x\cos^2 x}=\int\dfrac{\mathrm{d}x}{1-\dfrac{1}{2}\sin^2 2x}$

$=\displaystyle\int\dfrac{\mathrm{d}x}{\sin^2 2x+\cos^2 2x-\dfrac{1}{2}\sin^2 2x}=2\int\dfrac{\mathrm{d}x}{2\cos^2 2x+\sin^2 2x}$

$=\displaystyle\int\dfrac{\mathrm{d}\tan 2x}{2+\tan^2 2x}=\dfrac{1}{\sqrt{2}}\arctan\dfrac{\tan 2x}{\sqrt{2}}+C.$

【例 16】 计算 $\displaystyle\int\dfrac{\mathrm{d}x}{(x+a)^2(x+b)^2}$.

解：原式 $=\displaystyle\int\dfrac{1}{(a-b)^2}\left(\dfrac{1}{x+a}-\dfrac{1}{x+b}\right)^2\mathrm{d}x$

$=\displaystyle\int\dfrac{1}{(a-b)^2}\left[\dfrac{1}{(x+a)^2}+\dfrac{1}{(x+b)^2}-\dfrac{2}{(x+a)(x+b)}\right]\mathrm{d}x$

$=\dfrac{-1}{(a-b)^2}\left(\dfrac{1}{x+a}+\dfrac{1}{x+b}\right)+\dfrac{1}{(a-b)^2}\displaystyle\int\dfrac{2}{a-b}\left(\dfrac{1}{x+a}-\dfrac{1}{x+b}\right)\mathrm{d}x$

$$= \frac{-1}{(a-b)^2}\left(\frac{1}{x+a} + \frac{1}{x+b}\right) + \frac{2}{(a-b)^3}\ln\left|\frac{x+a}{x+b}\right| + C.$$

【例 17】　求 $\displaystyle\int\frac{\mathrm{d}x}{(1+e^x)^2}$.

解：原式 $= \displaystyle\int\left[\frac{1}{1+e^x} - \frac{e^x}{(1+e^x)^2}\right]\mathrm{d}x = \int\frac{\mathrm{d}x}{1+e^x} - \int\frac{e^x}{(1+e^x)^2}\mathrm{d}x$

$$= \int\frac{e^{-x}\mathrm{d}x}{1+e^{-x}} - \int\frac{\mathrm{d}(1+e^x)}{(1+e^x)^2} = -\int\frac{\mathrm{d}(1+e^{-x})}{1+e^{-x}} - \int\frac{\mathrm{d}(1+e^x)}{(1+e^x)^2}$$

$$= -\ln(1+e^{-x}) + \frac{1}{1+e^x} + C = x - \ln(1+e^x) + \frac{1}{1+e^x} + C.$$

【例 18】　$\displaystyle\int\frac{1+\cos x}{1+\sin^2 x}\mathrm{d}x$

解：原式 $= \displaystyle\int\frac{\mathrm{d}x}{1+\sin^2 x} + \int\frac{\cos x}{1+\sin^2 x}\mathrm{d}x = \int\frac{\mathrm{d}x}{\cos^2 x + 2\sin^2 x} + \int\frac{\mathrm{d}(\sin x)}{1+\sin^2 x}$

$$= \int\frac{\mathrm{d}x}{\cos^2 x(1+2\tan^2 x)} + \arctan(\sin x) = \int\frac{\mathrm{d}(\tan x)}{1+(\sqrt{2}\tan x)^2} + \arctan(\sin x)$$

$$= \frac{1}{\sqrt{2}}\arctan(\sqrt{2}\tan x) + \arctan(\sin x) + C.$$

6.2.2　变量代换法计算

熟悉以下变量代换基本类型：

（1）$\displaystyle\int f(\sqrt{a^2-x^2})\mathrm{d}x$ ，令 $x = a\sin t$ ，称为弦变.

（2）$\displaystyle\int f(\sqrt{a^2+x^2})\mathrm{d}x$ ，令 $x = a\tan t$ ，称为切变.

（3）$\displaystyle\int f(\sqrt{x^2-a^2})\mathrm{d}x$ ，令 $x = a\sec t$ ，称为割变.

（4）$\displaystyle\int f(\sqrt[n]{ax+b})\mathrm{d}x$ ，令 $t = \sqrt[n]{ax+b}$ ，称为换根换元.

（5）$\displaystyle\int f\left(\frac{1}{x}\right)\mathrm{d}x$ ，令 $t = \frac{1}{x}$ ，称为倒代换.

【例 19】　求 $\displaystyle\int\frac{x^3}{\sqrt{1+x^2}}\mathrm{d}x$.

解：原式 $\xlongequal{x=\tan t} \displaystyle\int\tan^3 t\sec t\,\mathrm{d}t = \int(\sec^2 t - 1)\,\mathrm{d}(\sec t) = \frac{1}{3}\sec^3 t - \sec t + C$

$$= \frac{1}{3}(\sqrt{1+x^2})^3 - \sqrt{1+x^2} + C.$$

【例 20】　求 $\displaystyle\int\frac{x^2+1}{x\sqrt{1+x^4}}\mathrm{d}x$.

解：原式 $= \displaystyle\int\frac{x(x^2+1)}{x^2\sqrt{1+x^4}}\mathrm{d}x = \frac{1}{2}\int\frac{x^2+1}{x^2\sqrt{1+x^4}}\mathrm{d}x^2 \xlongequal{u=x^2} \frac{1}{2}\int\frac{u+1}{u\sqrt{1+u^2}}\mathrm{d}u$

$$\xlongequal{u=\tan t} \frac{1}{2}\int \frac{(1+\tan t)\sec^2 t}{\tan t \cdot \sec t}dt = \frac{1}{2}\int \csc t dt + \frac{1}{2}\int \sec t dt$$

$$= \frac{1}{2}\ln|\csc t - \cot t| + \frac{1}{2}\ln|\sec t + \tan t| + C.$$

借助直角三角形，可得

$$原式 = \frac{1}{2}\ln(\sqrt{1+x^4}-1) - \ln x + \frac{1}{2}\ln(\sqrt{1+x^4}+x^2) + C.$$

【例21】 求 $\int \dfrac{dx}{x^2\sqrt{1+x^2}}$.

解法1： 设 $x = \tan t$，$dx = d\tan t = \sec^2 t dt$，从而

$$原式 = \int \frac{\sec^2 t dx}{\tan^2 t \sec t} = \int \frac{\cos t}{\sin^2 t}dt = \int \frac{d\sin t}{\sin^2 t} = -\frac{1}{\sin t} + C = -\frac{\sqrt{1+x^2}}{x} + C$$

解法2： 当被积函数分母中含有次数较高的 x 幂时往往做倒代换 $x = \dfrac{1}{t}$.

设 $x = \dfrac{1}{t}(t>0)$，$dx = d\dfrac{1}{t} = -\dfrac{1}{t^2}dt$，从而

$$原式 = \int \frac{-\dfrac{1}{t^2}dt}{\dfrac{1}{t^2}\sqrt{1+\dfrac{1}{t^2}}} = -\int \frac{t dt}{\sqrt{1+t^2}} = -\sqrt{1+t^2} + C = -\frac{\sqrt{1+x^2}}{x} + C.$$

【例22】 计算 $\int \dfrac{1}{x^4\sqrt{1+x^2}}dx$.

分析： 注意到被积函数中根式内外都有 x 的幂次，可尝试用倒代换.

解： 令 $x = \dfrac{1}{t}$，则

$$\int \frac{1}{x^4\sqrt{1+x^2}}dx = -\int \frac{t^3 dt}{\sqrt{1+t^2}} = -\frac{1}{2}\int \frac{t^2 dt^2}{\sqrt{1+t^2}} \xlongequal{u=t^2} -\frac{1}{2}\int \frac{u du}{\sqrt{1+u}} = -\frac{1}{2}\int \frac{u+1-1}{\sqrt{1+u}}du$$

$$= -\frac{1}{2}\int \sqrt{1+u}du + \frac{1}{2}\int \frac{1}{\sqrt{1+u}}du = -\frac{1}{3}(1+u)^{\frac{3}{2}} + (1+u)^{\frac{1}{2}} + C$$

$$= -\frac{1}{3}(1+t^2)^{\frac{3}{2}} + (1+t^2)^{\frac{1}{2}} + C = -\frac{\sqrt{(1+x^2)^3}}{3x^3} + \frac{\sqrt{1+x^2}}{x} + C.$$

> **小结：** 本题也可以用三角代换，令 $x = \tan t$，则根式下可化为 $\sec^2 x$. 从而被积函数可化为 $\sin x$、$\cos x$ 的函数.

【例23】 计算 $\int \sqrt{\dfrac{1-x}{1+x}} \cdot \dfrac{1}{x}dx$.

分析： 被积函数中含有复杂的根式 $\sqrt{\dfrac{1-x}{1+x}}$，因此可以先将此根式作变量替换.

解法 1：令 $\sqrt{\dfrac{1-x}{1+x}}=t$，则 $x=\dfrac{1-t^2}{1+t^2}$，$\mathrm{d}x=\dfrac{-4t}{(1+t^2)^2}\mathrm{d}t$，从而

$$\int\sqrt{\frac{1-x}{1+x}}\cdot\frac{1}{x}\mathrm{d}x=\int t\cdot\frac{1+t^2}{1-t^2}\cdot\frac{-4t}{(1+t^2)^2}\mathrm{d}t=-4\int\frac{t^2}{(1-t^2)(1+t^2)}\mathrm{d}t$$

$$=-2\int\left(\frac{1}{1-t^2}-\frac{1}{1+t^2}\right)\mathrm{d}t=\ln\left|\frac{t-1}{t+1}\right|+2\arctan t+C$$

$$=\ln\left|\frac{\sqrt{1-x}-\sqrt{1+x}}{\sqrt{1-x}+\sqrt{1+x}}\right|+2\arctan\sqrt{\frac{1-x}{1+x}}+C.$$

解法 2：本题可以先根式有理化为 $\displaystyle\int\frac{\sqrt{1-x^2}}{1+x}\cdot\frac{1}{x}\mathrm{d}x$，然后令 $x=\sin t$，即可将根式化去.

6.2.3 分部积分（简化计算、循环、抵消）

1. 逐步化简积分式

通过分部积分公式：$\displaystyle\int u\mathrm{d}v=uv-\int v\mathrm{d}u$，可将不定积分 $\displaystyle\int u\mathrm{d}v$ 转化为 $\displaystyle\int v\mathrm{d}u$，如果要求此公式能起到简化积分式的作用，自然要求 $\displaystyle\int v\mathrm{d}u$ 比 $\displaystyle\int u\mathrm{d}v$ 更简单，即正确选取 u，v 很重要.

【例 24】 求 $\displaystyle\int x\arctan x\mathrm{d}x$.

解： 原式 $=\displaystyle\int\arctan x\mathrm{d}\left(\frac{x^2}{2}\right)=\frac{x^2}{2}\arctan x-\int\frac{x^2}{2}\cdot\frac{1}{1+x^2}\mathrm{d}x$

$$=\frac{x^2}{2}\arctan x-\frac{1}{2}x+\frac{1}{2}\arctan x+C$$

2. 产生循环现象，从而求出积分

【例 25】 求 $I=\displaystyle\int\sqrt{1-x^2}\mathrm{d}x$.

解： $I=\displaystyle\int\sqrt{1-x^2}\mathrm{d}x=x\sqrt{1-x^2}+\int\frac{x^2}{\sqrt{1-x^2}}\mathrm{d}x$

$$=x\sqrt{1-x^2}+\int\frac{1}{\sqrt{1-x^2}}\mathrm{d}x-I=x\sqrt{1-x^2}+\arcsin x-I$$

这样，等式右端循环地出现了我们所要求的积分式，移项即得

$$I=\frac{1}{2}x\sqrt{1-x^2}+\frac{1}{2}\arcsin x+C.$$

> **小结**：能出现循环现象最典型的例题是求如下不定积分
>
> $$\int e^{\alpha x}\cos\beta x\mathrm{d}x \text{ 或 } \int e^{\alpha x}\sin\beta x\mathrm{d}x$$
>
> 主要原因是因为 $(e^x)'=e^x$；而 $(\sin x)''=-\sin x$，$(\cos x)''=-\cos x$，所以会出现循环.
>
> 应当注意的是，在反复使用分部积分法的过程中，不要对调两个函数的位置，否则会恢复积分.

3. 建立递推公式

【例26】 建立 $I_n = \int (\ln x)^n \, dx \, (n \in \mathbf{N})$ 的递推公式.

解： 由分部积分法可得
$$I_n = \int (\ln x)^n \, dx = x(\ln x)^n - n \int (\ln x)^{n-1} \, dx$$
即
$$I_n = x(\ln x)^n - nI_{n-1}.$$
这就是递推公式.

【例27】 求 $\int \dfrac{\ln x}{(1-x)^2} \, dx$.

分析： 带有对数，不能用凑微分，用分部积分.

解： 原式 $= \int \ln x \, d\dfrac{1}{1-x} = \dfrac{1}{1-x} \ln x - \int \dfrac{1}{1-x} \, d\ln x$

$= \dfrac{1}{1-x} \ln x - \int \dfrac{1}{x(1-x)} \, dx = \dfrac{1}{1-x} \ln x - \int \left(\dfrac{1}{1-x} - \dfrac{1}{x} \right) dx$

$= \dfrac{1}{1-x} \ln x + \ln|x-1| - \ln|x| + C = \dfrac{1}{1-x} \ln x + \ln\left| \dfrac{x-1}{x} \right| + C$.

【例28】 求 $\int \dfrac{xe^x}{\sqrt{e^x - 1}} \, dx$.

分析： 不能用凑微分，用变量代换与分部积分.

解： 原式 $= \int \dfrac{x}{\sqrt{e^x - 1}} \, d(e^x - 1) = 2\int x \, d\sqrt{e^x - 1} \xlongequal{\sqrt{e^x-1}=u} 2\int \ln(1+u^2) \, du$

$= 2u\ln(1+u^2) - 2\int u \, d\ln(1+u^2)$

$= 2u\ln(1+u^2) - 4\int \dfrac{u^2}{1+u^2} \, du$

$= 2u\ln(1+u^2) - 4\int \left(1 - \dfrac{1}{1+u^2} \right) du = 2u\ln(1+u^2) - 4u + 4\arctan u + C$

$= 2x\sqrt{e^x - 1} - 4\sqrt{e^x - 1} + 4\arctan\sqrt{e^x - 1} + C$.

【例29】 求 $\int (\arcsin x)^2 \, dx$.

分析： 被积函数中含有多项式与三角函数或指数函数乘积，可用线性运算法则与分部积分.

解法1： 原式 $= x(\arcsin x)^2 - \int x \cdot 2\arcsin x \dfrac{1}{\sqrt{1-x^2}} \, dx$

$= x(\arcsin x)^2 + 2\int \arcsin x \, d\sqrt{1-x^2}$

$$= x(\arcsin x)^2 + 2\sqrt{1-x^2}\arcsin x - 2\int dx$$

$$= x(\arcsin x)^2 + 2\sqrt{1-x^2}\arcsin x - 2x + C.$$

解法2：令 $\arcsin x = t$，$x = \sin t$，$dx = \cos t dt$，于是

$$原式 = \int t^2 \cos t dt = \int t^2 d\sin t = t^2 \sin t - \int 2t\sin t dt$$

$$= t^2 \sin t + \int 2t d\cos t = t^2 \sin t + 2t\cos t - 2\int \cos t dt$$

$$= x(\arcsin x)^2 + 2\sqrt{1-x^2}\arcsin x - 2x + C.$$

【例30】 求 $\int x\sin^2 x dx$．

分析：先把三角函数降为一次幂，再用线性运算法则化简与分部积分．

解：原式 $= \int x\dfrac{1-\cos 2x}{2}dx = \dfrac{1}{2}\int x dx - \dfrac{1}{4}\int x d\sin 2x$

$$= \dfrac{1}{4}x^2 - \dfrac{1}{4}x\sin 2x + \dfrac{1}{4}\int \sin 2x dx$$

$$= \dfrac{1}{4}x^2 - \dfrac{1}{4}x\sin 2x - \dfrac{1}{8}\cos 2x + C.$$

【例31】 求积分 $I = \int \dfrac{1}{x\sqrt{x^2-1}}dx$．

分析：本题是典型的第二类换元积分法问题，除了用到代换 $x = \sec t$ 之外，还可以用其他的代换来去根式．

解法1：用三角变换有理化被积表达式．令 $x = \sec t$，则 $\sqrt{x^2-1} = \tan t$，所以

$$原式 = \int \dfrac{\sec t \cdot \tan t}{\sec t \cdot \tan t}dt = \int dt = t + C = \arccos \dfrac{1}{x} + C.$$

解法2：当被积函数的分母比分子至少高一次时，用倒代换常奏效，即令 $x = \dfrac{1}{t}$，则有

$$原式 = \int \dfrac{1}{\dfrac{1}{t}\sqrt{\dfrac{1}{t^2}-1}}\left(-\dfrac{1}{t^2}\right)dt = -\int \dfrac{1}{\sqrt{1-t^2}}dt = -\arcsin t + C = -\arcsin \dfrac{1}{x} + C.$$

解法3：令 $\sqrt{x^2-1} = t$，则

$$原式 = \int \dfrac{1}{t\cdot(t+1)}\cdot\dfrac{1}{2}dt = \dfrac{1}{2}\int\left(\dfrac{1}{t}-\dfrac{1}{t+1}\right)dt = \dfrac{1}{2}\ln\left|\dfrac{t}{t+1}\right| + C = \dfrac{1}{2}\ln\left|\dfrac{\sqrt{x^2-1}}{\sqrt{x^2-1}+1}\right| + C.$$

解法4：用三角变换有理化被积表达式．令 $x = \csc t$，则 $\sqrt{x^2-1} = \cot t$，所以

$$原式 = -\int \dfrac{\csc t \cdot \cot t}{\csc t \cdot \cot t}dt = -\int dt = -t + C = -\arcsin \dfrac{1}{x} + C.$$

【例32】 已知 $\dfrac{\sin x}{x}$ 是 $f(x)$ 的一个原函数，求 $\int x^3 f'(x)dx$．

分析：看到被积函数中有函数的导数，首先想到分部积分，并且把导数看成 u.

解：由于 $\dfrac{\sin x}{x}$ 是 $f(x)$ 的一个原函数，有 $f(x)=\left(\dfrac{\sin x}{x}\right)'=\dfrac{x\cos x-\sin x}{x^2}$，于是

$$\text{原式}=\int x^3 \mathrm{d}f(x)=x^3 f(x)-\int f(x)\cdot 3x^2 \mathrm{d}x=x^3 f(x)-\int 3x^2 \mathrm{d}\left(\dfrac{\sin x}{x}\right)$$

$$=x^3 f(x)-3x^2\cdot\dfrac{\sin x}{x}+\int\dfrac{\sin x}{x}\cdot 6x\mathrm{d}x$$

$$=x^3\dfrac{x\cos x-\sin x}{x^2}-3x\sin x-6\cos x+C$$

$$=x^2\cos x-4x\sin x-6\cos x+C.$$

【例 33】 求 $\displaystyle\int\dfrac{\ln\sin x}{\sin^2 x}\mathrm{d}x=$ _____.

解：消对数，用分部积分法，

$$\text{原式}=\int\ln\sin x\cdot\csc^2 x\mathrm{d}x=-\int\ln\sin x\mathrm{d}(\cot x)=-\cot x\cdot\ln\sin x+\int\cot^2 x\mathrm{d}x$$

$$=-\cot x\cdot\ln\sin x+\int(\csc^2 x-1)\mathrm{d}x=-\cot x\cdot\ln\sin x-\cot x-x+C.$$

【例 34】 $\displaystyle\int\dfrac{\arcsin\sqrt{x}}{\sqrt{x}}\mathrm{d}x=$ _____.

解：$\text{原式}=2\displaystyle\int\arcsin\sqrt{x}\mathrm{d}\sqrt{x}=2\sqrt{x}\arcsin\sqrt{x}-2\int\sqrt{x}\dfrac{\mathrm{d}x}{2\sqrt{x}\cdot\sqrt{1-x}}$

$$=2\sqrt{x}\arcsin\sqrt{x}+2\int\dfrac{\mathrm{d}(1-x)}{2\sqrt{1-x}}=2\sqrt{x}\arcsin\sqrt{x}+2\sqrt{1-x}+C.$$

【例 35】 求 $\displaystyle\int x\sin^2 x\mathrm{d}x$.

解：$\text{原式}=\displaystyle\int\dfrac{x(1-\cos 2x)}{2}\mathrm{d}x=\dfrac{1}{2}\int x\mathrm{d}x-\dfrac{1}{4}\int x\mathrm{d}\sin 2x$

$$=\dfrac{1}{4}x^2-\dfrac{1}{4}\left(x\sin 2x-\int\sin 2x\mathrm{d}x\right)=\dfrac{1}{4}x^2-\dfrac{1}{4}x\sin 2x-\dfrac{1}{8}\cos 2x+C.$$

【例 36】 求 $\displaystyle\int\dfrac{\arctan x}{x^2(1+x^2)}\mathrm{d}x$.

解：$\text{原式}=\displaystyle\int\left(\dfrac{1}{x^2}-\dfrac{1}{1+x^2}\right)\arctan x\mathrm{d}x=\int\dfrac{1}{x^2}\arctan x\mathrm{d}x-\int\dfrac{1}{1+x^2}\arctan x\mathrm{d}x$

$$=\int\arctan x\mathrm{d}\left(-\dfrac{1}{x}\right)-\int\arctan x\mathrm{d}(\arctan x)$$

$$=-\dfrac{1}{x}\arctan x+\int\dfrac{\mathrm{d}x}{x(1+x^2)}-\dfrac{1}{2}(\arctan x)^2$$

$$=-\dfrac{1}{x}\arctan x+\int\left(\dfrac{1}{x}-\dfrac{x}{1+x^2}\right)\mathrm{d}x-\dfrac{1}{2}(\arctan x)^2$$

$$= -\frac{1}{x}\arctan x + \ln|x| - \frac{1}{2}\ln(1+x^2) - \frac{1}{2}(\arctan x)^2 + C.$$

【例37】 计算 $\int \frac{1+\sin x}{1+\cos x} \cdot e^x \mathrm{d}x$.

解：原式 $= \int \frac{1 + 2\sin\dfrac{x}{2}\cos\dfrac{x}{2}}{2\cos^2\dfrac{x}{2}} \cdot e^x \mathrm{d}x = \dfrac{1}{2}\int \sec^2\dfrac{x}{2} \cdot e^x \mathrm{d}x + \int \tan\dfrac{x}{2} \cdot e^x \mathrm{d}x$

$$= \int e^x \mathrm{d}\tan\frac{x}{2} + \int \tan\frac{x}{2} \cdot e^x \mathrm{d}x = \tan\frac{x}{2} \cdot e^x - \int \tan\frac{x}{2} \cdot e^x \mathrm{d}x + \int \tan\frac{x}{2} \cdot e^x \mathrm{d}x$$

$$= \tan\frac{x}{2} \cdot e^x + C .$$

【例38】 设 $F(x)$ 为 $f(x)$ 的一个原函数，且当 $x \geqslant 0$ 时，$f(x)F(x) = \dfrac{xe^x}{2(1+x)^2}$ ，已知 $F(0) = 1$ ，$F(x) > 0$ ，试求 $f(x)$.

解：$f(x)F(x) = F'(x)F(x) = \dfrac{xe^x}{2(1+x)^2}$ ，两边对 x 积分得

$$\frac{1}{2}F^2(x) = \int F(x)\mathrm{d}F(x) = \int F(x)f(x)\mathrm{d}x = \int \frac{xe^x}{2(1+x)^2}\mathrm{d}x = \frac{1}{2}\int \frac{(1+x-1)e^x}{(1+x)^2}\mathrm{d}x$$

$$F^2(x) = \int \frac{e^x}{1+x}\mathrm{d}x - \int \frac{e^x}{(1+x)^2}\mathrm{d}x = \frac{e^x}{1+x} + C$$

由 $F(0) = 1$ ，$F^2(0) = 1 + C$ ，得 $C = 0$ ，则 $F(x) = \sqrt{\dfrac{e^x}{1+x}}$ （$F(x) > 0$）

所以 $f(x) = F'(x) = \dfrac{xe^{x/2}}{2(1+x)^{3/2}}$.

【例39】 设 $f(\ln x) = \dfrac{\ln(1+x)}{x}$ ，计算 $\int f(x)\mathrm{d}x$ . .

解：设 $t = \ln x$ ，$x = e^t$ ，$f(t) = \dfrac{\ln(1+e^t)}{e^t}$ ，

$$原式 = \int \frac{\ln(1+e^x)}{e^x}\mathrm{d}x = -\int \ln(1+e^x)\mathrm{d}e^{-x} = -e^{-x}\ln(1+e^x) + \int \frac{e^{-x}e^x}{1+e^x}\mathrm{d}x$$

$$= -e^{-x}\ln(1+e^x) + \int \frac{1}{e^x(1+e^x)}\mathrm{d}e^x = -e^{-x}\ln(1+e^x) + \int \left(\frac{1}{e^x} - \frac{1}{1+e^x}\right)\mathrm{d}e^x$$

$$= -e^{-x}\ln(1+e^x) + \ln e^x - \ln(1+e^x) + C$$

$$= x - (1+e^{-x})\ln(1+e^x) + C.$$

【例40】 设 $f(\sin^2 x) = \dfrac{x}{\sin x}$ ，求 $\int \dfrac{\sqrt{x}}{\sqrt{1-x}}f(x)\mathrm{d}x$.

解：令 $u = \sin^2 x$ ，则有 $\sin x = \sqrt{u}$ ，$x = \arcsin\sqrt{u}$ ，$f(x) = \dfrac{\arcsin\sqrt{x}}{\sqrt{x}}$ ，

于是 $\int \dfrac{\sqrt{x}}{\sqrt{1-x}}f(x)\mathrm{d}x = \int \dfrac{\arcsin\sqrt{x}}{\sqrt{1-x}}\mathrm{d}x = -2\int \arcsin\sqrt{x}\mathrm{d}\sqrt{1-x}$

$$= -2\sqrt{1-x}\arcsin\sqrt{x} + 2\int\sqrt{1-x}\cdot\frac{1}{\sqrt{1-x}}d\sqrt{x}$$

$$= -2\sqrt{1-x}\arcsin\sqrt{x} + 2\sqrt{x} + C.$$

【例41】 计算不定积分 $\int\dfrac{xe^{\arctan x}}{(1+x^2)^{3/2}}dx$.

解： 设 $x = \tan t$ ，则 $\int\dfrac{xe^{\arctan x}}{(1+x^2)^{3/2}}dx = \int\dfrac{e^t\tan t}{\sec^3 t}\sec^2 t\,dt = \int e^t\sin t\,dt$

$$\int e^t\sin t\,dt = -\int e^t d\cos t = -e^t\cos t + \int e^t\cos t\,dt = -e^t\cos t + \int e^t d\sin t$$

$$= -e^t\cos t + e^t\sin t - \int e^t\sin t\,dt$$

于是 $\int e^t\sin t\,dt = \dfrac{1}{2}e^t(\sin t - \cos t) + C$

因此 $\int\dfrac{xe^{\arctan x}}{(1+x^2)^{3/2}}dx = \dfrac{1}{2}e^{\arctan x}\left(\dfrac{x}{\sqrt{1+x^2}} - \dfrac{1}{\sqrt{1+x^2}}\right) + C.$

【例42】 求 $\int\dfrac{xe^x}{\sqrt{e^x-1}}dx$.

解法1： 用分部积分法，

原式 $= \int\dfrac{xd(e^x)}{\sqrt{e^x-1}} = 2\int xd(\sqrt{e^x-1}) = 2x\sqrt{e^x-1} - 2\int\sqrt{e^x-1}dx$ ············（1）

其中 $\int\sqrt{e^x-1}dx \xlongequal{e^x-1=t^2} 2\int\dfrac{t^2}{t^2+1}dt = 2\int\left(1-\dfrac{1}{1+t^2}\right)dt = 2t - 2\arctan t + C$

$$\xlongequal{t=\sqrt{e^x-1}} 2\sqrt{e^x-1} - 2\arctan\sqrt{e^x-1} + C$$

代入（1）得到，$\int\dfrac{xe^x}{\sqrt{e^x-1}}dx = 2x\sqrt{e^x-1} - 4\sqrt{e^x-1} + 4\arctan\sqrt{e^x-1} + C.$

解法2： 也可以先换元 $t = \sqrt{e^x-1}$ ，再分部积分.

【例43】 $\int\dfrac{x+\sin x}{1+\cos x}dx$.

解： 原式 $= \int\dfrac{x}{1+\cos x}dx + \int\dfrac{\sin x}{1+\cos x}dx$

$$= \dfrac{1}{2}\int\dfrac{x}{\cos^2\frac{x}{2}}dx - \int\dfrac{d\cos x}{1+\cos x}$$

$$= \int xd\tan\dfrac{x}{2} - \ln|1+\cos x| = x\tan\dfrac{x}{2} - 2\ln\left|\cos\dfrac{x}{2}\right| - \ln|1+\cos x| + c.$$

【例44】 $\int\left(1+x-\dfrac{1}{x}\right)e^{x+\frac{1}{x}}dx$ （不可积分的恰好正负抵消）.

解： 原式 $= \int e^{x+\frac{1}{x}}dx + \int\left(x-\dfrac{1}{x}\right)e^{x+\frac{1}{x}}dx$

$$= \int e^{x+\frac{1}{x}}dx + \int x\left(1-\dfrac{1}{x^2}\right)e^{x+\frac{1}{x}}dx$$

$$= \int e^{x+\frac{1}{x}} dx + \int x e^{x+\frac{1}{x}} d\left(x+\frac{1}{x}\right)$$

$$= \int e^{x+\frac{1}{x}} dx + \int x d e^{x+\frac{1}{x}} = \int e^{x+\frac{1}{x}} dx + x e^{x+\frac{1}{x}} - \int e^{x+\frac{1}{x}} dx = x e^{x+\frac{1}{x}} + C .$$

【例 45】 求不定积分 $I_1 = \int \dfrac{\cos x}{\sin x + \cos x} dx$, $I_2 = \int \dfrac{\sin x}{\sin x + \cos x} dx$.

解: $I_1 + I_2 = \int \dfrac{\cos x}{\sin x + \cos x} dx + \int \dfrac{\sin x}{\sin x + \cos x} dx = x + C_1$;

$I_1 - I_2 = \int \dfrac{\cos x}{\sin x + \cos x} dx - \int \dfrac{\sin x}{\sin x + \cos x} dx = \ln|\sin x + \cos x| + C_2$

所以

$$2I_1 = x + \ln|\sin x + \cos x| + C_1 + C_2 , \quad \text{即} \quad I_1 = \frac{1}{2}(x + \ln|\sin x + \cos x|) + C ;$$

$$2I_2 = x - \ln|\sin x + \cos x| + C_1 - C_2 , \quad \text{即} \quad I_2 = \frac{1}{2}(x - \ln|\sin x + \cos x|) + C .$$

> 小结: 计算不定积分 $\int \dfrac{a\cos x + b\sin x}{A\cos x + B\sin x} dx$, 一般可用待定系数 C_1 , C_2 法, 即
>
> $$\int \frac{a\cos x + b\sin x}{A\cos x + B\sin x} dx = \int \left[C_1 \frac{A\cos x + B\sin x}{A\cos x + B\sin x} + C_2 \frac{(A\cos x + B\sin x)'}{A\cos x + B\sin x} \right] dx .$$

【例 46】 $\int \dfrac{dx}{\sin(x+a)\sin(x+b)}$.

解: 原式 $= \dfrac{1}{\sin(a-b)} \int \dfrac{\sin[(x+a)-(x+b)]}{\sin(x+a)\sin(x+b)} dx$

$$= \frac{1}{\sin(a-b)} \int \frac{\sin(x+a)\cos(x+b) - \cos(x+a)\sin(x+b)}{\sin(x+a)\sin(x+b)} dx$$

$$= \frac{1}{\sin(a-b)} \left[\int \frac{\cos(x+b)}{\sin(x+b)} dx - \int \frac{\cos(x+a)}{\sin(x+a)} dx \right]$$

$$= \frac{1}{\sin(a-b)} \left[\ln|\sin(x+b)| - \ln|\sin(x+a)| \right] + C .$$

【例 47】 $\int \dfrac{\sin 2nx}{\sin x} dx$.

解: 记 $I_n = \int \dfrac{\sin 2nx}{\sin x} dx$

$$I_n - I_{n-1} = \int \frac{\sin 2nx - \sin 2(n-1)x}{\sin x} dx = 2\int \frac{\cos(2n-1)x \sin x}{\sin x} dx$$

$$= 2\int \cos(2n-1)x dx = \frac{2}{2n-1}\sin(2n-1)x + C$$

$$I_n = I_{n-1} + \frac{2}{2n-1}\sin(2n-1)x + C$$

$$I_1 = \int \frac{\sin 2x}{\sin x}\mathrm{d}x = 2\int \cos x\mathrm{d}x = 2\sin x + C$$

$$I_2 = I_1 + \frac{2}{3}\sin 3x + C = 2\sin x + \frac{2}{3}\sin 3x + C$$

$$I_3 = \int \frac{\sin 6x}{\sin x}\mathrm{d}x = I_2 + \frac{2}{5}\sin 5x + C = 2\sin x + \frac{2}{3}\sin 3x + \frac{2}{5}\sin 5x + C$$

$$I_n = 2\left[\sin x + \frac{1}{3}\sin 3x + \frac{1}{5}\sin 5x + \cdots + \frac{1}{2n-1}\sin(2n-1)x\right] + C.$$

【例 48】 $\displaystyle\int \frac{x+5}{x^2-6x+13}\mathrm{d}x = $ _____.

分析： 本题属于有理分式的积分，一般来说，可以将真分式化为若干部分分式之和，然后分项积分. 但这样做，有时显得很繁杂，本题可以将分母的一部分凑成完全平方.

解： 原式 $= \displaystyle\int \frac{x+5}{(x-3)^2+2^2}\mathrm{d}x \xlongequal{x-3=t} \int \frac{t+8}{t^2+2^2}\mathrm{d}t$

$$= \frac{1}{2}\ln(t^2+4) + 4\arctan\frac{t}{2} + C = \frac{1}{2}\ln(x^2-6x+13) + 4\arctan\frac{x-3}{2} + C.$$

【例 49】 计算 $\displaystyle\int \frac{x^{11}}{x^8+3x^4+2}\mathrm{d}x$.

分析： 被积函数中 x 的幂次较高，可以先令 $x^4=t$，将幂次降低. 有理分式的积分，一般来说，可以先化假分式为整式与真分式之和，再将真分式化为若干部分分式之和，然后分项积分. 但这样做，有时显得很繁杂，可以运用换元、拼凑等技巧，将积分化简.

解： 原式 $= \displaystyle\frac{1}{4}\int \frac{x^8\mathrm{d}x^4}{x^8+3x^4+2} \xlongequal{x^4=t} \frac{1}{4}\int \frac{t^2\mathrm{d}t}{t^2+3t+2} = \frac{1}{4}\left(\int \mathrm{d}t - \int \frac{3t+2}{t^2+3t+2}\mathrm{d}t\right)$

$$= \frac{1}{4}t - \frac{1}{4}\int \left(\frac{4}{t+2} - \frac{1}{t+1}\right)\mathrm{d}t = \frac{1}{4}t - \ln(t+2) + \frac{1}{4}\ln(t+1) + C$$

$$= \frac{1}{4}x^4 + \ln\frac{\sqrt[4]{x^4+1}}{x^4+2} + C.$$

小结： 对于被积函数 $\sin^m x\cos^n x$ （m，n 是不全为零的非负整数）分两种情形处理：

① m，n 中有一个为奇数，则采用凑微分积出；

② 若 m，n 都为偶数，先化成同名函数，再利用 $\sin^2 x = \dfrac{1-\cos 2x}{2}$ 或 $\cos^2 x = \dfrac{1+\cos 2x}{2}$ 降次，最后凑微分积出.

【例50】 计算下列不定积分：

（1）$\int \sin^3 x \cos^6 x \mathrm{d}x$；（2）$\int \cos^2 3x \mathrm{d}x$；（3）$\int \sin^2 3x \cos^2 x \mathrm{d}x$.

解：（1）$\int \sin^3 x \cos^6 x \mathrm{d}x = \int \sin^2 x \cos^6 x \sin x \mathrm{d}x = -\int (1-\cos^2 x)\cos^6 x \mathrm{d}\cos x$

$$= -\int \cos^6 x \mathrm{d}\cos x + \int \cos^8 x \mathrm{d}\cos x = -\frac{1}{7}\cos^7 x + \frac{1}{9}\cos^9 x + C.$$

（2）$\int \cos^2 3x \mathrm{d}x = \int \frac{1+\cos 6x}{2}\mathrm{d}x = \frac{1}{2}\int \mathrm{d}x + \frac{1}{12}\int \cos 6x \mathrm{d}(6x)$

$$= \frac{1}{2}x + \frac{1}{12}\sin 6x + C.$$

（3）$\int \sin^2 3x \cos^2 x \mathrm{d}x = \int \frac{1-\cos 6x}{2} \cdot \frac{1+\cos 2x}{2}\mathrm{d}x$

$$= \frac{1}{4}\int \left[1-\cos 6x + \cos 2x - \frac{1}{2}(\cos 8x + \cos 4x)\right]\mathrm{d}x$$

$$= \frac{1}{4}x - \frac{1}{24}\sin 6x + \frac{1}{8}\sin 2x - \frac{1}{64}\sin 8x - \frac{1}{32}\sin 4x + C.$$

【例51】 求 $I = \int \frac{\cos x - \sin x}{\cos x + \sin x}\mathrm{d}x$.

分析：这是形如 $\int R(\sin x, \cos x)\mathrm{d}x$ 的积分，我们将其称为三角函数有理式的积分，在一般情况下，令代换 $u = \tan \frac{x}{2}$，总可以把它化为含有变量 u 的有理函数的积分（所以称代换 $u = \tan \frac{x}{2}$ 为万能代换），但对具体问题，万能代换不一定是最好的方法，需要根据被积函数的特点，灵活选择方法.

解法1：用万能代换，令 $u = \tan \frac{x}{2}(-\pi < x < \pi)$，则有

$$原式 = \int \frac{\dfrac{1-u^2}{1+u^2} - \dfrac{2u}{1+u^2}}{\dfrac{1-u^2}{1+u^2} + \dfrac{2u}{1+u^2}} \cdot \frac{2}{1+u^2}\mathrm{d}u = 2\int \frac{1-2u-u^2}{1+2u-u^2} \cdot \frac{1}{1+u^2}\mathrm{d}u$$

$$= 2\int \left(\frac{-u}{1+u^2} + \frac{1-u}{1+2u-u^2}\right)\mathrm{d}u = -\ln(1+u^2) + \ln\left|1+2u-u^2\right| + C$$

$$= \ln\left|\frac{1-u^2}{1+u^2} + \frac{2u}{1+u^2}\right| + C = \ln\left|\cos x + \sin x\right| + C.$$

解法2：利用三角函数恒等式转化被积函数，

$$原式 = \int \frac{(\cos x - \sin x)^2}{\cos^2 x - \sin^2 x}\mathrm{d}x = \int \frac{1-\sin 2x}{\cos 2x}\mathrm{d}x$$

$$= \frac{1}{2}\ln\left|\sec 2x + \tan 2x\right| + \frac{1}{2}\ln\left|\cos 2x\right| + C = \frac{1}{2}\ln\left|1+\sin 2x\right| + C.$$

解法 3：

$$原式 = \int \frac{\cos^2 x - \sin^2 x}{(\cos x + \sin x)^2} dx = \int \frac{\cos 2x}{1 + \sin 2x} dx$$

$$= \frac{1}{2} \int \frac{d(1 + \sin 2x)}{1 + \sin 2x} dx = \frac{1}{2} \ln |1 + \sin 2x| + C .$$

解法 4： 利用凑微分法，

$$原式 = \int \frac{d(\cos x + \sin x)}{\cos x + \sin x} = \ln |\cos x + \sin x| + C .$$

从这里我们看到万能代换相对而言比较烦琐. 另外，对于形如 $\int R(\sin^2 x, \cos^2 x) dx$ 的

积分，令 $u = \tan x \left(-\frac{\pi}{2} < x < \frac{\pi}{2} \right)$，可使计算较简便. 例如，

$$\int \frac{dx}{1 + 3\cos^2 x} = \int \frac{1}{1 + 3 \dfrac{1}{1 + u^2}} \cdot \frac{1}{1 + u^2} du = \int \frac{1}{u^2 + 4} du$$

$$= \frac{1}{2} \arctan \frac{u}{2} + C = \frac{1}{2} \arctan \frac{\tan x}{2} + C .$$

【例 52】 求 $I = \int \dfrac{1}{a^2 \sin^2 x + b^2 \cos^2 x} dx$.

解：（1）若 $a \neq 0$，$b = 0$，$I = \int \dfrac{1}{a^2 \sin^2 x} dx = -\dfrac{1}{a^2} \cot x + C$.

（2）若 $a = 0$，$b \neq 0$，$I = \int \dfrac{1}{b^2 \cos^2 x} dx = -\dfrac{1}{b^2} \tan x + C$.

（3）若 $a \neq 0$，$b \neq 0$，$I = \int \dfrac{1}{\cos^2 x (b^2 + a^2 \tan^2 x)} dx$

$$= \int \frac{1}{b^2 + a^2 u^2} du \quad (令 \tan x = u) .$$

练习题

1．求下列不定积分.

（1）$\int \tan x \ln \cos x \, dx$.

（2）$\int \dfrac{x}{\sqrt{1 + x^2}} \tan \sqrt{1 + x^2} \, dx$.

（3）$\int \dfrac{\ln \tan x}{\sin 2x} dx$.

（4）$\int \dfrac{\tan x}{1 + \cos x} dx$.

（5）$\int \dfrac{x \cos x + \sin x}{(x \sin x)^2} dx$.

（6）$\int e^x \left(\dfrac{1}{x} + \ln x \right) dx$.

（7）$\int (\arcsin x)^2 dx$.

（8）$\int \dfrac{dx}{\sqrt{x(4-x)}}$.

2．已知 $f'(\sin^2 x) = \cos 2x + \tan^2 x$ （$0 < x < 1$），求 $f(x)$.

3．已知 $f(x)$ 的一个原函数为 $\ln^2 x$，则 $\int x f'(x) dx =$ _____ .

4．求不定积分 $\int \dfrac{\sin x \cos x}{\sin x + \cos x} dx$.

5．求不定积分 $\int \dfrac{2\arctan e^x}{e^{2x}} dx$.

练习题参考答案

1．（1）$-\dfrac{1}{2}(\ln \cos x)^2 + C$.

（2）$-\ln \left| \cos \sqrt{1+x^2} \right| + C$.

（3）$\dfrac{1}{4}(\ln \tan x)^2 + C$.

（4）$-\ln |\cos x| + \ln |1 + \cos x| + C$.

（5）$-\dfrac{1}{x \sin x} + C$.

（6）$e^x \ln x + C$.

（7）$x(\arcsin x)^2 + 2\sqrt{1-x^2} \arcsin x - 2x + C$.

（8）提示：可令 $\sqrt{x} = t$，也可用第一类换元法．原式 $= 2\arcsin \dfrac{\sqrt{x}}{2} + C$ 或者 $\arcsin \dfrac{x-2}{2} + C$.

2．提示：$f'(x) = \dfrac{1}{1-x} - 2x$，$f(x) = -\ln(1-x) - x^2 + C$.

3．原式 $= \int x \, df(x) = x f(x) - \int f(x) dx = 2\ln x - \ln^2 x + C$.

4．原式 $= \dfrac{1}{2} \int \dfrac{2\sin x \cos x + 1 - 1}{\sin x + \cos x} dx$

$= \dfrac{1}{2} \int \dfrac{(\sin x + \cos x)^2}{\sin x + \cos x} dx - \dfrac{1}{2} \int \dfrac{1}{\sin x + \cos x} dx$

$= \dfrac{1}{2} \int (\sin x + \cos x) dx - \dfrac{1}{2\sqrt{2}} \int \dfrac{1}{\sin(x + \pi/4)} dx$

$= \dfrac{1}{2}(\sin x - \cos x) - \dfrac{1}{2\sqrt{2}} \ln \left| \tan \left(\dfrac{x}{2} + \dfrac{\pi}{8} \right) \right| + C$.

5．分部积分法，$-e^{-2x} \arctan e^x - \dfrac{1}{e^x} - \arctan e^x + C$.

习　题

1. 求不定积分 $\displaystyle\int \frac{\sin x + x\cos x}{1 + x\sin x}\,\mathrm{d}x$.

2. 求不定积分 $\displaystyle\int \frac{\arctan\sqrt{x}}{\sqrt{x}(1+x)}\,\mathrm{d}x$.

3. 求不定积分 $\displaystyle\int \frac{\mathrm{d}x}{1+e^x}$.

4. 求不定积分 $\displaystyle\int \frac{\mathrm{d}x}{x(x^6+4)}$.

5. 求不定积分 $\displaystyle\int \frac{x\,\mathrm{d}x}{x^4+2x^2+5}$.

6. 求不定积分 $\displaystyle\int \frac{x^3\,\mathrm{d}x}{\sqrt{1+x^2}}$.

7. 求不定积分 $\displaystyle\int \frac{\tan x}{\sqrt{\cos x}}\,\mathrm{d}x$.

8. 求不定积分 $\displaystyle\int \frac{\mathrm{d}x}{1+\sin x}$.

习题参考答案

1. 解：原式 $=\displaystyle\int \frac{\mathrm{d}(x\sin x)}{1+x\sin x} = \ln|1+x\sin x| + C$.

2. 解：原式 $=2\displaystyle\int \frac{\arctan\sqrt{x}}{1+(\sqrt{x})^2}\,\mathrm{d}\sqrt{x} = (\arctan\sqrt{x})^2 + C$.

3. 解：原式 $=\displaystyle\int \frac{\mathrm{d}e^x}{e^x+e^{2x}} = \int \frac{\mathrm{d}e^x}{e^x} - \int \frac{\mathrm{d}e^x}{1+e^x} = x - \ln(1+e^x) + C$.

4. 解：原式 $=\dfrac{1}{4}\displaystyle\int \left(\frac{1}{x} - \frac{x^5}{x^6+4} \right)\mathrm{d}x = \frac{1}{24}\ln\frac{x^6}{x^6+4} + C$.

5. 解：原式 $=\dfrac{1}{2}\displaystyle\int \frac{\mathrm{d}(x^2+1)}{(x^2+1)^2+4} = \frac{1}{4}\arctan\frac{x^2+1}{2} + C$.

6. 解：原式 $=\dfrac{1}{2}\displaystyle\int \frac{1+x^2-1}{\sqrt{1+x^2}}\,\mathrm{d}(1+x^2) = \frac{1}{2}\left[\int \sqrt{1+x^2}\,\mathrm{d}(1+x^2) - \int \frac{\mathrm{d}(1+x^2)}{\sqrt{1+x^2}} \right]$

$\qquad\qquad =\dfrac{1}{3}(1+x^2)^{3/2} - \sqrt{1+x^2} + C$.

7. 解：原式 $=\displaystyle\int \frac{\sin x}{\cos x\sqrt{\cos x}}\,\mathrm{d}x = -\int (\cos x)^{-3/2}\,\mathrm{d}\cos x = \frac{2}{\sqrt{\cos x}} + C$.

8. 解：原式 $=\displaystyle\int \frac{1-\sin x}{(1+\sin x)(1-\sin x)}\,\mathrm{d}x = \int \frac{1}{\cos^2 x}\,\mathrm{d}x + \int \frac{\mathrm{d}\cos x}{\cos^2 x} = \tan x - \frac{1}{\cos x} + C$.

第七章　定　积　分

7.1　定积分的概念及性质

【知识要点解读】

从计算曲边梯形的面积，求变力做功等大量问题发现，处理问题的方法相同，结果都归结为乘积和式的极限这一数量关系，从中抽象出定积分概念.

定积分是一个常数，定积分与积分区间的分法、点的取法和积分变量无关，只与被积函数和积分区间有关. 函数有界是可积的必要条件，而函数连续是可积的充分条件.

1. 定积分定义

$$\int_a^b f(t)\mathrm{d}t = \lim_{\lambda \to 0} \sum_{i=1}^n f(\xi_i)\Delta x_i, \lambda = \max_{1 \leqslant i \leqslant n}\{\Delta x_i\}, \xi_i \in [x_{i-1}, x_i], i = 1, 2, \cdots, n.$$

2. 几何意义

$\int_a^b f(x)\mathrm{d}x$ 表示以 $y = f(x)$ 为曲边，以$[a,b]$为底的曲边梯形面积的代数和.

3. 积分存在条件

（1）必要条件：$\int_a^b f(x)\mathrm{d}x$ 存在 $\Rightarrow f(x)$ 在$[a,b]$上有界.

（2）充分条件：$f(x)$ 在$[a,b]$上连续，则在$[a,b]$上可积；或 $f(x)$ 在$[a,b]$上有界，且只有有限个第一类间断点，则在$[a,b]$上可积.

4. 性质

（1）线性　$\int_a^b [kf(x)+mg(x)]\mathrm{d}x = k\int_a^b f(x)\mathrm{d}x + m\int_a^b g(x)\mathrm{d}x$.

（2）区域可加性　$\int_a^b f(x)\mathrm{d}x = \int_a^c f(x)\mathrm{d}x + \int_c^b f(x)\mathrm{d}x$.

（3）估值性　$m \leqslant f(x) \leqslant M$，则 $m(b-a) \leqslant \int_a^b f(x)\mathrm{d}x \leqslant M(b-a)$.

（4）比较性　$f(x) \leqslant g(x)$，则 $\int_a^b f(x)\mathrm{d}x \leqslant \int_c^b g(x)\mathrm{d}x$.

特别地　$f(x) \geqslant 0$，则 $\int_a^b f(x)\mathrm{d}x \geqslant 0$；$\left|\int_a^b f(x)\mathrm{d}x\right| \leqslant \int_a^b |f(x)|\mathrm{d}x$.

（5）中值定理　$f(x)$ 在 $[a,b]$ 上连续，则存在 $\xi \in [a,b]$，使 $\int_a^b f(x)\mathrm{d}x = f(\xi)(b-a)$. 其中 $f(\xi)=\dfrac{1}{b-a}\int_a^b f(x)\mathrm{d}x$ 称为函数 $f(x)$ 在区间 $[a,b]$ 的平均值.

（6）积分上限函数可导性

$f(x)$ 在 $[a,b]$ 上连续，$\Phi(x)=\int_a^x f(t)\mathrm{d}t$，则 $\Phi'(x)=f(x)$，即 $\Phi(x)$ 是 $f(x)$ 的一个原函数.

推广：$\Phi(x)=\int_x^b f(t)\mathrm{d}t$，则 $\Phi'(x)=-f(x)$；

$\Phi(x)=\int_a^{\varphi(x)} f(t)\mathrm{d}t$，则 $\Phi'(x)=f[\varphi(x)]\varphi'(x)$；

$\Phi(x)=\int_{\phi(x)}^b f(t)\mathrm{d}t$，则 $\Phi'(x)=-f[\phi(x)]\phi'(x)$；

$\Phi(x)=\int_{\phi(x)}^{\varphi(x)} f(t)\mathrm{d}t$，则 $\Phi'(x)=f[\varphi(x)]\varphi'(x)-f[\phi(x)]\phi'(x)$.

7.1.1　用定积分的定义求极限

【例1】　$\displaystyle\lim_{n\to\infty} \frac{1}{n}\left(\sin\frac{\pi}{n}+\sin\frac{2\pi}{n}+\cdots+\sin\frac{(n-1)\pi}{n}\right)$

分析：用定积分的定义来求极限：$\int_0^1 f(x)\mathrm{d}x = \displaystyle\lim_{n\to\infty}\sum_{i=1}^n f\left(\frac{i}{n}\right)\frac{1}{n}$

"凑定积分定义" 的步骤如下：

（1）先提出 $\dfrac{1}{n}$ —— "0 到 1 上的 $\mathrm{d}x$"；

（2）再凑出 $\dfrac{i}{n}$ —— "0 到 1 上的 x".

解法1：由和式 $\dfrac{1}{n}\left(\sin\dfrac{\pi}{n}+\sin\dfrac{2\pi}{n}+\cdots+\sin\dfrac{(n-1)\pi}{n}\right)$　　　　　$\cdots\cdots$（1）

可知，如果要将其化为积分和，那么被积函数当为 $\sin \pi x$，而分点 $\frac{1}{n}$ 和 $\frac{n-1}{n}$ 当 $n \to \infty$ 时分别趋于 0 和 1，所以积分区间当为 $[0,1]$。于是将区间作 n 等分，取 ξ_i 为 $[x_{i-1}, x_i]$ 的左端点，这样，函数 $\sin \pi x$ 相应的积分和式正是（1）式。由于 $\sin \pi x$ 在 $[0,1]$ 上连续，故可积，从而就有

$$\lim_{n \to \infty} \frac{1}{n}\left(\sin \frac{\pi}{n} + \sin \frac{2\pi}{n} + \cdots + \sin \frac{(n-1)\pi}{n}\right) = \int_0^1 \sin \pi x \, dx = \frac{2}{\pi}.$$

解法 2：仍从和式（1）来分析。若以 $\sin x$ 为被积函数，因分点 $\frac{\pi}{n}$ 和 $\frac{n-1}{n}\pi$ 当 $n \to \infty$ 时分别趋于 0 和 π，故积分区间当为 $[0,\pi]$。将区间作 n 等分，则有 $\Delta x_i = \frac{\pi}{n}$，从而有

$$\lim_{n \to \infty} \frac{1}{n}\left(\sin \frac{\pi}{n} + \sin \frac{2\pi}{n} + \cdots + \sin \frac{(n-1)\pi}{n}\right)$$

$$= \frac{1}{\pi} \lim_{n \to \infty} \frac{\pi}{n}\left(\sin \frac{\pi}{n} + \sin \frac{2\pi}{n} + \cdots + \sin \frac{(n-1)\pi}{n}\right) = \frac{1}{\pi} \int_0^1 \sin x \, dx = \frac{2}{\pi}.$$

【例 2】 求 $\lim_{n \to \infty}\left(\dfrac{1}{n+1} + \dfrac{1}{n+2} + \cdots + \dfrac{1}{n+n}\right)$。

- -

分析：如果根据 $\dfrac{n}{n+n} \leqslant \dfrac{1}{n+1} + \dfrac{1}{n+2} + \cdots + \dfrac{1}{n+n} \leqslant \dfrac{n}{n+1}$，尝试用夹逼准则求极限，这时，不难发现上式两端的极限不相同，不能用夹逼准则。

- -

由于 $\dfrac{1}{n+1} + \dfrac{1}{n+2} + \cdots + \dfrac{1}{n+n} = \left[\dfrac{1}{1+\dfrac{1}{n}} + \dfrac{1}{1+\dfrac{2}{n}} + \cdots + \dfrac{1}{1+\dfrac{n}{n}}\right] \cdot \dfrac{1}{n}$，可以考虑用定积分定义求极限。

解：考虑区间 $[0,1]$ 上函数 $f(x)$ 的定积分，若给定分法为对 $[0,1]$ n 等分，则分点坐标 $x_i = \dfrac{i}{n}$（$i = 0, 1, \cdots, n$），$\Delta x_i = \Delta x = \dfrac{1}{n}$，取点 $\xi_i = \dfrac{i}{n}$。于是 $\lambda \to 0$，即 $n \to \infty$，有

$$\int_0^1 f(x) \, dx = \lim_{\lambda \to 0} \sum_{i=1}^n f(\xi_i) \Delta x_i = \lim_{n \to \infty} \sum_{i=1}^n f\left(\frac{i}{n}\right) \cdot \frac{1}{n}$$

而

$$\lim_{n \to \infty}\left(\frac{1}{n+1} + \frac{1}{n+2} + \cdots + \frac{1}{n+n}\right) = \lim_{n \to \infty} \sum_{i=1}^n \frac{1}{n+i} = \lim_{n \to \infty} \sum_{i=1}^n \left(\frac{1}{1+\dfrac{i}{n}}\right) \cdot \frac{1}{n} = \int_0^1 \frac{1}{1+x} \, dx = \ln 2.$$

【例 3】 求 $\lim_{n \to \infty} \dfrac{1^p + 2^p + \cdots + n^p}{n^{p+1}}$，$p > 0$。

解：$\lim_{n \to \infty} \dfrac{1^p + 2^p + \cdots + n^p}{n^{p+1}} = \lim_{n \to \infty}\left(\dfrac{1^p + 2^p + \cdots + n^p}{n^p}\right) \cdot \dfrac{1}{n}$

$$= \lim_{n \to \infty} \sum_{i=1}^{n} \left(\frac{i}{n} \right)^p \cdot \frac{1}{n} = \int_0^1 x^p \mathrm{d}x = \frac{1}{p+1} \ .$$

【例 4】　求 $\lim\limits_{n \to \infty} \dfrac{\sqrt[n]{n!}}{n}$.

解：$f(n) = \dfrac{\sqrt[n]{n!}}{n} = \dfrac{1}{n} \left(1 \times 2 \times \cdots \times n \right)^{\frac{1}{n}} = \left(\dfrac{1}{n} \times \dfrac{2}{n} \times \cdots \times \dfrac{n}{n} \right)^{\frac{1}{n}}$

$$\ln f(n) = \ln \left(\frac{1}{n} \times \frac{2}{n} \times \cdots \times \frac{n}{n} \right)^{\frac{1}{n}} = \frac{1}{n} \sum_{i=1}^{n} \ln \frac{i}{n} = \sum_{i=1}^{n} \left(\ln \frac{i}{n} \right) \frac{1}{n} .$$

$$\lim_{n \to \infty} \left[\ln f(n) \right] = \ln \left[\lim_{n \to \infty} f(n) \right] = \lim_{n \to \infty} \sum_{i=1}^{n} \left(\ln \frac{i}{n} \right) \frac{1}{n} = \int_0^1 \ln x \mathrm{d}x = -1$$

所以　$\lim\limits_{n \to \infty} \dfrac{\sqrt[n]{n!}}{n} = \dfrac{1}{e}$.

【例 5】　$\lim\limits_{n \to \infty} \left(\dfrac{1}{n+1} + \dfrac{1}{n+3} + \cdots + \dfrac{1}{n+(2n+1)} \right)$

解：原式 $= \dfrac{1}{2} \lim\limits_{n \to \infty} \dfrac{2}{n} \left(\dfrac{1}{1+\dfrac{1}{n}} + \dfrac{1}{1+\dfrac{3}{n}} + \cdots + \dfrac{1}{1+\dfrac{2n-1}{n}} \right) + \dfrac{1}{2} \lim\limits_{n \to \infty} \dfrac{2}{n} \dfrac{1}{1+\dfrac{2n+1}{n}}$

$$= \frac{1}{2} \int_0^2 \frac{1}{1+x} \mathrm{d}x + 0 = \frac{1}{2} \ln 3 \ .$$

【例 6】　$f(x) = \dfrac{1}{1+x^2} + \sqrt{1-x^2} \int_0^1 f(x) \mathrm{d}x$, 则 $\int_0^1 f(x) \mathrm{d}x = $ _____ .

分析：注意此处 $\int_0^1 f(x) \mathrm{d}x$ 为一常数，将上式两边积分可以求出这一积分值.

解：记 $I = \int_0^1 f(x) \mathrm{d}x$, 则 $f(x) = \dfrac{1}{1+x^2} + \sqrt{1-x^2} I$, 两边积分，得

$$I = \int_0^1 \frac{1}{1+x^2} \mathrm{d}x + I \int_0^1 \sqrt{1-x^2} \mathrm{d}x = \arctan x \big|_0^1 + \frac{\pi}{4} I = \frac{\pi}{4} + \frac{\pi}{4} I , \text{ 所以 } I = \frac{\pi}{4-\pi} .$$

定积分的几何意义

【例 7】　在区间 $[a,b]$ 上，$f(x) > 0$, $f'(x) < 0$, $f''(x) > 0$, 令 $S_1 = \int_a^b f(x) \mathrm{d}x$,

$S_2 = f(b)(b-a)$, $S_3 = \dfrac{1}{2} \left[f(a) + f(b) \right] (b-a)$, 则（　　）.

（A）$S_1 < S_2 < S_3$ 　　　（B）$S_2 < S_1 < S_3$ 　　　（C）$S_3 < S_1 < S_2$ 　　　（D）$S_2 < S_3 < S_1$

解：画图知 S_1 表示曲边梯形的面积，S_2 表示矩形的面积，S_3 表示梯形面积，显然，选（B）.

【例 8】　$\int_0^1 \sqrt{2x-x^2} \mathrm{d}x = $ _____ .

解：$y = \sqrt{2x-x^2}$, $(x-1)^2 + y^2 = 1$ 表示以 $(1,0)$ 为圆心，1 为半径的上半圆，由积分

的几何意义，积分值为左上 $\dfrac{1}{4}$ 圆面积，即为 $\dfrac{\pi}{4}$.

【例9】 $\displaystyle\int_{-1}^{3}(3+\sin(x-1))\sqrt{3+2x-x^2}\,dx=\underline{\hspace{3cm}}$.

解： 记 $I=\displaystyle\int_{-1}^{3}(3+\sin(x-1))\sqrt{4-(x-1)^2}\,dx$.

注意到根式内为上半圆周 $y=\sqrt{4-(x-1)^2}$，取变换 $x-1=t$，则 $dx=dt$，于是

$$I=\int_{-2}^{2}(3+\sin t)\sqrt{4-t^2}\,dt=3\int_{-2}^{2}\sqrt{4-t^2}\,dt=6\pi.$$

最后结果利用了奇偶性与定积分的几何意义.

【例10】 设函数 $f(x)=\begin{cases}x^2, & 0\leqslant x\leqslant 1 \\ 2-x, & 1<x\leqslant 2\end{cases}$，记 $F(x)=\displaystyle\int_{0}^{x}f(t)\,dt$，$0\leqslant x\leqslant 2$，则

（ ）.

（A） $F(x)=\begin{cases}\dfrac{x^3}{3}, & 0\leqslant x\leqslant 1 \\ \dfrac{1}{3}+2x-\dfrac{x^2}{2}, & 1<x\leqslant 2\end{cases}$ （B） $F(x)=\begin{cases}\dfrac{x^3}{3}, & 0\leqslant x\leqslant 1 \\ -\dfrac{7}{6}+2x-\dfrac{x^2}{2}, & 1<x\leqslant 2\end{cases}$

（C） $F(x)=\begin{cases}\dfrac{x^3}{3}, & 0\leqslant x\leqslant 1 \\ \dfrac{x^3}{3}+2x-\dfrac{x^2}{2}, & 1<x\leqslant 2\end{cases}$ （D） $F(x)=\begin{cases}\dfrac{x^3}{3}, & 0\leqslant x\leqslant 1 \\ 2x-\dfrac{x^2}{2}, & 1<x\leqslant 2\end{cases}$

解： $0\leqslant x\leqslant 1$ 时，$F(x)=\displaystyle\int_{0}^{x}f(t)\,dt=\dfrac{x^3}{3}$；

$1<x\leqslant 2$ 时，$F(x)=\displaystyle\int_{0}^{x}f(t)\,dt=\int_{0}^{1}t^2\,dt+\int_{1}^{x}(2-t)\,dt=-\dfrac{7}{6}+2x-\dfrac{x^2}{2}$，所以应选（B）.

【例11】 设 $0<a<1$，问 a 为何值时，$\displaystyle\int_{0}^{1}|x-a|\,dx$ 取得最小值，并求其最小值.

解： 设 $F(a)=\displaystyle\int_{0}^{1}|x-a|\,dx=\int_{0}^{a}(a-x)\,dx+\int_{a}^{1}(x-a)\,dx=a^2-a+\dfrac{1}{2}$.

由于 $F'(a)=2a-1=0$，有唯一驻点 $a=\dfrac{1}{2}$，且 $F''(a)=2>0$.

故当 $a=\dfrac{1}{2}$ 时，$\displaystyle\int_{0}^{1}|x-a|\,dx$ 取最小值，且最小值为 $F_{\min}\left(\dfrac{1}{2}\right)=\left(\dfrac{1}{2}\right)^2-\dfrac{1}{2}+\dfrac{1}{2}=\dfrac{1}{4}$.

7.1.2 关于变限积分的求导问题

积分上限函数有以下5种基本类型：

（1）如果 $F(x)=\displaystyle\int_{a}^{x}f(t)\,dt$，则 $F'(x)=f(x)$；

（2）如果 $F(x)=\displaystyle\int_{x}^{b}f(t)\,dt$，则 $F'(x)=-f(x)$；

（3）如果 $F(x)=\displaystyle\int_{a}^{\varphi(x)}f(t)\,dt$，则 $F'(x)=f[\varphi(x)]\varphi'(x)$；

（4）如果 $F(x) = \int_{\psi(x)}^{b} f(t)\mathrm{d}t$ ，则 $F'(x) = -f[\psi(x)]\psi'(x)$ ；

（5）如果 $F(x) = \int_{\psi(x)}^{\varphi(x)} f(t)\mathrm{d}t$ ，则 $F'(x) = f[\varphi(x)]\varphi'(x) - f[\psi(x)]\psi'(x)$.

【例 12】 设 $f(x)$ 为连续函数，且 $F(x) = \int_{\frac{1}{x}}^{\ln x} f(t)\mathrm{d}t$ ，则 $F'(x) = $ _____ .

解： $F'(x) = f(\ln x) \cdot (\ln x)' - f\left(\frac{1}{x}\right) \cdot \left(\frac{1}{x}\right)' = \frac{1}{x} f(\ln x) + \frac{1}{x^2} f\left(\frac{1}{x}\right)$.

【例 13】 确定常数 a,b 使得 $\lim\limits_{x \to 0} \dfrac{1}{\sin x - ax} \int_{b}^{x} \dfrac{u^2}{\sqrt{1+u^2}} \mathrm{d}u = C (C \neq 0)$ ，并求常数 C.

解： 不论 a 为何值，都有 $\lim\limits_{x \to 0}(\sin x - ax) = 0$ ，因此必有

$$\lim_{x \to 0} \int_{b}^{x} \frac{u^2}{\sqrt{1+u^2}} \mathrm{d}u = 0$$

因此得 $b=0$ ，这样，原式化为

$$\lim_{x \to 0} \frac{1}{\sin x - ax} \int_{0}^{x} \frac{u^2}{\sqrt{1+u^2}} \mathrm{d}u = \lim_{x \to 0} \frac{1}{\cos x - a} \frac{x^2}{\sqrt{1+x^2}}$$

由于 $\lim\limits_{x \to 0} \dfrac{x^2}{\sqrt{1+x^2}} = 0$ ，得 $\lim\limits_{x \to 0}(\cos x - a) = 0$ ，即 $a=1$ ，从而

$$原式 = \lim_{x \to 0} \frac{1}{\cos x - 1} \frac{x^2}{\sqrt{1+x^2}} = -2$$

即 $C = -2$.

【例 14】 把 $x \to 0^+$ 时的无穷小量 $\alpha = \int_{0}^{x} \cos t^2 \mathrm{d}t$ ， $\beta = \int_{0}^{x^2} \tan\sqrt{t}\,\mathrm{d}t$ ， $\gamma = \int_{0}^{\sqrt{x}} \sin t^3 \mathrm{d}t$ 排列起来，使排在后面的是前一个的高阶无穷小，则正确的排列次序是（ ）.
（A） α,β,γ （B） α,γ,β （C） β,α,γ （D） β,γ,α

解： 首先两两进行比较，再排次序即可得到答案.

$$\lim_{x \to 0^+} \frac{\beta}{\alpha} = \lim_{x \to 0^+} \frac{\int_{0}^{x^2} \tan\sqrt{t}\,\mathrm{d}t}{\int_{0}^{x} \cos t^2 \mathrm{d}t} = \lim_{x \to 0^+} \frac{\tan x \cdot 2x}{\cos x^2} = 0$$ ，于是可排除（C）、（D）选项，另有

$$\lim_{x \to 0^+} \frac{\gamma}{\beta} = \lim_{x \to 0^+} \frac{\int_{0}^{\sqrt{x}} \sin t^3 \mathrm{d}t}{\int_{0}^{x^2} \tan\sqrt{t}\,\mathrm{d}t} = \lim_{x \to 0^+} \frac{\sin x^{\frac{3}{2}} \cdot \frac{1}{2\sqrt{x}}}{2x \tan x} = \frac{1}{4} \lim_{x \to 0^+} \frac{x}{x^2} = \infty$$.

因此 γ 是比 β 低阶的无穷小量，故应选（B）.

【例 15】 设 $f(x)$ 为连续函数，则 $\dfrac{\mathrm{d}}{\mathrm{d}x} \int_{0}^{x} tf(x^2 - t^2)\mathrm{d}t = $ _____ .

解： 由于被积函数中有求导数的变量 x ，因此必须把 x 化到积分限中或移到积分号外，故作变换，令 $u = x^2 - t^2$ ，则 $\int_{0}^{x} tf(x^2 - t^2)\mathrm{d}t = \frac{1}{2} \int_{0}^{x^2} f(u)\mathrm{d}u$ ，故

$$原式 = \frac{\mathrm{d}}{\mathrm{d}x} \int_{0}^{x^2} \frac{1}{2} f(u)\mathrm{d}u = \frac{1}{2} f(x^2) \cdot 2x = xf(x^2).$$

【例 16】　设 $f(x)$ 在 $x=0$ 的某邻域内连续，$f(0)=0$，$f'(0)=2$，求 $\lim\limits_{x\to 0}\dfrac{\int_0^1 tf(xt)\mathrm{d}t}{x}$.

分析： 看到积分被积表达式中除积分变量外还有其他的变量，要想办法把这个变量分离到积分式的外面，然后用变上下限函数求导去解决问题.

思路： 利用定积分变量代换、变上限求导、洛必达法则与导数定义求解.

解： $\int_0^1 tf(xt)\mathrm{d}t\overset{u=xt}{=\!=\!=}\int_0^x\dfrac{u}{x}f(u)\dfrac{1}{x}\mathrm{d}u=\dfrac{1}{x^2}\int_0^x uf(u)\mathrm{d}u$，于是

$$原式=\lim_{x\to 0}\frac{\int_0^x uf(u)\mathrm{d}u}{x^3}=\lim_{x\to 0}\frac{xf(x)}{3x^2}=\lim_{x\to 0}\frac{f(x)}{3x}=\lim_{x\to 0}\frac{f(x)-f(0)}{3x}=\frac{1}{3}f'(0)=\frac{2}{3}.$$

【例 17】　求 $\lim\limits_{x\to 0}\dfrac{\int_0^x \sin(xt)^2\mathrm{d}t}{x^3\sin^2 2x}$.

分析： 遇到极限中有可变上限定积分，一般情况下可考虑应用洛必达法则，但由于现在被积函数中含有变量 x，因此先应将 x 从被积函数中分离出来，对此题可用变量代换；另外，在求极限的过程中如能恰当地应用等价无穷小代换，可简化求极限的过程.

解： 对定积分作变换 $u=xt$，由于 $\sin^2 2x\sim(2x)^2$，$\sin x^4\sim x^4$，（$x\to 0$）因此再利用洛必达法则有

$$原式=\lim_{x\to 0}\frac{\int_0^{x^2}\frac{1}{x}\sin u^2\mathrm{d}u}{x^3(2x)^2}=\lim_{x\to 0}\frac{\int_0^{x^2}\sin u^2\mathrm{d}u}{4x^6}=\lim_{x\to 0}\frac{2x\sin x^4}{24x^5}=\lim_{x\to 0}\frac{x^4}{12x^4}=\frac{1}{12}.$$

【例 18】　已知 $f(x)$ 为连续函数，$\int_0^x tf(x-t)\mathrm{d}t=1-\cos x$，求 $\int_0^{\frac{\pi}{2}}f(x)\mathrm{d}x$

分析： 凡遇到含有参数的积分，必须首先处理参数问题，否则其他工作都无法进行.

解： 注意到这里 x 为参数，取变换 $x-t=u$，则

$$\int_0^x tf(x-t)\mathrm{d}t=\int_0^x(x-u)f(u)\mathrm{d}u=x\int_0^x f(u)\mathrm{d}u-\int_0^x uf(u)\mathrm{d}u,$$

于是得到　$x\int_0^x f(u)\mathrm{d}u-\int_0^x uf(u)\mathrm{d}u=1-\cos x$，

两边对 x 求导，得到 $\int_0^x f(u)\mathrm{d}u=\sin x$，

令 $x=\dfrac{\pi}{2}$，便有 $\int_0^{\frac{\pi}{2}}f(x)\mathrm{d}x=\sin\dfrac{\pi}{2}=1$.

【例 19】　设 $F(x)=\int_x^{x+2\pi}e^{\sin t}\sin t\mathrm{d}t$，则 $F(x)$（　　　）.

（A）为正常数　　　（B）为负常数　　　（C）恒为零　　　（D）不为常数

解： 因为 $e^{\sin t}\sin t$ 是 2π 周期函数，且 $F(x)$ 为 $e^{\sin t}\sin t$ 在周期长区间 $[x,x+2\pi]$ 上的积分. 所以 $F(x)$ 为常数且

$$F(x) = \int_x^{x+2\pi} e^{\sin t} \sin t dt = \int_0^{2\pi} e^{\sin t} \sin t dt$$

$$= -\int_0^{2\pi} e^{\sin t} d(\cos t) = -(e^{\sin t} \cos t) \Big|_0^{2\pi} + \int_0^{2\pi} e^{\sin t} \cos^2 t dt$$

$$= \int_0^{2\pi} e^{\sin t} \cos^2 t dt > 0 .$$

所以应选（A）.

【例20】 设函数 $f(x)$ 可导，且 $f(x) = 0$，$f(x) = \int_0^x t^{n-1} f(x^n - t^n) dt$，求 $\lim\limits_{x \to 0} \dfrac{F(x)}{x^{2n}}$.

解： $F(x) = -\dfrac{1}{n} \int_0^x f(x^n - t^n) d(x^n - t^n) \xrightarrow{u = x^n - t^n} -\dfrac{1}{n} \int_{x^n}^0 f(u) du = \dfrac{1}{n} \int_0^{x^n} f(u) du$，

$$\lim_{x \to 0} \frac{F(x)}{x^{2n}} = \lim_{x \to 0} \frac{\dfrac{1}{n} \int_0^{x^n} f(u) du}{x^{2n}} = \lim_{x \to 0} \frac{\dfrac{1}{n} f(x^n) nx^{n-1}}{2nx^{2n-1}} = \frac{1}{2n} \lim_{x \to 0} \frac{f(x^n) - f(0)}{x^n} = \frac{1}{2n} f'(0).$$

【例21】 求函数 $I(x) = \int_e^x \dfrac{\ln t}{t^2 - 2t + 1} dt$ 在区间 $[e, e^2]$ 上的最大值.

解： 由 $I'(x) = \dfrac{\ln x}{x^2 - 2x + 1} = \dfrac{\ln x}{(x-1)^2} > 0$，$x \in [e, e^2]$. 可知 $I(x)$ 在 $[e, e^2]$ 上单调增加，

故 $\max\limits_{e \leqslant x \leqslant e^2} I(x) = \int_e^{e^2} \dfrac{\ln t}{t^2 - 2t + 1} dt = -\int_e^{e^2} \ln t d\left(\dfrac{1}{t-1}\right)$

$$= -\frac{\ln t}{t-1} \Big|_e^{e^2} + \int_e^{e^2} \frac{1}{t-1} \cdot \frac{1}{t} dt = \frac{1}{e-1} - \frac{2}{e^2 - 1} + \ln \frac{t-1}{t} \Big|_e^{e^2}$$

$$= \frac{1}{1+e} + \ln \frac{1+e}{e} = \ln(1+e) - \frac{e}{1+e} .$$

【例22】 求函数 $f(x) = \int_0^{x^2} (2-t) e^{-t} dt$ 的最大值和最小值.

解： 因为 $f(-x) = f(x)$，$f(x)$ 为偶函数，只须求出 $f(x)$ 在 $(0, +\infty)$ 内的最大值与最小值.

$f'(x) = 2x(2 - x^2) e^{-x^2}$，$f'(x) = 0$，在 $(0, +\infty)$ 内有唯一的驻点 $x = \sqrt{2}$，

$0 < x < \sqrt{2}$ 时，$f'(x) > 0$；$x > \sqrt{2}$ 时，$f'(x) < 0$，所以 $x = \sqrt{2}$ 为极大值点，也为最大值点，最大值 $f(\sqrt{2}) = \int_0^2 (2-t) e^{-t} dt = 1 + e^{-2}$.

$f(+\infty) = \int_0^{+\infty} (2-t) e^{-t} dt = 1$，$f(0) = 0$，故 $f(0) = 0$ 为最小值.

【例23】 设函数 $f(x)$ 连续，且 $f(0) \neq 0$，求极限 $\lim\limits_{x \to 0} \dfrac{\int_0^x (x-t) f(t) dt}{x \int_0^x f(x-t) dt}$.

解： 原式 $= \lim\limits_{x \to 0} \dfrac{x \int_0^x f(t) dt - \int_0^x t f(t) dt}{x \int_0^x f(x-t) dt} \xrightarrow{x-t=u} \lim\limits_{x \to 0} \dfrac{x \int_0^x f(t) dt - \int_0^x t f(t) dt}{x \int_0^x f(u) du}$

$$= \lim_{x \to 0} \frac{\int_0^x f(t) dt + x f(x) - x f(x)}{\int_0^x f(u) du + x f(x)} .$$

由积分中值定理，$\exists \xi \in (0,x)$，使得 $\int_0^x f(t)dt = xf(\xi)$

则原式 $= \lim\limits_{\substack{x \to 0 \\ (\xi \to 0)}} \dfrac{xf(\xi)}{xf(x)+xf(\xi)} = \dfrac{f(0)}{f(0)+f(0)} = \dfrac{1}{2}$.

【例24】 设 $f(x)$ 连续，$\varphi(x) = \int_0^1 f(xt)dt$，且 $\lim\limits_{x \to 0} \dfrac{f(x)}{x} = A$.求 $\varphi'(x)$，并讨论 $\varphi'(x)$ 在 $x=0$ 处的连续性.

解：由 $\lim\limits_{x \to 0} \dfrac{f(x)}{x} = A$，又因 $f(x)$ 在 $x=0$ 处连续，便得到 $f(0)=0$，且 $\varphi(0)=0$，$\varphi(x)$ 的积分表达式为一含参数积分，令 $u=xt$，则 $du=xdt$，于是 $\varphi(x) = \dfrac{1}{x}\int_0^x f(u)du$

当 $x \neq 0$ 时，$\varphi'(x) = \dfrac{1}{x^2}[xf(x) - \int_0^x f(u)du]$，

再求 $\varphi'(0)$，由导数定义有

$$\varphi'(0) = \lim_{x \to 0} \frac{\int_0^x f(u)du - \varphi(0)}{x^2} = \lim_{x \to 0} \frac{f(x)}{2x} = \frac{A}{2},$$

综合以上分析，可得 $\varphi'(x)$ 的表达式为

$$\varphi'(x) = \begin{cases} \dfrac{1}{x^2}[xf(x) - \int_0^x f(u)du], & x \neq 0 \\ \dfrac{A}{2}, & x = 0 \end{cases};$$

另外，再考察连续性，

$$\lim_{x \to 0} \varphi'(x) = \lim_{x \to 0} \frac{xf(x) - \int_0^x f(u)du}{x^2} = \lim_{x \to 0} \frac{f(x)}{x} - \lim_{x \to 0} \frac{\int_0^x f(u)du}{x^2}$$
$$= A - \frac{A}{2} = \frac{A}{2} = \varphi'(0),$$

因此，$\varphi'(x)$ 在 $x=0$ 处连续.

【例25】 设函数 $f(x)$ 在 $[a,b]$ 上连续，且 $f(x) > 0$，则方程 $\int_a^x f(x)dx + \int_b^x \dfrac{1}{f(x)}dx = 0$ 在开区间 (a,b) 内根有（　）个.

（A）0　　　　（B）1　　　　（C）2　　　　（D）无穷多

解：令 $F(x) = \int_a^x f(x)dx + \int_b^x \dfrac{1}{f(x)}dx$，

$F'(x) = f(x) + \dfrac{1}{f(x)} > 0$，$F(x)$ 单调增，$F(x)=0$ 至多有一个实根；

又 $F(a) = \int_b^a \dfrac{1}{f(x)}dx < 0$，$F(b) = \int_a^b f(x)dx > 0$，由零点定理 $F(x)=0$，在 (a,b) 有一个实根，所以 $F(x)=0$ 在 (a,b) 只有一个实根，故选（B）.

【例26】 设 $f(x)$ 在 $[0,+\infty)$ 上可导，$f(0)=0$，其反函数为 $g(x)$，若

$$\int_x^{x+f(x)} g(t-x)dt = x^2 \ln(1+x)$$

求 $f(x)$.

解：令 $t - x = u$ ，则 $\mathrm{d}t = \mathrm{d}u$ ，于是

$$\int_x^{x+f(x)} g(t-x)\mathrm{d}t = \int_0^{f(x)} g(u)\mathrm{d}u = x^2 \ln(1+x) .$$

对最后一个等号两侧关于 x 求导数，注意到 $g[f(x)] = x$ ，得到

$$xf'(x) = 2x\ln(1+x) + \frac{x^2}{1+x}, \ f'(0) = 0,$$

当 $x \neq 0$ 时有 $f'(x) = 2\ln(1+x) + \frac{x}{1+x}$ ，积分得

$$f(x) = 2x\ln(1+x) - x + \ln(1+x) + C ,$$

由 $f(x)$ 在 $x = 0$ 处连续有 $\lim\limits_{x\to 0} f(x) = C$ ，又 $f(0) = 0$ ，解出 $C=0$ ，于是

$$f(x) = 2x\ln(1+x) - x + \ln(1+x) .$$

【例 27】 设 $f(x)$ 在 $(-\infty, +\infty)$ 上连续，且 $f(x) > 0$ ，试证：（1） $y = \int_0^x xf(t)\mathrm{d}t$ 有唯一驻点；（2）驻点是 $y(x)$ 的极小值点.

证明：（1） $y = \int_0^x xf(t)\mathrm{d}t = x\int_0^x f(t)\mathrm{d}t$ ， $y' = \int_0^x f(t)\mathrm{d}t + xf(x)$

根据定积分中值定理， $\int_0^x f(t)\mathrm{d}t = xf(\xi)$ ，故 $y' = [f(\xi) + f(x)]x$ ，又因为 $f(x) > 0$ ，所以 $f(\xi) + f(x) > 0$ ，故仅当 $x = 0$ 时 $y' = 0$ ，即 $x = 0$ 是 $y = \int_0^x xf(t)\,\mathrm{d}t$ 的唯一驻点.

（2）因为 $x < 0$ 时， $y' < 0$ ；当 $x > 0$ 时， $y' > 0$ ，故驻点 $x = 0$ 是 $y(x)$ 的极小值点.

【例 28】 设函数 $f(x)$ 可导，且满足方程

$$f(x) = x + \int_0^x tf'(x-t)\mathrm{d}t$$

试求 $f(x)$.

解：首先利用换元法消去 $f'(x-t)$ 中的变量 x ，为此令 $x - t = z$ ，得

$$\int_0^x tf'(x-t)\mathrm{d}t = \int_x^0 (x-z)f'(z)\mathrm{d}(-z) = \int_0^x (x-z)f'(z)\mathrm{d}z$$

$$= \int_0^x xf'(z)\mathrm{d}z - \int_0^x zf'(z)\mathrm{d}z = xf(x) - \int_0^x zf'(z)\mathrm{d}z$$

从而 $$f(x) = x + xf(x) - \int_0^x zf'(z)\mathrm{d}z ,$$

两边求导得 $$f'(x) = 1 + f(x) ,$$

即 $$\frac{f'(x)}{1+f(x)} = 1 ,$$

积分得 $$\ln[1+f(x)] = x + C$$

由于 $f(0) = 0$ ，得 $C = 0$. 从而得 $\ln[1+f(x)] = x$ ，解得 $f(x) = e^x - 1$.

【例 29】 求 $\lim\limits_{n\to\infty} \int_n^{n+1} x^k e^{-x}\mathrm{d}x (k \in N)$.

解：由积分中值定理得

$$\int_n^{n+1} x^k e^{-x}\mathrm{d}x = \xi^k e^{-\xi} (n \leqslant \xi \leqslant n+1)$$

故当 $n \to \infty$ 时， $\xi \to \infty$. 故

$$\lim_{n\to\infty}\int_n^{n+1}x^ke^{-x}\mathrm{d}x=\lim_{n\to\infty}\xi e^{-\xi}=0 .$$

7.1.3 推广的积分中值定理

定理：设 $f(x)$ 在 $[a,b]$ 上连续，$g(x)$ 在 $[a,b]$ 上可积且不变号，则存在 $\xi\in[a,b]$，使

$$\int_a^b f(x)g(x)\mathrm{d}x=f(\xi)\int_a^b g(x)\mathrm{d}x \cdots\cdots\cdots\cdots\cdots\cdots\cdots（1）$$

证明：由于在等式（1）的两边对调积分上下限将导致两边变号，所以只要对 $a<b$ 的情形来证明这个等式就可以了，又改变了 $g(x)$ 的符号也同时使式（1）的两边变号，所以不失一般性，可以设 $g(x)\geqslant 0$，$x\in[a,b]$. 又设 m、M 分别表示 $f(x)$ 在 $[a,b]$ 的最小值和最大值，并记 $I=\int_a^b g(x)\mathrm{d}x$，则由 $m\leqslant f(x)\leqslant M$，进而可得

$$mI\leqslant\int_a^b f(x)g(x)\mathrm{d}x\leqslant MI \cdots\cdots\cdots\cdots\cdots\cdots\cdots（2）$$

由上式知，若 $I=0$，则 $mI\leqslant\int_a^b f(x)g(x)\mathrm{d}x=0$，即对任意 $\xi\in[a,b]$ 都有

$$\int_a^b f(x)g(x)\mathrm{d}x=f(\xi)\int_a^b g(x)\mathrm{d}x$$

若 $I\neq 0$，则因 $a<b$，故有 $I>0$，因此式（2）成为

$$m\leqslant\frac{1}{I}\int_a^b f(x)g(x)\mathrm{d}x\leqslant M$$

由介值定理知，在 m 与 M 之间存在数值 μ，使

$$\frac{1}{I}\int_a^b f(x)g(x)\mathrm{d}x=\mu$$

又由在闭区间 $[a,b]$ 上 $f(x)$ 的连续性，则 $f(x)$ 在 m 与 M 之间必存在一点 $\xi\in[a,b]$，使 $f(\xi)=\mu$，进而可得 $f(\xi)=\dfrac{1}{I}\int_a^b f(x)g(x)\mathrm{d}x$

即 $\quad\int_a^b f(x)g(x)\mathrm{d}x=f(\xi)\int_a^b g(x)\mathrm{d}x$.

【例 30】 估计积分 $\int_0^{100}\dfrac{e^{-x}}{x+100}\mathrm{d}x$ 的值所在的范围.

分析：如果直接用积分中值定理来估计，由于积分区间长为 100，而被积函数的最大值与最小值相差也不大，这样做不但麻烦，也不精确.

解：用推广的积分中值定理，有

原式 $=\dfrac{1}{\xi+100}(1-e^{-100})$，其中 $0\leqslant\xi\leqslant 100$，故

$$\frac{1}{200}\leqslant\frac{1}{\xi+100}\leqslant\frac{1}{100}$$

于是 $\dfrac{1}{200}(1-e^{-100})\leqslant\int_0^{100}\dfrac{e^{-x}}{x+100}\mathrm{d}x\leqslant\dfrac{1}{100}(1-e^{-100})$.

【例 31】 证明 $\lim\limits_{n\to\infty}\int_0^1\dfrac{x^n}{1+x}\mathrm{d}x=0$.

证法 1： 由 $0 < \dfrac{x^n}{1+x} < x^n$，得

$$0 < \int_0^1 \frac{x^n}{1+x}dx < \int_0^1 x^n dx = \frac{1}{n+1},$$

由夹逼准则得 $\qquad\qquad \lim\limits_{n\to\infty} \int_0^1 \dfrac{x^n}{1+x}dx = 0$.

证法 2： 用推广的积分中值定理，得

$$\int_0^1 \frac{x^n}{1+x}dx = \frac{1}{1+\xi}\int_0^1 x^n dx = \frac{1}{(1+\xi)(n+1)}(0 \leqslant \xi \leqslant 1),$$

故有 $\quad \lim\limits_{n\to\infty} \int_0^1 \dfrac{x^n}{1+x}dx = \lim\limits_{n\to\infty} \dfrac{1}{(1+\xi)(n+1)} = 0$.

【例 32】 求 $\lim\limits_{n\to\infty} \int_n^{n+a} x\sin\dfrac{1}{x}dx (a>0)$.

解： 根据定积分中值定理，得，存在 $\xi \in [n, n+a]$，使

$$\int_n^{n+a} x\sin\frac{1}{x}dx = a\xi\sin\frac{1}{\xi}.$$

又因为，$n\to\infty$ 时，$\xi \to +\infty$，故

原式 $= \lim\limits_{n\to\infty} a\xi\sin\dfrac{1}{\xi} = \lim\limits_{\xi\to+\infty} a\xi\sin\dfrac{1}{\xi} = a$.

练习题

1. 求下列极限.

（1）$\lim\limits_{n\to\infty} \dfrac{1}{n}\left[\sqrt{1+\cos\dfrac{\pi}{n}} + \sqrt{1+\cos\dfrac{2\pi}{n}} + \cdots + \sqrt{1+\cos\dfrac{n\pi}{n}}\right]$.

（2）$\lim\limits_{n\to\infty} \ln\sqrt[n]{\left(1+\dfrac{1}{n}\right)^2\left(1+\dfrac{2}{n}\right)^2\cdots\left(1+\dfrac{n}{n}\right)^2}$.

（3）$\lim\limits_{n\to\infty}\left(\dfrac{1}{n+\dfrac{1}{n}} + \dfrac{1}{n+\dfrac{4}{n}} + \cdots + \dfrac{1}{n+\dfrac{n^2}{n}}\right)$.

（4）$\lim\limits_{n\to\infty}\left[\dfrac{n}{(n+1)^2} + \dfrac{n}{(n+2)^2} + \cdots + \dfrac{n}{(n+n)^2}\right]$.

（5）$\lim\limits_{n\to\infty} \dfrac{1}{n^2}\left(\sqrt{1} + \sqrt{2} + \cdots + \sqrt{n^2}\right)$.

（6）$\lim\limits_{n\to\infty}\left[\left(1+\dfrac{1}{n}\right)\left(1+\dfrac{2}{n}\right)\cdots\left(1+\dfrac{n}{n}\right)\right]^{\frac{1}{n}}$.

2. 选择题.

（1）设 $f(x)$ 连续，则 $\dfrac{d}{dx}\int_0^x tf(x^2-t^2)dt = $（ ）.

（A）$xf(x^2)$ （B）$-xf(x^2)$ （C）$2xf(x^2)$ （D）$-2xf(x^2)$

（2）设 $f(x) = \int_0^{\sin x} \sin t^2 \mathrm{d}t$，$g(x) = x^3 + x^4$，则 $x \to 0$ 时，$f(x)$ 是 $g(x)$ 的（　　）.

（A）等价无穷小　　　　　　　（B）同阶但非等价无穷小

（C）高阶无穷小　　　　　　　（D）低阶无穷小

（3）闭区间上的函数（　　）.

（A）有界必可积　　　　　　　（B）可积必有界

（C）可积必可导　　　　　　　（D）可积必有原函数

（4）设 $f(x)$ 连续，曲线 $y = f(x)$ 与 x 轴围成三块面积 S_1，S_2，S_3，其中 S_1，S_3 在 x 轴的下方，S_2 在 x 轴的上方，已知 $S_1 = 2S_2 - q$，$S_2 + S_3 = p$，（$p \neq q$），则 $\int_a^b f(x)\mathrm{d}x =$（　　）.

（A）$p + q$　　　　（B）$p - q$　　　　（C）$q - p$　　　　（D）$-p - q$

（5）设 $f(x)$ 为已知的连续函数，$I = \int_0^{\frac{s}{t}} f(tx)\mathrm{d}x$，其中 $s > 0$，$t > 0$，则 I 的值（　　）.

（A）依赖于 s, t　　　　　　　（B）依赖于 s, t, x

（C）依赖于 x, t，不依赖于 s　　（D）依赖于 s，不依赖于 t

3．设 $f(x) = \begin{cases} 2x + \dfrac{3}{2}x^2, & -1 \leqslant x < 0 \\[2mm] \dfrac{xe^x}{(e^x + 1)^2}, & 0 \leqslant x \leqslant 1 \end{cases}$，求函数 $F(x) = \int_{-1}^x f(x)\mathrm{d}x$ 的表达式.

4．设 $f(x) = \int_x^{x + \frac{\pi}{2}} |\sin t| \mathrm{d}t$，求 $f(x)$，$x \in [0, \pi]$ 的值域.

5．证明方程 $\int_0^x \sqrt{1 + t^4}\mathrm{d}t + \int_{\cos x}^0 e^{-t^2}\mathrm{d}t = 0$ 有且仅有一个实根.

练习题参考答案

1．（1）原式 $= \int_0^1 \sqrt{1 + \cos \pi x}\mathrm{d}x = \dfrac{2\sqrt{2}}{\pi}$.

（2）原式 $= 2\lim\limits_{n \to \infty} \sum\limits_{i=1}^n \ln\left(1 + \dfrac{i}{n}\right) \cdot \dfrac{1}{n} = 2\int_0^1 \ln(1 + x)\mathrm{d}x = 2\int_1^2 \ln x \mathrm{d}x$.

（3）原式 $= \int_0^1 \dfrac{1}{1 + x^2}\mathrm{d}x = \dfrac{\pi}{4}$.

（4）原式 $= \int_0^1 \dfrac{1}{(1 + x)^2}\mathrm{d}x = \dfrac{1}{2}$.

（5）原式 $= \lim\limits_{n \to \infty} \dfrac{1}{n}\left(\dfrac{\sqrt{1} + \sqrt{2} + \cdots + \sqrt{n^2}}{\sqrt{n^2}}\right) = \lim\limits_{n \to \infty} \sum\limits_{i=1}^n \sqrt{\dfrac{i}{n}} \cdot \dfrac{1}{n} = \int_0^1 \sqrt{x}\mathrm{d}x = \dfrac{2}{3}$.

（6）记 $J_n = \left[\left(1 + \dfrac{1}{n}\right)\left(1 + \dfrac{2}{n}\right)\cdots\left(1 + \dfrac{n}{n}\right)\right]^{\frac{1}{n}}$，

$\ln J_n = \ln\left[\left(1 + \dfrac{1}{n}\right)\left(1 + \dfrac{2}{n}\right)\cdots\left(1 + \dfrac{n}{n}\right)\right]^{\frac{1}{n}} = \dfrac{1}{n}\left[\ln\left(1 + \dfrac{1}{n}\right) + \ln\left(1 + \dfrac{2}{n}\right) + \cdots + \ln\left(1 + \dfrac{n}{n}\right)\right]$

$$= \int_0^1 \ln(1+x)\mathrm{d}x = 2\ln 2 - 1 ,$$

所以 $\lim\limits_{n\to\infty} \ln J_n = 2\ln 2 - 1$ ， $\lim\limits_{n\to\infty} J_n = e^{2\ln 2 - 1} = \dfrac{4}{e}$ ．

2．（1） $\dfrac{\mathrm{d}}{\mathrm{d}x}\int_0^x tf(x^2 - t^2)\mathrm{d}t = \dfrac{\mathrm{d}}{\mathrm{d}x}\int_0^x -\dfrac{1}{2}f(x^2 - t^2)\mathrm{d}(x^2 - t^2) \xlongequal{u = x^2 - t^2} \dfrac{\mathrm{d}}{\mathrm{d}x}\int_{x^2}^0 -\dfrac{1}{2}f(u)\mathrm{d}u$

$= xf(x^2)$ ．故选（A）．

（2）解： $\lim\limits_{x\to 0}\dfrac{f(x)}{g(x)} = \lim\limits_{x\to 0}\dfrac{\int_0^{\sin x}\sin t^2\mathrm{d}t}{x^3 + x^4} = \dfrac{1}{3}$ ，选（B）．

（3）（B）．（4）（C）．（5）（D）．

3．解：当 $-1 \leqslant x < 0$ 时， $F(x) = \int_{-1}^x \left(2t + \dfrac{3}{2}t^2\right)\mathrm{d}t = \dfrac{1}{2}x^3 + x^2 - \dfrac{1}{2}$

当 $0 \leqslant x < 1$ 时， $F(x) = \int_{-1}^0 \left(2t + \dfrac{3}{2}t^2\right)\mathrm{d}t + \int_0^x \dfrac{te^t\mathrm{d}t}{(e^t + 1)^2} = -\dfrac{1}{2} - \int_0^x t\mathrm{d}\dfrac{1}{e^t + 1}$

$$= -\dfrac{1}{2} - \dfrac{x}{e^x + 1} + \int_0^x \dfrac{\mathrm{d}e^t}{e^t(e^t + 1)} = -\dfrac{1}{2} - \dfrac{x}{e^x + 1} + \ln\dfrac{e^x}{e^x + 1} + \ln 2 .$$

所以， $F(x) = \begin{cases} \dfrac{1}{2}x_3 + x_2 - \dfrac{1}{2}, & -1 \leqslant x < 0 \\[2mm] = \dfrac{1}{2} - \dfrac{x}{e^x + 1} + \ln\dfrac{e^x}{e^x + 1} + \ln 2, & 0 \leqslant x \leqslant 1 \end{cases}$ ．

4．解： $f'(x) = \left|\sin\left(x + \dfrac{\pi}{2}\right)\right| - |\sin x| = |\cos x| - |\sin x|$

令 $f'(x) = 0$ ，得 $x_1 = \dfrac{\pi}{4}$ ， $x_2 = \dfrac{3\pi}{4}$

$f\left(\dfrac{\pi}{4}\right) = \int_{\frac{\pi}{4}}^{\frac{\pi}{4} + \frac{\pi}{2}}|\sin t|\mathrm{d}t = \sqrt{2}$ ， $f\left(\dfrac{3\pi}{4}\right) = \int_{\frac{3\pi}{4}}^{\frac{3\pi}{4} + \frac{\pi}{2}}|\sin t|\mathrm{d}t = 2 - \sqrt{2}$

$f(0) = \int_0^{\frac{\pi}{2}}|\sin t|\mathrm{d}t = 1$ ， $f(\pi) = \int_{\pi}^{\pi + \frac{\pi}{2}}|\sin t|\mathrm{d}t = 1$

比较 $f\left(\dfrac{\pi}{4}\right)$ ， $f\left(\dfrac{3\pi}{4}\right)$ ， $f(0)$ ， $f(\pi)$ 这 4 个值，知 $f(x)$ 在 $[0, \pi]$ 上的最小值为 $2 - \sqrt{2}$ ，最大值为 $\sqrt{2}$ ．

因此， $f(x)$ 的值域为 $[2 - \sqrt{2}, \sqrt{2}]$ ．

5．证明：令 $F(x) = \int_0^x \sqrt{1 + t^4}\mathrm{d}t + \int_{\cos x}^0 e^{-t^2}\mathrm{d}t$ ，则

$F(0) = \int_0^0 \sqrt{1 + t^4}\mathrm{d}t + \int_1^0 e^{-t^2}\mathrm{d}t = -\int_0^1 e^{-t^2}\mathrm{d}t$ ，

因 $e^{-t^2} > 0$ ，故 $F(0) < 0$ ，

$F\left(\dfrac{\pi}{2}\right) = \int_0^{\frac{\pi}{2}}\sqrt{1 + t^4}\mathrm{d}t + \int_0^0 e^{-t^2}\mathrm{d}t$

类似地，因 $\sqrt{1+t^4}>0$，故 $F\left(\dfrac{\pi}{2}\right)>0$．

于是由零点定理，知 $F(x)$ 在 $\left(0,\dfrac{\pi}{2}\right)$ 内有一实根．

下面证明只有一个实根，这只需证明 $F(x)$ 在 $\left(0,\dfrac{\pi}{2}\right)$ 内的单调增函数，为此，证明 $F'(x)>0$ 即可．

事实上，$F'(x)=\sqrt{1+x^4}+e^{-\cos^2 x}\cdot\sin x$．

因 $\sqrt{1+x^4}\geqslant 1$，而 $0<e^{-\cos^2 x}\leqslant 1$，$-1\leqslant\sin x\leqslant 1$．

故 $-1\leqslant e^{-\cos^2 x}\cdot\sin x\leqslant 1$．

于是 $F'(x)>0$，因此 $F(x)$ 在 $(-\infty,+\infty)$ 内单调递增．

7.2　定积分的计算

【知识要点解读】

1. 牛顿-莱布尼茨公式

函数 $f(x)$ 在 $[a,b]$ 上连续，$F'(x)=f(x)$，则 $\displaystyle\int_a^b f(x)\mathrm{d}x=F(x)\big|_a^b=F(b)-F(a)$．

2. 换元积分法

用定积分的换元法时应注意：

（1）三换：一换积分变量，二换被积函数，三换积分上、下限．

（2）做什么样的变量替换一般要从被积函数的形式入手，与不定积分的换元法相类似，但又有不同．其不同之处在于定积分中积分变量的取值范围是确定的，即上、下限．因此，在作换元后被积函数的形式往往更具体．

3. 分部积分法

$\displaystyle\int_a^b u\mathrm{d}v=uv\big|_a^b-\int_a^b v\mathrm{d}u$，$u,v$ 的选取方法如不定积分一样．

选取 u 的方法还是："反、对、幂、三、指"法．

4. 几个特殊函数的积分公式

（1）奇偶函数定积分公式．

条件	结论
$f(x)$ 在 $[-a,a]$ 上连续，且为奇函数	$\displaystyle\int_{-a}^a f(x)\mathrm{d}x=0$
$f(x)$ 在 $[-a,a]$ 上连续，且为偶函数	$\displaystyle\int_{-a}^a f(x)\mathrm{d}x=2\int_0^a f(x)\mathrm{d}x=0$

（2）若 $f(x+T)=f(x)$（$T>0$ 为已知常数），则 $\displaystyle\int_a^{a+T}f(x)\mathrm{d}x=\int_0^T f(x)\mathrm{d}x$．

（3）$\int_0^\pi f(\sin x)\mathrm{d}x = 2\int_0^{\pi/2} f(\sin x)\mathrm{d}x$.

（4）被积函数是分段函数，计算时先要利用积分的区间可加性，将积分拆成在各段区间上分别积分，再合起来；被积函数带有绝对值符号，需先去掉绝对值转化为分段函数再积分.

7.2.1 定积分的换元法——换元要换限，积分值不变

【例1】 计算 $I = \int_0^{\frac{\pi}{4}} \dfrac{\sin x}{1+\sin x}\mathrm{d}x$.

解： $I = \int_0^{\frac{\pi}{4}} \dfrac{\sin x}{1+\sin x}\mathrm{d}x = \int_0^{\frac{\pi}{4}} \dfrac{\sin x(1-\sin x)}{(1+\sin x)(1-\sin x)}\mathrm{d}x$

$\qquad = \int_0^{\frac{\pi}{4}} \dfrac{\sin x - \sin^2 x}{1-\sin^2 x}\mathrm{d}x = \int_0^{\frac{\pi}{4}} \dfrac{\sin x}{\cos^2 x}\mathrm{d}x - \int_0^{\frac{\pi}{4}} \tan^2 x\mathrm{d}x$

$\qquad = \sec x\Big|_0^{\frac{\pi}{4}} - (\tan x - x)\ \Big|_0^{\frac{\pi}{4}} = \dfrac{\pi}{4} - 2 + \sqrt{2}$.

【例2】 $\int_0^{\frac{\pi}{6}} \dfrac{\mathrm{d}x}{\cos x\sqrt{\sin x}}$.

解：原式 $= 2\int_0^{\frac{\pi}{6}} \dfrac{\mathrm{d}\sqrt{\sin x}}{\cos^2 x} = 2\int_0^{\frac{\pi}{6}} \dfrac{\mathrm{d}\sqrt{\sin x}}{1-\sin^2 x}$

$\qquad = \int_0^{\frac{\pi}{6}} \left(\dfrac{1}{1-\sin x} + \dfrac{1}{1+\sin x} \right)\mathrm{d}\sqrt{\sin x}$

$\qquad = \int_0^{\frac{\pi}{6}} \left(\dfrac{1}{1-\sqrt{\sin x}^2} + \dfrac{1}{1+\sqrt{\sin x}^2} \right)\mathrm{d}\sqrt{\sin x}$

$\qquad = \left[\dfrac{1}{2}\ln\dfrac{1+\sqrt{\sin x}}{1-\sqrt{\sin x}} + \arctan\sqrt{\sin x} \right]_0^{\frac{\pi}{6}} = \ln\left(1+\sqrt{2}\right) + \arctan\sqrt{\dfrac{1}{2}}$.

【例3】 $\int_0^1 \dfrac{x\mathrm{d}x}{(2-x^2)\sqrt{1-x^2}}$.

解： 令 $x = \sin t$ ，原式 $= \int_0^{\frac{\pi}{2}} \dfrac{\sin t}{2-\sin^2 t}\mathrm{d}t = -\int_0^{\frac{\pi}{2}} \dfrac{\mathrm{d}\cos t}{1+\cos^2 t}\mathrm{d}t = -\arctan(\cos t)\ \Big|_0^{\frac{\pi}{2}} = \dfrac{\pi}{4}$

【例4】 计算 $\int_0^a \arctan\sqrt{\dfrac{a-x}{a+x}}\mathrm{d}x$.

分析：本题应用换元积分法，换元时应注意要换限.

解法1： 令 $t = \arctan\sqrt{\dfrac{a-x}{a+x}}$ ，则 $x = a\cdot\dfrac{1-\tan^2 t}{1+\tan^2 t} = a\cos 2t$ ，

原式 $= \int_{\frac{\pi}{4}}^0 t\mathrm{d}(a\cos 2t) = at\cos 2t\ \Big|_{\frac{\pi}{4}}^0 + a\int_0^{\frac{\pi}{4}} \cos 2t\mathrm{d}t = \dfrac{a}{2}$.

解法2：令 $x = a\cos t$

原式 $= \int_{\frac{\pi}{2}}^{0} \frac{t}{2} \mathrm{d}\cos t = a \cdot \frac{t}{2}\cos t \Big|_{\frac{\pi}{2}}^{0} - \int_{\frac{\pi}{2}}^{0} \frac{a}{2}\cos t \mathrm{d}t = \frac{a}{2}$.

解法3：记 $\omega(x) = \sqrt{\dfrac{a-x}{a+x}}$，分部积分得

原式 $= x\arctan\omega(x)\Big|_0^a - \int_0^a x \dfrac{1}{1+\omega^2} \dfrac{1}{2\omega} \dfrac{-2a}{(a+x)^2} \mathrm{d}x$

$= \int_0^a \dfrac{x}{2\sqrt{a^2-x^2}} \mathrm{d}x = \dfrac{a}{2}$.

【例5】 设函数 $f(x)$ 在 $(-\infty, +\infty)$ 内满足 $f(x) = f(x-\pi) + \sin x$，且 $f(x) = x$，$x \in [0, \pi)$，计算 $\int_{\pi}^{3\pi} f(x)\mathrm{d}x$.

解：因为已知 $f(x)$ 在 $[0, \pi]$ 上的表达式，所以设法将 $f(x)$ 在 $[\pi, 3\pi]$ 上的积分用 $f(x)$ 在 $[0, \pi]$ 上的积分表示，以 π 为位移量将积分区间逐步左移到 $[0, \pi]$ 上.

原式 $= \int_{\pi}^{3\pi} [f(x-\pi) + \sin x]\mathrm{d}x = \int_{\pi}^{3\pi} f(x-\pi)\mathrm{d}x \xlongequal{u=x-\pi} \int_0^{2\pi} f(u)\mathrm{d}u$

$= \int_0^{\pi} f(x)\mathrm{d}x + \int_{\pi}^{2\pi} f(x)\mathrm{d}x$

$= \int_0^{\pi} f(x)\mathrm{d}x + \int_{\pi}^{2\pi} [f(x-\pi) + \sin x]\mathrm{d}x$

$= \int_0^{\pi} f(x)\mathrm{d}x + \int_{\pi}^{2\pi} f(x-\pi)\mathrm{d}x - 2$

$= \int_0^{\pi} f(x)\mathrm{d}x + \int_0^{\pi} f(u)\mathrm{d}u - 2 = 2\int_0^{\pi} x\mathrm{d}x - 2 = \pi^2 - 2$.

【例6】 设 $f(x) = \begin{cases} xe^{-x^2}, & x \geq 0 \\ \dfrac{1}{1+e^x}, & x < 0 \end{cases}$，计算 $I = \int_1^4 f(x-2)\,\mathrm{d}x$.

解：令 $t = x - 2$，则有

$I = \int_{-1}^{2} f(t)\mathrm{d}t = \int_{-1}^{0} f(t)\mathrm{d}t + \int_0^2 f(t)\mathrm{d}t = \int_{-1}^{0} \dfrac{1}{1+e^t}\mathrm{d}t + \int_0^2 te^{-t^2}\mathrm{d}t$

$= -\int_{-1}^{0} \dfrac{\mathrm{d}(e^{-t}+1)}{e^{-t}+1} + \dfrac{1}{2}\int_0^2 e^{-t^2}\mathrm{d}t^2 = \ln\dfrac{e+1}{2} + \dfrac{1}{2}(1 - e^{-4})$.

【例7】 计算 $I = \int_0^{\frac{\pi}{2}} \dfrac{\cos x}{\sin x + \cos x}\mathrm{d}x$.

解：令 $x = \dfrac{\pi}{2} - t$，则有

$I = \int_{\frac{\pi}{2}}^{0} \dfrac{\cos\left(\dfrac{\pi}{2} - t\right)}{\sin\left(\dfrac{\pi}{2} - t\right) + \cos\left(\dfrac{\pi}{2} - t\right)} \mathrm{d}\left(\dfrac{\pi}{2} - t\right) = \int_0^{\frac{\pi}{2}} \dfrac{\sin t}{\cos t + \sin t}\mathrm{d}t = \int_0^{\frac{\pi}{2}} \dfrac{\sin x}{\cos x + \sin x}\mathrm{d}x$

即　$2I = \int_0^{\frac{\pi}{2}} \dfrac{\cos x}{\sin x + \cos x}\mathrm{d}x + \int_0^{\frac{\pi}{2}} \dfrac{\sin x}{\sin x + \cos x}\mathrm{d}x = \int_0^{\frac{\pi}{2}} \mathrm{d}x = \dfrac{\pi}{2}$

故有 $I = \dfrac{\pi}{4}$.

7.2.2 定积分的分部积分法

【例 8】 求 $\int_{\frac{1}{2}}^{2}\left(1+x-\dfrac{1}{x}\right)e^{x+\frac{1}{x}}\mathrm{d}x$.

解：应用定积分的分部积分公式，有

$$原式 = \int_{\frac{1}{2}}^{2} e^{x+\frac{1}{x}}\mathrm{d}x + \int_{\frac{1}{2}}^{2} x\left(1-\dfrac{1}{x^2}\right)e^{x+\frac{1}{x}}\mathrm{d}x = \int_{\frac{1}{2}}^{2} e^{x+\frac{1}{x}}\mathrm{d}x + \int_{\frac{1}{2}}^{2} x\mathrm{d}e^{x+\frac{1}{x}}$$

$$= \int_{\frac{1}{2}}^{2} e^{x+\frac{1}{x}}\mathrm{d}x + xe^{x+\frac{1}{x}}\Big|_{\frac{1}{2}}^{2} - \int_{\frac{1}{2}}^{2} e^{x+\frac{1}{x}}\mathrm{d}x = \dfrac{3}{2}e^{\frac{5}{2}} .$$

【例 9】 设 n 为正整数，计算 $\int_{0}^{1} x^2(1-x)^n\mathrm{d}x$.

解法 1：采用分部积分法，则有

$$\int_{0}^{1} x^2(1-x)^n\mathrm{d}x = -\dfrac{x^2(1-x)^{n+1}}{n+1}\bigg|_{0}^{1} + \dfrac{2}{n+1}\int_{0}^{1} x(1-x)^{n+1}\mathrm{d}x$$

$$= -\dfrac{2x(1-x)^{n+2}}{(n+1)(n+2)}\bigg|_{0}^{1} + \dfrac{2}{(n+1)(n+2)}\int_{0}^{1}(1-x)^{n+2}\mathrm{d}x$$

$$= -\dfrac{2(1-x)^{n+3}}{(n+1)(n+2)(n+3)}\bigg|_{0}^{1} = \dfrac{2}{(n+1)(n+2)(n+3)} .$$

解法 2：取变换 $1-x=t$ ， $\mathrm{d}x=-\mathrm{d}t$ ，则有

$$\int_{0}^{1} x^2(1-x)^n\mathrm{d}x = \int_{0}^{1} t^n(1-t)^2\mathrm{d}t = \int_{0}^{1} t^n(1-2t+t^2)\mathrm{d}t$$

$$= \int_{0}^{1}\left(t^n - 2t^{n+1} + t^{n+2}\right)\mathrm{d}t = \left(\dfrac{t^{n+1}}{n+1} - \dfrac{2t^{n+2}}{n+2} + \dfrac{t^{n+3}}{n+3}\right)\bigg|_{0}^{1}$$

$$= \dfrac{1}{n+1} - \dfrac{2}{n+2} + \dfrac{1}{n+3} .$$

【例 10】 计算 $\lim\limits_{n\to\infty}\int_{0}^{1} e^{-x}\sin nx\mathrm{d}x$.

解：

$$\int_{0}^{1} e^{-x}\sin nx\mathrm{d}x = -\int_{0}^{1}\sin nx\mathrm{d}e^{-x}$$

$$= -\left[e^{-x}\sin nx\right]_{0}^{1} + \int_{0}^{1} e^{-x}\mathrm{d}\sin nx = -e^{-1}\sin n - n\int_{0}^{1}\cos nx\mathrm{d}e^{-x}$$

$$= -e^{-1}\sin n - n\left[\left(e^{-x}\cos nx\right)_{0}^{1} + n\int_{0}^{1} e^{-x}\mathrm{d}\cos nx\right.$$

$$= -e^{-1}\sin n - ne^{-1}\cos n + n - n^2\int_{0}^{1} e^{-x}\sin nx\mathrm{d}x$$

由此解得 $\int_{0}^{1} e^{-x}\sin nx\mathrm{d}x = \dfrac{-e^{-1}\sin n - ne^{-1}\cos n + n}{1+n^2}$

故 $\lim\limits_{n\to\infty}\int_{0}^{1} e^{-x}\sin nx\mathrm{d}x = \lim\limits_{n\to\infty}\dfrac{-e^{-1}\sin n - ne^{-1}\cos n + n}{1+n^2} = 0$.

7.2.3 运用奇、偶函数与周期函数的性质，化简定积分

【例 11】 计算 $\int_{-2}^{2}\dfrac{7x^5 + x^4 + x^3 + 5x^2 - 13x - 2}{1+x^2}\mathrm{d}x$.

解： $\dfrac{7x^5 + x^3 - 13x}{1+x^2}$ 是奇函数，其余项是偶函数，所以

$$原式 = 2\int_0^2 \frac{x^4 + 5x^2 - 2}{1+x^2}\mathrm{d}x = 2\int_0^2 \left(x^2 + 4 - \frac{6}{1+x^2}\right)\mathrm{d}x = \frac{64}{3} - 12\arctan 2 .$$

【例 12】 计算 $\displaystyle\int_{-\frac{\pi}{4}}^{\frac{\pi}{4}} \frac{1+\sin 3x \cos x}{1+\cos^2 x}\mathrm{d}x$.

解： 利用奇偶性，则原积分为

$$I = \int_{-\frac{\pi}{4}}^{\frac{\pi}{4}} \frac{1}{1+\cos^2 x}\mathrm{d}x = 2\int_0^{\frac{\pi}{4}} \frac{1}{2\cos^2 x + \sin^2 x}\mathrm{d}x$$

$$= 2\int_0^{\frac{\pi}{4}} \frac{\mathrm{d}\tan x}{2 + \tan^2 x} = 2 \times \frac{1}{\sqrt{2}}\arctan\left(\frac{\tan x}{\sqrt{2}}\right)\Big|_0^{\frac{\pi}{4}} = \sqrt{2}\arctan\frac{1}{\sqrt{2}} .$$

【例 13】 $\displaystyle\int_{-\pi/2}^{\pi/2} (x^3 + \sin^2 x)\cos^2 x\mathrm{d}x = \underline{\hspace{3cm}}$.

解： 原式 $= \displaystyle\int_{-\pi/2}^{\pi/2} x^3\cos^2 x\mathrm{d}x + \int_{-\pi/2}^{\pi/2} \sin^2 x\cos^2 x\mathrm{d}x$

$$= \frac{1}{2}\int_0^{\pi/2} \sin^2 2x\mathrm{d}x = \frac{1}{2}\int_0^{\pi/2} \frac{1-\cos 4x}{2}\mathrm{d}x = \frac{\pi}{8}$$

【例 14】 计算 $\displaystyle\int_{100}^{100+\pi} \sin^2 2x(\tan x + 1)\mathrm{d}x$.

解： 由于 $\sin^2 2x$ 和 $\tan x$ 都是以 π 为周期的周期函数，积分区间 $[100, 100+\pi]$ 之长为 π，而对以 T 为周期的周期函数 $f(x)$ 来说，有

$$\int_{\lambda}^{\lambda+T} f(x)\mathrm{d}x = \int_{-\frac{T}{2}}^{\frac{T}{2}} f(x)\mathrm{d}x$$

所以，原式 $= \displaystyle\int_{-\frac{\pi}{2}}^{\frac{\pi}{2}} \sin^2 2x(\tan x + 1)\mathrm{d}x = 2\int_0^{\frac{\pi}{2}} \sin^2 2x\mathrm{d}x = \frac{\pi}{2}$.

【例 15】 $\displaystyle\int_0^{2006\pi} x|\sin x|\mathrm{d}x = \underline{\hspace{3cm}}$.

解： $I \xlongequal{t=2006\pi-x} \displaystyle\int_{2006\pi}^{0} (2006\pi - t)|\sin t|\mathrm{d}(2006\pi - t)$

$$= -\int_0^{2006\pi} t|\sin t|\mathrm{d}t + 2006\pi\int_0^{2006\pi} |\sin t|\mathrm{d}t$$

$$= -I + 2\times(2006)^2\pi \quad （利用周期性）$$

故 $I = (2006)^2\pi$.

【例 16】 计算 $I = \displaystyle\int_0^{k\pi} \sqrt{1-\sin 2x}\,\mathrm{d}x$ （k 为正整数）.

解： 由于 $\sin 2x$ 为以 π 为周期的周期函数，得

$$I = \int_0^{k\pi} \sqrt{1-\sin 2x}\,\mathrm{d}x = k\int_0^{\pi} \sqrt{1-\sin 2x}\,\mathrm{d}x = k\int_0^{\pi} \sqrt{(\sin x - \cos x)^2}\,\mathrm{d}x$$

$$= k\int_0^{\pi} |\sin x - \cos x|\,\mathrm{d}x = k\int_0^{\frac{\pi}{4}} (\cos x - \sin x)\mathrm{d}x + k\int_{\frac{\pi}{4}}^{\pi} (\sin x - \cos x)\mathrm{d}x$$

$$= 2\sqrt{2}k .$$

7.2.4　被积函数中含有绝对值符号的定积分计算

【例17】　计算 $\int_{-2}^{3}\left|x^2+2|x|-3\right|\mathrm{d}x$.

分析：计算带绝对值的被积函数的积分，先去绝对值. 方法有两种，一是令含绝对值部分的函数为零，求出其实根，以其实根为分段点，将被积函数化成分段函数；二是利用函数的奇偶性、周期性等性质，使绝对值符号脱落.

解法1：先令 $|x|=0$ 得分段点 $x=0$，于是

原式 $=\int_{-2}^{0}\left|x^2-2x-3\right|\mathrm{d}x+\int_{0}^{3}\left|x^2+2x-3\right|\mathrm{d}x$，

再分别令 $x^2-2x-3=0, x^2+2x-3=0$，易得分段点 $x=-1, x=1$，于是得到

原式 $=\int_{-2}^{-1}-(x^2-2x-3)\mathrm{d}x+\int_{-1}^{0}(x^2-2x-3)\mathrm{d}x$

$\quad+\int_{0}^{1}-(x^2+2x-3)\mathrm{d}x+\int_{1}^{3}(x^2+2x-3)\mathrm{d}x=\dfrac{49}{3}$.

解法2：注意到 $x^2+2|x|-3$ 为偶函数，因此有

原式 $=\int_{-2}^{2}\left|x^2+2|x|-3\right|\mathrm{d}x+\int_{2}^{3}(x^2+2x-3)\mathrm{d}x$

$\quad=2\int_{0}^{2}\left|x^2+2x-3\right|\mathrm{d}x+\int_{2}^{3}(x^2+2x-3)\mathrm{d}x$

$\quad=-2\int_{0}^{1}(x^2+2x-3)\mathrm{d}x+2\int_{1}^{2}(x^2+2x-3)\mathrm{d}x+\int_{2}^{3}(x^2+2x-3)\mathrm{d}x$

$\quad=\dfrac{49}{3}$.

【例18】　求 $\int_{0}^{\pi}\sqrt{1-\sin x}\mathrm{d}x$.

解：原式 $=\int_{0}^{\pi}\sqrt{\left(\sin\dfrac{x}{2}-\cos\dfrac{x}{2}\right)^2}\mathrm{d}x=\int_{0}^{\pi}\left|\sin\dfrac{x}{2}-\cos\dfrac{x}{2}\right|\mathrm{d}x$

$\quad=\int_{0}^{\frac{\pi}{2}}\left(\cos\dfrac{x}{2}-\sin\dfrac{x}{2}\right)\mathrm{d}x+\int_{\frac{\pi}{2}}^{\pi}\left(\sin\dfrac{x}{2}-\cos\dfrac{x}{2}\right)\mathrm{d}x=4(\sqrt{2}-1)$.

【例19】　设连续非负函数满足 $f(x)f(-x)=1$，$x\in(-\infty,+\infty)$. 则 $\int_{-\frac{\pi}{2}}^{\frac{\pi}{2}}\dfrac{\cos x}{1+f(x)}\mathrm{d}x=$

_____.

解：由于 $\int_{-\frac{\pi}{2}}^{0}\dfrac{\cos x}{1+f(x)}\mathrm{d}x\xlongequal{t=-x}-\int_{-\frac{\pi}{2}}^{0}\dfrac{\cos t}{1+f(-t)}\mathrm{d}t$

$\quad=\int_{0}^{\frac{\pi}{2}}\dfrac{\cos t}{1+\dfrac{1}{f(t)}}\mathrm{d}t=\int_{0}^{\frac{\pi}{2}}\dfrac{f(t)\cos t}{1+f(t)}\mathrm{d}t$，

所以，原式 $=\int_{0}^{\frac{\pi}{2}}\dfrac{f(x)\cos x}{1+f(x)}\mathrm{d}x+\int_{0}^{\frac{\pi}{2}}\dfrac{\cos x}{1+f(x)}\mathrm{d}x=\int_{0}^{\frac{\pi}{2}}\cos x\mathrm{d}x=1$.

【例20】　设函数 $f(x)$ 在 $[a,b]$ 上连续，在 (a,b) 内可导，且 $f'(x)\leq M$ （M 为常数），$f(a)=0$. 证明：$\int_{a}^{b}f(x)\mathrm{d}x\leq\dfrac{1}{2}M(b-a)^2$.

解： 因为 $f(a)=0$，所以 $f(x)=f(x)-f(a)$，又因为 $f(x)$ 在 $[a,b]$ 上连续，在 (a,b) 内可导，所以由拉格朗日中值定理，存在 $\xi\in(a,x)$ 使 $f(x)=f'(\xi)(x-a)$．

根据 $f'(x)\leqslant M$，可得 $f(x)\leqslant M(x-a)$．

两边从 a 到 b 积分，得

$$\int_a^b f(x)\mathrm{d}x\leqslant M\int_a^b(x-a)\mathrm{d}x=\frac{1}{2}M(b-a)^2，$$

所以　$\int_a^b f(x)\mathrm{d}x\leqslant\dfrac{1}{2}M(b-a)^2$．

【例 21】 设函数 $f(x)=\int_0^1|t(t-x)|\mathrm{d}t\ (0<x<1)$，求 $f(x)$ 的极值、单调区间及曲线 $y=f(x)$ 的凹凸区间．

解： 利用定积分区间可加性，先消去被积函数的绝对值，得

$$f(x)=\int_0^x t(x-t)\mathrm{d}t+\int_x^1 t(t-x)\mathrm{d}t=x\int_0^x t\mathrm{d}t-\int_0^x t^2\mathrm{d}t+\int_x^1 t^2\mathrm{d}t-x\int_x^1 t\mathrm{d}t$$

$$=\frac{1}{3}x^3-\frac{1}{2}x+\frac{1}{3}$$

令 $f'(x)=x^2-\dfrac{1}{2}=0$，得 $x=\dfrac{\sqrt2}{2}$，$x=-\dfrac{\sqrt2}{2}$（舍去）

因 $f''(x)=2x>0\ (0<x<1)$，故 $x=\dfrac{\sqrt2}{2}$ 是极小值点，极小值为 $f\left(\dfrac{\sqrt2}{2}\right)=\dfrac{1}{3}-\dfrac{\sqrt2}{6}$，且曲线 $y=f(x)$ 在 $(0,1)$ 内是凹的．

由 $f'(x)=x^2-\dfrac{1}{2}$，知 $f(x)$ 在 $\left(0,\dfrac{\sqrt2}{2}\right)$ 内单调递减，在 $\left(\dfrac{\sqrt2}{2},1\right)$ 内单调递增．

练习题

1. 记 $I_1=\int_1^e\ln x\mathrm{d}x$，$I_2=\int_1^e\ln^2 x\mathrm{d}x$，则（　　　）．

　　（A）$I_2-I_1^2=0$　　　　（B）$I_2-2I_1=0$　　　　（C）$I_2-2I_1=e$　　　　（D）$I_2+2I_1=e$

2. 设 $M=\int_{-\frac{\pi}{4}}^{\frac{\pi}{4}}\dfrac{1}{\sqrt{1-x^2}}\left(\dfrac{1}{1+e^x}-\dfrac{1}{2}\right)\mathrm{d}x$，$N=\int_{-\frac{\pi}{4}}^{\frac{\pi}{4}}\left(\dfrac{2^x-2^{-x}}{2}+x\tan x\right)\mathrm{d}x$，

　$P=\int_{-\frac{\pi}{4}}^{\frac{\pi}{4}}\left[\sin^2 x\cdot\ln\left(x+\sqrt{1+x^2}\right)-1\right]\mathrm{d}x$，则有不等式关系（　　　）．

　　（A）$N<P<M$　　　（B）$M<P<N$　　　（C）$N<M<P$　　　（D）$P<M<N$

3. $\int_0^1\dfrac{xe^x}{(1+x)^2}\mathrm{d}x$　．

4. 求 $\int_{-\frac{\pi}{2}}^{\frac{\pi}{2}}\dfrac{1}{1+\cos x}\left(\dfrac{|x|\sin x}{1+x^4}+1\right)\mathrm{d}x$．

5. 求 $\int_{-1}^1(|x|+x)e^{-|x|}\mathrm{d}x$．

6. 设 $f(x)=x^2-x\int_0^2 f(x)\mathrm{d}x+2\int_0^1 f(x)\mathrm{d}x$，求 $f(x)$．

7. 求 $I = \int_a^{a+\pi} \sin^2 2x (|\sin x|+1) \mathrm{d}x$.

8. 求 $\lim_{n \to \infty} \int_n^{n+2} \dfrac{1}{x} \arctan \dfrac{1}{1+x^2} \mathrm{d}x$.

9. 设 $f(x)$ 在 $[a,b]$ 上连续，在 (a,b) 内可导，且 $f'(x) \leqslant 0$．试证：对函数

$$F(x) = \frac{1}{x-a} \int_a^x f(t) \mathrm{d}t , \quad x \in (a,b)$$

有 $F'(x) \leqslant 0$ 成立.

10. 求定积分 $I = \int_0^\pi \dfrac{x|\sin x \cos x|}{1+\sin^4 x} \mathrm{d}x$.

练习题参考答案

1. （D）．对 I_2 利用分部积分可得结果.

2. （D）．利用对称区间及被积函数的奇偶性.

3. 解法 1：原式 $= -\int_0^1 x e^x \mathrm{d}\dfrac{1}{1+x} = -\dfrac{x e^x}{1+x}\bigg|_0^1 + \int_0^1 \dfrac{e^x + x e^x}{1+x} \mathrm{d}x = -\dfrac{e}{2} + \int_0^1 e^x \mathrm{d}x = \dfrac{e}{2} - 1$.

解法 2：原式 $= \int_0^1 \dfrac{(x+1-1)e^x}{(1+x)^2} \mathrm{d}x = \int_0^1 \dfrac{e^x}{1+x} \mathrm{d}x - \int_0^1 \dfrac{e^x}{(1+x)^2} \mathrm{d}x = \int_0^1 \dfrac{1}{1+x} \mathrm{d}e^x - \int_0^1 \dfrac{e^x}{(1+x)^2} \mathrm{d}x$

$\qquad = \dfrac{e^x}{1+x}\bigg|_0^1 - \int_0^1 \dfrac{e^x}{(1+x)^2} \mathrm{d}x + \int_0^1 \dfrac{e^x}{(1+x)^2} \mathrm{d}x = \dfrac{e}{2} - 1$.

4. 利用：偶倍奇零；奇函数的导数为偶函数，偶函数的导数为奇函数.

$$\int_{-\frac{\pi}{2}}^{\frac{\pi}{2}} \frac{1}{1+\cos x} \left(\frac{|x|\sin x}{1+x^4} + 1 \right) \mathrm{d}x = 2\int_0^{\frac{\pi}{2}} \frac{1}{1+\cos x} \mathrm{d}x = 2\int_0^{\frac{\pi}{2}} \frac{1}{2\cos^2 \dfrac{x}{2}} \mathrm{d}x$$

$$= 2\int_0^{\frac{\pi}{2}} \sec^2 \frac{x}{2} \mathrm{d}\frac{x}{2} = 2\tan\frac{x}{2}\bigg|_0^{\frac{\pi}{2}} = 2 .$$

5. 原式 $= \int_{-1}^1 |x| e^{-|x|} \mathrm{d}x + \int_{-1}^1 x e^{-|x|} \mathrm{d}x = 2\int_0^1 x e^{-x} \mathrm{d}x = 2(-x e^{-x} - e^{-x})\big|_0^1 = 2(1 - 2e^{-1})$.

6. 设 $\int_0^2 f(x)\mathrm{d}x = a$, $\int_0^1 f(x)\mathrm{d}x = b$, 则 $f(x) = x^2 - ax + 2b$

$$a = \int_0^2 f(x)\mathrm{d}x = \int_0^2 (x^2 - ax + 2b)\mathrm{d}x = \frac{8}{3} - 2a + 4b$$

$$b = \int_0^1 f(x)\mathrm{d}x = \int_0^1 (x^2 - ax + 2b)\mathrm{d}x = \frac{1}{3} - \frac{a}{2} + 2b$$

解之得：$a = \dfrac{4}{3}$, $b = \dfrac{1}{3}$, 所以：$f(x) = x^2 - \dfrac{4}{3}x + \dfrac{2}{3}$.

7. 因为 $\sin^2 2x$ 和 $|\sin x|$ 以 π 为周期，所以：

$$原式 = \int_{-\frac{\pi}{2}}^{\frac{\pi}{2}} \sin^2 2x (|\sin x|+1) \mathrm{d}x = 2\int_0^{\frac{\pi}{2}} \sin^2 2x (\sin x+1) \mathrm{d}x = 8\left(\frac{2}{15} + \frac{\pi}{16} \right) .$$

8. 答案：0.

（根据定积分中值定理，可得，存在 $\xi \in [n, n+2]$ ，使

$$\int_n^{n+2} \frac{1}{x} \arctan \frac{1}{1+x^2} dx = \frac{1}{\xi} \arctan \frac{1}{1+\xi^2}.$$ 又因为，$n \to \infty$ 时，$\xi \to +\infty$，故

原式 $= \lim\limits_{\xi \to \infty} \frac{1}{\xi} \arctan \frac{1}{1+\xi^2} = 0$.）

9. 证明：$F'(x) = \frac{1}{(x-a)^2} [f(x)(x-a) - \int_a^x f(t)dt]$

$$\frac{1}{(x-a)^2} [f(x)(x-a) - f(\xi)(x-a)] \quad (a \leqslant \xi \leqslant x)$$

$$\frac{f(x) - f(\xi)}{x-a} \quad (\text{不论 } \xi \text{ 等于 } x \text{ 还是小于 } x \text{ 都成立})$$

$f(c) \dfrac{x-\xi}{x-a} \leqslant 0 \ (\xi < c < x)$ 最后一步用了拉格朗日中值定理.

10. $\dfrac{\pi^2}{8}$（提示：令 $x = \pi - t$）.

7.3　定积分的几何应用

【知识要点解读】

平面图形的面积：

（1）由曲线 $y=f(x)$，直线 $x=a$，$x=b$ 及 x 轴所围成的平面图形的面积.

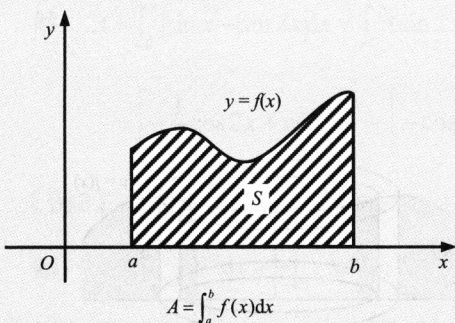

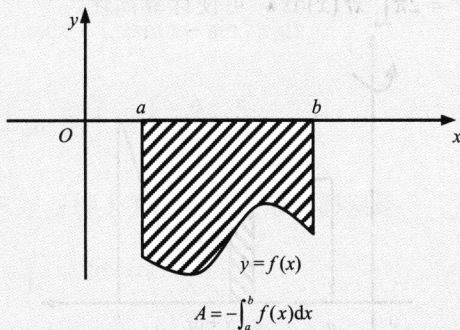

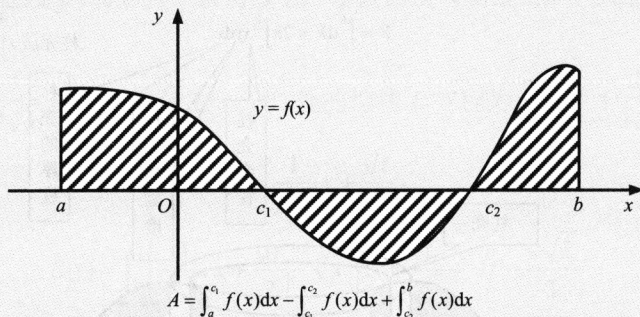

$$A = \int_a^b f(x)dx$$

$$A = -\int_a^b f(x)dx$$

$$A = \int_a^{c_1} f(x)dx - \int_{c_1}^{c_2} f(x)dx + \int_{c_2}^b f(x)dx$$

（2）在平面直角坐标系中，对曲边梯形有求面积的公式，对于非曲边梯形平面图形求面积，一般用平行于坐标轴的直线，将区域分成几个曲边梯形，分别求出它

$t=1$ 时，$S(t)$ 取得最小值，此时切线 L 方程为 $y=\dfrac{1}{2}x+\dfrac{1}{2}$.

【例5】 求微分方程 $x\mathrm{d}y+(x-2y)\mathrm{d}x=0$ 的一个解 $y=y(x)$，使得由曲线 $y=y(x)$ 与直线 $x=1$，$x=2$ 以及 x 轴所围成平面图形绕 x 轴旋转一周的旋转体体积最小.

解： 原方程化为 $\dfrac{\mathrm{d}y}{\mathrm{d}x}-\dfrac{2}{x}y=-1$，则 $y=e^{\int\frac{2}{x}\mathrm{d}x}\left(\int e^{-\int\frac{2}{x}\mathrm{d}x}\,\mathrm{d}x+c\right)=x+cx^2$

所围图形绕 x 轴旋转一周体积：

$$V(c)\int_1^2 \pi(x+cx^2)^2\,\mathrm{d}x=\pi\left(\frac{31}{5}c^2+\frac{15}{2}c+\frac{7}{3}\right),$$

$$V'(c)=\pi\left(\frac{62}{5}c+\frac{15}{2}\right)=0,$$

所以 $c=-\dfrac{75}{124}$ 旋转体体积最小，于是得 $y=x-\dfrac{75}{124}x^2$.

【例6】 设 D_1 是由抛物线 $y=2x^2$ 和直线 $x=a$，$x=2$ 及 $y=0$ 所围成的平面区域；D_2 是由抛物线 $y=2x^2$ 和直线 $x=a$，$y=0$ 所围成的平面区域，其中 $0<a<2$.

（1）试求 D_1 绕 x 轴旋转而成旋转体体积 V_1；D_2 绕 y 轴旋转而成旋转体体积 V_2.

（2）问当 a 为何值时，V_1+V_2 取得最大值？试求此最大值.

解：（1）$V_1=\pi\displaystyle\int_a^2 (2x^2)^2\,\mathrm{d}x=\dfrac{4\pi}{5}(32-a^5)$；$V_2=2\pi\displaystyle\int_0^a x(2x^2)\,\mathrm{d}x=\pi a^4$.

（2）$V=V_1+V_2=\dfrac{4\pi}{5}(32-a^5)+\pi a^4$，$V'=4\pi a^3(1-a)=0$，$a=1$ 是唯一驻点，$0<a<1$，$V'>0$；$a>1$，$V'<0$.

因此 $a=1$ 是最大值点，此时 V_1+V_2 最大值为 $\dfrac{129\pi}{5}$.

【例7】 已知曲线 $y=a\sqrt{x}(a>0)$ 与曲线 $y=\ln\sqrt{x}$ 在点 (x_0,y_0) 处有公共切线，（1）求常数 a 及切点 (x_0,y_0)；（2）两曲线与 x 轴所围图形绕 x 轴旋转，所得旋转体体积.

解：（1）$(a\sqrt{x})'=\dfrac{a}{2\sqrt{x}}$，$(\ln\sqrt{x})'=\dfrac{1}{2x}$，两曲线 (x_0,y_0) 在有公共切线，则

$$\begin{cases}\dfrac{a}{2\sqrt{x_0}}=\dfrac{1}{2x_0}\\[2mm]a\sqrt{x_0}=\ln\sqrt{x_0}\end{cases}\Rightarrow\begin{cases}x_0=\dfrac{1}{a^2}\\[2mm]a=\dfrac{1}{e}\end{cases}\Rightarrow x_0=e^2,\ \text{切点为}\ (e^2,1).$$

（2）$V=\displaystyle\int_0^{e^2}\pi\left(\frac{1}{e}\sqrt{x}\right)^2\mathrm{d}x-\int_1^{e^2}\pi\left(\ln\sqrt{x}\right)^2\mathrm{d}x=\dfrac{\pi}{2}$.

【例8】 过坐标原点作曲线 $y=\ln x$ 的切线，该切线与曲线 $y=\ln x$ 及 x 轴围成平面图形 D.

（1）求 D 的面积 A.

（2）求 D 绕直线 $x=e$ 旋转一周所得旋转体的体积 V.

解：（1）设切点为 $(x_0,\ln x_0)$，则切线方程为：$y=\ln x_0+\dfrac{1}{x_0}(x-x_0)$.

该切线过原点，知 $\ln x_0 - 1 = 0$，从而 $x_0 = e$，切点为 $(e,1)$，所以该切线的方程为

$$y = \frac{1}{e}x .$$

平面图形 D 的面积 $A = \int_0^1 (e^y - ey)\mathrm{d}y = \frac{1}{2}e - 1 .$

（2）切线 $y = \frac{1}{e}x$ 与 x 轴及直线 $x = e$ 所围成的三角形绕直线 $x = e$ 旋转所得的圆锥体体积为 $V_1 = \frac{1}{3}\pi e^2$.

曲线 $y = \ln x$ 与 x 轴及直线 $x = e$ 所围成的图形绕直线 $x = e$ 旋转所得的旋转体体积为

$$V_2 = \int_0^1 \pi(e - e^y)^2 \mathrm{d}y .$$

因此所求旋转体的体积为

$$V = V_1 - V_2 = \frac{1}{3}\pi e^2 - \int_0^1 \pi(e - e^y)^2 \mathrm{d}y = \frac{\pi}{6}(5e^2 - 12e + 3) .$$

【例9】 设 D 是位于曲线 $y = \sqrt{x}a^{-\frac{x}{2a}}$ $(a > 1, 0 \leqslant x < +\infty)$ 下方、x 轴上方的无界区域.

（1）求区域 D 绕 x 轴旋转一周所成旋转体的体积 $V(a)$.

（2）当 a 为何值时，$V(a)$ 最小？并求最小值.

解：（1）所求旋转体的体积为 $V(a)$，则

$$V(a) = \pi\int_0^{+\infty} y^2 \mathrm{d}x = \pi\int_0^{+\infty} x a^{-\frac{x}{a}} \mathrm{d}x = \pi\left(\frac{a}{\ln a}\right)^2 .$$

（2）$V'(a) = 2\pi\dfrac{a(\ln a - 1)}{\ln^3 a}$

令 $V'(a) = 0$，得 $\ln a = 1$，从而 $a = e$.

当 $1 < a < e$ 时，$V'(a) < 0$，$V(a)$ 单调减少；

当 $a > e$ 时，$V'(a) > 0$，$V(a)$ 单调增加.

所以 $a = e$ 时，V 最小，最小体积为 $V(e) = \pi\left(\dfrac{e}{\ln e}\right)^2 = \pi e^2$.

【例10】 设 L 是一条平面曲线，其上任意一点 $P(x,y)$（$x > 0$）到坐标原点的距离，恒等于该点出的切线在 y 轴上的截距，且 L 经过点 $\left(\frac{1}{2}, 0\right)$.

（1）试求曲线 L 的方程.

（2）求 L 位于第一象限部分的一条切线，使该切线与 L 以及两坐标轴所围图形的面积最小.

解：（1）设曲线 L 过点 $P(x,y)$ 的切线方程为 $Y - y = y'(X - x)$，

令 $X = 0$，则得该切线在 y 轴上的截距为 $y - xy'$.

由题设知 $\sqrt{x^2 + y^2} = y - xy'$，

令 $u = \dfrac{y}{x}$，则此方程可化为 $\dfrac{\mathrm{d}u}{\sqrt{1 + u^2}} = -\dfrac{\mathrm{d}x}{x}$，

解之得　　$y + \sqrt{x^2 + y^2} = C$.

由 L 经过点 $\left(\dfrac{1}{2}, 0\right)$，知 $C = \dfrac{1}{2}$，于是 L 的方程为

$y + \sqrt{x^2 + y^2} = \dfrac{1}{2}$，即 $y = \dfrac{1}{4} - x^2$.

（2）设第一象限内曲线 $y = \dfrac{1}{4} - x^2$ 在点 $P(x, y)$ 处的切线方程为

$$Y - \left(\dfrac{1}{4} - x^2\right) = -2x(X - x)，$$

即　　　　　　$Y = -2xX + x^2 + \dfrac{1}{4}$　　　$\left(0 < x \leqslant \dfrac{1}{2}\right)$，

它与 x 轴及 y 轴交点分别为 $\left(\dfrac{x^2 + \dfrac{1}{4}}{2x}, 0\right)$ 与 $\left(0, x^2 + \dfrac{1}{4}\right)$. 故所求面积为

$$S(x) = \dfrac{1}{2} \cdot \dfrac{\left(x^2 + \dfrac{1}{4}\right)^2}{2x} - \int_0^{\frac{1}{2}} \left(\dfrac{1}{4} - x^2\right) \mathrm{d}x$$

对 x 求导得　　$S'(x) = \dfrac{1}{4x^2}\left(x^2 + \dfrac{1}{4}\right)\left(3x^2 - \dfrac{1}{4}\right)$

令 $S'(x) = 0$，解得 $x = \dfrac{\sqrt{3}}{6}$.

当 $0 < x < \dfrac{\sqrt{3}}{6}$ 时，$S'(x) < 0$；$x > \dfrac{\sqrt{3}}{6}$ 时，$S'(x) > 0$，因而 $x = \dfrac{\sqrt{3}}{6}$ 是 $S(x)$ 在 $\left(0, \dfrac{1}{2}\right)$ 内

唯一极小值点. 于是所求切线方程为 $Y = -2 \cdot \dfrac{\sqrt{3}}{6} X + \dfrac{3}{36} + \dfrac{1}{4}$，

即　　　　　　$Y = -\dfrac{\sqrt{3}}{3} X + \dfrac{1}{3}$.

【例 11】　设函数 $f(x)$ 在闭区间 $[0,1]$ 上连续，在开区间 $(0,1)$ 内大于零，并且满足

$$xf'(x) = f(x) + \dfrac{3a}{2}x^2 \quad \text{（a 为常数）}$$

又曲线 $y = f(x)$ 与 $x = 1$，$y = 0$ 所围的图形 S 的面积值为 2. 求函数 $y = f(x)$，并问 a 为何值时，图形 S 绕 x 轴旋转一周所得的旋转体的体积最小.

解： 由题设，当 $x \neq 0$ 时

$$\left[\dfrac{f(x)}{x}\right]' = \dfrac{xf'(x) - f(x)}{x^2} = \dfrac{3a}{2}，$$

据此并由 $f(x)$ 在点 $x = 0$ 处的连续性，得 $f(x) = \dfrac{3a}{2}x^2 + Cx$，$x \in [0,1]$，$C$ 为常数.

又由已知条件

$$2 = \int_0^1 \left(\dfrac{3a}{2}x^2 + Cx\right) \mathrm{d}x = \left(\dfrac{1}{2}ax^3 + \dfrac{C}{2}x^2\right)\bigg|_0^1 = \dfrac{a}{2} + \dfrac{C}{2}，$$

即 $C = 4 - a$ ，因此，$f(x) = \dfrac{3a}{2}x^2 + (4-a)x$ ．

旋转体的体积为 $V(a) = \pi\displaystyle\int_0^1 [f(x)]^2 \mathrm{d}x = \left(\dfrac{a^2}{30} + \dfrac{a}{3} + \dfrac{16}{3}\right)\pi$ ．

令 $V'(a) = \left(\dfrac{a}{15} + \dfrac{1}{3}\right)\pi = 0$ ，得 $a = -5$ ，又 $V'(a) = \dfrac{\pi}{15} > 0$ ，故当 $a = -5$ 时，旋转体的体积最小．

【例 12】 求由 $y = \sin x$（$0 \leqslant x \leqslant \pi$）与 x 轴所围成图形绕 y 轴旋转一周的体积．

解：选 x 为积分变量，$x \in [0, \pi]$，在 $[0, \pi]$ 上取小区间 $[x, x+\mathrm{d}x]$，以 $[x, x+\mathrm{d}x]$ 为底，高为 $\sin x$ 的窄矩形绕 y 旋转所得体积微元 $\mathrm{d}V = 2\pi x \sin x \mathrm{d}x$ ，

从而 $V = 2\pi\displaystyle\int_a^b x\sin x \mathrm{d}x = 2\pi^2$（分部积分）．

【例 13】 曲线 $y = (x-1)(x-2)$ 和 x 轴围成一平面图形，求此平面图形绕 y 轴旋转一周所成的旋转体的体积．

解： $V_y = 2\pi\displaystyle\int_1^2 x\,|f(x)|\mathrm{d}x = -2\pi\displaystyle\int_1^2 x(x-1)(x-2)\mathrm{d}x = \dfrac{1}{2}\pi$ ．

【例 14】 求曲线 $xy = a(a > 0)$ 与直线 $x = a$ ，$x = 2a$ 及 $y = 0$ 所围成的图形绕 y 轴旋转一周所得旋转体的体积．

解法 1：柱壳法 $V = 2\pi\displaystyle\int_a^{2a} xf(x)\mathrm{d}x = 2\pi\displaystyle\int_a^{2a} x \cdot \dfrac{a}{x}\mathrm{d}x = 2\pi a^2$ ．

解法 2： $V = V_1 + V_2 = \left[\pi(2a)^2 \cdot \dfrac{1}{2} - \pi a^2 \cdot \dfrac{1}{2}\right] + \left[\pi\displaystyle\int_{\frac{1}{2}}^1 \left(\dfrac{a}{y}\right)^2 \mathrm{d}y - \pi a^2 \cdot \dfrac{1}{2}\right] = 2\pi a^2$

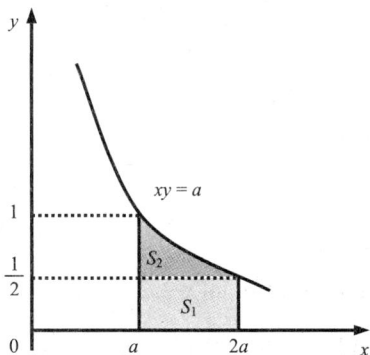

【例 15】 曲线 $y = (x-1)(x-2)$ 和 x 轴围成一平面图形，求此平面图形绕 y 轴旋转一周所成的旋转体的体积．

解法 1：利用柱壳法．

$$V_y = \int_1^2 2\pi x\,|(x-1)(x-2)|\mathrm{d}x = -2\pi\int_1^2 x(x-1)(x-2)\mathrm{d}x = \dfrac{1}{2}\pi .$$

解法 2：由 $y = (x-1)(x-2) = x^2 - 3x + 2 = \left(x - \dfrac{3}{2}\right)^2 - \dfrac{1}{4}$ ，

当 $x = \dfrac{3}{2}$ 时，$y_{\min} = -\dfrac{1}{4}$，$x - \dfrac{3}{2} = \pm\sqrt{y + \dfrac{1}{4}}$，$x = \dfrac{3}{2} \pm \sqrt{y + \dfrac{1}{4}}$，于是

$$V_y = \pi\int_{-\frac{1}{4}}^{0}\left(\frac{3}{2} + \sqrt{y + \frac{1}{4}}\right)^2 \mathrm{d}y - \pi\int_{-\frac{1}{4}}^{0}\left(\frac{3}{2} - \sqrt{y + \frac{1}{4}}\right)^2 \mathrm{d}y = \frac{\pi}{2}.$$

练习题

1. 由曲线 $y = \ln(2 - x)$ 与两坐标轴所围图形的面积是（　　）.

   （A）$2\ln 2 + 1$　　　　（B）$2\ln 2 - 1$　　　　（C）$2\ln 2$　　　　（D）$2\ln 2 + 2$

2. 抛物线 $y^2 = 2x$ 分圆 $x^2 + y^2 = 8$ 的面积为两部分的比是（　　）.

   （A）$\dfrac{\pi + 1}{6\pi}$　　　　（B）$\dfrac{9\pi - 2}{8\pi}$　　　　（C）$\dfrac{3\pi - 2}{9\pi + 2}$　　　　（D）$\dfrac{3\pi + 2}{9\pi - 2}$

3. 由 $y = \ln x$，$x = 0$ 与直线 $y = \ln a$，直线 $y = \ln b (b > a > 0)$ 围成的面积 A=_____.

4. 曲线 $y = -x^3 + x^2 + 2x$ 与 x 轴所围图形面积 $A = $ _____.

5. 假设曲线 Γ_1：$y = 1 - x^2$（$0 \leqslant x \leqslant 1$），$x$ 轴与 y 轴所围成的平面区域被曲线 Γ_2：$y = ax^2$（常数 $a > 0$）分为面积相等的两部分，试确定 a 的值.

6. 求由曲线 $y = \sqrt{2x - x^2}$，$y = \sqrt{2x}$ 及 $x = 2$ 所围成图形绕 x 轴旋转一周所成旋转体的体积.

7. 设曲线 $y = ax^2$（$a > 0, x \geqslant 0$）与 $y = 1 - x^2$ 交于点 A，过坐标原点 O 和点 A 的直线与曲线 $y = ax^2$ 围成一个平面图形. 问：a 为何值时，该图形绕 x 轴旋转一周所得的旋转体的体积最大？

8. 求由 $y = 0$，$y = \dfrac{1}{e}\sqrt{x}$，$y = \ln\sqrt{x}$ 围成的平面图形 D 的面积及 D 绕 x 轴旋转一周所得立体的体积.

练习题参考答案

1.（B）. 2.（D）.

3. $A = \displaystyle\int_{\ln a}^{\ln b} e^y \mathrm{d}y = \left[e^y\right]_{\ln a}^{\ln b} = b - a$.

4. $y = -x^3 + x^2 + 2x = -x(x + 1)(x - 2)$，

   $A = \displaystyle\int_{-1}^{0}(x^3 - x^2 - 2x)\mathrm{d}x + \int_{0}^{2}(-x^3 + x^2 + 2x)\mathrm{d}x = \dfrac{37}{12}$.

5. 图略，先求曲线 Γ_1 与曲线 Γ_2 的交点，由 $1 - x^2 = ax^2$，解得 $x = \dfrac{1}{\sqrt{1 + a}}$，从而

$y = \dfrac{a}{1 + a}$，故交点为 $\left(\dfrac{1}{\sqrt{1 + a}}, \dfrac{a}{1 + a}\right)$，于是

$$S_1 = \int_{0}^{\frac{1}{\sqrt{1+a}}}\left[(1 - x^2) - ax^2\right]\mathrm{d}x = \left(x - \frac{x^3}{3} - \frac{ax^3}{3}\right)\Bigg|_{0}^{\frac{1}{\sqrt{1+a}}} = \frac{2}{3\sqrt{1 + a}}$$

因 $S_1 = S_2$，故 $S_1 = \dfrac{1}{2}\int_0^1 (1-x^2)\mathrm{d}x = \dfrac{1}{3}$

由 $\dfrac{2}{3\sqrt{1+a}} = \dfrac{1}{3}$，得 $a = 3$.

6. $V_x = \pi\int_0^2 \left[(\sqrt{2x})^2 - (\sqrt{2x-x^2})^2 \right]\mathrm{d}x = \pi\int_0^2 x^2\mathrm{d}x = \dfrac{8}{3}\pi$.

7. 当 $x \geqslant 0$ 时，解 $\begin{cases} y = ax^2 \\ y = 1-x^2 \end{cases}$，得两曲线交点为 $\left(\dfrac{1}{\sqrt{1+a}}, \dfrac{a}{1+a} \right)$，故直线 OA 的方程

为 $y = \dfrac{ax}{\sqrt{1+a}}$，因此旋转体的体积为

$$V = \int_0^{\frac{1}{\sqrt{1+a}}} \left(\dfrac{ax^2}{1+a} - a^2x^4 \right)\mathrm{d}x = \dfrac{2\pi}{15}\dfrac{a^2}{(1+a)^{5/2}}$$

因此，有 $\dfrac{\mathrm{d}V}{\mathrm{d}a} = \dfrac{2\pi}{15}\dfrac{2a(1+a)^{5/2} - a^2\frac{5}{2}(1+a)^{3/2}}{(1+a)^5} = \dfrac{\pi}{15}\dfrac{(4a-a^2)}{(1+a)^{7/2}}$

令 $\dfrac{\mathrm{d}V}{\mathrm{d}a} = 0$，得唯一驻点为 $a = 4$. 由于当 $a > 4$ 时，$\dfrac{\mathrm{d}V}{\mathrm{d}a} < 0$；当 $0 < a < 4$ 时，$\dfrac{\mathrm{d}V}{\mathrm{d}a} > 0$. 故

$a = 4$ 为极大值点，也为最大值点，即所求值为 $a = 4$.

8.（图略）由 $\begin{cases} y = \dfrac{1}{e}\sqrt{x} \\ y = \ln\sqrt{x} \end{cases}$ 得到交点 $\begin{cases} x = e^2 \\ y = 1 \end{cases}$.

$$D = \int_0^1 (e^{2y} - e^2 y^2)\mathrm{d}y = \dfrac{1}{6}e^2 - \dfrac{1}{2};$$
$$V = \pi\int_0^{e^2} \left(\dfrac{1}{e}\sqrt{x} \right)^2 \mathrm{d}x - \pi\int_1^{e^2} (\ln\sqrt{x})^2 \mathrm{d}x = \dfrac{\pi}{2}.$$

7.4 广义积分

【知识要点解读】

1. 牛顿-莱布尼茨可以推广到广义积分

若 $[a, +\infty)$，$F'(x) = f(x)$，则 $\int_a^{+\infty} f(t)\mathrm{d}t = F(+\infty) - F(a)$；

若 $\lim\limits_{x\to a^+} f(x) = \infty$，在 $(a,b]$ 上 $F'(x) = f(x)$，

则广义积分 $\int_a^b f(t)\mathrm{d}t = F(b) - F(a+0)$，这一推广常常使广义积分计算变得简洁.

判断广义积分的敛散性应注意以下两种情况：

（1）对于 $f(x)$ 在 $(-\infty, +\infty)$ 上的广义积分

$$\int_{-\infty}^{+\infty} f(x)\mathrm{d}x = \int_{-\infty}^0 f(x)\mathrm{d}x + \int_0^{+\infty} f(x)\mathrm{d}x$$

当且仅当右端两个积分同时收敛时，称广义积分 $\int_{-\infty}^{+\infty} f(x)\mathrm{d}x$ 收敛，否则称其为发散.

（2）对于 $f(x)$ 在 $[a,b]$ 上除点 $x=c$ 外都连续，且 $x=c(a<c<b)$ 为其无穷间断点的广义积分（瑕积分）

$$\int_a^b f(x)\mathrm{d}x = \lim_{\varepsilon \to 0^+}\int_a^{c-\varepsilon} f(x)\mathrm{d}x + \lim_{\varepsilon \to 0^+}\int_{c+\varepsilon}^b f(x)\mathrm{d}x$$

当且仅当右端两个积分同时收敛时，称广义积分 $\int_a^b f(x)\mathrm{d}x$ 收敛，否则称其发散.

2. 两个结论

（1）广义积分 $\int_1^{+\infty}\dfrac{1}{x^p}\mathrm{d}x$，当 $p>1$ 时，积分收敛，其值为 $\dfrac{1}{p-1}$；当 $p\leqslant 1$ 时，积分发散.

（2）广义积分 $\int_0^1\dfrac{1}{x^p}\mathrm{d}x$，当 $p<1$ 时，积分收敛，其值为 $\dfrac{1}{1-p}$；当 $p\geqslant 1$ 时，积分发散.

【例1】 下面的解法是否正确？为什么？

$$\int_{-1}^1\frac{\mathrm{d}x}{x^4} = -\frac{1}{3x^3}\bigg|_{-1}^1 = -\frac{1}{3}-\frac{1}{3} = -\frac{2}{3}.$$

解：不正确. 因为 $\int_{-1}^1\dfrac{\mathrm{d}x}{x^4}$ 属于无界函数的反常积分，即瑕积分，$x=0$ 为瑕点.

因为瑕点 $x=0$ 不是积分区间的端点，所以应分别研究反常积分 $\int_{-1}^0\dfrac{\mathrm{d}x}{x^4}$ 和 $\int_0^1\dfrac{\mathrm{d}x}{x^4}$ 的收敛性. 若这两者至少有一个发散，则原反常积分发散.

事实上，$\int_{-1}^0\dfrac{\mathrm{d}x}{x^4} = -\dfrac{1}{3x^3}\bigg|_{-1}^0 = \lim_{t\to 0^-}\left(-\dfrac{1}{3t^3}-\dfrac{1}{3}\right)$ 不存在，

故 $\int_{-1}^0\dfrac{\mathrm{d}x}{x^4}$ 发散，于是 $\int_{-1}^1\dfrac{\mathrm{d}x}{x^4}$ 也发散.

【例2】 证明广义积分 $\int_2^{+\infty}\dfrac{\mathrm{d}x}{x(\ln x)^k}(k>0)$ 当 $k>1$ 时收敛，当 $0<k\leqslant 1$ 时发散.

证明： 当 $k\neq 1$ 时，$\int_2^{+\infty}\dfrac{\mathrm{d}x}{x(\ln x)^k} = \int_2^{+\infty}(\ln x)^{-k}\mathrm{d}(\ln x)$

$$= \left[\frac{1}{1-k}(\ln x)^{1-k}\right]_2^{+\infty} = \begin{cases} \dfrac{1}{k-1}(\ln 2)^{1-k}, & k>1 \\ +\infty, & k<1 \end{cases};$$

当 $k=1$ 时，$\int_2^{+\infty}(\ln x)^{-1}\mathrm{d}(\ln x) = \left[\ln(\ln x)\right]_2^{+\infty} = +\infty$.

综上所述，广义积分 $\int_2^{+\infty}\dfrac{\mathrm{d}x}{x(\ln x)^k}$ （$k>0$）当 $k>1$ 时收敛，当 $0<k\leqslant 1$ 时发散.

【例3】 计算 $\int_1^{+\infty}\dfrac{\arctan x}{x^2}\mathrm{d}x$.

解：原式 $= \int_1^{+\infty} \arctan x \mathrm{d}\frac{1}{x} = -\frac{1}{x}\arctan x\big|_1^{+\infty} + \int_1^{+\infty}\frac{\mathrm{d}x}{x(1+x^2)}$

$= \frac{\pi}{4} + \int_1^{+\infty}\left(\frac{1}{x} - \frac{x}{1+x^2}\right)\mathrm{d}x = \frac{\pi}{4} + \ln\frac{1}{\sqrt{1+x^2}}\bigg|_1^{+\infty} = \frac{\pi}{4} + \frac{1}{2}\ln 2$

【例4】 $\int_1^{+\infty}\frac{\mathrm{d}x}{e^x + e^{2-x}} = $ _____.

解：原式 $= \int_1^{+\infty}\frac{e^x\mathrm{d}x}{e^2 + (e^x)^2} = \int_1^{+\infty}\frac{\mathrm{d}e^x}{e^2 + (e^x)^2} = \frac{1}{e}\arctan\frac{e^x}{e}\bigg|_1^{+\infty} = \frac{1}{e}\left(\frac{\pi}{2} - \frac{\pi}{4}\right) = \frac{\pi}{4e}.$

【例5】 证明 $I = \int_0^{+\infty}\frac{\mathrm{d}x}{(1+x^2)(1+x^a)}$ 与 a 无关，并求值.

证明：$I = \int_0^1\frac{\mathrm{d}x}{(1+x^2)(1+x^a)} + \int_1^{+\infty}\frac{\mathrm{d}x}{(1+x^2)(1+x^a)} = I_1 + I_2$

$$I_1 = \int_0^1\frac{\mathrm{d}x}{(1+x^2)(1+x^a)} \xlongequal{x=1/t} \int_1^{+\infty}\frac{t^a\mathrm{d}t}{(1+t^2)(1+t^a)}$$

因为 $I = I_1 + I_2 = \int_1^{+\infty}\frac{x^a\mathrm{d}x}{(1+x^2)(1+x^a)} + \int_1^{+\infty}\frac{\mathrm{d}x}{(1+x^2)(1+x^a)} = \int_1^{+\infty}\frac{\mathrm{d}x}{1+x^2} = \frac{\pi}{4}.$

【例6】 求下列广义积分

（1）已知 $I = \int_{-\infty}^{+\infty}e^{-x^2}\mathrm{d}x = \sqrt{\pi}$，计算 $\int_{-1}^{+\infty}xe^{-x^2-2x}\mathrm{d}x$；

（2）已知 $\int_0^{+\infty}\frac{\sin x}{x}\mathrm{d}x = \frac{\pi}{2}$，求 $\int_0^{+\infty}\frac{\sin^2 x}{x^2}\mathrm{d}x$.

解：（1）原式 $= \frac{1}{2}\int_{-1}^{+\infty}e\cdot e^{-(x+1)^2}\mathrm{d}(x+1)^2 - e\int_{-1}^{+\infty}e^{-(x+1)^2}\mathrm{d}(x+1)$

$\xlongequal{t=x+1} \frac{1}{2}\int_0^{+\infty}e\cdot e^{-t^2}\mathrm{d}t - e\int_0^{+\infty}e^{-t^2}\mathrm{d}t$

$= \frac{1}{2}e - e\frac{\sqrt{\pi}}{2} = \frac{e}{2}(1-\sqrt{\pi}).$

（2）原式 $= \int_0^{+\infty}\sin^2 x\mathrm{d}\left(-\frac{1}{x}\right) = \lim_{\substack{a\to+\infty\\\delta\to 0^+}}\int_\delta^a\sin^2 x\mathrm{d}\left(-\frac{1}{x}\right)$

$= \lim_{\substack{a\to+\infty\\\delta\to 0^+}}\left[-\frac{\sin^2 x}{x}\right]_\delta^a + \lim_{\substack{a\to+\infty\\\delta\to 0^+}}\int_\delta^a\frac{1}{x}\sin 2x\mathrm{d}x$

$= 0 + \lim_{\substack{a\to+\infty\\\delta\to 0^+}}\int_\delta^a\frac{1}{2x}\sin 2x\mathrm{d}(2x) \xlongequal{t=2x} \int_0^{+\infty}\frac{\sin t}{t}\mathrm{d}t = \frac{\pi}{2}.$

【例7】 计算 $\int_0^1\frac{\mathrm{d}x}{\sqrt{1-x}}$.

分析：本题为瑕积分，$x=1$ 为瑕点. 计算瑕积分时，也可先求出被积函数的原函数，再代入积分上下限求值. 若无法求瑕点处的原函数值，则求相应的极限值.

解：原式 $= -\int_0^1 \dfrac{\mathrm{d}(1-x)}{\sqrt{1-x}} = -2\sqrt{1-x}\,\Big|_0^1 = 2$．

　　虽然本题中 $x=1$ 为瑕点，但在被积函数的原函数中可直接把 $x=1$ 的值代入，最后算出积分．如果在原函数中，不能直接代入瑕点的值，则应求相应的极限；如果极限不存在，则反常积分发散．

【例 8】　计算 $\displaystyle\int_0^1 \dfrac{x\mathrm{d}x}{(2-x^2)\sqrt{1-x^2}}$．

解：原式 $\displaystyle= \lim_{\varepsilon\to 0^+}\int_0^{1-\varepsilon}\dfrac{x\mathrm{d}x}{(2-x^2)\sqrt{1-x^2}} \xlongequal{x=\sin t} \int_0^{\frac{\pi}{2}}\dfrac{\sin t\mathrm{d}t}{1+\cos^2 t}$

$\displaystyle= -\int_0^{\frac{\pi}{2}}\dfrac{\mathrm{d}\cos t}{1+\cos^2 t} = -\arctan(\cos t)\Big|_0^{\frac{\pi}{2}} = \dfrac{\pi}{4}$．

【例 9】　$\displaystyle\int_{1x}^{+\infty}\dfrac{\mathrm{d}x}{\sqrt{x^2-1}}$ ＿＿＿＿＿＿．

解法 1：令 $x=\sec t$，$\displaystyle\int_1^{+\infty}\dfrac{\mathrm{d}x}{x\sqrt{x^2-1}} = \int_0^{\frac{\pi}{2}}\dfrac{\sec t\cdot\tan t}{\sec t\cdot\tan t}\mathrm{d}t = \dfrac{\pi}{2}$．

解法 2：该广义积分为混合型，需分成两个积分进行计算．

$\displaystyle\int_1^{+\infty}\dfrac{\mathrm{d}x}{x\sqrt{x^2-1}} = \int_1^2\dfrac{\mathrm{d}x}{x\sqrt{x^2-1}} + \int_2^{+\infty}\dfrac{\mathrm{d}x}{x\sqrt{x^2-1}} = -\int_1^2\dfrac{\mathrm{d}\left(\frac{1}{x}\right)}{\sqrt{1-\frac{1}{x^2}}} - \int_2^{+\infty}\dfrac{\mathrm{d}\left(\frac{1}{x}\right)}{\sqrt{1-\frac{1}{x^2}}}$

$\displaystyle= -\arcsin\dfrac{1}{x}\Big|_1^2 + \arcsin\dfrac{1}{x}\Big|_{+\infty}^2 = \dfrac{\pi}{2} - \arcsin\dfrac{1}{2} + \arcsin\dfrac{1}{2} - 0 = \dfrac{\pi}{2}$．

【例 10】　讨论广义积分 $I = \displaystyle\int_0^{+\infty}\dfrac{\mathrm{d}x}{\sqrt{e^{2x}-1}}$ 的收敛性．

解：$x=0$ 为瑕点，于是这一广义积分为混合型，应分别进行讨论．

$$I = \int_0^1\dfrac{\mathrm{d}x}{\sqrt{e^{2x}-1}} + \int_1^{+\infty}\dfrac{\mathrm{d}x}{\sqrt{e^{2x}-1}}$$

对于第一个广义积分（第二类），由于 $\displaystyle\lim_{x\to 0^+}\dfrac{\frac{1}{\sqrt{e^{2x}-1}}}{\frac{1}{\sqrt{x}}} = \lim_{x\to 0^+}\dfrac{\sqrt{x}}{\sqrt{e^{2x}-1}} = \dfrac{1}{\sqrt{2}}$．

而 $\displaystyle\int_0^1\dfrac{\mathrm{d}x}{\sqrt{x}}\left(p=\dfrac{1}{2}<1\right)$ 收敛，于是第一个广义积分收敛．

对于第二个广义积分，考虑 $\displaystyle\lim_{x\to+\infty}\dfrac{\frac{1}{\sqrt{e^{2x}-1}}}{\frac{1}{x^2}} = \lim_{x\to+\infty}\dfrac{x^2}{\sqrt{e^{2x}-1}} = 0$

于是第二个广义积分也收敛．

【例11】 $\int_0^1 \dfrac{dx}{(2-x)\sqrt{1-x}}$.

解：原式 $= \lim\limits_{\varepsilon \to 0^+} \int_0^{1-\varepsilon} \dfrac{dx}{(2-x)\sqrt{1-x}} \xlongequal{t=\sqrt{1-x}} \lim\limits_{\varepsilon \to 0^+} \int_1^{\sqrt{\varepsilon}} \dfrac{-2tdt}{(1+t^2)t}$

$\qquad = \lim\limits_{\varepsilon \to 0^+} 2\int_{\sqrt{\varepsilon}}^1 \dfrac{dt}{1+t^2} = \lim\limits_{\varepsilon \to 0^+} 2\left(\arctan t\right)\Big|_{\sqrt{\varepsilon}}^1 = \dfrac{\pi}{2}$.

【例12】 求 $\int_0^2 \dfrac{x}{1-x^2}dx$

解：原式 $= \int_0^1 \dfrac{x}{1-x^2}dx + \int_1^2 \dfrac{x}{1-x^2}dx$

由于 $\int_0^1 \dfrac{x}{1-x^2}dx = \lim\limits_{\varepsilon \to 0^+}\left[-\dfrac{1}{2}\int_0^{1-\varepsilon}\dfrac{d(1-x^2)}{1-x^2}\right] = -\dfrac{1}{2}\lim\limits_{\varepsilon \to 0^+}\ln\left|1-x^2\right|\Big|_0^{1-\varepsilon} = +\infty$.

故所求的积分 $\int_0^2 \dfrac{x}{1-x^2}dx$ 是发散的.

【例13】 求 $\int_3^{+\infty} \dfrac{dx}{(x-1)^4\sqrt{x^2-2x}}$.

解：原式 $= \int_3^{+\infty} \dfrac{d(x-1)}{(x-1)^4\sqrt{(x-1)^2-1}} \xlongequal{t=x-1} \int_2^{+\infty} \dfrac{dt}{t^4\sqrt{t^2-1}}$

$\qquad \xlongequal{t=\sec u} \int_{\pi/3}^{\pi/2} \dfrac{\sec u \cdot \tan u}{\sec^4 u \cdot \tan u}du = \int_{\pi/3}^{\pi/2}(1-\sin^2 u)\cos u du$

$\qquad = \left(\sin u - \dfrac{1}{3}\sin^3 u\right)\Bigg|_{\pi/3}^{\pi/2} = \dfrac{2}{3} - \dfrac{3\sqrt{3}}{8}$.

【例14】 设 m, $n>0$, 讨论 $\int_1^{+\infty} \dfrac{dx}{x^m+x^n}$ 的收敛性.

解：（1）若 $m>n>0$, 则取 $\int_1^{+\infty}\dfrac{dx}{x^m}$ 为比较对象，考虑极限

$$\lim\limits_{x \to +\infty} \dfrac{x^m}{x^m+x^n} = \lim\limits_{x \to +\infty}\dfrac{1}{1+x^{n-m}} .$$

只有当 $m>1$ 时，上述极限为非零数（等于 1），因而 $\int_1^{+\infty}\dfrac{dx}{x^m+x^n}$ 收敛，而当 $m \le 1$ 时，该广义积分发散.

（2）若 $n>m>0$, 类似讨论可得 $n>1$ 时，广义积分收敛，而当 $n \le 1$ 时发散.

【例15】 设 p 为任意实数，讨论 $I = \int_0^{+\infty} \dfrac{\arctan x}{x^p}dx$ 的收敛性.

解：$x=0$ 为瑕点，该广义积分为混合型，$I = \int_0^1 \dfrac{\arctan x}{x^p}dx + \int_1^{+\infty} \dfrac{\arctan x}{x^p}dx$.

对第一个积分，当 $x \to 0^+$ 时，$\dfrac{\arctan x}{x^p}$ 与 $\dfrac{1}{x^{p-1}}$ 为同阶无穷大量，因此当 $p<2$ 时，收敛（注意：当 $p<0$ 时，此积分为普通定积分）.

对第二个积分，取比较对象 $I = \int_1^{+\infty}\dfrac{1}{x^q}dx$，考虑极限

$$= \arcsin \frac{x - \frac{1}{2}}{\frac{1}{2}} \Bigg|_{\frac{1}{2}}^{1} + \left[\ln \left| x - \frac{1}{2} + \sqrt{\left(x - \frac{1}{2} \right)^2 - \left(\frac{1}{2} \right)^2} \right| \right]_{1}^{\frac{3}{2}} = \frac{\pi}{2} + \ln(2 + \sqrt{3}).$$

7.5 定积分的证明

【知识要点解读】

定积分的证明题是学习的一个难点，我们要认真分析题目条件和要证明的结论，利用定积分的定义、性质、定理等知识进行综合分析，找到问题的突破口．熟悉和掌握以下常用的证明方法：

（1）利用定积分的性质证明．

（2）将定积分上限变为变量，利用积分上限函数来证积分等式或不等式．

（3）利用定积分换元法与分部积分法证明．

（4）利用泰勒公式证明，适用于给出条件为 $f''(x)$ 及以上导数的题型．

【例1】 若 $f(x)$ 在 $[0,\pi]$ 上连续，求证：

$$\int_0^\pi \frac{xf(\sin x)}{1+\cos^2 x}dx = \frac{\pi}{2} \int_0^\pi \frac{f(\sin x)}{1+\cos^2 x}dx .$$

证明：设 $x = \pi - t$ ，则

$$左边 = \int_0^\pi \frac{xf(\sin x)}{1+\cos^2 x}dx = \int_\pi^0 \frac{(\pi - t)f(\sin(\pi - t))}{1+\cos^2(\pi - t)}d(\pi - t)$$

$$= -\pi \int_\pi^0 \frac{f(\sin t)}{1+\cos^2 t}dt + \int_\pi^0 \frac{tf(\sin t)}{1+\cos^2 t}dt$$

$$= \pi \int_0^\pi \frac{f(\sin t)}{1+\cos^2 t}dt - \int_0^\pi \frac{tf(\sin t)}{1+\cos^2 t}dt$$

移项，得 $\quad 2\int_0^\pi \frac{xf(\sin x)}{1+\cos^2 x}dx = \pi \int_0^\pi \frac{f(\sin x)}{1+\cos^2 x}dx$

所以 $\quad \int_0^\pi \frac{xf(\sin x)}{1+\cos^2 x}dx = \frac{\pi}{2} \int_0^\pi \frac{f(\sin x)}{1+\cos^2 x}dx .$

【例2】 设 $f(x)$，$g(x)$ 在区间 $[-a,a]$（$a>0$）上连续，$g(x)$ 为偶函数，且 $f(x)$ 满足 $f(x) + f(-x) = A$（A 为常数），证明 $\int_{-a}^a f(x)g(x)dx = A\int_0^a g(x)dx$.

证明：$\int_{-a}^a f(x)g(x)dx = \int_{-a}^0 f(x)g(x)dx + \int_0^a f(x)g(x)dx$ ，

$\int_{-a}^0 f(x)g(x)dx \xlongequal{x=-t} -\int_a^0 f(-t)g(-t)dt = \int_0^a f(x)g(x)dx$ ，代入上式得

$\int_{-a}^a f(x)g(x)dx = \int_0^a f(-x)g(x)dx + \int_0^a f(x)g(x)dx = \int_0^a [f(x) + f(-x)]g(x)dx$

$$= \int_0^a [f(x) + f(-x)]g(x)dx$$

所以 $\int_{-a}^{a} f(x)g(x)\mathrm{d}x = A\int_0^a g(x)\mathrm{d}x$.

【例3】 设 $f''(x)$ 连续，试证 $\int_0^1 f(x)\mathrm{d}x = \frac{1}{2}\big[f(0)+f(1)\big] - \frac{1}{2}\int_0^1 x(1-x)f''(x)\mathrm{d}x$.

证明：

$$\int_0^1 x(1-x)f''(x)\mathrm{d}x = \int_0^1 x(1-x)\mathrm{d}f'(x) = x(1-x)f'(x)\big|_0^1 - \int_0^1(1-2x)f'(x)\mathrm{d}x$$
$$= \int_0^1(2x-1)\mathrm{d}f(x) = (2x-1)f(x)\big|_0^1 - 2\int_0^1 f(x)\mathrm{d}x$$
$$= f(1)+f(0) - 2\int_0^1 f(x)\mathrm{d}x .$$

所以 $\int_0^1 f(x)\mathrm{d}x = \frac{1}{2}\Big[f(0)+f(1) - \frac{1}{2}\int_0^1 x(1-x)f''(x)\Big]\mathrm{d}x$.

【例4】 设 $f(x)=\int_x^{x+\frac{\pi}{2}}|\sin t|\,\mathrm{d}t$ ，（1）证明 $f(x)$ 是以 π 为周期的周期函数；（2）求 $f(x)$ 的值域.

解：（1） $f(x+\pi)\mathrm{d}x = \int_{x+\pi}^{x+\frac{3\pi}{2}}|\sin t|\,\mathrm{d}t$ ，令 $t=u+\pi$ ，则

$$f(x+\pi) = \int_{x+\pi}^{x+\frac{3\pi}{2}}|\sin t|\,\mathrm{d}t = \int_x^{x+\frac{\pi}{2}}|\sin(u+\pi)|\,\mathrm{d}u = \int_x^{x+\frac{\pi}{2}}|\sin u|\,\mathrm{d}u = f(x) ,$$

故 $f(x)$ 是以 π 为周期的周期函数.

（2）因为 $|\sin x|$ 在 $(-\infty,+\infty)$ 上连续，以 π 为周期，只需在 $[0,\pi]$ 讨论其值域.

$f'(x)=\Big|\sin\Big(x+\frac{\pi}{2}\Big)\Big| - |\sin x| = |\cos x| - |\sin x|$ ，令 $f'(x)=0$ ，解得 $x_1=\frac{\pi}{4}$ ， $x_2=\frac{3\pi}{4}$.

$f\Big(\frac{\pi}{4}\Big)=\int_{\frac{\pi}{4}}^{\frac{3\pi}{4}}\sin t\mathrm{d}t=\sqrt{2}$ ， $f\Big(\frac{3\pi}{4}\Big)=\int_{\frac{3\pi}{4}}^{\frac{5\pi}{4}}|\sin t|\mathrm{d}t=\int_{\frac{3\pi}{4}}^{\pi}\sin t\mathrm{d}t - \int_{\pi}^{\frac{5\pi}{4}}\sin t\mathrm{d}t=2-\sqrt{2}$.

又 $f(0)=\int_0^{\frac{\pi}{2}}\sin t\mathrm{d}t=1$ ， $f(\pi)=-\int_{\pi}^{\frac{3\pi}{2}}\sin t\mathrm{d}t=1$.

因而 $f(x)$ 最小值为 $2-\sqrt{2}$ ，最大值为 $\sqrt{2}$ ，故 $f(x)$ 的值域是 $[2-\sqrt{2},\sqrt{2}]$.

【例5】 证明不等式 $\int_0^{\frac{\pi}{2}}\frac{\sin x}{1+x^2}\mathrm{d}x < \int_0^{\frac{\pi}{2}}\frac{\cos x}{1+x^2}\mathrm{d}x$.

证明：只需证 $I=\int_0^{\frac{\pi}{2}}\frac{\sin x-\cos x}{1+x^2}\mathrm{d}x<0$.

考虑到 $\sin x-\cos x$ 在 $\Big[0,\frac{\pi}{2}\Big]$ 内变号，为此将积分区间拆分，有

$$I=\int_0^{\frac{\pi}{4}}\frac{\sin x-\cos x}{1+x^2}\mathrm{d}x + \int_{\frac{\pi}{4}}^{\frac{\pi}{2}}\frac{\sin x-\cos x}{1+x^2}\mathrm{d}x$$
$$= \frac{1}{1+\xi_1^2}\int_0^{\frac{\pi}{4}}(\sin x-\cos x)\mathrm{d}x + \frac{1}{1+\xi_2^2}\int_{\frac{\pi}{4}}^{\frac{\pi}{2}}(\sin x-\cos x)\mathrm{d}x ,$$

其中 $\xi_1\in\Big[0,\frac{\pi}{4}\Big]$ ， $\xi_1\in\Big[\frac{\pi}{4},\frac{\pi}{2}\Big]$ ，且有 $\frac{1}{1+\xi_1^2}>\frac{1}{1+\xi_2^2}$.

证明：令 $f(x) = \dfrac{1}{x}$，显然 $x > 0$ 时，$f(x)$ 单调减少，于是

$$\int_1^{n+1} f(x)\mathrm{d}x = \int_1^2 f(x)\mathrm{d}x + \int_2^3 f(x)\mathrm{d}x + \cdots + \int_n^{n+1} f(x)\mathrm{d}x$$

$$< \int_1^2 f(1)\mathrm{d}x + \int_2^3 f(2)\mathrm{d}x + \cdots + \int_n^{n+1} f(n)\mathrm{d}x$$

$$= f(1) + f(2) + \cdots + f(n)$$

$$= 1 + \frac{1}{2} + \frac{1}{3} + \cdots + \frac{1}{n}.$$

即

$$\ln(1+n) < 1 + \frac{1}{2} + \frac{1}{3} + \cdots + \frac{1}{n}.$$

又

$$1 + \int_1^n f(x)\mathrm{d}x = 1 + \int_1^2 f(x)\mathrm{d}x + \int_2^3 f(x)\mathrm{d}x + \cdots + \int_{n-1}^n f(x)\mathrm{d}x$$

$$> 1 + \int_1^2 f(2)\mathrm{d}x + \int_2^3 f(3)\mathrm{d}x + \cdots + \int_{n-1}^n f(n)\mathrm{d}x$$

$$= 1 + f(2) + f(3) + \cdots + f(n)$$

$$= 1 + \frac{1}{2} + \frac{1}{3} + \cdots + \frac{1}{n}.$$

即

$$1 + \ln n > 1 + \frac{1}{2} + \frac{1}{3} + \cdots + \frac{1}{n}.$$

故原不等式得证.

【例 12】 设 $f(x)$ 在 $[0,1]$ 上连续,且单调减少,$f(x) > 0$，证明：对于满足 $0 < \alpha < \beta < 1$ 的任何 α, β 有：$\beta \displaystyle\int_0^\alpha f(x)\mathrm{d}x > \alpha \displaystyle\int_\alpha^\beta f(x)\mathrm{d}x$.

分析：$\beta \displaystyle\int_0^\alpha f(x)\mathrm{d}x > \alpha \displaystyle\int_\alpha^\beta f(x)\mathrm{d}x$ 可得 $\beta \displaystyle\int_0^\alpha f(x)\mathrm{d}x - \alpha \displaystyle\int_\alpha^\beta f(x)\mathrm{d}x > 0$，

将 β 换成 $x(x \geqslant \alpha)$，于是辅助函数 $F(x) = x\displaystyle\int_0^\alpha f(x)\mathrm{d}x - \alpha\displaystyle\int_\alpha^x f(x)\mathrm{d}x$.

证明：令 $F(x) = x\displaystyle\int_0^\alpha f(x)\mathrm{d}x - \alpha\displaystyle\int_\alpha^x f(x)\mathrm{d}x$，$(x \geqslant \alpha)$

$$F'(x) = \int_0^\alpha f(x)\mathrm{d}x - \alpha f(x) = \int_0^\alpha f(t)\mathrm{d}t - \int_0^\alpha f(x)\mathrm{d}x$$

$$= \int_0^\alpha [f(t) - f(x)]\mathrm{d}t > 0, \ (f(x)\text{单减})$$

故 $F(x)$ 单调增加，又 $f(a) = a\displaystyle\int_0^a f(x)\mathrm{d}x > 0$ （$a > 0, f(x) > 0$），因此 $F(\beta) > 0$，

即

$$\beta\int_0^\alpha f(x)\mathrm{d}x > \alpha\int_\alpha^\beta f(x)\mathrm{d}x.$$

【例 13】 已知当 $a \leqslant x \leqslant b$ 时，$f'(x) > 0$，$f''(x) > 0$，试证明：

$$(b-a)f(a) < \int_a^b f(x)\mathrm{d}x < \frac{b-a}{2}[f(a) + f(b)]$$

证明：由积分中值定理

$$\int_a^b f(x)\mathrm{d}x = f(\xi)(b-a)，（a \leqslant \xi \leqslant b）$$

由于 $f(x)$ 单调递增，有 $f(\xi) > f(a)$，故得不等式左端成立.

又设

$$g(x) = \frac{x-a}{2}\big[f(a)+f(x)\big] - \int_a^x f(t)\mathrm{d}t \quad \text{（常数变易）}$$

有

$$g'(x) = \frac{x-a}{2}f'(x) + \frac{f(a)-f(x)}{2}$$

$$g''(x) = \frac{x-a}{2}f''(x)$$

从而当 $a < x \le b$ 时，$g''(x) > 0$，于是 $g'(x)$ 在 $[a,b]$ 上单调递增．又由于 $g'(a)=0$，得当 $a < x \le b$ 时，$g'(x) > 0$，从而 $g(x)$ 单调递增．再由于 $g(a)=0$，得 $g(x) > 0$．由此得

$$g(b) = \frac{b-a}{2}\big[f(a)+f(b)\big] - \int_a^b f(t)\mathrm{d}t > 0$$

即

$$\int_a^b f(x)\mathrm{d}x < \frac{b-a}{2}\big[f(a)+f(b)\big]$$

综上，得

$$(b-a)f(a) < \int_a^b f(x)\mathrm{d}x < \frac{b-a}{2}\big[f(a)+f(b)\big].$$

【例 14】 设 $f(x)$ 是周期为 2 的连续函数，（1）证明对任意的实数 t，有 $\int_t^{t+2} f(x)\mathrm{d}x = \int_0^2 f(x)\mathrm{d}x$；（2）证明 $G(x) = \int_0^x \Big[2f(t) - \int_t^{t+2} f(s)\mathrm{d}s\Big]\mathrm{d}t$ 是周期为 2 的周期函数.

证明：（1）由定积分的区间可加性，知对任意的实数 t，有

$$\int_t^{t+2} f(x)\mathrm{d}x = \int_t^0 f(x)\mathrm{d}x + \int_0^2 f(x)\mathrm{d}x + \int_2^{t+2} f(x)\mathrm{d}x$$

令 $s = x-2$，则有

$$\int_2^{t+2} f(x)\mathrm{d}x = \int_0^t f(s+2)\mathrm{d}s = \int_0^t f(s)\mathrm{d}s = -\int_t^0 f(x)\mathrm{d}x$$

所以

$$\int_t^{t+2} f(x)\mathrm{d}x = \int_t^0 f(x)\mathrm{d}x + \int_0^2 f(x)\mathrm{d}x - \int_t^0 f(x)\mathrm{d}x = \int_0^2 f(x)\mathrm{d}x$$

（2）由（1），知对任何的 t，有 $\int_t^{t+2} f(s)\mathrm{d}s = \int_0^2 f(s)\mathrm{d}s$.

记 $\int_0^2 f(s)\mathrm{d}s = a$，

则

$$G(x) = \int_0^x 2f(t)\mathrm{d}t - ax$$

因为对任意的 x，有

$$G(x+2) - G(x) = \int_0^{x+2} 2f(t)\mathrm{d}t - a(x+2) - 2\int_0^x f(t)\mathrm{d}t + ax$$

$$= 2\int_x^{x+2} f(t)\mathrm{d}t - 2a = 2\int_0^2 f(t)\mathrm{d}t - 2a = 0$$

所以 $G(x) = \int_0^x \Big[2f(t) - \int_t^{t+2} f(s)\mathrm{d}s\Big]\mathrm{d}t$ 是周期为 2 的周期函数.

【例 15】 设 $f(n) = \int_0^{\frac{\pi}{4}} \tan^n x\,\mathrm{d}x$，试证 $f(n) + f(n+2) = \dfrac{1}{n+1}$（$n \in N^*$）.

证明：

$$f(n+2) = \int_0^{\frac{\pi}{4}} \tan^{n+2} x\,\mathrm{d}x = \int_0^{\frac{\pi}{4}} \tan^n x \cdot \tan^2 x\,\mathrm{d}x$$

$$= \int_0^{\frac{\pi}{4}} \tan^n x \cdot (\sec^2 x - 1)\mathrm{d}x$$

$$= \int_0^{\frac{\pi}{4}} \tan^n x \cdot \sec^2 x \mathrm{d}x - \int_0^{\frac{\pi}{4}} \tan^n x \mathrm{d}x$$

$$= \int_0^{\frac{\pi}{4}} \tan^n x \mathrm{d} \tan x - f(n)$$

故 $f(n) + f(n+2) = \int_0^{\frac{\pi}{4}} \tan^n x \mathrm{d} \tan x = \left. \frac{\tan^{n+1} x}{n+1} \right|_0^{\frac{\pi}{4}} = \frac{1}{n+1}$.

【例16】 试证 $I = \int_0^\pi \frac{x \sin x}{1 + \cos^2 x} \mathrm{d}x = \frac{\pi^2}{4}$.

证明： 令 $x = \pi - t$, $x = -\mathrm{d}t$, $x = 0 \Rightarrow t = \pi$, $x = \pi \Rightarrow t = 0$.

则 $I = \int_\pi^0 \frac{(\pi - t) \sin(\pi - t)}{1 + \cos^2(\pi - t)} \mathrm{d}(-t)$

$$= \pi \int_0^\pi \frac{\sin t}{1 + \cos^2 t} \mathrm{d}t + \int_0^\pi \frac{-t \sin t}{1 + \cos^2 t} \mathrm{d}t .$$

故 $2I = \pi \int_0^\pi \frac{\sin t}{1 + \cos^2 t} \mathrm{d}t$

即 $I = \frac{\pi}{2} \int_0^\pi \frac{\sin t}{1 + \cos^2 t} \mathrm{d}t = -\frac{\pi}{2} \int_0^\pi \frac{\mathrm{d} \cos t}{1 + \cos^2 t} = \left. -\frac{\pi}{2} \arctan \cos t \right|_0^\pi = \frac{\pi^2}{4}$.

【例17】 试证：（1） $f(x)$ 是连续的奇函数，则 $\int_a^x f(t) \mathrm{d}t$ 是偶函数；

（2）偶函数的原函数仅有一个为奇函数.

证明：（1）设 $F(x) = \int_a^x f(t) \mathrm{d}t$ ，由 $f(x)$ 为奇函数，知 $\int_x^{-x} f(t) \mathrm{d}t = 0$ ，于是

$$F(-x) = \int_a^{-x} f(t) \mathrm{d}t = \int_a^x f(t) \mathrm{d}t + \int_x^{-x} f(t) \mathrm{d}t = \int_a^x f(t) \mathrm{d}t = F(x) .$$

故 $F(x) = \int_a^x f(t) \mathrm{d}t$ 为偶函数.

（2）由 $f(x)$ 是偶函数，知 $\int_x^{-x} f(t) \mathrm{d}t = -2 \int_0^x f(t) \mathrm{d}t$ ，设 $F(x) = \int_a^x f(t) \mathrm{d}t + C$ ，

$$F(-x) = \int_a^{-x} f(t) \mathrm{d}t + C \xlongequal{t = -u} - \int_{-a}^x f(-u) \mathrm{d}u + C$$

$$= -\int_{-a}^x f(u) \mathrm{d}u + C = -\int_{-a}^a f(u) \mathrm{d}u - \int_a^x f(u) \mathrm{d}u + C$$

$$= C - 2 \int_0^a f(t) \mathrm{d}t - \int_a^x f(t) \mathrm{d}t ,$$

当且仅当 $C = 2 \int_0^a f(t) \mathrm{d}t$ ， $F(-x) = -F(x)$ ，即 $F(x)$ 是奇函数.

【例18】 设 $f(t)$ 连续， $f(t) > 0$ ， $f(-t) = f(t)$ ，令 $F(x) = \int_{-a}^a |x - t| f(t) \mathrm{d}t$ ， $-a \leqslant x \leqslant a$.

（1）试证曲线 $y = F(x)$ 在 $[-a, a]$ 上是凹的；

（2）当 x 为何值时， $F(x)$ 取得最小值；

（3）若 $F(x)$ 的最小值可表示为 $f(a) - a^2 - 1$ ，试求 $f(t)$.

解：（1）证明：由于 $F(x) = \int_{-a}^a |x - t| f(t) \mathrm{d}t = \int_{-a}^x (x - t) f(t) \mathrm{d}t + \int_x^a (t - x) f(t) \mathrm{d}t$

$$= x \int_{-a}^x f(t) \mathrm{d}t - \int_{-a}^x t f(t) \mathrm{d}t + \int_x^a t f(t) \mathrm{d}t - x \int_x^a f(t) \mathrm{d}t$$

$$F'(x) = \int_{-a}^{x} f(t)\mathrm{d}t + xf(x) - xf(x) - xf(x) + xf(x) - \int_{x}^{a} f(t)\mathrm{d}t$$

$$= \int_{-a}^{x} f(t)\mathrm{d}t - \int_{x}^{a} f(t)\mathrm{d}t$$

$$F''(x) = f(x) + f(x) = 2f(x) > 0$$

则曲线 $y = F(x)$ 在 $[-a, a]$ 上是凹的.

（2）令 $F'(x) = \int_{-a}^{x} f(t)\mathrm{d}t - \int_{x}^{a} f(t)\mathrm{d}t = 0$ ，得 $x = 0$（ $f(x)$ 为偶函数）

又 $F''(x) > 0$ ，则 $F'(x)$ 单调增，则 $x = 0$ 为最小值点.

（3） $F(x)$ 在 $[-a, a]$ 上最小值为 $F(0) = \int_{-a}^{a} |t| f(t)\mathrm{d}t = 2\int_{0}^{a} tf(t)\mathrm{d}t$

从而有 $2\int_{0}^{a} tf(t)\mathrm{d}t = f(A) - a^2 - 1$ ，对此式两边求导得，

$$2af(a) = f'(a) - 2a$$

解此一阶线性微分方程得　　 $f(a) = Ce^{a^2} - 1$

又 $f(0) = 1$ ，则 $C = 2$ ，从而 $f(t) = 2e^{t^2} - 1$.

【例19】　设 $f(x)$ 在 $[0,1]$ 上可导，且 $f(0) = 0$ ， $0 < f'(x) < 1$.

证明 $\left(\int_{0}^{1} f(x)\mathrm{d}x\right)^2 > \int_{0}^{1} f^3(x)\mathrm{d}x$.

证明： 令 $F(x) = \left(\int_{0}^{x} f(t)\mathrm{d}t\right)^2 - \int_{0}^{x} f^3(t)\mathrm{d}t$ ，只要证 $F(1) > 0$ 即可.

$$F'(x) = 2f(x)\int_{0}^{x} f(t)\mathrm{d}t - f^3(x) = f(x)\left[2\int_{0}^{x} f(t)\mathrm{d}t - f^2(x)\right]$$

令 $\varphi(x) = 2\int_{0}^{x} f(t)\mathrm{d}t - f^2(x)$

$$\varphi'(x) = 2f(x) - 2f(x)f'(x) = 2f(x)[1 - f'(x)] > 0$$

则 $\varphi(x)$ 单调增，又 $\varphi(0) = 0$ ，则 $\varphi(x) > 0$（ $x \in (0,1]$ ）

从而 $F'(x) > 0$ ， $x \in (0,1]$

则 $F(x)$ 单调增，从而 $F(1) > 0$ ，

原题得证.

习　　题

1. 选择题.

（1）下列等式正确的是（　　）.

    （A） $\dfrac{\mathrm{d}}{\mathrm{d}x}\int_{a}^{b} f(x)\mathrm{d}x = f(x)$ （B） $\dfrac{\mathrm{d}}{\mathrm{d}x}\int_{a}^{b} f(x)\mathrm{d}x = 0$

    （C） $\dfrac{\mathrm{d}}{\mathrm{d}x}\int_{a}^{b} f(x)\mathrm{d}x = f(b)$ （D） $\dfrac{\mathrm{d}}{\mathrm{d}x}\int_{a}^{b} f(x)\mathrm{d}x = f(a)$

（2）设函数 $y = \int_{0}^{x} (t-1)\mathrm{d}t$ ，则 y 有（　　）.

    （A）极小值 $\dfrac{1}{2}$ （B）极小值 $-\dfrac{1}{2}$

（C）极大值 $\dfrac{1}{2}$ （D）极大值 $-\dfrac{1}{2}$

（3）定积分 $\displaystyle\int_a^b f(x)\mathrm{d}x$ 表示和式的极限是（   ）.

（A）$\displaystyle\lim_{n\to\infty}\frac{b-a}{n}\sum_{k=1}^n f\left[\frac{k}{n}(b-a)\right]$

（B）$\displaystyle\lim_{n\to\infty}\frac{b-a}{n}\sum_{k=1}^n f\left[\frac{k-1}{n}(b-a)\right]$

（C）$\displaystyle\lim_{n\to\infty}\sum_{k=1}^n f(\xi_k)\Delta x_k$ （ξ_k 为 Δx_k 中任意一点）

（D）$\displaystyle\lim_{\lambda\to 0}\sum_{k=1}^n f(\xi_k)\Delta x_k$ （$\lambda=\max\{\Delta x_k\}$，$\xi_k$ 为 Δx_k 中任意一点）

（4）下列积分不为零的是（   ）.

（A）$\displaystyle\int_{-\pi}^{\pi}\cos x\,\mathrm{d}x$ （B）$\displaystyle\int_{-\frac{\pi}{2}}^{\frac{\pi}{2}}\sin x\cos x\,\mathrm{d}x$

（C）$\displaystyle\int_{-\frac{\pi}{2}}^{\frac{\pi}{2}}\frac{x}{1+\cos x}\,\mathrm{d}x$ （D）$\displaystyle\int_{-\frac{\pi}{4}}^{\frac{\pi}{3}}\tan x\,\mathrm{d}x$

2. 填空题.

（1）$\left(\displaystyle\int_0^x \sin^4 t\,\mathrm{d}t\right)' =$ _____；$\left(\displaystyle\int_0^{3x}\sin^4 t\,\mathrm{d}t\right)' =$ _____；$\left(\displaystyle\int_0^1\sin^4 t\,\mathrm{d}t\right)' =$ _____.

（2）由曲线 $x=1$，$x=2$，$y=0$，$y=x^2$ 围成图形的面积为_____.

（3）设 $k\in\mathbf{N}^+$，则 $\displaystyle\int_{-\pi}^{\pi}\cos kx\,\mathrm{d}x =$ _____；$\displaystyle\int_{-\pi}^{\pi}\cos^2 kx\,\mathrm{d}x =$ _____.

（4）$\displaystyle\lim_{n\to\infty}\frac{1}{n}\sum_{i=1}^n\sin\frac{i\pi}{n} =$ _____（定积分表示）.

（5）设函数 $f(x)=\displaystyle\int_0^x e^t(1-t)\mathrm{d}t$，则 $f(x)$ 在 $[-2,2]$ 上的最小值_____；最大值____.

（6）设函数 $f(x)$，$g(x)$ 在 $[a,b]$ 上连续，则由 $y=f(x)$，$y=g(x)$ 和 $x=a$，$x=b$ 所围成的平面图形的面积 $A=$ _____.

（7）曲线 $y=-x^3+x^2+2x$ 与 x 轴所围成的图形的面积 $A=$ _____.

（8）根据定积分的几何意义，求下列定积分之值.

① $\displaystyle\int_1^2 2x\,\mathrm{d}x$；   ② $\displaystyle\int_0^{2\pi}\sin x\,\mathrm{d}x$；   ③ $\displaystyle\int_0^a\sqrt{a^2-x^2}\,\mathrm{d}x$.

3. 计算题.

（1）已知函数 $f(x)$ 连续，且满足 $\displaystyle\int_0^x f(t)\mathrm{d}t=x^4+x^2-x\int_0^1 f(x)\mathrm{d}x$，试求 $f(x)$ 的表达式.

（2）设 $f\left(x+\dfrac{1}{x}\right)=\dfrac{x+x^3}{1+x^4}$，计算 $\displaystyle\int_2^{2\sqrt{2}} f(x)\mathrm{d}x$.

（3）求下列定积分和反常积分：

① $\displaystyle\int_0^{\pi}\sqrt{\sin x-\sin^3 x}\,\mathrm{d}x$；   ② $\displaystyle\int_0^2|1-x|\sqrt{(4-x)^2}\,\mathrm{d}x$；

③ $\int_1^2 \dfrac{\mathrm{d}x}{x+x^3}$;

④ $\int_{-\frac{\pi}{4}}^{\frac{\pi}{4}} (\cos^2 x + x^3 \tan^2 x)\mathrm{d}x$;

⑤ $\int_0^{+\infty} \dfrac{e^{-\sqrt{x}}}{\sqrt{x}}\mathrm{d}x$;

⑥ $\int_1^e \dfrac{\mathrm{d}x}{x\sqrt{1-\ln^2 x}}$.

4. 证明题.

（1）设 $f(x)$ 为连续函数，$F(x)=\int_0^x (x-2t)f(t)\mathrm{d}t$. 证明：若 $f(x)$ 是偶函数，则 $F(x)$ 是偶函数；若 $f(x)$ 是奇函数，则 $F(x)$ 是奇函数.

（2）设函数 $f(x)$ 在区间 $[0,1]$ 上连续，且 $f(x)<1$ ，证明：方程 $2x-\int_0^x f(t)\mathrm{d}t=1$ 在开区间 $(0,1)$ 内有且仅有一个根.

（3）设 $f(x)$ 在 $(-\infty,+\infty)$ 上可导，且 $f'(x)>0$ ，$f(0)=0$ ，$f(a)=b$ ，又 $g(x)$ 是 $f(x)$ 的反函数，证明 $\int_0^a f(x)\mathrm{d}x+\int_0^b g(x)\mathrm{d}x=ab$.

（4）设 $f(x)$ 在 $[a,b]$ 上有 2 阶连续的导数，且 $f(a)=f'(a)=0$ ，试证明：

$$\int_a^b f(x)\mathrm{d}x=\frac{1}{2}\int_a^b f''(x)(x-b)^2\mathrm{d}x .$$

（5）设 $f(x)$ ，$g(x)$ 在 $[-a,a]$ 上连续（$a>0$），且 $f(x)+f(-x)=A$ （常数），$g(-x)=g(x)$. 试证明：

① $\int_{-a}^a f(x)g(x)\mathrm{d}x=A\int_0^a g(x)\mathrm{d}x$;

② 求 $\int_{-\frac{\pi}{2}}^{\frac{\pi}{2}} |\sin x|\arctan e^x\mathrm{d}x$.

5. 若 $f(u)$ 是连续函数，证明 $\int_0^\pi xf(\sin x)\mathrm{d}x=\dfrac{\pi}{2}\int_0^\pi f(\sin x)\mathrm{d}x$ ，

并求 $\int_0^\pi \dfrac{x\sin x}{3\sin^2 x+4\cos^2 x}\mathrm{d}x$ 的值.

习题参考答案

1.（1）（B）.（2）（B）.（3）（D）.（4）（D）.

2.（1）$\sin^4 x$ ；$3\sin^4 3x$ ；0.

（2）$\dfrac{7}{3}$.

（3）0；π .

（4）$\int_0^1 \sin \pi x\mathrm{d}x$.

（5）$f(2)=-2$ ；$f(1)=e-2$.

（6）$\int_a^b |f(x)-g(x)|\mathrm{d}x$.

（7）$A=\int_{-1}^0 -(-x^3+x^2+2x)\mathrm{d}x+\int_0^2 (-x^3+x^2+2x)\mathrm{d}x$.

（8）① 3；② 0；③ $\dfrac{\pi a^2}{4}$.

3.（1）由定积分定义可设 $\displaystyle\int_0^1 f(x)\mathrm{d}x = A$，求导，积分，解方程得到 $A=1$，由此可得

$$f(x) = 4x^3 + 2x - 1.$$

（2）提示：先求 $f(t) = \dfrac{t}{t^2-1}$，答案：$\dfrac{\ln 3}{2}$.

（3）① $\displaystyle\int_0^\pi \sqrt{\sin x - \sin^3 x}\,\mathrm{d}x = \int_0^\pi \sqrt{\sin x}\,|\cos x|\,\mathrm{d}x = \dfrac{4}{3}$；

② $\displaystyle\int_0^2 |1-x|\sqrt{(4-x)^2}\,\mathrm{d}x = \int_0^2 |1-x|(4-x)\,\mathrm{d}x = \dfrac{29}{3}$；

③ $\displaystyle\int_1^2 \dfrac{\mathrm{d}x}{x+x^3} = \int_1^2 \dfrac{\mathrm{d}x}{x^3(1+x^{-2})} = -\dfrac{1}{2}\int_1^2 \dfrac{\mathrm{d}(1+x^{-2})}{1+x^{-2}} = \dfrac{1}{2}\ln\dfrac{8}{5}$；

④ $\displaystyle\int_{-\frac{\pi}{4}}^{\frac{\pi}{4}} (\cos^2 x + x^3 \tan^2 x)\,\mathrm{d}x = 2\int_0^{\frac{\pi}{4}} \cos^2 x\,\mathrm{d}x = \dfrac{\pi}{4} + \dfrac{1}{2}$；（应用对称区间奇偶性）

⑤ $\displaystyle\int_0^{+\infty} \dfrac{e^{-\sqrt{x}}}{\sqrt{x}}\,\mathrm{d}x = -2\int_0^{+\infty} e^{-\sqrt{x}}\,\mathrm{d}\left(-\sqrt{x}\right) = -2e^{-\sqrt{x}}\Big|_0^{+\infty} = 2$；

⑥ $\displaystyle\int_1^e \dfrac{\mathrm{d}x}{x\sqrt{1-\ln^2 x}} = \int_1^e \dfrac{\mathrm{d}\ln x}{\sqrt{1-\ln^2 x}} = \arcsin(\ln x)\Big|_1^e = \dfrac{\pi}{2}$.

4.（1）证：由 $F(x) = \displaystyle\int_0^x (x-2t)f(t)\mathrm{d}t$，

则 $F(-x) = \displaystyle\int_0^{-x} \left(-x-2t\right)f(t)\mathrm{d}t = -\int_0^{-x} \left(x+2t\right)f(t)\mathrm{d}t$，令 $t=-u$

则 $F(-x) = \displaystyle\int_0^x \left(x-2u\right)f(-u)\mathrm{d}u = \int_0^x \left(x-2t\right)f(-t)\mathrm{d}t$

根据已知条件了可以证明所要证明的结论.

（2）提示：令 $\varphi(x) = 2x - \displaystyle\int_0^x f(t)\mathrm{d}t - 1$.

（3）提示：可对 $\displaystyle\int_0^b g(x)\mathrm{d}x$ 作代换 $x = f(t)$.

（4）证：由分部积分公式，有

$\displaystyle\int_a^b f(x)\mathrm{d}x = \int_a^b f(x)\mathrm{d}(x-b) = \left[f(x)(x-b)\right]_a^b - \int_a^b (x-b)f'(x)\mathrm{d}x$

$\quad = -\displaystyle\int_a^b (x-b)f'(x)\mathrm{d}(x-b) = -\dfrac{1}{2}\int_a^b f'(x)\mathrm{d}(x-b)^2$

$\quad = -\dfrac{1}{2}\left[f'(x)(x-b)^2\right]_a^b - \displaystyle\int_a^b (x-b)^2\,\mathrm{d}f'(x)$

$\quad = \dfrac{1}{2}\displaystyle\int_a^b f''(x)(x-b)^2\,\mathrm{d}x$.

（5）证明：① 因为 $\displaystyle\int_{-a}^a f(x)g(x)\mathrm{d}x = \int_{-a}^0 f(x)g(x)\mathrm{d}x + \int_0^a f(x)g(x)\mathrm{d}x$

而 $\displaystyle\int_{-a}^0 f(x)g(x)\mathrm{d}x \xlongequal{x=-t} -\int_{-a}^0 f(-t)g(-t)\mathrm{d}t$

$\quad = \displaystyle\int_0^a f(-t)g(-t)\mathrm{d}t = \int_0^a f(-t)g(t)\mathrm{d}t = \int_0^a f(-x)g(x)\mathrm{d}x$，

故 $\int_{-a}^{a} f(x)g(x)\mathrm{d}x = \int_{0}^{a} f(-x)g(x)\mathrm{d}x + \int_{0}^{a} f(x)g(x)\mathrm{d}x$

$$= \int_{0}^{a}[f(-x)+f(x)]g(x)\mathrm{d}x = A\int_{0}^{a}g(x)\mathrm{d}x.$$

② 由于 $|\sin x|$ 是偶函数，由（1）证得的结果，因为 $\arctan e^{x} + \arctan e^{-x} = \dfrac{\pi}{2}$（可以

证明），所以 $\int_{-\frac{\pi}{2}}^{\frac{\pi}{2}} |\sin x|\arctan e^{x}\mathrm{d}x = \dfrac{\pi}{2}\int_{0}^{\frac{\pi}{2}}|\sin x|\mathrm{d}x = \dfrac{\pi}{2}$.

5. 证：令 $x = \pi - t$

则左边 $I = \int_{0}^{\pi} x f(\sin x)\mathrm{d}x = \int_{0}^{\pi} (\pi - t) f(\sin t)\mathrm{d}t = \int_{0}^{\pi}(\pi-x)f(\sin x)\mathrm{d}x$，

则 $2I = \int_{0}^{\pi} x f(\sin x)\mathrm{d}x + \int_{0}^{\pi}(\pi - x)f(\sin x)\,\mathrm{d}x = \int_{0}^{\pi}\pi f(\sin x)\mathrm{d}x$，

所以 $\int_{0}^{\pi} x f(\sin x)\mathrm{d}x = \dfrac{\pi}{2}\int_{0}^{\pi} f(\sin x)\,\mathrm{d}x$ 成立

由上面可得 $\int_{0}^{\pi} \dfrac{x\sin x}{3\sin^{2}x + 4\cos^{2}x}\mathrm{d}x = \dfrac{\pi}{2}\int_{0}^{\pi}\dfrac{\sin x}{3\sin^{2}x + 4\cos^{2}x}\,\mathrm{d}x = -\dfrac{\pi}{2}\int_{0}^{\pi}\dfrac{\cos x}{3+\cos^{2}x}\,\mathrm{d}x$.

由凑微分可得：$\int_{0}^{\pi}\dfrac{x\sin x}{3\sin^{2}x + 4\cos^{2}x}\mathrm{d}x = \dfrac{\pi^{2}}{6\sqrt{3}}$.

第八章 级 数

【考试内容及要求】

1. 数项级数

（1）理解级数收敛、级数发散的概念和级数的基本性质，掌握级数收敛的必要条件.

（2）熟记几何级数，调和级数和 p—级数的敛散性. 会用正项级数的比较审敛法与比值审敛法判别正项级数的敛散性.

（3）理解任意项级数绝对收敛与条件收敛的概念. 会用莱布尼茨判别法判别交错级数的敛散性.

2. 幂级数

（1）理解幂级数、幂级数收敛及和函数的概念. 会求幂级数的收敛半径与收敛区间.

（2）掌握幂级数和、差、积的运算.

（3）掌握幂级数在其收敛区间内的基本性质：和函数是连续的、和函数可逐项求导及和函数可逐项积分.

（4）熟记 e^x，$\sin x$，$\cos x$，$\ln(1+x)$，$\dfrac{1}{1+x}$ 的麦克劳林级数，会将一些简单的初等函数展开为 $x - x_0$ 的幂级数.

8.1 数 项 级 数

【知识要点解读】

1. 数项级数概念

（1）级数 $\displaystyle\sum_{n=1}^{\infty} u_n$，$S_n = \displaystyle\sum_{k=1}^{n} u_k$，若 $S = \lim\limits_{n\to\infty} S_n$ 存在，则称级数收敛，S 为和，否则称级数发散.

（2）若 $\displaystyle\sum_{n=\infty}^{\infty} |u_n|$ 收敛，则称级数 $\displaystyle\sum_{n=1}^{\infty} u_n$ 绝对收敛；

若 $\displaystyle\sum_{n=1}^{\infty} |u_n|$ 不收敛，而 $\displaystyle\sum_{n=1}^{\infty} u_n$ 收敛，则称级数 $\displaystyle\sum_{n=1}^{\infty} u_n$ 条件收敛.

（3）级数 $\sum\limits_{n=1}^{\infty} u_n$ 绝对收敛 $\Rightarrow$ 级数 $\sum\limits_{n=1}^{\infty} u_n$ 收敛，反之不一定成立.

2. 数项级数性质

（1）级数 $\sum\limits_{n=1}^{\infty} u_n$ 与级数 $\sum\limits_{n=1}^{\infty} ku_n (k \neq 0)$ 收敛性相同.

（2）级数 $\sum\limits_{n=1}^{\infty} u_n = S$，级数 $\sum\limits_{n=1}^{\infty} v_n = \sigma$，则级数 $\sum\limits_{n=1}^{\infty} (u_n + v_n) = S \pm \sigma$.

（3）级数加上或去掉有限项不改变其收敛性.

（4）收敛级数任意加上括号后得到的新级数仍收敛，且其和不变.

（5）级数 $\sum\limits_{n=1}^{\infty} u_n$ 收敛 $\Rightarrow \lim\limits_{n \to \infty} u_n = 0$，反之不一定成立.

3. 正项级数判别法则

1）比较判别法

比较判别法（不等式比较）正项级数通项有 $a_n \leqslant u_n \leqslant b_n$，

若 $\sum\limits_{n=1}^{\infty} b_n$ 收敛，则 $\sum\limits_{n=1}^{\infty} u_n$ 收敛；若 $\sum\limits_{n=1}^{\infty} a_n$ 发散，则 $\sum\limits_{n=1}^{\infty} u_n$ 发散.

比较判别法极限形式：正项级数 $\sum\limits_{n=1}^{\infty} u_n$，$\sum\limits_{n=1}^{\infty} v_n$，若 $\lim\limits_{n \to \infty} \dfrac{u_n}{v_n} = \rho$，$0 < \rho < +\infty$，则两级数收敛性相同. 特别地，若两个正项级数的通项当 $n \to \infty$ 时是同阶无穷小，则这两级数具有相同的敛散性.

常用来作比较的级数有以下两种：

p-级数 $\sum\limits_{n=1}^{\infty} \dfrac{1}{n^p}$，当 $p > 1$ 时，级数收敛；当 $p \leqslant 1$ 时，级数发散.

等比（几何）级数 $\sum\limits_{n=1}^{\infty} aq^n$，当 $|q| < 1$ 时，级数收敛；当 $|q| \geqslant 1$ 时，级数发散.

2）比值判别法

正项级数 $\sum\limits_{n=1}^{\infty} u_n$，若 $\lim\limits_{n \to \infty} \dfrac{u_{n+1}}{u_n} = \rho$，则有 $\rho < 1$ 时，级数收敛，$\rho > 1$ 时，级数发散，$\rho = 1$ 时，敛散性不定.

4. 判定正项级数 $\sum\limits_{n=1}^{\infty} u_n$ 敛散性的一般步骤

（1）看 $\lim\limits_{n \to \infty} u_n$ 是否为零，若不为零，则级数发散；若 $u_n \to 0$，则进行下一步（此时，$\sum\limits_{n=1}^{\infty} u_n$ 是否收敛还不一定）.

（2）用正项级数的比值审敛法、比较判别法（极限形式），来判定级数的敛散性.
如 u_n 中含 $n!$ 或 n 的乘积或多个因子连乘除，通常选用比值法；
如 u_n 含形如 n^a 因子，通常用比较法.

（7）设 $\sum u_n$ 收敛，则 $\sum (-1)^n \dfrac{u_n}{n}$ 不定（反例：$\displaystyle\sum_{n=2}^{\infty} (-1)^n \dfrac{1}{\ln n}$ 收敛 $\rightarrow \displaystyle\sum_{n=2}^{\infty} \dfrac{1}{n\ln n}$ 发散）.

（8）设 $\sum u_n$ 收敛，则 $\sum u_{2n}$（偶数项），$\sum u_{2n-1}$（奇数项）不定（反例：$\displaystyle\sum_{n=1}^{\infty} (-1)^n \dfrac{1}{n}$ 收敛，但是其奇数项和偶数项都发散）.

（9）设 $\sum u_n$ 收敛，则 $\displaystyle\sum_{n=1}^{\infty} (u_{2n-1} + u_{2n})$ 收敛（收敛级数任加括号所得的新级数仍收敛，且和不变）.

（10）设 $\sum u_n$ 收敛，则 $\displaystyle\sum_{n=1}^{\infty} (u_{2n-1} - u_{2n})$ 不定.

（11）设 $\sum u_n$ 收敛，则：$\displaystyle\sum_{n=1}^{\infty} (u_n + u_{n+1})$，$\displaystyle\sum_{n=1}^{\infty} (u_n - u_{n+1})$ 均收敛.

（12）设 $\sum u_n$ 收敛，则 $\displaystyle\sum_{n=1}^{\infty} u_n u_{n+1}$ 不定.（反例：$u_n = \displaystyle\sum_{n=1}^{\infty} (-1)^n \dfrac{1}{\sqrt{n}}$，$\displaystyle\sum_{n=1}^{\infty} u_n u_{n+1}$ 发散）.

　　判别级数 $\displaystyle\sum_{n=1}^{\infty} u_n$ 的敛散性，通常按以下步骤考虑：先观察 $\lim\limits_{n\to\infty} u_n = 0$ 是否满足？若不满足，则级数发散；若满足，再分辨级数类型，是正项级数？交错级数？还是任意项级数？若是正项级数，先试用比值判别法判别，因为比值判别法比比较判别法来得方便，如果比值判别法失败，则再用比较判别法，要熟悉几何级数、调和级数和 $p-$ 级数的敛散性，因为经常用这三种级数作为比较标准；若是交错级数，则用莱布尼茨判别法；若是任意项级数，则用绝对收敛判别法判别.

【例1】　用定义判断级数 $\dfrac{1}{1\cdot6} + \dfrac{1}{6\cdot11} + \cdots + \dfrac{1}{(5n-4)\cdot(5n+1)} + \cdots$ 是否收敛.

解：$u_n = \dfrac{1}{(5n-4)\cdot(5n+1)} = \dfrac{1}{5}\left(\dfrac{1}{5n-4} - \dfrac{1}{5n+1}\right)$

则前 n 项和 $s_n = \dfrac{1}{1\cdot6} + \dfrac{1}{6\cdot11} + \cdots + \dfrac{1}{(5n-4)\cdot(5n+1)} + \cdots$

$\qquad = \dfrac{1}{5}\left(1 - \dfrac{1}{6} + \dfrac{1}{6} - \dfrac{1}{11} + \cdots + \dfrac{1}{5n-4} - \dfrac{1}{5n+1}\right)$

$\qquad = \dfrac{1}{5}\left(1 - \dfrac{1}{5n+1}\right) = \dfrac{n}{5n+1}$.

而　$\lim\limits_{n\to\infty} s_n = \dfrac{1}{5}$.

所以原级数收敛.

【例2】　求级数 $\dfrac{1}{2} + \dfrac{1}{3} + \dfrac{1}{2^2} + \dfrac{1}{3^2} + \cdots + \dfrac{1}{2^n} + \dfrac{1}{3^n} + \cdots$ 的和.

解：由几何级数可知，$s = \lim\limits_{n \to \infty} s_n = \dfrac{\dfrac{1}{2}}{1 - \dfrac{1}{2}} + \dfrac{\dfrac{1}{3}}{1 - \dfrac{1}{3}} = \dfrac{3}{2}$.

【例3】 试证 $\lim\limits_{n \to \infty} \dfrac{n!}{n^n} = 0$.

分析：这是一个数列极限问题，如果直接求 $\lim\limits_{n \to \infty} \dfrac{n!}{n^n} = 0$ 来证明，则不是容易想出. 我们可以将它转化成级数问题，只要证出级数 $\sum\limits_{n=1}^{\infty} \dfrac{n!}{n^n}$ 收敛，那么根据级数收敛的必要条件，命题得证.

证明：考虑正项级数 $\sum\limits_{n=1}^{\infty} \dfrac{n!}{n^n}$，因为

$$\lim_{n \to \infty} \frac{u_{n+1}}{u_n} = \lim_{n \to \infty} \frac{(n+1)!}{(n+1)^{n+1}} \bigg/ \frac{n!}{n^n} = \lim_{n \to \infty} \frac{1}{\left(1 + \dfrac{1}{n}\right)^n} = \frac{1}{e} < 1,$$

所以由比值审敛法知 $\sum\limits_{n=1}^{\infty} \dfrac{n!}{n^n}$ 收敛，再由级数性质知，一般项 $u_n = \dfrac{n!}{n^n} \to 0$，

即 $\lim\limits_{n \to \infty} \dfrac{n!}{n^n} = 0$.

【例4】 判别级数 $\sum\limits_{n=1}^{\infty} \dfrac{3n^n}{(1+n)^n}$ 的敛散性.

解：级数的一般项 $u_n = \dfrac{3n^n}{(1+n)^n}$，因为

$$\lim_{n \to \infty} u_n = \lim_{n \to \infty} \frac{3n^n}{(1+n)^n} = 3 \lim_{n \to \infty} \left(\frac{n}{1+n}\right)^n = \frac{3}{e} \neq 0,$$

故由级数收敛的必要条件知，级数 $\sum\limits_{n=1}^{\infty} \dfrac{3n^n}{(1+n)^n}$ 发散.

> **小结**：判定级数的敛散性，首先考察一般项 u_n 的极限，若 $\lim\limits_{n \to \infty} u_n \neq 0$ 或 $\lim\limits_{n \to \infty} u_n$ 不存在，则级数 $\sum\limits_{n=1}^{\infty} u_n$ 发散.

【例5】 设 $\dfrac{a_{n+1}}{a_n} \leqslant \dfrac{b_{n+1}}{b_n}$（$a_n > 0, b_n > 0, n = 1, 2, \cdots$），证明若级数 $\sum\limits_{n=1}^{\infty} b_n$ 收敛，则级数 $\sum\limits_{n=1}^{\infty} a_n$ 收敛；若级数 $\sum\limits_{n=1}^{\infty} a_n$ 发散，则级数 $\sum\limits_{n=1}^{\infty} b_n$ 也发散.

证明：因为 $\dfrac{a_{n+1}}{a_n} \leqslant \dfrac{b_{n+1}}{b_n}$ （$a_n > 0, b_n > 0, n = 1, 2, \cdots$），

所以 $\dfrac{a_2}{a_1} \leqslant \dfrac{b_2}{b_1}$，$\dfrac{a_3}{a_2} \leqslant \dfrac{b_3}{b_2}$，$\cdots\cdots$，$\dfrac{a_n}{a_{n-1}} \leqslant \dfrac{b_n}{b_{n-1}}$.

将式子相乘得 $\dfrac{a_n}{a_1} \leqslant \dfrac{b_n}{b_1}$ 即 $a_n \leqslant \dfrac{a_1}{b_1} b_n$ 或 $b_n \geqslant \dfrac{b_1}{a_1} a_n$.

从而由比较审敛法知，若级数 $\sum\limits_{n=1}^{\infty} b_n$ 收敛，则级数 $\sum\limits_{n=1}^{\infty} \dfrac{b_1}{a_1} b_n$ 收敛，从而级数 $\sum\limits_{n=1}^{\infty} a_n$ 收敛；

若级数 $\sum\limits_{n=1}^{\infty} a_n$ 发散，则级数 $\sum\limits_{n=1}^{\infty} \dfrac{a_1}{b_1} a_n$ 发散，从而级数 $\sum\limits_{n=1}^{\infty} b_n$ 发散.

【例 6】 设级数 $\sum\limits_{n=1}^{\infty} a_n$ 和 $\sum\limits_{n=1}^{\infty} b_n$ 皆收敛，且 $a_n \leqslant c_n \leqslant b_n$（$n = 1, 2, \cdots$），证明级数 $\sum\limits_{n=1}^{\infty} c_n$ 收敛.

分析：因为已知级数不一定是正项级数，不能直接用比较审敛法来判别，我们必须用所给级数构造出两个正项级数，再由它们来证明 $\sum\limits_{n=1}^{\infty} c_n$ 收敛.

证明：令 $u_n = b_n - a_n$，$v_n = b_n - c_n$，则 $\sum\limits_{n=1}^{\infty} u_n$ 和 $\sum\limits_{n=1}^{\infty} v_n$ 均为正项级数. 因为 $\sum\limits_{n=1}^{\infty} a_n$ 与 $\sum\limits_{n=1}^{\infty} b_n$

收敛，故级数 $\sum\limits_{n=1}^{\infty} u_n$ 收敛；又 $v_n = b_n - c_n \leqslant b_n - a_n = u_n$，

故 $\sum\limits_{n=1}^{\infty} v_n$ 收敛，再由 $c_n = b_n - v_n$，得知级数 $\sum\limits_{n=1}^{\infty} c_n$ 收敛.

小结：关于正项级数证明题的思路

① 已知某级数收敛，欲证另一级数收敛，通常运用比较审敛法，而已知收敛的级数被用作比较的对象；

② 已知一数列有某种性质（有极限、有界、单调等），欲证和该数列相关的级数收敛，通常利用极限、有界、单调性对数列的通项作某种估计，再用比较审敛法或极限审敛法.

【例 7】 证明：（1）设 $a_n > 0$，且 $\{na_n\}$ 有界，则正项级数 $\sum\limits_{n=1}^{\infty} a_n^2$ 收敛；

（2）若 $\lim\limits_{n \to \infty} n^2 a_n = c$（$c > 0$），则 $\sum\limits_{n=1}^{\infty} a_n$ 收敛.

证明：（1）因为 $a_n > 0$，数列 $\{na_n\}$ 有界，所以存在 $M > 0$，使得 $0 \leqslant na_n \leqslant M$，即

$0 \leqslant a_n \leqslant \dfrac{M}{n}$，于是 $0 \leqslant a_n^2 \leqslant \dfrac{M^2}{n^2}$. 由于级数 $\sum\limits_{n=1}^{\infty} \dfrac{1}{n^2} s$ 收敛，故 $\sum\limits_{n=1}^{\infty} a_n^2$ 收敛.

（2）由题设可知，存在 $N_0 > 0$，使当 $n > N_0$ 时，$n^2 a_n > 0$，因而 $a_n > 0$，故 $\sum_{n=N_0}^{\infty} a_n$ 为

正项级数．又 $\lim\limits_{n \to \infty} n^2 a_n = c$，由极限审敛法，正项级数 $\sum_{n=N_0}^{\infty} a_n$ 收敛，从而 $\sum_{n=1}^{\infty} a_n$ 收敛．

【例8】 判断级数 $\sum_{n=1}^{\infty} \dfrac{a^n}{1+a^{2n}} \ (a > 0)$ 的敛散性．

解： $\dfrac{u_{n+1}}{u_n} = \dfrac{a^{n+1}}{1+a^{2n+2}} \cdot \dfrac{1+a^{2n}}{a^n} = \dfrac{1+a^{2n}}{1+a^{2n+2}} a$

（1）当 $0 < a < 1$ 时，$\lim\limits_{n \to \infty} a^{2n} = 0$，$\lim\limits_{n \to \infty} a^{2n+2} = 0$，所以 $\lim\limits_{n \to \infty} \dfrac{u_{n+1}}{u_n} = a < 1$.

由比值审敛法知，级数 $\sum_{n=1}^{\infty} \dfrac{a^n}{1+a^{2n}}$ 收敛．

（2）当 $a > 1$ 时，$\lim\limits_{n \to \infty} a^{2n} = +\infty$，$\lim\limits_{n \to \infty} a^{2n+2} = +\infty$，所以 $\lim\limits_{n \to \infty} \dfrac{u_{n+1}}{u_n} = \dfrac{1}{a} < 1$.

由比值审敛法知，级数 $\sum_{n=1}^{\infty} \dfrac{a^n}{1+a^{2n}}$ 收敛．

（3）当 $a = 1$ 时，级数 $\sum_{n=1}^{\infty} \dfrac{a^n}{1+a^{2n}}$ 即为 $\sum_{n=1}^{\infty} \dfrac{1}{2}$，而级数 $\sum_{n=1}^{\infty} \dfrac{1}{2}$ 是发散的．

总结上述三种情况可得，级数 $\sum_{n=1}^{\infty} \dfrac{a^n}{1+a^{2n}} \ (a > 0)$ 当 $a \neq 1$ 时收敛，当 $a = 1$ 时发散．

比较极限形式如下．

【例9】 证明级数 $\dfrac{1 \cdot 2}{3^2 \cdot 4^2} + \dfrac{3 \cdot 4}{5^2 \cdot 6^2} + \dfrac{5 \cdot 6}{7^2 \cdot 8^2} + \cdots$ 收敛．

证明： 将级数记为 $\sum u_n$，其中 $u_n = \dfrac{(2n+1)(2n+2)}{(2n+3)^2 (2n+4)^2}$，注意到级数的一般项是分式，

分母比分子高2阶，取 $v_n = \dfrac{1}{n^2}$，且

$$\lim_{n \to \infty} \frac{u_n}{v_n} = \lim_{n \to \infty} \frac{\left(2 + \dfrac{1}{n}\right)\left(2 + \dfrac{2}{n}\right)}{\left(2 + \dfrac{3}{n}\right)^2 \left(2 + \dfrac{4}{n}\right)^2} = 1,$$

因为 $\sum_{n=1}^{\infty} \dfrac{1}{n^2}$ 收敛，由比较判别法，$\sum u_n$ 收敛．

【例10】 判别级数 $\sum_{n=1}^{\infty} \dfrac{n^{n+1}}{(1+n)^{2+n}}$ 的敛散性．

解： 注意到，级数的一般项是分式，分母比分子高一阶，取 $v_n = \dfrac{1}{n}$，因为

$$\lim_{n \to \infty} \frac{u_n}{v_n} = \lim_{n \to \infty} \frac{n^{n+1}}{(1+n)^{n+2}} \cdot \frac{n}{1} = \lim_{n \to \infty} \left(\frac{n}{1+n}\right)^{n+2} = \frac{1}{e},$$

而正项级数 $\displaystyle\sum_{n=1}^{\infty}\frac{1}{n}$ 发散，故级数 $\displaystyle\sum_{n=1}^{\infty}\frac{n^{n+1}}{(1+n)^{2+n}}$ 发散.

【例 11】 判别下列级数的收敛性：

（1）$\displaystyle\sum_{n=1}^{\infty}(-1)^{n-1}\frac{\ln n}{\sqrt{n}}$ ；（2）$\displaystyle\sum_{n=1}^{\infty}\sin\left(\pi\sqrt{n^2+a^2}\right)(a\neq 0)$.

解：（1）令 $f(x)=\dfrac{\ln x}{\sqrt{x}}$ ，得 $f'(x)=\dfrac{2-\ln x}{2x\sqrt{x}}$

当 $x>e^2$ 时，$f'(x)<0$ ，$f(x)$ 单调递减，即数列 $u_n=\dfrac{\ln n}{\sqrt{n}}$ 当 $n\geq 9$ 后开始单调递减. 又

由于 $\displaystyle\lim_{n\to\infty}\frac{\ln n}{\sqrt{n}}=0$

由莱布尼茨定理，得交错级数 $\displaystyle\sum_{n=1}^{\infty}(-1)^{n-1}\frac{\ln n}{\sqrt{n}}$ 收敛.

（2）由于 $\sin\left(\pi\sqrt{n^2+a^2}\right)=\sin\left[\pi\left(\sqrt{n^2+a^2}-n\right)+n\pi\right]$

$$=(-1)^n\sin\left[\pi\left(\sqrt{n^2+a^2}-n\right)\right]=(-1)^n\sin\frac{a^2\pi}{\sqrt{n^2+a^2}+n}$$

又由于 $\displaystyle\lim_{n\to\infty}\frac{a^2\pi}{\sqrt{n^2+a^2}+n}=0$

得当 n 充分大后，$\sin\dfrac{a^2\pi}{\sqrt{n^2+a^2}+n}$ 单调递减趋向于零. 因此，由交错级数判别法，

得级数 $\displaystyle\sum_{n=1}^{\infty}\sin\left(\pi\sqrt{n^2+a^2}\right)$ 收敛.

【例 12】 设常数 $k>0$ ，则级数 $\displaystyle\sum_{n=1}^{\infty}(-1)^n\frac{k+n}{n^2}$ （　　）.

（A）发散　　（B）绝对收敛　　（C）条件收敛　　　（D）收敛与发散与 k 取值有关

解：$\displaystyle\sum_{n=1}^{\infty}(-1)^n\frac{k+n}{n^2}=k\sum_{n=1}^{\infty}\frac{(-1)^n}{n^2}+\sum_{n=1}^{\infty}\frac{(-1)^n}{n}$

显然 $\displaystyle\sum_{n=1}^{\infty}\frac{(-1)^n}{n^2}$ 绝对收敛，而 $\displaystyle\sum_{n=1}^{\infty}\frac{(-1)^n}{n}$ 条件收敛，则原级数条件收敛.

故应选（C）.

【例 13】 设常数 $\lambda>0$ ，且级数 $\displaystyle\sum_{n=1}^{\infty}a_n^2$ 收敛，则级数 $\displaystyle\sum_{n=1}^{\infty}(-1)^n\frac{|a_n|}{\sqrt{n^2+\lambda}}$ （　　）.

（A）发散　　　（B）条件收敛　　（C）绝对收敛　　（D）敛散性与 λ 有关

解：由不等式 $2ab\leq a^2+b^2$ 知

$$\left|(-1)^n\frac{|a_n|}{\sqrt{n^2+\lambda}}\right|=\frac{|a_n|}{\sqrt{n^2+\lambda}}\leq\frac{1}{2}\left(a_n^2+\frac{1}{n^2+\lambda}\right)$$

而 $\displaystyle\sum_{n=1}^{\infty}a_n^2$ 和 $\displaystyle\sum_{n=1}^{\infty}\frac{1}{n^2+\lambda}$ 都收敛，则原级数绝对收敛，故应选（C）.

【例14】 设 $u_n \neq 0$，（$n=1,2,\cdots$）且 $\lim\limits_{n \to \infty} \dfrac{n}{u_n} = 1$，则级数 $\sum\limits_{n=1}^{\infty} (-1)^n \left(\dfrac{1}{u_n} + \dfrac{1}{u_{n+1}} \right)$（　　）.

（A）发散　　　（B）绝对收敛　　　（C）条件收敛　　　（D）敛散性不定

解：由 $u_n \neq 0$，$\lim\limits_{n \to \infty} \dfrac{n}{u_n} = 1$ 知，$\lim\limits_{n \to \infty} \dfrac{1}{u_n} = \lim\limits_{n \to \infty} \dfrac{n}{u_n} \cdot \dfrac{1}{n} = 0$.

令 $S_n = \sum\limits_{n=1}^{\infty} (-1)^n \left(\dfrac{1}{u_n} + \dfrac{1}{u_{n+1}} \right)$

$= \left(\dfrac{1}{u_1} + \dfrac{1}{u_2} \right) - \left(\dfrac{1}{u_2} + \dfrac{1}{u_3} \right) + \left(\dfrac{1}{u_3} + \dfrac{1}{u_4} \right) - \cdots + (-1)^{n+1} \left(\dfrac{1}{u_n} + \dfrac{1}{u_{n+1}} \right)$

$= \dfrac{1}{u_1} + \dfrac{(-1)^{n+1}}{u_{n+1}}$

则 $\lim\limits_{n \to \infty} S_n = \dfrac{1}{u_1}$

由级数定义知原级数收敛，但由于

$$\lim\limits_{n \to \infty} \dfrac{\left| (-1)^{n+1} \left(\dfrac{1}{u_n} + \dfrac{1}{u_{n+1}} \right) \right|}{\dfrac{1}{n}} = \lim\limits_{n \to \infty} \left(\dfrac{n}{u_n} + \dfrac{n}{u_{n+1}} \right) = 2 \neq 0,$$

而 $\sum\limits_{n=1}^{\infty} \dfrac{1}{n}$ 发散，则 $\sum\limits_{n=1}^{\infty} \left| (-1)^n \left(\dfrac{1}{u_n} + \dfrac{1}{u_{n+1}} \right) \right|$ 发散，故原级数条件收敛. 答案应选（C）.

【例15】 设 $\sum\limits_{n=1}^{\infty} (-1)^n a_n 2^n$ 收敛，则级数 $\sum\limits_{n=1}^{\infty} a_n$（　　）.

（A）条件收敛　　　（B）绝对收敛　　　（C）发散　　　（D）敛散性不定

解：由于级数 $\sum\limits_{n=1}^{\infty} (-1)^n a_n 2^n$ 收敛，由级数收敛的必要条件知 $\lim\limits_{n \to \infty} (-1)^n a_n 2^n = 0$，则数列 $\{(-1)^n a_n 2^n\}$ 有界，即存在 $M > 0$，对一切的 n 有 $\left| (-1)^n a_n 2^n \right| \leqslant M$，从而有 $|a_n| \leqslant \dfrac{M}{2^n}$.

而级数 $\sum\limits_{n=1}^{\infty} \dfrac{M}{2^n}$ 收敛，则级数 $\sum\limits_{n=1}^{\infty} a_n$ 绝对收敛，故应选（B）.

【例16】 判别级数 $\sum\limits_{n=1}^{\infty} \dfrac{(-1)^n}{\sqrt{n} + (-1)^n}$ 的敛散性.

解：虽然 $\lim\limits_{n \to \infty} \dfrac{1}{\sqrt{n} + (-1)^n} = 0$，但 $\dfrac{1}{\sqrt{n} + (-1)^n}$ 不单调，故不能直接运用莱布尼茨判别法来确定该级数的收敛性. 考察一般项

$$\dfrac{(-1)^n}{\sqrt{n} + (-1)^n} = \dfrac{(-1)^n \left[\sqrt{n} - (-1)^n \right]}{n-1} = \dfrac{(-1)^n \sqrt{n}}{n-1} - \dfrac{1}{n-1}.$$

对于级数 $\sum\limits_{n=1}^{\infty} (-1)^n \dfrac{\sqrt{n}}{n-1}$，记 $u_n = \dfrac{\sqrt{n}}{n-1}$，因为 $\lim\limits_{n \to \infty} u_n = \lim\limits_{n \to \infty} \dfrac{\sqrt{n}}{n-1} = 0$，又

$$u_n - u_{n+1} = \frac{\sqrt{n}}{n-1} - \frac{\sqrt{n+1}}{n+1-1} = \frac{\left(\sqrt{n}\sqrt{n+1}+1\right)\left(\sqrt{n+1}-\sqrt{n}\right)}{n(n-1)} > 0,$$

即 $u_n > u_{n+1}$，运用莱布尼茨判别法可知级数 $\sum_{n=1}^{\infty}(-1)^n\frac{\sqrt{n}}{n-1}$ 收敛，而级数 $\sum_{n=1}^{\infty}\frac{1}{n-1}$ 发散，所以原级数发散.

【例 17】 设 a 为常数，则级数 $\sum_{n=1}^{\infty}\left(\frac{\sin(na)}{n^2}-\frac{1}{\sqrt{n}}\right)$ （　　）.

（A）绝对收敛　　（B）条件收敛　　（C）发散　　（D）敛散性与 a 的取值有关

解：注意到 $\sum_{n=1}^{\infty}\frac{\sin(na)}{n^2}$ 绝对收敛，而 $\sum_{n=1}^{\infty}\frac{1}{\sqrt{n}}$ 发散，由运算法则，$\sum_{n=1}^{\infty}\left(\frac{\sin(na)}{n^2}-\frac{1}{\sqrt{n}}\right)$ 必发散. 应选（C）.

【例 18】 设 $u_n = (-1)^n\ln\left(1+\frac{1}{\sqrt{n}}\right)$，则级数 （　　）.

（A）$\sum_{n=1}^{\infty}u_n$ 与 $\sum_{n=1}^{\infty}u_n^2$ 都收敛　　　　（B）$\sum_{n=1}^{\infty}u_n$ 与 $\sum_{n=1}^{\infty}u_n^2$ 都发散

（C）$\sum_{n=1}^{\infty}u_n$ 收敛而 $\sum_{n=1}^{\infty}u_n^2$ 发散　　　（D）$\sum_{n=1}^{\infty}u_n$ 发散而 $\sum_{n=1}^{\infty}u_n^2$ 收敛

解：$u_n = (-1)^n\ln\left(1+\frac{1}{\sqrt{n}}\right) = (-1)^n v_n$，

$$v_n = \ln\left(1+\frac{1}{\sqrt{n}}\right) > \ln\left(1+\frac{1}{\sqrt{n+1}}\right) = v_{n+1} \Rightarrow \{v_n\}\downarrow（递减）$$

$\lim_{n\to\infty}v_n = \lim_{n\to\infty}\ln\left(1+\frac{1}{\sqrt{n}}\right) = 0$，由莱布尼茨判别法可知，级数 $\sum_{n=1}^{\infty}u_n$ 收敛.

$$\lim_{n\to\infty}\frac{\ln^2\left(1+\frac{1}{\sqrt{n}}\right)}{\frac{1}{n}} = \lim_{n\to\infty}\frac{\left(\frac{1}{\sqrt{n}}\right)^2}{\frac{1}{n}} = 1.$$ 调和级数 $\sum_{n=1}^{\infty}\frac{1}{n}$ 发散，所以选（C）.

【例 19】 判断级数 $\sum_{n=1}^{\infty}(-1)^n\frac{1}{n-\ln n}$ 的敛散性.

解：因为 $\sum_{n=1}^{\infty}\frac{1}{n-\ln n}$ 发散，所以不绝对收敛，考虑其为交错级数，考虑其是否满足莱布尼茨判别法的两个条件，

设 $f(n) = n-\ln n$，$u_n = \frac{1}{f(n)}$，

则 $f(n+1)-f(n) = [(n+1)-\ln(n+1)]-(n-\ln n) = 1-\ln\frac{n+1}{n}$.

因为 $\frac{n+1}{n} < e$，所以 $\ln\frac{n+1}{n} < 1$，$1-\ln\frac{n+1}{n} > 0$.

从而 $f(n+1) > f(n)$，$\{f(n)\}$ 是单调增加数列，$\{u_n\}$ 是单调减少数列.

又因为 $\lim\limits_{n\to\infty}u_n = \lim\limits_{n\to\infty}\dfrac{1}{n-\ln n} = \lim\limits_{n\to\infty}\dfrac{\dfrac{1}{n}}{1-\dfrac{\ln n}{n}}$,

由洛必达法则 $\lim\limits_{x\to+\infty}\dfrac{\ln x}{x} = 0$,

所以 $\lim\limits_{n\to\infty}u_n = 0$.

由交错级数的审敛法得，级数 $\sum\limits_{n=1}^{\infty}(-1)^n\dfrac{1}{n-\ln n}$ 收敛.

【例 20】　判断级数 $\sum\limits_{n=1}^{\infty}\dfrac{(-1)^{n-1}}{n^{p+\frac{1}{n}}}$ 的敛散性.

解：这是交错级数，除了要判断它是否收敛外，还得讨论其是绝对收敛还是条件收敛. 另外，级数的通项含有参数 p.

首先，研究此级数当 p 为何值时绝对收敛. 由于

$$\lim_{n\to\infty}\dfrac{1}{n^{p+\frac{1}{n}}}\bigg/\dfrac{1}{n^p} = \lim_{n\to\infty}\dfrac{1}{\sqrt[n]{n}} = 1 ,$$

而当 $p>1$ 时，$\sum\limits_{n=1}^{\infty}\dfrac{1}{n^p}$ 收敛，故原级数 $\sum\limits_{n=1}^{\infty}\dfrac{(-1)^{n-1}}{n^{p+\frac{1}{n}}}$ 也绝对收敛；当 $p\leqslant 0$ 时，原级数发散.

下面研究 $0<p\leqslant 1$ 时原级数的敛散性，将通项改写成 $\sum\limits_{n=1}^{\infty}\dfrac{(-1)^{n-1}}{n^p}\dfrac{1}{\sqrt[n]{n}}$ ，由于 $\sum\limits_{n=1}^{\infty}\dfrac{(-1)^{n-1}}{n^p}$ ，当 $0<p\leqslant 1$ 时条件收敛，而 $\dfrac{1}{\sqrt[n]{n}}$ 为以单调增加且趋于 1 的数列的通项，因此，级数 $\sum\limits_{n=1}^{\infty}\dfrac{(-1)^{n-1}}{n^{p+\frac{1}{n}}}$ 收敛；但级数 $\sum\limits_{n=1}^{\infty}\dfrac{1}{n^{p+\frac{1}{n}}}$ ，当 $0<p\leqslant 1$ 时发散. 故当 $0<p\leqslant 1$ 时，原级数仅为条件收敛.

【例 21】　讨论级数 $\sum\limits_{n=1}^{\infty}\dfrac{1}{n}\sin^n\theta$ 的敛散性.

解：由 $\lim\limits_{n\to\infty}\left|\dfrac{u_{n+1}}{u_n}\right| = \lim\limits_{n\to\infty}\left|\left(\dfrac{1}{n+1}\sin^{n+1}\theta\right)\bigg/\left(\dfrac{1}{n}\sin^n\theta\right)\right| = |\sin\theta|$.

可知，当 $|\sin\theta|<1$ ，即 $\theta\neq 2k\pi\pm\dfrac{\pi}{2}$ 时，此级数（绝对）收敛，其中 k 为整数.

当 $\theta = 2k\pi+\dfrac{\pi}{2}$ 时，级数为 $\sum\limits_{n=1}^{\infty}\dfrac{1}{n}$ ，发散；

当 $\theta = 2k\pi-\dfrac{\pi}{2}$ 时，级数为 $\sum\limits_{n=1}^{\infty}(-1)^n\dfrac{1}{n}$ ，收敛.

综上所述，此级数在 $\theta\neq 2k\pi+\dfrac{\pi}{2}$ 时收敛，在 $\theta = 2k\pi+\dfrac{\pi}{2}$ 时发散.

【例22】 设 $p_n = \dfrac{a_n + |a_n|}{2}$，$q_n = \dfrac{a_n - |a_n|}{2}$，$n = 1, 2, \cdots$，则下列命题正确的是（　　）.

（A）若 $\displaystyle\sum_{n=1}^{\infty} a_n$ 条件收敛，则 $\displaystyle\sum_{n=1}^{\infty} p_n$ 与 $\displaystyle\sum_{n=1}^{\infty} q_n$ 都收敛

（B）若 $\displaystyle\sum_{n=1}^{\infty} a_n$ 绝对收敛，则 $\displaystyle\sum_{n=1}^{\infty} p_n$ 与 $\displaystyle\sum_{n=1}^{\infty} q_n$ 都收敛

（C）若 $\displaystyle\sum_{n=1}^{\infty} a_n$ 条件收敛，则 $\displaystyle\sum_{n=1}^{\infty} p_n$ 与 $\displaystyle\sum_{n=1}^{\infty} q_n$ 的敛散性都不定

（D）若 $\displaystyle\sum_{n=1}^{\infty} a_n$ 绝对收敛，则 $\displaystyle\sum_{n=1}^{\infty} p_n$ 与 $\displaystyle\sum_{n=1}^{\infty} q_n$ 的敛散性都不定

解： $0 \leqslant p_n = \dfrac{a_n + |a_n|}{2} \leqslant |a_n|$，$0 \leqslant -q_n = \dfrac{|a_n| - a_n}{2} \leqslant |a_n|$，$n = 1, 2, \cdots$，则由比较判别法，

$\displaystyle\sum_{n=1}^{\infty} |a_n|$ 收敛 $\Rightarrow \displaystyle\sum_{n=1}^{\infty} p_n, -\displaystyle\sum_{n=1}^{\infty} q_n$ 收敛，即 $\displaystyle\sum_{n=1}^{\infty} p_n$ 与 $\displaystyle\sum_{n=1}^{\infty} q_n$ 都收敛，故选（B）.

【例23】 设有方程 $x^n + nx - 1 = 0$，其中 n 为正整数，证明此方程存在唯一的正实根 x_n，并证明当 $a > 1$ 时，级数 $\displaystyle\sum_{n=1}^{\infty} x_n^a$ 收敛.

证明：记 $f_n(x) = x^n + nx - 1$，当 $x > 0$ 时，$f_n'(x) = nx^{n-1} + n > 0$，故 $f_n(x)$ 在 $[0, +\infty)$ 单调增，$f_n(0) = -1 < 0$，$f_n(1) = n > 0$.

由连续函数的零点定理可知 $x^n + nx - 1 = 0$ 存在唯一正实根 x_n.

由 $x_n^n + nx_n - 1 = 0$，$x_n > 0$ 知 $0 < x_n = \dfrac{1 - x_n^n}{n} < \dfrac{1}{n}$，

所以，当 $a > 1$ 时，$0 < x_n^a < \left(\dfrac{1}{n}\right)^a$，而正项级数 $\displaystyle\sum_{n=1}^{\infty} \left(\dfrac{1}{n}\right)^a$ 收敛.

由比较判别法，当 $a > 1$ 时，级数 $\displaystyle\sum_{n=1}^{\infty} x_n^a$ 收敛.

练习题

1. 选择题.

（1）设 $\displaystyle\sum_{n=1}^{\infty} a_n$ 为正项级数，下列结论正确的是（　　）.

（A）若 $\displaystyle\lim_{n \to \infty} na_n = 0$，则级数 $\displaystyle\sum_{n=1}^{\infty} a_n$ 收敛

（B）若存在非零常数 λ，使得 $\displaystyle\lim_{n \to \infty} na_n = \lambda$，则级数 $\displaystyle\sum_{n=1}^{\infty} a_n$ 发散

（C）若级数 $\displaystyle\sum_{n=1}^{\infty} a_n$ 收敛，则 $\displaystyle\lim_{n \to \infty} n^2 a_n = 0$

（D）若级数 $\displaystyle\sum_{n=1}^{\infty} a_n$ 发散，则存在非零常数 λ，使得 $\displaystyle\lim_{n \to \infty} na_n = \lambda$

（2）设有以下命题

① 若 $\displaystyle\sum_{n=1}^{\infty}(u_{2n-1}+u_{2n})$ 收敛，则 $\displaystyle\sum_{n=1}^{\infty}u_n$ 收敛.

② 若 $\displaystyle\sum_{n=1}^{\infty}u_n$ 收敛，则 $\displaystyle\sum_{n=1}^{\infty}u_{n+1000}$ 收敛.

③ 若 $\displaystyle\lim_{n\to\infty}\frac{u_{n+1}}{u_n}>1$，则 $\displaystyle\sum_{n=1}^{\infty}u_n$ 发散.

④ 若 $\displaystyle\sum_{n=1}^{\infty}(u_n+v_n)$ 收敛，则 $\displaystyle\sum_{n=1}^{\infty}u_n$，$\displaystyle\sum_{n=1}^{\infty}v_n$ 都收敛.

则以上命题正确的是（　　）.

 （A）①②   （B）②③   （C）③④   （D）①④

（3）设 $a_n>0,n=1,2,\cdots$，若 $\displaystyle\sum_{n=1}^{\infty}a_n$ 发散，$\displaystyle\sum_{n=1}^{\infty}(-1)^{n-1}a_n$ 收敛，下列结论正确的是（　　）.

 （A）$\displaystyle\sum_{n=1}^{\infty}a_{2n-1}$ 收敛，$\displaystyle\sum_{n=1}^{\infty}a_{2n}$ 发散 （B）$\displaystyle\sum_{n=1}^{\infty}a_{2n}$ 收敛，$\displaystyle\sum_{n=1}^{\infty}a_{2n-1}$ 发散

 （C）$\displaystyle\sum_{n=1}^{\infty}(a_{2n-1}+a_{2n})$ 收敛   （D）$\displaystyle\sum_{n=1}^{\infty}(a_{2n-1}-a_{2n})$ 收敛

（4）设 $\displaystyle\sum_{n=1}^{\infty}b_n$ 为正项级数，$\displaystyle\sum_{n=1}^{\infty}a_n^2$ 收敛，则级数 $\displaystyle\sum_{n=1}^{\infty}(-1)^n\frac{|a_n|}{\sqrt{n^2+b_n}}$ （　　）.

 （A）条件收敛   （B）绝对收敛

 （C）发散   （D）收敛性与 b_n 有关

（5）设 $u_n\neq0(n=1,2,3,\cdots)$，且 $\displaystyle\lim_{n\to\infty}\frac{n}{u_n}=1$，则级数 $\displaystyle\sum_{n=1}^{\infty}(-1)^{n+1}\left(\frac{1}{u_n}+\frac{1}{u_{n+1}}\right)$ （　　）.

 （A）发散   （B）绝对收敛

 （C）条件收敛   （D）收敛性根据所给条件不能判定

（6）级数 $\displaystyle\sum_{n=1}^{\infty}\frac{(-1)^n}{n^p}(p>0)$ 的收敛性是（　　）.

 （A）对任何 $p>0$，均绝对收敛

 （B）$p\leqslant1$ 时发散，$p>1$ 时收敛

 （C）$p\leqslant1$ 时条件收敛，$p>1$ 时绝对收敛

 （D）$p<1$ 时绝对收敛，$p\geqslant1$ 时条件收敛

（7）级数 $\displaystyle\sum_{n=1}^{\infty}u_n$ 收敛的充要条件是（　　）.

 （A）$\displaystyle\lim_{n\to\infty}u_n=0$ （B）$\displaystyle\lim_{n\to\infty}\frac{u_{n+1}}{u_n}=\rho<1$

 （C）$u_n\leqslant\dfrac{1}{n^2}$ （D）$\displaystyle\lim_{n\to\infty}S_n$ 存在

（8）已知 $\displaystyle\sum_{n=1}^{\infty}a_n$ 与 $\displaystyle\sum_{n=1}^{\infty}b_n$ 都发散，则（　　）.

（A）$\displaystyle\sum_{n=1}^{\infty}(a_n+b_n)$ 必发散　　　　（B）$\displaystyle\sum_{n=1}^{\infty}a_nb_n$ 必发散

（C）$\displaystyle\sum_{n=1}^{\infty}(|a_n|+|b_n|)$ 必发散　　　（D）$\displaystyle\sum_{n=1}^{\infty}(a_n^2+b_n^2)$ 必发散

2．判别以下级数的敛散性.

（1）$\displaystyle\sum_{n=1}^{\infty}\frac{1}{3^n}\left(1+\frac{1}{n}\right)^{n^2}$；　　　（2）$\displaystyle\sum_{n=1}^{\infty}\frac{2^n\cdot n!}{n^n}$；　　　（3）$\displaystyle\sum_{n=1}^{\infty}\left(\frac{1}{n}-\sin\frac{1}{n}\right)$；

（4）$\displaystyle\sum_{n=1}^{\infty}\frac{1}{\int_0^n\sqrt{1+x^4}\mathrm{d}x}$；　　（5）$\displaystyle\sum_{n=1}^{\infty}n!\left(\frac{x}{n}\right)^n$（$x\geqslant 0$）；

（6）$\displaystyle\sum_{n=1}^{\infty}\frac{x^n}{(1+x)(1+x^2)\cdots(1+x^n)}$（$x>0$）；　　（7）$\displaystyle\sum_{n=1}^{\infty}(-1)^{n-1}\frac{2^n\sin^{2n}x}{n}$.

练习题参考答案

1．选择题.

（1）（B）．（2）（B）．（3）（D）．（4）（B）．（5）（C）．（6）（C）．（7）（C）．（8）（C）．

分析：（1）若存在非零常数 λ，使得 $\displaystyle\lim_{n\to\infty}na_n=\lim_{n\to\infty}\frac{a_n}{1/n}=\lambda>0$，由调和级数 $\displaystyle\sum_{n=1}^{\infty}\frac{1}{n}$ 发散，

由比较判别法，则级数 $\displaystyle\sum_{n=1}^{\infty}a_n$ 发散，故选（B）．

（2）考察级数 $\displaystyle\sum_{n=1}^{\infty}(-1)^{n-1}$ 发散，而 $\displaystyle\sum_{n=1}^{\infty}(u_{2n-1}+u_{2n})=0$ 收敛，命题①错误；命题②③都

正确，命题④错误.故选（B）．

（3）由已知 $\displaystyle\sum_{n=1}^{\infty}(-1)^{n-1}a_n=a_1-a_2+a_3-a_4+\cdots$，收敛，加括号而得的新级数

$\displaystyle\sum_{n=1}^{\infty}(a_{2n-1}-a_{2n})$ 也收敛，故选（D）．

（4）因为级数 $\displaystyle\sum_{n=1}^{\infty}(-1)^n\frac{|a_n|}{\sqrt{n^2+b_n}}$ 为交错级数，由于数列 $\dfrac{|a_n|}{\sqrt{n^2+b_n}}$ 单调性无法判别，

不能用莱布尼茨判别，只能用绝对收敛判别法，判别正项级数 $\displaystyle\sum_{n=1}^{\infty}\frac{|a_n|}{\sqrt{n^2+b_n}}$ 的收敛性.

解　因为 $b_n\geqslant 0$，$\dfrac{|a_n|}{\sqrt{n^2+b_n}}\leqslant\dfrac{|a_n|}{n}=|a_n|\dfrac{1}{n}\leqslant\dfrac{1}{2}\left(a_n^2+\dfrac{1}{n^2}\right)$，

由已知 $\displaystyle\sum_{n=1}^{\infty}a_n^2$ 收敛，$p-$级数 $\displaystyle\sum_{n=1}^{\infty}\frac{1}{n^2}$ 收敛，由级数性质，级数 $\displaystyle\sum_{n=1}^{\infty}\frac{1}{2}\left(a_n^2+\frac{1}{n^2}\right)$ 收敛，

再由比较判别法，正项级数 $\displaystyle\sum_{n=1}^{\infty}\frac{|a_n|}{\sqrt{n^2+b_n}}$ 收敛，故原级数绝对收敛，选（B）．

（5）由 $\lim\limits_{n\to\infty}\dfrac{n}{u_n}=1$，得 $\lim\limits_{n\to\infty}u_n=+\infty$.

级数前 n 项和 $S_n=\left(\dfrac{1}{u_1}+\dfrac{1}{u_2}\right)-\left(\dfrac{1}{u_2}+\dfrac{1}{u_3}\right)+\cdots+(-1)^{n+1}\left(\dfrac{1}{u_n}+\dfrac{1}{u_{n+1}}\right)$

$$=\dfrac{1}{u_1}+(-1)^{n+1}\dfrac{1}{u_{n+1}}\to\dfrac{1}{u_1}(n\to\infty),\text{ 所以级数收敛.}$$

$$\cdot\lim_{n\to\infty}\dfrac{\dfrac{1}{u_n}+\dfrac{1}{u_{n+1}}}{\dfrac{1}{n}}=\lim_{n\to\infty}\left(\dfrac{n}{u_n}+\dfrac{n+1}{u_{n+1}}\cdot\dfrac{n}{n+1}\right)=2.$$

级数 $\sum\limits_{n=1}^{\infty}\dfrac{1}{n}$ 发散，由比较判别法知，原级数不绝对收敛，为条件收敛，故选（C）.

2．（1）因为 $\lim\limits_{n\to\infty}\sqrt[n]{u_n}=\lim\limits_{n\to\infty}\dfrac{1}{3}\left(1+\dfrac{1}{n}\right)^n=\dfrac{e}{3}<1$，故级数收敛.（根值法）

（2）因为 $\lim\limits_{n\to\infty}\dfrac{u_{n+1}}{u_n}=\lim\limits_{n\to\infty}\dfrac{2^{n+1}\cdot(n+1)!}{(n+1)^{n+1}}\dfrac{n^n}{2^n\cdot n!}=2\lim\limits_{n\to\infty}\left(\dfrac{n}{n+1}\right)^n=\dfrac{2}{e}<1$，故级数收敛.

（3）因为 $\sin\dfrac{1}{n}=\dfrac{1}{n}-\dfrac{1}{6}\dfrac{1}{n^3}+0\left(\dfrac{1}{n^3}\right)$，故 $\dfrac{1}{n}-\sin\dfrac{1}{n}=\dfrac{1}{6}\dfrac{1}{n^3}+0\left(\dfrac{1}{n^3}\right)$，

所以，$\dfrac{1}{n}-\sin\dfrac{1}{n}\sim\dfrac{1}{6}\dfrac{1}{n^3}$，因为 $\dfrac{1}{6}\sum\limits_{n=1}^{\infty}\dfrac{1}{n^3}$ 收敛，故级数收敛.（比较极限形式）

（4）因为 $0<\dfrac{1}{\displaystyle\int_0^n\sqrt{1+x^4}\mathrm{d}x}\leqslant\dfrac{1}{\displaystyle\int_0^n\sqrt{x^4}\mathrm{d}x}=\dfrac{1}{\dfrac{1}{3}n^3}=\dfrac{3}{n^3}$，故级数收敛.（比较法）

（5）因为 $\lim\limits_{n\to\infty}\dfrac{u_{n+1}}{u_n}=\lim\limits_{n\to\infty}\dfrac{\left(\dfrac{x}{n+1}\right)^{n+1}(n+1)!}{\left(\dfrac{x}{n}\right)^n n!}=\lim\limits_{n\to\infty}\dfrac{x}{\left(1+\dfrac{1}{n}\right)^n}=\dfrac{x}{e}$，且当 $x=e$ 时，有

$$u_n=n!\left(\dfrac{e}{n}\right)^n>\left(\dfrac{n+1}{e}\right)^n\left(\dfrac{e}{n}\right)^n=\left(1+\dfrac{1}{n}\right)^n\qquad(n=1,2,\cdots)$$

则 $\sum\limits_{n=1}^{\infty}n!\left(\dfrac{x}{n}\right)^n$ 发散，故当 $x\geqslant e$ 时级数发散，当 $0\leqslant x<e$ 时级数收敛.

（6）因为 $\lim\limits_{n\to\infty}\dfrac{u_{n+1}}{u_n}=\lim\limits_{n\to\infty}\dfrac{x}{1+x^{n+1}}=\begin{cases}x,&0<x<1\\\dfrac{1}{2},&x=1\\0,&x>1\end{cases}$，故对任何 $x>0$ 级数都收敛.

（7）设 $u_n=(-1)^{n-1}\dfrac{2^n\sin^{2n}x}{n}$，由于 $\lim\limits_{n\to\infty}\sqrt[n]{|u_n|}=\sqrt{2}\sin x$，可知，

当 $\sqrt{2}\sin x<1$，即当 $\left|x-n\pi\right|<\dfrac{\pi}{4}$ 时，原级数绝对收敛；

当 $\sqrt{2}\sin x = 1$，即当 $|x - n\pi| = \dfrac{\pi}{4}$ 时，级数 $\displaystyle\sum_{n=1}^{\infty}(-1)^{n-1}\dfrac{2^n\sin^{2n}x}{n} = \sum_{n=1}^{\infty}(-1)^{n-1}\dfrac{1}{n}$ 条件收敛；

当 $\sqrt{2}\sin x > 1$，原级数发散.

8.2　幂　级　数

【知识要点解读】

对幂级数主要讨论两个问题：

● 幂级数的收敛域；

● 将函数表示成幂级数.

函数项级数中最简单和重要的是幂级数 $\displaystyle\sum_{n=1}^{\infty}a_n(x-x_0)^n$，它有许多好的分析性质：它在以 x_0 为中心，收敛半径为 R 的对称区间 $(x_0 - R, x_0 + R)$ 内绝对收敛，其和函数在收敛域内连续，可逐项微分，逐项积分，新的幂级数收敛半径不变.

1. 幂级数 $\displaystyle\sum_{n=0}^{\infty}a_n x^n$ 收敛半径 R，$\rho = \dfrac{1}{R} = \lim\limits_{n\to\infty}\dfrac{|a_{n+1}|}{|a_n|}$

（1）$\rho = 0$，$R = +\infty$，幂级数收敛域 $(-\infty, +\infty)$.

（2）$\rho = +\infty$，$R = 0$，幂级数只在 $x = 0$ 处收敛.

（3）$0 < \rho < +\infty$，$R = \dfrac{1}{\rho}$.

幂级数 $\displaystyle\sum_{n=0}^{\infty}a_n x^n$ 的收敛半径 $R = \lim\limits_{n\to\infty}\left|\dfrac{a_n}{a_{n+1}}\right|$，其收敛区间是以原点为中心的区间 $(-R, R)$. 在 $x = \pm R$ 处，幂级数的敛散性，需要进行具体分析.

注意：求幂级数收敛半径的公式 $R = \lim\limits_{n\to\infty}\left|\dfrac{a_n}{a_{n+1}}\right|$ 不能直接用于幂级数不是逐次变化的幂级数.

一般来说求收敛区间不需要判定区间端点的敛散性，而求收敛域必须利用常数项级数的判别法讨论端点的敛散性.

收敛域 $= \{(-R, R)\bigcup$ 收敛的端点 $x = \pm R\}$.

2. 阿贝尔定理

当幂级数 $\displaystyle\sum_{n=1}^{\infty}a_n x^n$ 在 $x = x_1(x_1 \neq 0)$ 处收敛时，对于满足 $|x| < |x_1|$ 的一切 x，幂级数绝对收敛；当幂级数 $\displaystyle\sum_{n=1}^{\infty}a_n x^n$ 在 $x = x_2(x_2 \neq 0)$ 处发散时，对于满足 $|x| > |x_2|$ 的一切 x，

幂级数发散.

结论 1：根据阿贝尔定理，已知 $\sum\limits_{n=1}^{\infty} a_n(x-x_0)^n$ 在某点 x_1 ($x_1 \neq x_0$) 的敛散性，确定该幂级数的收敛半径可分为以下三种情况：

（1）若在 x_1 处收敛，则收敛半径 $R \geqslant |x_1 - x_0|$；

（2）若在 x_1 处发散，则收敛半径 $R \leqslant |x_1 - x_0|$；

（3）若在 x_1 处发散，则收敛半径 $R = |x_1 - x_0|$.

结论 2：已知 $\sum\limits_{n=1}^{\infty} a_n(x-x_1)^n$ 的敛散性信息，要求讨论 $\sum\limits_{n=1}^{\infty} b_n(x-x_2)^m$ 的敛散性.

以下三种情况下，级数的收敛半径不变，收敛域要具体问题具体分析：

（1）对级数提出或者乘以因式 $(x-x_0)^k$，或者作平移等，收敛半径不变；

（2）对级数逐项求导，收敛半径不变，收敛域可能缩小；

（3）对级数逐项积分，收敛半径不变，收敛域可能扩大.

3. 幂级数求和函数与函数展开成幂级数是相反的两个过程

$$\sum_{n=0}^{\infty} a_n x^n \to （求和） f(x)；\quad f(x) \to （展开） \sum_{n=0}^{\infty} a_n x^n.$$

利用以下 6 个常用函数的幂级数展开式，逐项求导或逐项积分，代入恒等变形等方法，间接将未知函数展开成幂级数；或求出幂级数的和函数.

（1）$e^x = \sum\limits_{n=0}^{\infty} \dfrac{x^n}{n!}$，$-\infty < x < +\infty$.

（2）$\sin x = \sum\limits_{n=0}^{\infty} (-1)^n \dfrac{x^{2n+1}}{(2n+1)!}$，$-\infty < x < +\infty$.

（3）$\cos x = \sum\limits_{n=0}^{\infty} (-1)^n \dfrac{x^{2n}}{(2n)!}$，$-\infty < x < +\infty$.

（4）$\ln(1+x) = \sum\limits_{n=0}^{\infty} (-1)^n \dfrac{x^{n+1}}{n+1}$，$-1 < x \leqslant 1$.

（5）$(1+x)^n = 1 + ax + \dfrac{a(a-1)}{2!} x^2 + \cdots$，$-1 < x < 1$.

（6）$\dfrac{1}{1+x} = \sum\limits_{n=0}^{\infty} (-1)^n x^n$，$-1 < x < 1$.

【例 1】 设幂级数 $\sum\limits_{n=1}^{\infty} a_n x^n$ 与 $\sum\limits_{n=1}^{\infty} b_n x^n$ 的收敛半径分别为 $\dfrac{\sqrt{5}}{3}$ 与 $\dfrac{1}{3}$，则幂级数 $\sum\limits_{n=1}^{\infty} \dfrac{a_n^2}{b_n^2} x^n$ 的收敛半径为（　　）.

（A）5　　　（B）$\dfrac{\sqrt{5}}{3}$　　　（C）$\dfrac{1}{3}$　　　（D）$\dfrac{1}{5}$

解：利用幂级数的收敛半径公式，

$$\lim_{n \to \infty} \left| \frac{a_n^2}{b_n^2} \middle/ \frac{a_{n+1}^2}{b_{n+1}^2} \right| = \lim_{n \to \infty} \left| \frac{a_n^2}{a_{n+1}^2} \middle/ \frac{b_n^2}{b_{n+1}^2} \right| = 5 .$$

【例2】 求幂级数 $\sum_{n=1}^{\infty} \frac{1}{3^n + (-2)^n} \frac{x^n}{n}$ 的收敛区间，并讨论该区间端点处的收敛性.

解：因为 $\lim_{n \to \infty} \frac{\left[3^n + (-2)^n \right] n}{\left[3^{n+1} + (-2)^{n+1} \right] (n+1)} = \frac{1}{3}$ ，所以收敛半径为3，收敛区间为 $(-3,3)$ ，

当 $x = 3$ 时，由于 $\frac{3^n}{3^n + (-2)^n} \cdot \frac{1}{n} > \frac{1}{2n}$ ，且 $\sum_{n=1}^{\infty} \frac{1}{n}$ 发散，所以原级数在 $x = 3$ 处发散.

当 $x = -3$ 时，由于 $\frac{(-3)^n}{3^n + (-2)^n} \cdot \frac{1}{n} = (-1)^n \frac{1}{n} - \frac{2^n}{3^n + (-2)^n} \cdot \frac{1}{n}$ ，且 $\sum_{n=1}^{\infty} (-1)^n \frac{1}{n}$ 与

$\sum_{n=1}^{\infty} \frac{2^n}{3^n + (-2)^n} \cdot \frac{1}{n}$ 都收敛，所以原级数在 $x = -3$ 处收敛.

【例3】 设幂级数 $\sum_{n=1}^{\infty} a_n (x-1)^n$ 在 $x = 0$ 收敛，在 $x = 2$ 发散，则该幂级数收敛域

为_____.

解：由于幂级数 $\sum_{n=1}^{\infty} a_n (x-1)^n$ 在 $x = 0$ 处收敛，在 $x = 2$ 处发散，由阿贝尔定理知

当 $|x-1| < |0-1|$ ，即 $|x-1| < 1$ ，原级数收敛.

当 $|x-1| > |2-1|$ ，即 $|x-1| > 1$ ，原级数发散.

则该幂级数收敛域为 $[0,2)$.

【例4】 设 $\sum_{n=1}^{\infty} a_n (x+1)^n$ 在 $x = 1$ 处条件收敛，则幂级数 $\sum_{n=1}^{\infty} n a_n (x-1)^n$ 在 $x = 2$ 处（ ）.

（A）绝对收敛 　　　（B）条件收敛

（C）发散 　　　　　（D）敛散性不确定

解：（1）由 $\sum_{n=1}^{\infty} a_n (x+1)^n$ 在 $x = 1$ 处条件收敛，则 $R = |x_1 - x_0| = |1-(-1)| = 2$ ，且收敛

区间为 $(-3,1)$.

（2）将 $(x+1)^n$ 转化为 $(x-1)^n$ ，也就是把级数的中心点由 -1 转移到1，即将收敛区

间平移到 $(-3,1)$ ，得 $\sum_{n=1}^{\infty} a_n (x-1)^n$ ，收敛半径不变.

（3）对 $\sum_{n=1}^{\infty} a_n (x-1)^n$ 逐项求导，得 $\sum_{n=1}^{\infty} n a_n (x-1)^{n-1}$ ，再逐项乘以 $x-1$ ，得 $\sum_{n=1}^{\infty} n a_n (x-1)^n$ ，

收敛半径不变.

故 $\sum_{n=1}^{\infty} n a_n (x-1)^n$ 的收敛区间为 $(-3,1)$ ， $x = 2$ 在收敛区间内部，故在该点级数绝对收

敛，答案选择（A）.

【例 5】 设幂级数 $\sum\limits_{n=0}^{\infty} a_n x^n$ 与 $\sum\limits_{n=0}^{\infty} b_n x^n$ 的收敛半径分别为 $\dfrac{\sqrt{5}}{3}$ 与 $\dfrac{1}{3}$，并设 $\lim\limits_{n \to \infty}\left|\dfrac{a_{n+1}}{a_n}\right|$ 与 $\lim\limits_{n \to \infty}\left|\dfrac{b_{n+1}}{b_n}\right|$ 都存在，则幂级数 $\sum\limits_{n=0}^{\infty} \dfrac{a_n^2}{b_n^2} x^n$ 的收敛半径为（ ）.

（A）5   （B）$\dfrac{\sqrt{5}}{3}$ （C）$\dfrac{1}{3}$ （D）$\dfrac{1}{5}$

解：由题设 $\lim\limits_{n \to \infty}\left|\dfrac{a_{n+1}}{a_n}\right|$ 存在，记为 ρ_1，$\sum\limits_{n=1}^{\infty} a_n x^n$ 的收敛半径为 $\dfrac{\sqrt{5}}{3}$，故 $\dfrac{\sqrt{5}}{3} = \dfrac{1}{\rho_1}$，$\rho_1 = \dfrac{3}{\sqrt{5}}$，

又由题设 $\lim\limits_{n \to \infty}\left|\dfrac{b_{n+1}}{b_n}\right|$ 存在，记为 ρ_2，$\sum\limits_{n=1}^{\infty} b_n x^n$ 的收敛半径为 $\dfrac{1}{3}$，故 $\rho_2 = 3$. 幂级数 $\sum\limits_{n=0}^{\infty} \dfrac{a_n^2}{b_n^2} x^n$ 的

收敛半径： $\lim\limits_{n \to \infty} \dfrac{a_{n+1}^2}{b_{n+1}^2} \bigg/ \dfrac{a_n^2}{b_n^2} = \lim\limits_{n \to \infty} \dfrac{a_{n+1}^2}{a_n^2} \bigg/ \dfrac{b_{n+1}^2}{b_n^2} = \dfrac{9}{5} \cdot \dfrac{1}{9} = \dfrac{1}{5}$.

所以 $R = 5$，选（A）.

【例 6】 若幂级数 $\sum\limits_{n=1}^{\infty} a_n x^n$ 在 $x = -3$ 处条件收敛，则幂级数 $\sum\limits_{n=1}^{\infty} a_n(x-1)^n$ 的收敛半径

为_____.

解：由于幂级数 $\sum\limits_{n=1}^{\infty} a_n x^n$ 在 $x = -3$ 处条件收敛，则 $x = -3$ 为幂级数 $\sum\limits_{n=1}^{\infty} a_n x^n$ 收敛区间的

端点，则其收敛半径为 3，而幂级数 $\sum\limits_{n=1}^{\infty} a_n(x-1)^n$ 是幂级数 $\sum\limits_{n=1}^{\infty} a_n x^n$ 作中心平移，收敛半径

不变，则幂级数 $\sum\limits_{n=1}^{\infty} a_n(x-1)^n$ 的收敛半径为 3.

【例 7】 设幂级数 $\sum\limits_{n=0}^{\infty} a_n x^n$ 收敛半径为 3，则幂级数 $\sum\limits_{n=0}^{\infty} n a_n(x-1)^{n-1}$ 的收敛区间

为_____.

解：因为 $\left(\sum\limits_{n=0}^{\infty} a_n x^n\right)' = \sum\limits_{n=0}^{\infty} n a_n x^{n-1}$，所以幂级数 $\sum\limits_{n=0}^{\infty} n a_n x^{n-1}$ 的收敛半径为 3，则幂级数

$\sum\limits_{n=0}^{\infty} n a_n(x-1)^{n-1}$ 的收敛区间为 $-3 < x-1 < 3$，即收敛区间为 $(-2, 4)$.

【例 8】 设幂级数 $\sum\limits_{n=0}^{\infty} a_n(x+1)^n$ 在 $x = -2$ 时条件收敛，则其在 $x = 2$ 处（ ）.

（A）发散   （B）条件收敛
（C）绝对收敛   （D）敛散性无法确定

解：幂级数的条件收敛点只能在收敛区间端点，于是该级数收敛半径为 $R = |-2+1| = 1$，$x_0 = -1$ 为收敛区间的中点，$x = 2$ 位于收敛区间 $(-2, 0)$ 之外. 由阿贝尔定理知，此幂级数在 $x = 2$ 处发散. 故应选（A）.

【例 9】 设幂级数 $\sum\limits_{n=1}^{\infty} a_n(x-1)^n$ 在 $x = -1$ 处收敛，则此级数在 $x = 2$ 处（ ）.

（A）条件收敛　　　　　　　（B）绝对收敛

（C）发散　　　　　　　　　（D）收敛性不能确定

解： 因为此幂级数在 $x=-1$ 处收敛，而其收敛域为以 $x=1$ 为中心的区间，从而收敛域包含以 1 为中心，$1-(-1)=2$ 为半径的区间 $(1-2,1+2)=(-1,3)$，又幂级数在收敛域的内部（即收敛区间）上绝对收敛，所以在 $x=2$ 处绝对收敛．故应选（B）.

【例10】 求幂级数 $\sum_{n=1}^{\infty}\dfrac{\ln(1+n)}{n}x^{n-1}$ 的收敛域.

分析： 求收敛域必须考虑在端点处所对应的级数的收敛情况.

解： $\lim\limits_{n\to\infty}\left|\dfrac{u_{n+1}}{u_n}\right|=\lim\limits_{n\to\infty}\left|\dfrac{\ln(n+2)x^n}{n+1}\cdot\dfrac{n}{\ln(n+1)x^{n-1}}\right|=|x|$，

当 $|x|<1$ 时，幂级数绝对收敛；

当 $x=1$ 时，原级数为 $\sum_{n=1}^{\infty}\dfrac{\ln(1+n)}{n}$ 发散（因为当 $n>2$ 时，$\dfrac{\ln(1+n)}{n}>\dfrac{1}{n}$）

当 $x=-1$ 时，原级数为 $\sum_{n=1}^{\infty}(-1)^{n-1}\dfrac{\ln(1+n)}{n}$ 为交错级数.

满足（1）$\lim\limits_{n\to\infty}\dfrac{\ln(1+n)}{n}=0$；（2）设 $f(x)=\dfrac{\ln(1+x)}{x}$，$x\geq 2$.

$f'(x)=\dfrac{\dfrac{x}{1+x}-\ln(1+x)}{x^2}$，当 $x\geq 2$ 时，$\dfrac{x}{1+x}<1$，$\ln(1+x)>1$，

所以 $f'(x)<0$，$f(x)$ 单调递减，即 $u_n>u_{n+1}$，

故 $\sum_{n=1}^{\infty}(-1)^{n-1}\dfrac{\ln(1+n)}{n}$ 收敛，收敛域为 $[-1,1)$.

【例11】 （1）求级数 $\sum_{n=1}^{\infty}\dfrac{x^{2n-1}}{2n-1}$ 的和函数，并计算 $\sum_{n=1}^{\infty}\dfrac{-1}{(2n-1)2^n}$ 的和；（2）求级数 $\sum_{n=1}^{\infty}nx^n$ 的和函数.

分析： 幂级数求和与函数展开为幂级数是恰恰相反的两个过程.除了少数幂级数利用拆项相加，直接得到和函数外，大多数情况是将已知的幂级数进行代数恒等变形，逐项积分，逐项微分，化为 e^x，$\sin x$，$\cos x$，$\ln(1+x)$，$(1+x)^m$ 五种基本初等函数的幂级数的展式，而得到用五种基本初等函数运算表示的和函数.

重点掌握如下基本问题.

（1）$\dfrac{1}{1-x}=\sum_{n=0}^{\infty}x^n$，$x\in(-1,1)$；

（2）$\sum_{n=1}^{\infty}\dfrac{x^{n+1}}{n}=x\sum_{n=1}^{\infty}\dfrac{x^n}{n}=-x\ln(1-x)=S(x)$，$x\in[-1,1)$；

（3） $\displaystyle\sum_{n=1}^{\infty} nx^n = \frac{x}{(1-x)^2}, x\in(-1,1)$ ；

（4） $\displaystyle\sum_{n=0}^{\infty}\frac{(-1)^n}{2n+1}x^{2n+1} = S(x) = \arctan x$ ；

（5） $\displaystyle e^x = \sum_{n=0}^{\infty}\frac{x^n}{n!}, x\in(-\infty, +\infty)$ ； $\displaystyle e = \sum_{n=0}^{\infty}\frac{1}{n!}$ ； $\displaystyle e^{-1} = \sum_{n=0}^{\infty}\frac{1}{n!}(-1)^n$.

解： 求幂级数的和函数，主要是利用等比级数的和函数来求解．因此对一个级数，首先观察是否为等比级数，若不是，则利用和函数在收敛域内的性质转化为等比级数，然后再求解．当然，求和函数，第一步需求出和函数的定义域，即级数的收敛域．

（1）先求收敛域，由

$$\lim_{n\to\infty}\left|\frac{u_{n+1}}{u_n}\right| = \lim_{n\to\infty}\left|\frac{\dfrac{x^{2n+1}}{2n+1}}{\dfrac{x^{2n-1}}{2n-1}}\right| = x^2 < 1 \text{时绝对收敛}, \quad x^2 > 1 \text{时发散}, \text{得收敛区间为} (-1,1).$$

又 $x = -1$ 时，幂级数为 $\displaystyle\sum_{n=1}^{\infty}\frac{-1}{2n-1}$，发散；$x = 1$ 时，幂级数为 $\displaystyle\sum_{n=1}^{\infty}\frac{1}{2n-1}$，发散；

所以幂级数 $\displaystyle\sum_{n=1}^{\infty}\frac{x^{2n-1}}{2n-1}$ 的收敛域为 $(-1,1)$.

设幂级数 $\displaystyle\sum_{n=1}^{\infty}\frac{x^{2n-1}}{2n-1}$ 的和函数为 $s(x)$，即 $\displaystyle s(x) = \sum_{n=1}^{\infty}\frac{x^{2n-1}}{2n-1}, x\in(-1,1)$.

$$s'(x) = \sum_{n=1}^{\infty}\left(\frac{x^{2n-1}}{2n-1}\right)' = \sum_{n=1}^{\infty}x^{2n-2} = \frac{1}{1-x^2}, x\in(-1,1)$$

所以 $\displaystyle\int_0^x s'(x)\mathrm{d}x = \int_0^x \frac{1}{1-x^2}\mathrm{d}x = \frac{1}{2}\ln\left|\frac{1+x}{1-x}\right|, x\in(-1,1)$

又 $\displaystyle\int_0^x s'(x)\mathrm{d}x = s(x) - s(0) = s(x)$

故 $\displaystyle s(x) = \frac{1}{2}\ln\left|\frac{1+x}{1-x}\right|, x\in(-1,1)$.

注意到当 $x = \dfrac{-1}{\sqrt{2}}$ 时，$\displaystyle\sum_{n=1}^{\infty}\frac{x^{2n-1}}{2n-1}\bigg|_{x=\frac{-1}{\sqrt{2}}} = \sqrt{2}\sum_{n=1}^{\infty}\frac{-1}{(2n-1)2^n}$.

故 $\displaystyle\sum_{n=1}^{\infty}\frac{-1}{(2n-1)2^n} = \frac{\sqrt{2}}{2}\ln\left|\sqrt{2}-1\right|$.

（2）先求收敛域，由 $\displaystyle\lim_{n\to\infty}\left|\frac{u_{n+1}}{u_n}\right| = \lim_{n\to\infty}\left|\frac{(n+1)x^{n+1}}{nx^n}\right| = |x| < 1$ 时收敛，$|x| > 1$ 时发散，得收敛区间为 $(-1,1)$.

又 $x = -1$ 或 $x = 1$ 时，幂级数均是发散的，所以幂级数 $\displaystyle\sum_{n=1}^{\infty}nx^n$ 的收敛域为 $(-1,1)$.

设幂级数 $\displaystyle\sum_{n=1}^{\infty}nx^n$ 的和函数为 $s(x)$，即 $\displaystyle s(x) = \sum_{n=1}^{\infty}nx^n, x\in(-1,1)$.

设幂级数 $\sum_{n=1}^{\infty} nx^{n-1}$ 的和函数为 $s_1(x)$，即 $s_1(x) = \sum_{n=1}^{\infty} nx^{n-1}, x \in (-1,1)$.

显然，$s(x) = xs_1(x)$. 由和函数的性质，

$$\int_0^x s_1(x)\mathrm{d}x = \sum_{n=1}^{\infty} \int_0^x nx^{n-1}\mathrm{d}x = \sum_{n=1}^{\infty} x^n = \frac{x}{1-x}, x \in (-1,1),$$

$$s_1(x) = \left(\int_0^x s_1(x)\mathrm{d}x\right)' = \left(\frac{x}{1-x}\right)' = \frac{1}{(1-x)^2}, x \in (-1,1),$$

故　幂级数 $\sum_{n=1}^{\infty} nx^n$ 的和函数为 $s(x) = \frac{x}{(1-x)^2}, x \in (-1,1)$.

【例12】　求级数 $\sum_{n=1}^{\infty} \frac{1}{n4^n} x^{n-1}$ 的收敛域，并求和函数.

解： 因为 $\lim_{n \to \infty} \frac{a_{n+1}}{a_n} = \lim_{n \to \infty} \frac{n4^n}{(n+1)4^{n+1}} = \frac{1}{4}$，所以 $R = 4$.

当 $x = -4$ 时，级数 $\sum_{n=1}^{\infty} \frac{(-1)^{n-1}}{4n}$ 收敛，当 $x = 4$ 时，级数 $\sum_{n=1}^{\infty} \frac{1}{4n}$ 发散，收敛域 $[-4,4)$.

令 $s(x) = \sum_{n=1}^{\infty} \frac{1}{n4^n} x^{n-1}$，则 $xs(x) = \sum_{n=1}^{\infty} \frac{1}{n} \left(\frac{x}{4}\right)^n$，

$$xs(x) = \sum_{n=1}^{\infty} \frac{1}{n}\left(\frac{x}{4}\right)^n \xlongequal{t=\frac{x}{4}} \sum_{n=1}^{\infty} \frac{t^n}{n} = \sum_{n=1}^{\infty} \int_0^t t^{n-1}\mathrm{d}t = \int_0^t \sum_{n=1}^{\infty} t^{n-1}\mathrm{d}t$$

$$= \int_0^t \frac{1}{1-t}\mathrm{d}t = -\ln(1-t) = -\ln\left(1-\frac{x}{4}\right).$$

所以　　　　$s(x) = \begin{cases} -\dfrac{1}{x}\ln\left(1-\dfrac{x}{4}\right), & x \in [-4,0) \cup (0,4) \\ \dfrac{1}{4}, & x = 0 \end{cases}$.

【例13】　求幂级数 $\sum_{n=1}^{\infty} (-1)^{n-1}\left(1 + \frac{1}{n(2n-1)}\right)x^{2n}$ 的收敛区间与和函数 $f(x)$.

解： 因为 $\lim_{n \to \infty} \frac{(n+1)(2n+1)+1}{(n+1)(2n+1)} \cdot \frac{n(2n-1)}{n(2n-1)+1} = 1$，所以 $x^2 < 1$，原级数收敛，

$x^2 \geq 1$，原级数发散，收敛区间为 $(-1,1)$.

$$f(x) = \sum_{n=1}^{\infty} (-1)^{n-1} x^{2n} + \sum_{n=1}^{\infty} (-1)^{n-1} \frac{x^{2n}}{n(2n-1)} = S_1(x) + S_2(x).$$

$$S_1(x) = \sum_{n=1}^{\infty} (-1)^{n-1} x^{2n} = \frac{x^2}{1+x^2}, -1 < x < 1;$$

$$S_2(x) = \sum_{n=1}^{\infty} (-1)^{n-1} \frac{x^{2n}}{n(2n-1)}, \quad S_2{}'(x) = 2\sum_{n=1}^{\infty} (-1)^{n-1} \frac{x^{2n-1}}{2n-1},$$

$$S_2{}''(x) = 2\sum_{n=1}^{\infty} (-1)^{n-1} x^{2n-2} = \frac{2}{1+x^2},$$

$$S_2'(x) = \int_0^x \frac{2}{1+t^2} \mathrm{d}t = 2\arctan x ,$$

$$S_2(x) = \int_0^x 2\arctan t \mathrm{d}t = 2x\arctan x - 2\int_0^x \frac{t}{1+t^2}\mathrm{d}t = 2x\arctan x - \ln(1+x^2) .$$

所以　　$f(x) = S_1(x) + S_2(x) = \dfrac{x^2}{1+x^2} + 2\arctan x - \ln(1+x^2)$ ，　$-1 < x < 1$ ．

【例 14】　求级数 $\displaystyle\sum_{n=2}^{\infty} \frac{1}{(n^2-1)2^n}$ ．

解： $s(x) = \displaystyle\sum_{n=2}^{\infty} \frac{x^n}{n^2-1} = \sum_{n=2}^{\infty} \frac{1}{2}\left(\frac{1}{n-1} - \frac{1}{n-1}\right)x^n$ ，（$|x| < 1$）

其中　$\displaystyle\sum_{n=2}^{\infty} \frac{x^n}{n-1} = x\sum_{n=2}^{\infty} \frac{x^{n-1}}{n-1} = x\sum_{n=1}^{\infty} \frac{x^n}{n}$ ；　$\displaystyle\sum_{n=2}^{\infty} \frac{x^n}{n+1} = \frac{1}{x}\sum_{n=3}^{\infty} \frac{x^n}{n}$（$x \neq 0$）

设 $g(x) = \displaystyle\sum_{n=1}^{\infty} \frac{x^n}{n}$ ，　$g'(x) = \displaystyle\sum_{n=1}^{\infty} \left(\frac{x^n}{n}\right)' = \sum_{n=1}^{\infty} x^{n-1} = \frac{1}{1-x}$ ，　$|x| < 1$

$$g(x) = g(x) - g(0) = \int_0^x g'(x)\mathrm{d}x = \int_0^x \frac{1}{1-x}\mathrm{d}x = -\ln(1-x)$$

从而　$s(x) = \dfrac{x}{2}\big[-\ln(1-x)\big] - \dfrac{1}{2x}\left[-\ln(1-x) - x - \dfrac{x^2}{2}\right]$

$$= \frac{2+x}{4} + \frac{1-x^2}{2x}\ln(1-x) ，（|x| < 1 \text{且} x \neq 0），$$

因此　$\displaystyle\sum_{n=2}^{\infty} \frac{1}{(n^2-1)2^n} = s\left(\frac{1}{2}\right) = \frac{5}{8} - \frac{3}{4}\ln 2$ ．

【例 15】　求幂级数 $\displaystyle\sum_{n=2}^{\infty} \frac{x^n}{n(n-1)}$ 的和函数．

解： $\displaystyle\lim_{n\to\infty}\left|\frac{u_{n+1}}{u_n}\right| = \lim_{n\to\infty}\left|\dfrac{\dfrac{x^{n+1}}{(n+1)n}}{\dfrac{x^n}{n(n-1)}}\right| = x$ ，所以收敛区间为 $(-1,1)$ ．

当 $x = 1$ 时，　$\displaystyle\sum_{n=2}^{\infty} \frac{1}{n(n-1)}$ 收敛；当 $x = -1$ 时，　$\displaystyle\sum_{n=2}^{\infty}(-1)^n \frac{1}{n(n-1)}$ 也收敛．

从而　$\displaystyle\sum_{n=2}^{\infty} \frac{x^n}{n(n-1)}$ 的收敛域为 $[-1,1]$ ．

设 $\displaystyle\sum_{n=2}^{\infty} \frac{x^n}{n(n-1)} = s(x)$ ，

则 $s'(x) = \displaystyle\sum_{n=2}^{\infty} \frac{x^{n-1}}{n-1} = \sum_{n=0}^{\infty} \frac{x^{n+1}}{n+1}$ ．

因为 $\ln(1-x) = -\displaystyle\sum_{n=0}^{\infty} \frac{x^{n+1}}{n+1}$（$-1 \leqslant x < 1$），所以 $s'(x) = -\ln(1-x)$ ．

又因 $s(0) = 0$ ，所以

$$s(x) = \int_0^x -\ln(1-t)\mathrm{d}t = x + (1-x)\ln(1-x), \quad x \in [-1,1).$$

由幂级数的和函数的连续性，有 $s(1) = \lim\limits_{x \to 1^-} s(x) = 1$

所以
$$\sum_{n=2}^{\infty} \frac{x^n}{n(n-1)} = \begin{cases} x + (1-x)\ln(1-x), & -1 \leqslant x < 1 \\ \dfrac{1}{2} & x = 1 \end{cases}.$$

【例 16】 求幂级数 $\displaystyle\sum_{n=0}^{\infty} \frac{1+n^2}{n!2^n} x^n$ 的和函数.

分析： 幂级数只有在收敛域内才是逐项可积、逐项可导的，所以首先得求收敛域，不能想当然. 利用指数函数 e^x 的幂级数展开式：$e^x = \displaystyle\sum_{n=0}^{\infty} \frac{x^n}{n!} = \sum_{n=1}^{\infty} \frac{x^{n-1}}{(n-1)!}$，$x \in (-\infty, +\infty)$.

解： $\lim\limits_{n \to \infty} \left| \dfrac{u_{n+1}}{u_n} \right| = \lim\limits_{n \to \infty} \left| \dfrac{\left[1+(n+1)^2\right]x^{n+1}}{(n+1)!2^{n+1}} \cdot \dfrac{n!2^n}{(1+n^2)x^n} \right| = 0$，收敛域为 $(-\infty, +\infty)$.

设 $t = \dfrac{x}{2}$，令 $s(t) = \displaystyle\sum_{n=0}^{\infty} \frac{1+n^2}{n!} t^n = \sum_{n=0}^{\infty} \frac{1}{n!} t^n + \sum_{n=0}^{\infty} \frac{n^2}{n!} t^n = e^t + \sum_{n=1}^{\infty} \frac{n}{(n-1)!} t^n$

$$= e^t + \sum_{n=1}^{\infty} \frac{n-1+1}{(n-1)!} t^n = e^t + \sum_{n=1}^{\infty} \frac{t^n}{(n-1)!} + \sum_{n=2}^{\infty} \frac{1}{(n-2)!} t^n$$

$$= e^t + te^t + t^2 e^t.$$

所以
$$s(x) = e^{\frac{x}{2}} \left(1 + \frac{x}{2} + \frac{x^2}{4} \right), \quad x \in (-\infty, +\infty).$$

【例 17】 给定幂级数 $\displaystyle\sum_{n=1}^{\infty} \frac{(-1)^{n-1}}{n \cdot 3^n} x^n$，求（1）收敛域；（2）和函数 $s(x)$；（3）数项级数 $\displaystyle\sum_{n=1}^{\infty} \frac{(-1)^{n-1}}{n} \left(\frac{2}{3} \right)^n$ 的和.

解：（1）因为 $\lim\limits_{n \to \infty} \left| \dfrac{u_{n+1}}{u_n} \right| = \lim\limits_{n \to \infty} \left| \dfrac{x^{n+1}}{(n+1)3^{n+1}} \cdot \dfrac{n3^n}{x^n} \right| = \left| \dfrac{x}{3} \right|$，当 $\left| \dfrac{x}{3} \right| < 1$，即 $x \in (-3,3)$ 时，级数绝对收敛. 当 $x = 3$ 时，幂级数为 $\displaystyle\sum_{n=1}^{\infty} \frac{(-1)^{n-1}}{n}$，收敛；当 $x = -3$ 时，幂级数为 $-\displaystyle\sum_{n=1}^{\infty} \frac{1}{n}$，发散. 所以，幂级数的收敛域为 $(-3,3]$.

（2）设和函数为 $s(x)$，则 $s(x) = \displaystyle\sum_{n=1}^{\infty} \frac{(-1)^{n-1}}{n \cdot 3^n} x^n$，$s(0) = 0$，逐项求导：

$$s'(x) = \sum_{n=1}^{\infty} \frac{(-1)^{n-1}}{n \cdot 3^n} n x^{n-1} = \frac{1}{3} \sum_{n=1}^{\infty} \left(-\frac{x}{3} \right)^{n-1} = \frac{1}{3} \frac{1}{1 + \frac{x}{3}} = \frac{1}{3+x}, \quad (-3 < x < 3)$$

所以 $s(x) = s(x) - s(0) = \displaystyle\int_0^x s'(x)\,\mathrm{d}x = \int_0^x \frac{1}{3+x}\,\mathrm{d}x$

$$= \ln(3+x) - \ln 3 = \ln\left(1 + \frac{x}{3} \right), \quad x \in (-3,3).$$

又因幂级数在 $x = 3$ 时收敛，且和函数 $s(x)$ 在 $x = 3$ 连续，

因此 $$s(x) = \ln\left(1 + \frac{x}{3}\right), \quad x \in (-3, 3].$$

（3）令 $x = 2$，于是幂级数变为所求的数项级数 $\displaystyle\sum_{n=1}^{\infty} \frac{(-1)^{n-1}}{n}\left(\frac{2}{3}\right)^n$，且 $2 \in (-3, 3]$，

所以 $$\sum_{n=1}^{\infty} \frac{(-1)^{n-1}}{n}\left(\frac{2}{3}\right)^n = \ln\left(1 + \frac{2}{3}\right) = \ln\frac{5}{3}.$$

小结:

（1）运用 $s(x) = s(x) - s(0) = \displaystyle\int_0^x s'(t)\,\mathrm{d}t$ 求函数 $s(x)$ 时，$s(0)$ 的值不可忽视.

（2）熟知的结论 $\displaystyle\sum_{n=0}^{\infty} x^n = \frac{1}{1-x} (|x| < 1)$，常用来求幂级数的和函数.

（3）基本做法是利用幂级数的分析性质，将原级数化为等比级数.

（4）常用逐项求导的方法约去幂级数的系数中分母里含 n 的项；而用逐项积分的方法约去幂级数的系数中分子里含 n 的项.

（5）切记，和函数只能在级数的收敛区间内才有意义，因此，在求出幂级数的和函数的同时，还应确定其收敛区间.

练习题

1. 选择题.

（1）幂级数 $\displaystyle\sum_{n=1}^{\infty} \frac{(x-3)^n}{\sqrt{n}}$ 的收敛域为（ ）.

    （A）$[-1, 1)$ （B）$(2, 4)$ （C）$[2, 4)$ （D）$(2, 4]$

（2）幂级数 $\displaystyle\sum_{n=1}^{\infty} \frac{nx^{2n}}{2^n}$ 的收敛区间为（ ）.

    （A）$\left(-\frac{1}{2}, \frac{1}{2}\right)$ （B）$(-2, 2)$ （C）$\left(-\frac{1}{\sqrt{2}}, \frac{1}{\sqrt{2}}\right)$ （D）$\left(-\sqrt{2}, \sqrt{2}\right)$

（3）$\displaystyle\sum_{n=1}^{\infty} \frac{(-1)^n}{n+1}\left(\frac{1}{3}\right)^{n+1} = $（ ）.

    （A）0 （B）$\frac{1}{3}$ （C）$\ln\frac{4}{3}$ （D）$\ln\frac{3}{4}$

（4）若 $\displaystyle\lim_{n\to\infty}\left|\frac{a_n}{a_{n+1}}\right| = 2$，则 $\displaystyle\sum_{n=1}^{\infty} a_n x^{2n}$ 的收敛半径是（ ）.

    （A）2 （B）$\sqrt{2}$ （C）1 （D）4

（5）设幂级数 $\displaystyle\sum_{n=0}^{\infty} a_n x^n$ 在 $x = 2$ 处收敛，则该级数在 $x = -1$ 处必（ ）.

    （A）绝对收敛   （B）条件收敛

    （C）发散   （D）收敛性不能确定

（6）幂级数 $\displaystyle\sum_{n=0}^{\infty}(-1)^n\frac{x^{2n}}{n!}$ 在 $(-\infty,+\infty)$ 内的和函数为（　　）.

(A) $-e^{-x^2}$ 　　　　(B) e^{-x^2} 　　　　(C) e^{x^2} 　　　　(D) $-e^{x^2}$

（7）设 $\displaystyle\lim_{n\to\infty}\left|\frac{a_{n+1}}{a_n}\right|=2$ ，则级数 $\displaystyle\sum_{n=1}^{\infty}a_nx^{2n+1}$ 的收敛半径 R 为（　　）.

(A) 1 　　　　(B) 2 　　　　(C) $\sqrt{2}$ 　　　　(D) $\dfrac{1}{\sqrt{2}}$

（8）将函数 $\sin x\cos x$ 展开成 x 的幂级数时，x^3 的系数为（　　）.

(A) $\dfrac{2}{3}$ 　　　　(B) $-\dfrac{2}{3}$ 　　　　(C) $\dfrac{1}{3}$ 　　　　(D) $-\dfrac{1}{3}$

2. 求下列幂级数的收敛域.

（1）$\displaystyle\sum_{n=1}^{\infty}\frac{(x-2)^{2n}}{n4^n}$. 　　　（2）$\displaystyle\sum_{n=1}^{\infty}\frac{n}{2^n+(-3)^n}x^{2n-1}$. 　　　（3）$\displaystyle\sum_{n=0}^{\infty}3^nx^{2n}$.

3. 求和函数.

（1）$\displaystyle\sum_{n=1}^{\infty}nx^{n-1}$ $(-1<x<1)$.

（2）$\displaystyle\sum_{n=1}^{\infty}\frac{x^{2n-1}}{2n-1}$ $(-1<x<1)$ ，并求级数 $\displaystyle\sum_{n=1}^{\infty}\frac{1}{(2n-1)2^n}$ 的和.

（3）求数项级数 $\displaystyle\sum_{n=1}^{\infty}\frac{n}{2^n}$ 的和.

（4）求幂级数 $\displaystyle\sum_{n=1}^{\infty}\left(\frac{1}{2n+1}-1\right)x^{2n}$ 在区间 $(-1,1)$ 内的和函数 $S(x)$.

练习题参考答案

1.（1）(C).（2）(D).（3）(C).（4）(B).（5）(A).（6）(B).（7）(D).（8）(B).

2.（1）$(0,4)$.（2）$\left(-\sqrt{3},\sqrt{3}\right)$.

（3）因为 $\displaystyle\lim_{n\to\infty}\left|\frac{u_{n+1}}{u_n}\right|=\lim_{n\to\infty}\left|\frac{3^{n+1}x^{2n+2}}{3^nx^{2n}}\right|=3x^2$.

所以，当 $|3x^2|<1$ ，即 $-\dfrac{\sqrt{3}}{3}<x<\dfrac{\sqrt{3}}{3}$ 时，级数 $\displaystyle\sum_{n=0}^{\infty}3^nx^{2n}$ 收敛.

当 $x=\pm\dfrac{\sqrt{3}}{3}$ 时，级数 $\displaystyle\sum_{n=0}^{\infty}3^nx^{2n}$ 变为常数项级数 $1+1+1+\cdots$ ，很明显，该级数是发散的，故所求的幂级数 $\displaystyle\sum_{n=0}^{\infty}3^nx^{2n}$ 的收敛区间为 $\left(-\dfrac{\sqrt{3}}{3},\dfrac{\sqrt{3}}{3}\right)$.

3.（1）$\dfrac{1}{(1-x)^2}$.

（2）$\dfrac{1}{2}\ln\dfrac{1+x}{1-x}$ ， $\dfrac{\sqrt{2}}{2}\ln\left(1+\sqrt{2}\right)$.

（3）幂级数 $\sum\limits_{n=1}^{\infty} nx^n$ 的收敛域为 $(-1,1)$，设其和函数为 $s(x)$，有

$$s(x) = \sum_{n=1}^{\infty} nx^n = x\sum_{n=1}^{\infty} nx^{n-1} = x\left(\sum_{n=1}^{\infty} x^n\right)' = x\left(\frac{x}{1-x}\right)' = \frac{x}{(1-x)^2}, \quad x \in (-1,1)$$

$$s\left(\frac{1}{2}\right) = \sum_{n=1}^{\infty} \frac{n}{2^n} = 2 .$$

（4）设 $S(x) = \sum\limits_{n=1}^{\infty} \frac{x^{2n}}{2n+1} - \sum\limits_{n=1}^{\infty} x^{2n} = S_1(x) - S_2(x)$

$$S_2(x) = \sum_{n=1}^{\infty} x^{2n} = \frac{x^2}{1-x^2}, \quad -1 < x < 1 .$$

$$[xS_1(x)]' = \sum_{n=1}^{\infty} x^{2n} = \frac{x^2}{1-x^2}, \quad -1 < x < 1 .$$

$$xS_1(x) = \int_0^x \frac{t^2}{1-t^2}\,dt = -x + \frac{1}{2}\ln\frac{1+x}{1-x}, \quad 又由于 S_1(0) = 0$$

$$故 S_1(x) = \begin{cases} -1 + \dfrac{1}{2x}\ln\dfrac{1+x}{1-x}, & |x| \in (0,1) \\ 0, & x = 0 \end{cases}$$

$$所以 S(x) = S_1(x) - S_2(x) = \begin{cases} \dfrac{1}{2x}\ln\dfrac{1+x}{1-x} - \dfrac{1}{1-x^2}, & |x| \in (0,1) \\ 0, & x = 0 \end{cases} .$$

8.3 泰 勒 级 数

【知识要点解读】

1. 定义

$(x - x_0)$ 的幂级数 $\sum\limits_{n=0}^{\infty} \dfrac{f^{(n)}(x_0)}{n!}(x - x_0)^n$ 叫做函数 $f(x)$ 在 $x = x_0$ 处的泰勒级数. 当 $x_0 = 0$ 时，x 的幂级数 $\sum\limits_{n=0}^{\infty} \dfrac{f^{(n)}(0)}{n!}x^n$ 叫做函数 $f(x)$ 的麦克劳林级数.

2. 函数展开成幂级数

将函数展开为幂级数，有两种方法：直接展开法、间接展开法.

（1）用直接展开法把 $f(x)$ 展开成 x 的幂级数. 步骤如下：

第一步，求出 $f(x)$ 的各阶导数 $f'(x)$，$f''(x)$，$\cdots$，$f^{(n)}(x)$，$\cdots$

如果在 $x = 0$ 处某阶导数不存在，就停止进行，说明函数 $f(x)$ 不能展开为 x 的幂

级数.

第二步，求函数及其各阶导数在 $x=0$ 处的值 $f'(0)$，$f''(0)$，$\cdots$，$f^{(n)}(0)$，$\cdots$

第三步，写出幂级数

$$f(0) + f'(0)x + \frac{f''(0)}{2!}x^2 + \cdots + \frac{f^{(n)}(0)}{n!}x^n + \cdots$$

并求出其收敛半径 R.

注意：幂级数的收敛区间是函数的幂级数展开式不可分割的组成部分，它表明了展开式成立的范围.

（2）用间接展开法把 $f(x)$ 展开成 x 的幂级数. 所谓间接展开法，是指根据一些已知的函数的幂级数展开式，利用幂级数的加、减运算以及幂级数在收敛区间内可逐项求导、逐项积分等性质，把函数展开成幂级数的方法.

为了运用间接展开法，必须熟记以下几个常用的幂级数展开式：

$$e^x = 1 + x + \frac{x^2}{2!} + \frac{x^3}{3!} + \cdots + \frac{x^n}{n!} + \cdots \quad (-\infty < x < +\infty)$$

$$\sin x = x - \frac{x^3}{3!} + \frac{x^5}{5!} - \cdots + (-1)^n \frac{x^{2n+1}}{(2n+1)!} + \cdots \quad (-\infty < x < +\infty)$$

$$\frac{1}{1+x} = 1 - x + x^2 - x^3 + \cdots + (-1)^n x^n + \cdots \quad (-1 < x < 1)$$

$$\ln(1+x) = x - \frac{x^2}{2} + \frac{x^3}{3} - \cdots + (-1)^{n-1} \frac{x^n}{n} + \cdots \quad (-1 < x \leqslant 1)$$

偶函数的幂级数展开式仅含偶次幂；奇函数的幂级数展开式仅含奇次幂.

【例 1】　将 $f(x) = \ln(2 - 2x^2 - 4x^4)$ 展开为 x 的幂级数.

解：本题属于逐项求导求积的展开问题，

$$f(x) = \ln[2(1+x^2)(1-2x^2)] = \ln 2 + \ln(1+x^2) + \ln(1-2x^2),$$

$$f'(x) = \frac{2x}{1+x^2} - \frac{4x}{1-2x^2}$$

$$= 2x\sum_{n=0}^{\infty}(-1)^n x^{2n} - 4x\sum_{n=0}^{\infty}2^n x^{2n}$$

$$= 2\sum_{n=0}^{\infty}(-1)^n x^{2n+1} - 4\sum_{n=0}^{\infty}2^n x^{2n+1}.$$

注意到 $f(x) - f(0) = \int_0^x f'(t)\mathrm{d}t$，且 $f(0) = \ln 2$，则有

$$f(x) = \ln 2 + 2\sum_{n=0}^{\infty}\frac{(-1)^n}{2n+2}x^{2n+2} - 4\sum_{n=0}^{\infty}\frac{2^n}{2n+2}x^{2n+2}$$

$$= \ln 2 + \sum_{n=0}^{\infty}\left[\frac{(-1)^n}{n+1} - \frac{2^{n+1}}{n+1}\right]x^{2n+2}$$

$$= \ln 2 + \sum_{n=1}^{\infty}\left[\frac{(-1)^n - 2^n}{n}\right]x^{2n} \quad \left(|x| < \frac{1}{\sqrt{2}}\right).$$

【例2】 将函数 $f(x)=\ln(1-x-2x^2)$ 展开成 x 的幂级数.

解： $f(x)=\ln(1-x-2x^2)=\ln[(1+x)(1-2x)]=\ln(1+x)+\ln(1-2x)$

$$\ln(1+x)=\sum_{n=0}^{\infty}(-1)^n\frac{x^{n+1}}{n+1},\quad x\in(-1,1].$$

用 $-2x$ 替代 x，得

$$\ln(1-2x)=\sum_{n=0}^{\infty}(-1)^n\frac{(-2x)^{n+1}}{n+1},\quad x\in\left[-\frac{1}{2},\frac{1}{2}\right).$$

从而 $f(x)=\ln(1-x-2x^2)=\ln(1+x)+\ln(1-2x)$

$$=\sum_{n=0}^{\infty}(-1)^n\frac{1+(-2)^{n+1}}{n+1}x^{n+1}$$

$$=\sum_{n=0}^{\infty}\frac{(-1)^n-2^{n+1}}{n+1}x^{n+1},\quad x\in\left[-\frac{1}{2},\frac{1}{2}\right).$$

【例3】 将函数 $f(x)=\dfrac{1}{x^2-5x+6}$ 在 $x=1$ 处展开为幂级数，并写出收敛域.

解： 将 $f(x)$ 拆成部分分式形式为

$$f(x)=\frac{1}{x^2-5x+6}=\frac{1}{x-3}-\frac{1}{x-2}=\frac{1}{1-(x-1)}-\frac{1}{2}\frac{1}{1-\dfrac{x-1}{2}},$$

利用 $\dfrac{1}{1-x}=\sum_{n=0}^{\infty}x^n$，$x\in(-1,1)$，于是得到

$$f(x)=\frac{1}{1-(x-1)}-\frac{1}{2}\frac{1}{1-\dfrac{x-1}{2}}$$

$$=\sum_{n=0}^{\infty}(x-1)^n-\frac{1}{2}\sum_{n=0}^{\infty}\frac{(x-1)^n}{2^n}=\sum_{n=0}^{\infty}\left(1-\frac{1}{2^{n+1}}\right)(x-1)^n$$

收敛域为 $(0,2)$.

【例4】 将 $f(x)=\dfrac{1}{(1+x)^2}$ 在 $x_0=1$ 处展开为幂级数，并指明收敛域.

解： 为利用等比级数的标准形，取逐项积分方法得到

$$\int_0^x\frac{1}{(1+t)^2}\mathrm{d}t=1-\frac{1}{1+x}=1-\frac{1}{2+x-1}$$

$$=1-\frac{1}{2}\frac{1}{1+\dfrac{x-1}{2}}=1-\frac{1}{2}\sum_{n=0}^{\infty}\frac{(-1)^n}{2^n}(x-1)^n,$$

再次求导，得

$$f(x)=\sum_{n=1}^{\infty}\frac{(-1)^{n+1}}{2^{n+1}}n(x-1)^{n-1}=\sum_{n=0}^{\infty}\frac{(-1)^n}{2^{n+2}}(n+1)(x-1)^n,\quad |x-1|<2.$$

【例5】 将函数 $f(x)=(x+1)[\ln(x+1)-1]$ 展开成 x 的幂级数，并求收敛区间.

解： $f'(x)=\ln(x+1)=\displaystyle\int_0^x\frac{\mathrm{d}t}{1+t}=\sum_{n=0}^{\infty}(-1)^n\frac{x^{n+1}}{n+1}\ (-1<x<1)$，

于是 $f(x) = \int_0^x f'(t)\,\mathrm{d}t = \sum_{n=0}^{\infty}(-1)^n \frac{x^{n+2}}{(n+1)(n+2)}\ (-1 < x < 1)$.

当 $x = 1$ 时，$\sum_{n=0}^{\infty}(-1)^n \frac{1}{(n+1)(n+2)}$ 为收敛的交错级数；

当 $x = -1$ 时，$\sum_{n=0}^{\infty}\frac{1}{(n+1)(n+2)}$ 为收敛的正项级数.

所以展开的幂级数的收敛区间 $[-1, 1]$.

【例6】 将 $f(x) = \arctan\frac{1-2x}{1+2x}$ 展成 x 的幂级数，并求级数 $\sum_{n=0}^{\infty}\frac{(-1)^n}{2n+1}$ 的和.

解： 因为 $f'(x) = -\frac{2}{1+4x^2} = -2\sum_{n=0}^{\infty}(-1)^n 4^n x^{2n}, x \in \left(-\frac{1}{2}, \frac{1}{2}\right)$，又 $f(0) = \frac{\pi}{4}$，所以

$$f(x) = f(0) + \int_0^x f'(t)\,\mathrm{d}t = \frac{\pi}{4} - 2\int_0^x\left[\sum_{n=0}^{\infty}(-1)^n 4^n t^{2n}\right]\mathrm{d}t$$

$$= \frac{\pi}{4} - 2\sum_{n=0}^{\infty}\frac{(-1)^n 4^n}{2n+1}x^{2n+1}, \quad x \in \left(-\frac{1}{2}, \frac{1}{2}\right)$$

因为级数 $\sum_{n=0}^{\infty}\frac{(-1)^n}{2n+1}$ 收敛，函数 $f(x)$ 在 $x = \frac{1}{2}$ 处连续，所以

$$f(x) = \frac{\pi}{4} - 2\sum_{n=0}^{\infty}\frac{(-1)^n 4^n}{2n+1}x^{2n+1}, \quad x \in \left(-\frac{1}{2}, \frac{1}{2}\right],$$

令 $x = \frac{1}{2}$，得 $f\left(\frac{1}{2}\right) = \frac{\pi}{4} - 2\sum_{n=0}^{\infty}\frac{(-1)^n 4^n}{2n+1} \cdot \frac{1}{2^{2n+1}}$

再由 $f\left(\frac{1}{2}\right) = 0$，得 $\sum_{n=0}^{\infty}\frac{(-1)^n}{2n+1} = \frac{\pi}{4} - f\left(\frac{1}{2}\right) = \frac{\pi}{4}$.

【例7】 将 $f(x) = \frac{\mathrm{d}}{\mathrm{d}x}\left(\frac{e^x - 1}{x}\right)$ 展开成 x 的幂级数，并求 $\sum_{n=1}^{\infty}\frac{n}{(n+1)!}$.

解： 由指数函数 e^x 的展开式，

$$\frac{e^x - 1}{x} = \frac{1}{x}\left(\sum_{n=0}^{\infty}\frac{x^n}{n!} - 1\right) = \frac{1}{x}\sum_{n=1}^{\infty}\frac{x^n}{n!} = \sum_{n=1}^{\infty}\frac{x^{n-1}}{n!},$$

所以，$f(x) = \frac{\mathrm{d}}{\mathrm{d}x}\left(\frac{e^x - 1}{x}\right) = \frac{\mathrm{d}}{\mathrm{d}x}\left(\sum_{n=1}^{\infty}\frac{x^{n-1}}{n!}\right) = \sum_{n=2}^{\infty}\frac{(n-1)x^{n-2}}{n!} = \sum_{n=1}^{\infty}\frac{nx^{n-1}}{(n+1)!}, \quad (x \neq 0)$.

令 $x = 1$，得

$$\sum_{n=1}^{\infty}\frac{n}{(n+1)!} = f(1) = \left[\frac{\mathrm{d}}{\mathrm{d}x}\left(\frac{e^x - 1}{x}\right)\right]_{x=1} = 1.$$

小结： 要善于运用常见函数 e^x，$\sin x$，$\ln(1+x)$ ……的幂级数展开式，结合逐项求导、逐项积分等方法间接展开所给函数. 此外，在展开函数 $\sin^2 x$，$\cos^2 x$，a^x 时，运用间接展开，先将它们分别化为 $\frac{1}{2}(1-\cos 2x)$，$\frac{1}{2}(1+\cos 2x)$ 和 $e^{x\ln a}$，则可得相应的幂级数展开式.

【例8】　已知 $f(x)=x^5 e^{x^2}$，求 $f^{(99)}(0)$，$f^{(100)}(0)$.

分析：利用幂级数求函数的高阶导数。

解：将 $f(x)$ 展开成 x 的幂级数，

$$f(x)=x^5 e^{x^2}=x^5\sum_{n=0}^{\infty}\frac{x^{2n}}{n!}=\sum_{n=0}^{\infty}\frac{x^{2n+5}}{n!}，\quad x\in(-\infty,+\infty)，$$

另一方面，由泰勒展开式，得

$$f(x)=\sum_{n=0}^{\infty}\frac{f^{(n)}(0)}{n!}x^n$$

根据展开式的唯一性，得

$$f^{(99)}(0)=\frac{99!}{47!}，\quad f^{(100)}(0)=0$$

练习题

1. 将下列函数展开成 x 的幂级数，并求展开式成立的区间：

（1）$f(x)=\ln(x^2+3x+2)$.

（2）$f(x)=3^x$.

（3）$f(x)=\dfrac{x^{10}}{1-x}$.

（4）$f(x)=(1+x)\ln(1+x)$.

（5）将函数 $f(x)=\dfrac{1}{1+x-2x^2}$ 展开成 x 的幂级数.

（6）将函数 $f(x)=\dfrac{1}{x^2-3x+2}$ 展成 x 的幂级数，并指出其收敛区间.

2. 将函数 $f(x)=\dfrac{1}{x^2+3x}$ 展开成 $(x-1)$ 的幂级数.

练习题参考答案

1.（1）$\ln 2+\sum_{n=0}^{\infty}(-1)^n\dfrac{2^{n+1}+1}{(n+1)2^{n+1}}x^{n+1}$，$x\in(-1,1]$.

（2）$\sum_{n=0}^{\infty}\dfrac{(\ln 3)^n}{n!}x^n$，$x\in(-\infty,+\infty)$.

（3）$\sum_{n=10}^{\infty}x^n$，$x\in(-1,1]$.

（4）$x+\sum_{n=2}^{\infty}\dfrac{(-1)^n x^n}{n(n-1)}$，$x\in(-1,1]$.

（5）$f(x)=\dfrac{1}{1+x-2x^2}=\dfrac{1}{3}\left(\dfrac{1}{1-x}-\dfrac{1}{1+2x}\right)=\dfrac{1}{3}\left[\sum_{n=0}^{\infty}x^n-\sum_{n=0}^{\infty}(-2x)^n\right]$

$\qquad =\dfrac{1}{3}\sum_{n=0}^{\infty}\left[1-(-2)^n\right]x^n\ \left(|x|<\dfrac{1}{2}\right)$.

（6）用间接展开法. 由于

$$f(x)=\frac{1}{x^2-3x+2}=\frac{1}{(x-2)(x-1)}=\frac{1}{1-x}-\frac{1}{2-x}=\frac{1}{1-x}-\frac{1}{2}\cdot\frac{1}{1-\frac{x}{2}},$$

利用 $\frac{1}{1-x}=\sum_{n=0}^{\infty}x^n(|x|<1)$ 及 $\frac{1}{1-\frac{x}{2}}=\sum_{n=0}^{\infty}\left(\frac{x}{2}\right)^n\left(\left|\frac{x}{2}\right|<1\right)$，即 $|x|<2$.

即得 $f(x)=\sum_{n=0}^{\infty}x^n-\frac{1}{2}\sum_{n=0}^{\infty}\left(\frac{x}{2}\right)^n=\sum_{n=0}^{\infty}\left(1-\frac{1}{2^{n+1}}\right)x^n$，$(|x|<1)$.

2. $f(x)=\frac{1}{3}\sum_{n=0}^{\infty}(-1)^n\left(1-\frac{1}{4^{n+1}}\right)(x-1)^n$，$x\in(-2,0)$.

习 题

1. 选择题.

（1）级数 $\sum_{n=1}^{\infty}(-1)^n\frac{n}{2^n}\cos^2\frac{n}{3}\pi$（ ）.

（A）绝对收敛 （B）条件收敛 （C）发散 （D）收敛性不能确定

（2）若幂级数 $\sum_{n=0}^{\infty}a_nx^n$ 在 $x=2$ 处收敛，则 $\sum_{n=0}^{\infty}a_n\left(x-\frac{1}{2}\right)^n$ 在 $x=2$ 处（ ）.

（A）绝对收敛 （B）条件收敛 （C）发散 （D）收敛性不能确定

（3）对任意项级数 $\sum_{n=1}^{\infty}a_n$，若 $|a_n|>|a_{n+1}|$，且 $\lim_{n\to\infty}a_n=0$，则该级数（ ）.

（A）绝对收敛 （B）条件收敛 （C）发散 （D）收敛性不能确定

（4）下列说法正确的是（ ）.

（A）若 $u_n\leqslant\frac{1}{n}$，则正项级数 $\sum_{n=1}^{\infty}u_n$ 一定发散

（B）若正项级数 $\sum_{n=1}^{\infty}u_n$ 发散，则一定有 $u_n\geqslant\frac{1}{n}$

（C）若级数 $\sum_{n=1}^{\infty}u_n$ 收敛，且 $u_n\geqslant v_n(n=1,2,\cdots)$，则级数 $\sum_{n=1}^{\infty}v_n$ 也收敛

（D）若 $u_n\leqslant\frac{1}{n^2}$，则正项级数 $\sum_{n=1}^{\infty}u_n$ 一定收敛

（5）若级数 $\sum_{n=2}^{+\infty}\frac{(-1)^n}{n^a+(-1)^n}$ 收敛，则 a 的取值范围是（ ）.

（A）$a>0$ （B）$a>1$ （C）$a>\frac{1}{2}$ （D）$a>\frac{1}{3}$

2. 填空题.

（1）已知级数 $\sum_{n=1}^{\infty}\frac{2^n}{n!}$ 收敛，则 $\lim_{n\to\infty}\frac{2^n}{n!}=$ _____.

（2）若级数 $\displaystyle\sum_{n=1}^{\infty} u_n$ 收敛，则 $\displaystyle\lim_{n\to\infty}(u_n^2 - u_n + 3) = \underline{\qquad}$.

（3）若 $\displaystyle\sum_{n=1}^{\infty} u_n = s$ ，则 $\displaystyle\sum_{n=1}^{\infty}(3u_n - 4u_{n+1}) = \underline{\qquad}$.

（4）若级数 $\displaystyle\sum_{n=1}^{\infty} u_n$ 加括号后发散，则原级数 $\displaystyle\sum_{n=1}^{\infty} u_n$ 的敛散性是 $\underline{\qquad}$.

（5）设幂级数 $\displaystyle\sum_{n=1}^{\infty} \frac{(x-a)^n}{n}$ 在 $x = 2$ 处收敛，则实数 a 的取值范围是 $\underline{\qquad}$.

（6）级数 $\displaystyle\sum_{n=1}^{\infty} \left(\frac{kn+1}{4n-1}\right)^n$ （$k > 0$）收敛，则 k 的取值范围 $\underline{\qquad}$.

（7）设级数 $\displaystyle\sum_{n=1}^{\infty} \frac{\arctan \dfrac{1}{n}}{n^p}$ 收敛，则 p 的取值范围为 $\underline{\qquad}$.

（8）幂级数 $\displaystyle\sum_{n=2}^{\infty} \frac{x^n}{n(n-1)}$ 在其收敛区间上的和函数 $s(x) = \underline{\qquad}$.

3．判别题.

（1）判别敛散性：$\displaystyle\sum_{n=1}^{\infty} \frac{2n-1}{2^{\frac{n}{2}}}$ （用比值法判别，收敛）.

（2）判别敛散性：$\displaystyle\sum_{n=1}^{\infty} \frac{n!}{2^n + 1}$ （用正项级数的比值审敛法知道该级数发散）.

4．计算题.

（1）求级数 $(3x+1) + \dfrac{1}{2}(3x+1)^2 + \cdots + \dfrac{1}{n}(3x+1)^n + \cdots$ 的和函数.

（2）求幂级数 $\displaystyle\sum_{n=1}^{\infty} n^2 x^{n-1}$ 的和函数，并求级数 $\displaystyle\sum_{n=1}^{\infty} \frac{n^2}{2^{n-1}}$ 的和.

（3）将函数 $f(x) = \ln(3x - x^2)$ 在 $x = 1$ 处展开为幂级数.

（4）设 $a > 0$，试讨论 $\displaystyle\sum_{n=1}^{\infty} na^n$ 的敛散性. 当级数收敛时，试求其和.

（5）求级数 $\displaystyle\sum_{n=2}^{\infty} \frac{1}{(n^2-1)2^n}$ 的和.

5．证明题.

（1）证明：若级数 $\displaystyle\sum_{n=1}^{\infty} u_n^2$ 收敛，则 $\displaystyle\sum_{n=1}^{\infty} \frac{u_n}{n}$ 必绝对收敛.

（2）设 $a_n = \displaystyle\int_0^{\frac{\pi}{4}} \tan^n x\, \mathrm{d}x$，①求 $\displaystyle\sum_{n=1}^{\infty} \frac{1}{n}(a_n + a_{n+2})$ 的值；②试证明：对任意的常数 $\lambda > 0$，

级数 $\displaystyle\sum_{n=1}^{\infty} \frac{a_n}{n^\lambda}$ 收敛.

习题参考答案

1. （1）（A）. （2）（A）. （3）（D）. （4）（D）. （5）（C）.

分析：（5）$\sum\limits_{n=2}^{+\infty}\dfrac{(-1)^n}{n^a+(-1)^n}=\sum\limits_{n=2}^{+\infty}\dfrac{(-1)^n\left[n^a-(-1)^n\right]}{n^{2a}-1}=\sum\limits_{n=2}^{+\infty}\dfrac{(-1)^n n^a}{n^{2a}-1}-\sum\limits_{n=2}^{+\infty}\dfrac{1}{n^{2a}-1}$,

当 $a>\dfrac{1}{2}$ 时，级数 $\sum\limits_{n=2}^{+\infty}\dfrac{1}{n^{2a}-1}$ 收敛；当 $a>0$ 时，级数 $\sum\limits_{n=2}^{+\infty}\dfrac{(-1)^n n^a}{n^{2a}-1}$ 收敛，所以应选（C）.

2. （1）0. （2）3. （3）$4u_1-S$. （4）发散. （5）$1<a\leqslant 3$. （6）$0<k<4$. （7）$p>1$.

（8）$s(x)=-x\ln(1-x)+x+\ln(1-x)$, $-1\leqslant x\leqslant 1$.

3. （1）用比值法判别，收敛.

（2）用正项级数的比值审敛法知道该级数发散.

4. （1）$S(x)=\ln\left(-\dfrac{1}{3x}\right),-\dfrac{2}{3}<x<0$.

（2）$S(x)=\dfrac{1+x}{(1-x)^2}$, 12.

（3）$f(x)=\ln 2+\sum\limits_{n=1}^{\infty}\left[(-1)^{n-1}-\dfrac{1}{2^n}\right]\cdot\dfrac{1}{n}(x-1)^n$, $0<x\leqslant 2$.

（4）证明：由 $S=\sum\limits_{n=1}^{\infty}na^n$, 设 $aS=\sum\limits_{n=1}^{\infty}na^{n+1}$, 所以 $(1-a)S=\sum\limits_{n=1}^{\infty}a^n$,

所以当 $0<a<1$ 时，级数收敛, $S=\dfrac{a}{(1-a)^2}$;

当 $a\geqslant 1$ 时，级数发散.

（5）解：$\sum\limits_{n=2}^{\infty}\dfrac{1}{(n^2-1)2^n}=\sum\limits_{n=2}^{\infty}\dfrac{1}{2^{n+1}}\left[\dfrac{1}{n-1}-\dfrac{1}{n+1}\right]$,

设 $S(x)=\sum\limits_{n=2}^{\infty}\left[\dfrac{1}{n-1}-\dfrac{1}{n+1}\right]x^{n+1}$, $|x|<1$,

令 $S_1(x)=\sum\limits_{n=2}^{\infty}\dfrac{x^{n+1}}{n-1}$,

$S_1(x)=x^2\sum\limits_{n=2}^{\infty}\dfrac{x^{n-1}}{n-1}=x^2\int_0^x\sum\limits_{n=2}^{\infty}x^{n-2}\mathrm{d}x=x^2\int_0^x\dfrac{\mathrm{d}x}{1-x}$

$=x^2\ln|1-x|$, $|x|<1$.

令 $S_2(x)=\sum\limits_{n=2}^{\infty}\dfrac{x^{n+1}}{n+1}$,

$S_2(x)=\int_0^x\sum\limits_{n=2}^{\infty}x^n\mathrm{d}x=\int_0^x\dfrac{x^2\mathrm{d}x}{1-x}$

$=-\ln|1-x|-x-\dfrac{x^2}{2}$, $|x|<1$.

所以，$\displaystyle\sum_{n=2}^{\infty}\frac{1}{(n^2-1)2^n}=S\left(\frac{1}{2}\right)=S_1\left(\frac{1}{2}\right)-S_2\left(\frac{1}{2}\right)=\frac{5}{8}-\frac{3}{4}\ln 2$.

5．（1）提示：$\displaystyle\frac{|u_n|}{n}=\sqrt{\left(\frac{u_n}{n}\right)^2}=\sqrt{u_n^2\cdot\frac{1}{n^2}}\leqslant\frac{u_n^2}{2}+\frac{1}{2n^2}$.

（2）证 ① 因为 $\displaystyle\frac{1}{n}(a_n+a_{n+2})=\frac{1}{n}\int_0^{\frac{\pi}{4}}\tan^n x(1+\tan^2 x)\mathrm{d}x=\frac{1}{n}\int_0^{\frac{\pi}{4}}\tan^n x\sec^2 x\mathrm{d}x$

$$=\frac{1}{n}\int_0^{\frac{\pi}{4}}\tan^n x\mathrm{d}\tan x=\frac{1}{n(n+1)}=\frac{1}{n}-\frac{1}{n+1}$$

$\displaystyle S_n=\sum_{i=1}^{n}\frac{1}{i}(a_i+a_{i+2})=\sum_{i=1}^{n}\left(\frac{1}{i}-\frac{1}{i+1}\right)=1-\frac{1}{n+1}$ ，所以

$$\sum_{n=1}^{\infty}\frac{1}{n}(a_n+a_{n+2})=\lim_{n\to\infty}S_n=1.$$

② 因为 $\displaystyle a_n=\int_0^{\frac{\pi}{4}}\tan^n x\mathrm{d}x\xrightarrow{\tan x=t}\int_0^1\frac{t^n\mathrm{d}t}{1+t^2}<\int_0^1 t^n t=\frac{1}{n+1}$ ，

所以 $\displaystyle\frac{a_n}{n^{\lambda}}<\frac{1}{n^{\lambda}(n+1)}<\frac{1}{n^{\lambda+1}}$ ，由 $\lambda+1>1$ 知 $\displaystyle\sum_{n=1}^{\infty}\frac{1}{n^{\lambda+1}}$ 收敛，从而 $\displaystyle\sum_{n=1}^{\infty}\frac{a_n}{n^{\lambda}}$ 收敛．

第九章 微 分 方 程

【考试内容及要求】

（1）理解常微分方程的概念，理解常微分方程的阶、解、通解、初始条件和特解的概念.

（2）掌握可分离变量微分方程与齐次方程的解法.

（3）会求解一阶线性微分方程.

（4）理解二阶常系数线性微分方程解的结构.

（5）会求解二阶常系数齐次线性微分方程.

（6）会求解二阶常系数非齐次线性微分方程（非齐次项限定为（Ⅰ）$f(x) = P_n(x)\mathrm{e}^{\lambda x}$），其中 $P_n(x)$ 为 x 的 n 次多项式，λ 为实常数；（Ⅱ）$f(x) = e^{\lambda x}(P_n(x)\cos\omega x + Q_m(x)\sin\omega x)$，其中 λ，ω 为实常数，$P_n(x)$，$Q_m(x)$ 分别为 x 的 n 次，m 次多项式).

9.1 一阶常微分方程

【知识要点解读】

1. 微分方程的基本概念

（1）含有未知函数的导数或微分的方程，称为微分方程. 未知函数为一元函数的微分方程，称为常微分方程. 微分方程中未知函数导数的最高阶数，称为方程的阶.

（2）能使微分方程两端成为恒等式的函数，称为微分方程的解；若解中含有个数与阶数相同的独立的任意常数，称为通解；不含任意常数的解称为特解.

2. 一阶常微分方程的求解

解微分方程的基本思路是按类型求解. 欲求解的微分方程属于哪种类型，就按此类型的解法求解. 所以这里有两件事必须清楚：一是应熟悉本讲介绍了哪些类型的微分方程，每种类型的方程有什么特征，以便"对号入座"，这叫做识别类型；二是应熟记每一类型的解法，即"对症下药".

一阶线性微分方程解的结构和通解的求法

类型	方程	解法
可分离变量的微分方程	$\dfrac{\mathrm{d}y}{\mathrm{d}x} = f_1(x)f_2(y)$	先分离变量，再两边积分 $\dfrac{\mathrm{d}y}{f_2(y)} = f_1(x)\mathrm{d}x$ ， $\displaystyle\int \dfrac{\mathrm{d}y}{f_2(y)} = \int f_1(x)\mathrm{d}x$
	$M_1(x)M_2(y)\mathrm{d}x$ $+N_1(x)N_2(y)\mathrm{d}y = 0$	先分离变量，再两边积分 $\dfrac{N_2(y)\mathrm{d}y}{M_2(y)} = -\dfrac{M_1(x)}{N_1(x)}\mathrm{d}x$ ， $\displaystyle\int \dfrac{N_2(y)\mathrm{d}y}{M_2(y)} = -\int \dfrac{M_1(x)}{N_1(x)}\mathrm{d}x$

续表

类型	方程	解法
齐次微分方程	$\dfrac{\mathrm{d}y}{\mathrm{d}x}=f\left(\dfrac{y}{x}\right)$	先代换，再分离变量，最后两边积分 令 $u=\dfrac{y}{x}$，得 $\dfrac{\mathrm{d}y}{\mathrm{d}x}=u+x\dfrac{\mathrm{d}u}{\mathrm{d}x}$ 原方程化为 $u+x\dfrac{\mathrm{d}u}{\mathrm{d}x}=f(u)$， $\displaystyle\int\dfrac{\mathrm{d}u}{f(u)-u}=\int\dfrac{\mathrm{d}x}{x}$ （注：最后需将 u 还原为 $\dfrac{y}{x}$）
一阶线性方程 齐次	$\dfrac{\mathrm{d}y}{\mathrm{d}x}+P(x)y=0$	解法1：分离变量，两边积分 解法2：公式 $y=Ce^{-\int P(x)\mathrm{d}x}$
一阶线性方程 非齐次	$\dfrac{\mathrm{d}y}{\mathrm{d}x}+P(x)y=Q(x)$	解法1：常数变易法 解法2：公式法 $y=e^{-\int P(x)\mathrm{d}x}\left(\displaystyle\int Q(x)e^{\int P(x)\mathrm{d}x}\mathrm{d}x+C\right)$

提示：一阶线性微分方程的求解步骤如下：

（1）在求解一阶线性微分方程时，一定要先将方程化为标准形式（即 $\dfrac{\mathrm{d}y}{\mathrm{d}x}$ 的系数

为 1），否则用公式法求解时容易出错.

$$\frac{\mathrm{d}y}{\mathrm{d}x}+P(x)y=Q(x)\cdots\cdots\cdots\cdots\cdots\cdots\cdots（1）$$

（2）求对应的线性齐次方程 $\dfrac{\mathrm{d}y}{\mathrm{d}x}+P(x)y=0$ 的通解.

分离变量得

$$\frac{\mathrm{d}y}{y}=-P(x)\mathrm{d}x,$$

两边积分得

$$\ln y=-\int P(x)\mathrm{d}x+\ln C,$$

方程的通解为

$$y=Ce^{-\int P(x)\mathrm{d}x}.$$

（3）用常数变易法求式（1）的通解.

令 $y=C(x)e^{-\int P(x)\mathrm{d}x}$ 为（1）的解，将其代入方程并整理得

$$C'(x)e^{-\int P(x)\mathrm{d}x}=Q(x),$$

即

$$C'(x)=Q(x)e^{\int P(x)\mathrm{d}x},$$

两边积分得

$$C(x)=\int Q(x)e^{\int P(x)\mathrm{d}x}\mathrm{d}x+C,$$

故原方程通解为

$$y=e^{-\int P(x)\mathrm{d}x}\left(\int Q(x)e^{\int P(x)\mathrm{d}x}\mathrm{d}x+C\right).$$

关于一阶微分方程的求解如下.

（1）先判定微分方程是否为可分离变量的微分方程，若确定是，则分离变量两边积分即可.

（2）当微分方程不是可分离变量的微分方程时，考虑是否为齐次方程，若确定是，则利用变量代换 $u = \dfrac{y}{x}$（或 $u = \dfrac{x}{y}$）化为可分离变量的微分方程.

（3）当微分方程不是可分离变量的微分方程，也不是齐次方程时，考虑是否为一阶线性微分方程，若确定是，则先标准化再利用通解公式求解（或常数变异法）. 注意一阶线性微分方程通解公式中的不定积分不需要考虑常数.

（4）当微分方程不是可分离变量的微分方程，不是齐次方程且不是一阶线性微分方程时，考虑是否为伯努利方程，若确定是，则利用变量代换 $z = y^{1-\lambda}$ 化为一阶线性微分方程再利用通解公式求解.

（5）如果遇到非标准形式的一阶微分方程，即直接判定不是一阶微分方程的四种类型时，考虑两种变化，变化一：把变量的位置调换改变为 $\dfrac{\mathrm{d}x}{\mathrm{d}y}$，变化二：作适当的变量代换.

【例1】 求方程 $y'' = x + \sin x$ 的一条积分曲线，使其与直线 $y = x$ 在原点相切.

解： 直接积分可得，$y = \dfrac{1}{6}x^3 - \sin x + C_1 x + C_2$，根据题意可知，

所求为方程 $y'' = x + \sin x$ 满足初始条件 $y|_{x=0} = 0$，$y'|_{x=0} = 1$ 的特解.

故所求积分曲线的方程为 $y = \dfrac{1}{6}x^3 - \sin x + 2x$.

【例2】 求下列微分方程的通解或满足初始条件的特解.

（1）$2(xy + x)y' = y$.

（2）$2xy\mathrm{d}x - (x^2 + 1)\mathrm{d}y = 0$，$y|_{x=1} = 4$.

分析： 这是变量可分离方程，分离变量两边积分即可.

解：（1）分离变量得

$$\frac{y+1}{y}\mathrm{d}y = \frac{1}{2x}\mathrm{d}x$$

两边积分

$$\int \frac{y+1}{y}\mathrm{d}y = \int \frac{1}{2x}\mathrm{d}x,$$

求积分得

$$y + \ln y = \frac{1}{2}\ln x + \frac{1}{2}\ln C;$$

$$\ln e^{2y} + \ln y^2 = \ln(Cx);$$

即

$$\ln(e^{2y}y^2) = \ln(Cx)\,,$$

故所得微分方程的通解为 $e^{2y}y^2 = Cx$ （C 为任意常数）.

（2）分离变量得

$$\frac{\mathrm{d}y}{y} = \frac{2x}{1+x^2}\mathrm{d}x\,,$$

两边积分

$$\int\frac{\mathrm{d}y}{y} = \int\frac{2x}{1+x^2}\mathrm{d}x\,,$$

求积分，得

$$\ln y = \ln(1+x^2) + \ln C\,,$$

化简后即得所给微分方程的通解　$y = C(1+x^2)$.

把初始条件 $y\big|_{x=1} = 4$ 代入通解，可得 $C = 2$. 于是所求特解为 $y = 2(1+x^2)$.

【例3】　求方程 $y(x^2 - xy + y^2)\mathrm{d}x + x(x^2 + xy + y^2)\mathrm{d}y = 0$ 的通解.

分析：齐次方程的解法是固定的，将方程变形为 $\dfrac{\mathrm{d}y}{\mathrm{d}x} = f\left(\dfrac{y}{x}\right)$，再作变量代换 $u = \dfrac{y}{x}$ 即可化为变量可分离方程.

解：方程可化为

$$\frac{\mathrm{d}y}{\mathrm{d}x} = -\frac{y(x^2 - xy + y^2)}{x(x^2 + xy + y^2)} = -\frac{y}{x}\cdot\frac{1 - \dfrac{y}{x} + \left(\dfrac{y}{x}\right)^2}{1 + \dfrac{y}{x} + \left(\dfrac{y}{x}\right)^2}\,,$$

令 $u = \dfrac{y}{x}$，则 $\dfrac{\mathrm{d}y}{\mathrm{d}x} = u + x\cdot\dfrac{\mathrm{d}u}{\mathrm{d}x}$，方程化为

$$\frac{1+u+u^2}{u(1+u^2)}\mathrm{d}u = -\frac{2}{x}\mathrm{d}x \quad\text{或}\quad \left(\frac{1}{u} + \frac{1}{1+u^2}\right)\mathrm{d}u = -\frac{2}{x}\mathrm{d}x\,,$$

两边积分得　　　　　　$\ln u + \arctan u = -2\ln x + C\,,$

将 $u = \dfrac{y}{x}$ 代入得原方程的通解

$$\ln\frac{y}{x} + \arctan\frac{y}{x} = -2\ln x + C\,,$$

即　　　　　　　　　　$\ln xy + \arctan\dfrac{y}{x} = C\,.$

【例4】　求微分方程 $xy' + y = \sqrt{xy}$ 的通解.

解法1：微分方程 $y' + \dfrac{1}{x}y = \dfrac{1}{\sqrt{x}}\sqrt{y}$，$\lambda = \dfrac{1}{2}$ 是伯努利方程.

令 $z = y^{1-\lambda} = \sqrt{y}$，微分方程可化为 $z' + \dfrac{1}{2x}z = \dfrac{1}{2\sqrt{x}}$.

由一阶线性微分方程的通解公式得

$$z = e^{-\int \frac{1}{2x}dx}\left[\int \frac{1}{2\sqrt{x}}e^{\int \frac{1}{2x}dx}dx + C\right] = \frac{1}{\sqrt{x}}\left(\frac{1}{2}x + C\right).$$

原方程的通解为 $\sqrt{y} = \frac{1}{\sqrt{x}}\left(\frac{1}{2}x + C\right)$.

解法 2：微分方程 $y' = -\frac{y}{x} + \sqrt{\frac{y}{x}}$ 是齐次方程.

令 $u = \frac{y}{x}$，$y' = u + x\frac{du}{dx}$，微分方程可化为 $u + x\frac{du}{dx} = -u + \sqrt{u}$，分离变量得

$\frac{du}{\sqrt{u} - 2u} = \frac{dx}{x}$，两边积分得 $1 - 2\sqrt{u} = \frac{C}{x}$，即 $1 - 2\sqrt{\frac{y}{x}} = \frac{C}{x}$.

解法 3：注意到 $xy' + y = (xy)'$，令 $u = xy$，则微分方程可化为 $u' = \sqrt{u}$，分离变量 $\frac{du}{\sqrt{u}} = dx$，所以 $2\sqrt{u} = x + C$，原方程的通解为：$2\sqrt{xy} = x + C$.

【例 5】 设可导函数 $f(x)$ 满足方程

$\int_0^x f(t)dt = x + \int_0^x tf(x-t)dt$，求 $f(x)$.

解：令 $x - t = u$，则方程化为

$$\int_0^x f(t)dt = x + x\int_0^x f(u)du - \int_0^x uf(u)du,$$

两边对 x 求导，得

$$f(x) = 1 + \int_0^x f(u)du,$$

再对 x 求导，得 $f'(x) = f(x)$，解之，得 $f(x) = Ce^x$.

在 $f(x) = 1 + \int_0^x f(u)du$ 中，令 $x = 0$，得 $f(0) = 1$，从而 $C = 1$，$f(x) = e^x$.

【例 6】 曲线过点 $(1,1)$ 且其上任一点处的切线在 y 轴上的截距等于在同一点处法线在 x 轴上的截距，求曲线的方程.

解：（1）列方程 设所求曲线的方程为 $y = y(x)$，则曲线在点 (x,y) 处的切线方程为

$$Y - y = y'(X - x).$$

切线在 y 轴上的截距为 $y - xy'$；

曲线在点 (x,y) 处的法线方程为

$$Y - y = -\frac{1}{y'}(X - x),$$

法线在 x 轴上的截距为 $x + yy'$，故所求微分方程为

$$y - xy' = x + yy' \text{ 或 } y' = \frac{y-x}{y+x},$$

由曲线过点 $(1,1)$ 得初值条件 $y\big|_{x=1} = 1$，所以初值问题为

$$\begin{cases} y' = \dfrac{y-x}{y+x} \\ y\big|_{x=1} = 1 \end{cases}.$$

（2）解方程 $y' = \dfrac{y-x}{y+x}$ 为齐次微分方程，令 $y = ux$，得

$$\frac{u+1}{u^2+1}\mathrm{d}u = -\frac{\mathrm{d}x}{x},$$

积分并代回 $y = ux$，得方程的通解

$$\arctan\frac{y}{x} + \ln\sqrt{x^2+y^2} = C.$$

由初值条件 $y\big|_{x=1} = 1$，得 $C = \dfrac{\pi}{4} + \dfrac{\ln 2}{2}$，故所求曲线为

$$\arctan\frac{y}{x} + \ln\sqrt{x^2+y^2} = \frac{\pi}{4} + \frac{\ln 2}{2}.$$

【例 7】 求微分方程 $\dfrac{\mathrm{d}y}{\mathrm{d}x} + y\cos x = e^{-\sin x}$ 的通解.

分析：一阶线性微分方程的解法大致有 2 种：（1）利用公式；（2）先求对应的齐次方程的通解，再用常数变易法求原方程的通解.

解法 1：利用公式
$P(x) = \cos x$，$Q(x) = e^{-\sin x}$ 代入求解公式

$$y = e^{-\int P(x)\mathrm{d}x}\left[\int Q(x)e^{\int P(x)\mathrm{d}x}\mathrm{d}x + C\right],$$

得

$$y = e^{-\int \cos x\mathrm{d}x}\left[\int e^{-\sin x}e^{\int \cos x\mathrm{d}x}\mathrm{d}x + C\right],$$

即

$$y = e^{-\sin x}(x + C).$$

解法 2：先求对应齐次方程的通解.
不难求得方程

$$\frac{\mathrm{d}y}{\mathrm{d}x} + y\cos x = 0,$$

的通解

$$y = Ce^{-\sin x},$$

用常数变量法，令 $C = u(x)$，将 $y = u(x) \cdot e^{-\sin x}$ 代入原方程化简得
$u'(x) = 1$，故 $u(x) = x + C$，
因此，原方程的通解为

$$y = (x + C) \cdot e^{-\sin x}.$$

【例 8】 求微分方程 $xy' = 3x + 2y$ 的通解.

综上所述，当 $x \geq 0$ 时，$e^{-x} \leq f(x) \leq 1$.

【例 12】 设 y_1，y_2 是一阶线性非齐次微分方程 $y' + p(x)y = q(x)$ 的两个特解，若常数 λ，μ 使 $\lambda y_1 + \mu y_2$ 是该方程的解，$\lambda y_1 - \mu y_2$ 是该方程对应的齐次方程的解，则（　　）.

（A）$\lambda = \dfrac{1}{2}, \mu = \dfrac{1}{2}$　　（B）$\lambda = -\dfrac{1}{2}, \mu = -\dfrac{1}{2}$　　（C）$\lambda = \dfrac{2}{3}, \mu = \dfrac{1}{3}$　　（D）$\lambda = \dfrac{2}{3}, \mu = \dfrac{2}{3}$

解： 将解 $\lambda y_1 + \mu y_2$ 代入方程 $y' + p(x)y = q(x)$，得

$$\lambda[y_1' + p(x)y_1] + \mu[y_2' + p(x)y_2] = q(x)$$

又 $y_1' + p(x)y_1 = q(x)$，$y_2' + p(x)y_2 = q(x)$，故

$$\lambda + \mu = 1 \cdots\cdots\cdots\cdots\cdots\cdots\cdots\cdots (1)$$

将解 $\lambda y_1 - \mu y_2$ 代入方程 $y' + p(x)y = 0$，得

$$\lambda[y_1' + p(x)y_1] - \mu[y_2' + p(x)y_2] = 0$$

又 $y_1' + p(x)y_1 = q(x)$，$y_2' + p(x)y_2 = q(x)$，故

$$\lambda - \mu = 0 \cdots\cdots\cdots\cdots\cdots\cdots\cdots\cdots (2)$$

联立（1），（2）两式，得 $\lambda = \dfrac{1}{2}, \mu = \dfrac{1}{2}$，所以选择（A）.

练习题

1. 选择题.

（1）微分方程 $xy' = y + x^3$ 的通解为（　　）.

（A）$\dfrac{x^3}{2} + Cx$　　（B）$\dfrac{x^3}{3} + C$　　（C）$\dfrac{x^3}{4} + Cx$　　（D）$\dfrac{x^3}{4} + \dfrac{C}{x}$

（2）已知函数 $f(x)$ 在点 x 处增量 $\Delta y = \dfrac{y \Delta x}{1 + x^2} + \alpha$，且当 $\Delta x \to 0$ 时，α 是 Δx 的高阶无穷小，$y(0) = \pi$，则 $y(1)$ 等于（　　）.

（A）2π　　（B）π　　（C）$e^{\frac{\pi}{4}}$　　（D）$\pi e^{\frac{\pi}{4}}$

2. 填空题.

（1）过点 $\left(\dfrac{1}{2}, 0\right)$ 且满足关系是 $y' \arcsin x + \dfrac{y}{\sqrt{1-x^2}} = 1$ 的曲线方程为_____.

（2）微分方程 $xy' + 2y = x \ln x$ 满足 $y(1) = -\dfrac{1}{9}$ 的解为_____.

3. 求 $\begin{cases} \left(y + \sqrt{x^2 + y^2}\right)\mathrm{d}x - x\mathrm{d}y = 0 \ (x > 0) \\ y\big|_{x=1} = 0 \end{cases}$ 的解.

4. 求微分方程 $x^2 y' + xy = y^2$ 满足初始条件 $y(1) = 1$ 的特解.

5. 求方程 $y' = \dfrac{x}{y} + 2\dfrac{y}{x}$ 满足 $y\big|_{x=1} = 2$ 的特解.

练习题参考答案

1.（1）（A）.（2）（D）.

分析：（2）结合微分的定义，函数增量的线性主部是微分.

由微分定义知 $y' = \dfrac{y}{1+x^2}$ ，是可分离变量的微分方程,通解为 $y = Ce^{\arctan x}$,由 $y(0) = \pi$

得 $C = \pi$,所以 $y(1) = \pi e^{\frac{\pi}{4}}$,故应选（D）.

2.（1） $y\arcsin x = x - \dfrac{1}{2}$.（2） $y = \dfrac{x}{3}\ln x - \dfrac{x}{9}$.

3. $y + \sqrt{x^2+y^2} = x^2$ 或 $y = \dfrac{1}{2}(x^2 - 1)$.

4. $y = \dfrac{2x}{1+x^2}$.

5. 令 $u = \dfrac{y}{x}$ ，则 $y = ux$, $\dfrac{dy}{dx} = u + x\dfrac{du}{dx}$ ，代入原方程得： $u + x\dfrac{du}{dx} = 2u + \dfrac{1}{u}$

分离变量得
$$\frac{du}{u + \dfrac{1}{u}} = \frac{dx}{x} ,$$

两边积分得
$$(1+u^2)^{\frac{1}{2}} = cx$$

由 $y\big|_{x=1} = 2$ 可得 $c = \sqrt{5}$,

因此所求原方程的特解为： $x^2 + y^2 = 5x^4$.

9.2　二阶常微分方程

【知识要点解读】

1. 二阶线性常系数非齐次微分方程
$$y'' + py' + qy = f(x) \tag{1}$$
对应于方程（1）的二阶线性常系数齐次微分方程
$$y'' + py' + qy = 0 \tag{2}$$

2. 二阶线性常系数微分方程解的结构

定理 1：如果函数 $y_1(x)$ 与 $y_2(x)$ 是方程（2）的两个解，那么 $y = C_1 y_1(x) + C_2 y_2(x)$ 也是方程（2）的解，其中 C_1, C_2 为任意常数.

定理 2：若 $y_1(x)$ 与 $y_2(x)$ 是方程（2）的两个线性无关的特解，那么 $y = C_1 y_1(x)$

$+C_2 y_2(x)$ 是方程（2）的通解，其中 C_1, C_2 为任意常数.

定理 3：设 $y^*(x)$ 是方程（1）的特解，$Y(x)$ 是与上述方程对应的齐次微分方程的通解，则 $Y(x) + y^*(x)$ 是方程（1）的通解.

定理 4：（叠加原理） 若 y_i^* 是 $y'' + py' + qy = f_i(x)$ 的解（$i = 1, 2$），则 $y_1^* + y_2^*$ 是 $y'' + py' + qy = f_1(x) + f_2(x)$ 的解.

3. 二阶线性常系数微分方程求解

二阶线性常系数齐次微分方程可以利用特征法进行求解.

根据解的结构，解二阶线性常系数非齐次微分方程，主要就是要求它的一个特解. 可以用待定系数法求得非齐次方程的一个特解，这里关键是能够正确地设出特解的具体形式.

二阶线性微分方程解的结构和通解的求法

类型	解的结构	通解的求法
二阶齐次线性微分方程	方程： $y'' + py' + qy = 0$ 通解： $y = C_1 y_1 + C_2 y_2$ （其中 C_1, C_2 是两个任意常数；y_1, y_2 是方程的两个线性无关的解）	（1）写出特征方程 $r^2 + pr + q = 0$ （2）求出特征根 r_1, r_2 （3）按特征根的三种不同情况写出方程的通解.
二阶非齐次线性微分方程	方程： $y'' + py' + qy = f(x)$ 通解： $y = Y + y^*$ （其中 Y 是对应齐次微分方程的通解；y^* 是非齐次微分方程的一个特解）	（1）求出对应齐次方程的通解 Y （2）按 $f(x)$ 的不同形式解出非齐次微分方程的特解 y^* （3）写出非齐次微分方程的通解 $y = Y + y^*$

二阶常系数线性齐次微分方程的解

特征方程 $r^2 + pr + q = 0$ 的两个根 r_1, r_2	微分方程 $y'' + py' + qy = 0$ 的通解
两个不等的实根 $r_1 \neq r_2$	$y = C_1 e^{r_1 x} + C_2 e^{r_2 x}$
两个相等的实根 $r_1 = r_2 = r$	$y = (C_1 + C_2 x) e^{rx}$
一对共轭复根 $r_{1,2} = \alpha \pm \beta i$	$y = e^{\alpha x}(C_1 \cos \beta x + C_2 \sin \beta x)$

二阶常系数线性非齐次微分方程的特解的求法

$f(x)$ 的类型	微分方程的特解（用待定系数法求解）
$e^{\lambda x} P_m(x)$ 型	$y^* = x^k Q_m(x) e^{\lambda x}$ 其中 $k = \begin{cases} 0, \\ 1, \\ 2, \end{cases}$ 分 λ 不是特征根、单根、重根的情况 $Q_m(x)$ 是与 $P_m(x)$ 同次的多项式
$e^{\lambda x}(P_l(x)\cos\omega x + P_n(x)\sin\omega x)$ 型	$y^* = x^k e^{\lambda x}(R_m^1(x)\cos\omega x + R_m^2(x)\sin\omega x)$ 其中 $k = \begin{cases} 0 \\ 1 \end{cases}$，分 $\lambda + i\omega$ 不是特征根、是特征根的情况 $R_m^1(x), R_m^2(x)$ 是 m 次多项式，$m = \max\{l, n\}$

【例1】 判断下列函数组在其定义区间内的线性相关性:
(1) x, x^3; (2) $6x$, x^2; (3) e^{2x}, e^{-x}; (4) $\sin 2x$, $\sin x \cos x$

分析: 根据定义, 若 $\dfrac{y_1(x)}{y_2(x)} \equiv$ 常数, 则 $y_1(x)$、$y_2(x)$ 线性相关. 否则线性无关.

解: (1) 因为 $\dfrac{x}{x^3} = \dfrac{1}{x^2} \neq C$, 所以 x, x^3 线性无关.

(2) 因为 $\dfrac{6x}{x^2} = \dfrac{6}{x} \neq C$, 所以 $6x$, x^2 线性无关.

(3) 因为 $\dfrac{e^{2x}}{e^{-x}} = e^{3x} \neq C$, 所以 e^{2x}, e^{-x} 线性无关.

(4) 因为 $\dfrac{\sin 2x}{\sin x \cos x} = 2$, 所以 $\sin 2x$, $\sin x \cos x$ 线性相关.

【例2】 求微分方程 $y'' - y' - 2y = 3e^{-x}$ 满足初始条件 $y|_{x=0} = 0$, $y'|_{x=0} = 2$ 的特解.

解: (1) 求对应的线性齐次方程 $y'' - y' - 2y = 0$ 的通解 Y. 其特征方程为 $r^2 - r - 2 = 0$, 即 $(r-2)(r+1) = 0$, 它有两个不相等的实根 $r_1 = 2$, $r_2 = -1$. 故得对应的线性齐次方程的通解为 $Y = C_1 e^{2x} + C_2 e^{-x}$ (C_1, C_2 为任意常数).

(2) 求线性非齐次方程的一个特解 y^*. 因为方程右端 $f(x) = 3e^{-x}$ 属于 $f(x) = P_m(x) e^{\lambda x}$ 型. $P_m(x) = 3$ 是 x 的零次多项式, $\lambda = -1$ 是特征单根, 所以假设特解 y^* 的形式为 $y^* = Axe^{-x}$, 则 $y^{*\prime} = Ae^{-x} - Axe^{-x}, y^{*\prime\prime} = -2Ae^{-x} + Axe^{-x}$

把它们代入原方程并化简, 得 $-3Ae^{-x} = 3e^{-x}$

解得 $A = -1$

故得特解 $y^* = -xe^{-x}$.

(3) 写出给定的线性非齐次微分方程的通解.
$$y = Y + y^* = C_1 e^{2x} + C_2 e^{-x} - xe^{-x}$$ (C_1, C_2 为任意常数).

(4) 求满足初始条件的特解.

由于
$$y = C_1 e^{2x} + C_2 e^{-x} - xe^{-x}$$

求导得
$$y' = 2C_1 e^{2x} - C_2 e^{-x} - e^{-x} + xe^{-x}$$

将初始条件 $y|_{x=0} = 0$, $y'|_{x=0} = 2$ 分别代入上面二式中, 得
$$\begin{cases} C_1 + C_2 = 0 \\ 2C_1 - C_2 = 3 \end{cases}, \text{ 解得 } C_1 = 1, C_2 = -1.$$

于是, 所求方程满足初始条件的特解为
$$y = e^{2x} - e^{-x} - xe^{-x} = e^{2x} - (x+1)e^{-x}.$$

【例3】 求微分方程 $y'' + 4y' + 4y = \cos 2x$ 的通解.

解: 对应齐次方程的特征方程为 $r^2 + 4r + 4 = 0$, 特征根为 $r_1 = r_2 = -2$. 故齐次方程的通解为

$$Y = (C_1 + C_2 x)e^{-2x} \quad (C_1, C_2 \text{ 为任意常数})$$

由于 $\pm 2i$ 不是特征根，按待定系数法设原方程的一个特解为

$$y^* = A\cos 2x + B\sin 2x$$

代入原方程，得

$$8B\cos 2x - 8A\sin 2x = \cos 2x$$

解得

$$A = 0, B = \frac{1}{8}$$

则

$$y^* = \frac{1}{8}\sin 2x .$$

故原方程的通解为

$$y = Y + y^* = (C_1 + C_2 x)e^{-2x} + \frac{1}{8}\sin 2x .$$

【例 4】 求微分方程 $y'' + 2y' + 2y = e^{-x}\sin x$ 的通解.

解：对应齐次方程的特征方程为 $r^2 + 2r + 2 = 0$，特征根为一对共轭复数 $r_{1,2} = -1 \pm i$，故齐次方程的通解为 $Y = e^{-x}(C_1\cos x + C_2\sin x)$ （C_1, C_2 为任意常数）

由于 $-1 + i$ 是特征单根，按待定系数法设原方程的一个特解 $y^* = xe^{-x}(A\cos x + B\sin x)$

代入原微分方程得 $\quad A = -\dfrac{1}{2}, B = 0 .$

则 $$y^* = -\frac{1}{2}xe^{-x}\cos x ,$$

故原方程通解为

$$y = Y + y^* = e^{-x}(C_1\cos x + C_2\sin x) - \frac{1}{2}xe^{-x}\cos x .$$

【例 5】 求方程 $y'' + a^2 y = \sin x$ 的通解，其中常数 $a > 0$

解：齐次方程特征方程为 $r^2 + a^2 = 0$，特征根为 $r = \pm ai .$

（1）若 $a \neq 1$，则非齐次待定特解为 $y^* = A\cos x + B\sin x$ 代入原方程得

$$A = 0 , \quad B = \frac{1}{a^2 - 1} .$$

则原方程通解为

$$y = c_1\cos ax + c_2\sin ax + \frac{1}{a^2 - 1}\sin x .$$

（2）若 $a = 1$，则非齐次方程待定特解为

$$y^* = x(A\cos x + B\sin x) ,$$

代入原方程得

$$A = -\frac{1}{2} , \quad B = 0 .$$

则原方程通解为

$$y = c_1\cos x + c_2\sin x - \frac{1}{2}x\cos x .$$

【例6】 解方程 $y'' + 2y' + y = 3e^{-x}2^x$.

解： 特征方程 $r^2 + 2r + 1 = 0$，特征根 $r_1 = r_2 = -1$，

齐次方程的通解 $Y = (C_1 + C_2x)e^{-x}$，

因为 $f(x) = 3e^{-x}2^x = 3e^{x(\ln 2 - 1)}$，$\lambda = \ln 2 - 1$ 不是特征根，

设特解 $y^* = Ae^{x(\ln 2 - 1)}$，代入方程得 $A = \dfrac{3}{\ln^2 2}$，$y^* = \dfrac{3}{\ln^2 2}e^{x(\ln 2 - 1)}$，

通解 $y = Y + y^* = (C_1 + C_2x)e^{-x} + \dfrac{3}{\ln^2 2}e^{x(\ln 2 - 1)}$.

【例7】 解方程 $y'' - 3y' + 2y = 2e^{-x}\cos x + e^{2x}(4x + 5)$.

分析： 当非齐次部分是不同类型时必须分别求特解.

解： 非齐次方程对应的齐次方程 $y'' - 3y' + 2y = 0$ 的特征方程为 $r^2 - 3r + 2 = 0$，有两个不相等的根 $r_1 = 2$，$r_2 = 1$，因此齐次方程的通解为 $Y = C_1e^x + C_2e^{2x}$. 由于原方程的自由项有两项，所以将原方程分解为两个方程

$$y'' - 3y' + 2y = 2e^{-x}\cos x \cdots\cdots\cdots\cdots\cdots (1)$$
$$y'' - 3y' + 2y = e^{2x}(4x + 5) \cdots\cdots\cdots\cdots\cdots (2)$$

方程（1）的一个特解可设为 $y_1^* = e^{-x}(A\cos x + B\sin x)$，将其代入方程（1），可定出 $A = \dfrac{1}{5}$，$B = -\dfrac{1}{5}$，所以 $y_1^* = e^{-x}\left(\dfrac{1}{5}\cos x - \dfrac{1}{5}\sin x\right)$.

而方程（2）的一个特解可设为 $y_2^* = xe^{2x}(ax + b)$，代入方程（2），定出 $a = 2$，$b = 1$，即 $y_2^* = e^{2x}(2x^2 + x)$. 根据非齐次方程解的结构定理，原方程的通解为

$$y = Y + y_1^* + y_2^* = \dfrac{e^{-x}}{5}(\cos x - \sin x) + C_1e^x + (C_2 + x + 2x^2)e^{2x}.$$

【例8】 求微分方程 $y'' - y' - 2y = x + \cos 2x$.

解： 根据定理，它的特解是下面两个方程的特解之和.

$$y_1'' - y_1' - 2y_1 = x \cdots\cdots\cdots\cdots\cdots\cdots\cdots\cdots (1)$$
$$y_2'' - y_2' - 2y_2 = \cos 2x \cdots\cdots\cdots\cdots\cdots\cdots\cdots (2)$$

特征方程为：$r^2 - r - 2 = 0$，$(r-2)(r+1) = 0$，特征根为 $r_1 = 2$，$r_2 = -1$，

对应齐次方程的通解为：$Y = C_1e^{2x} + C_2e^{-x}$.

对于非齐次项 $f(x) = x = P_m(x)e^{\lambda x}$，$m = 1$，$P_1(x) = x$，$\lambda = 0$.

设其特解为 $y^* = Q_m(x)x^k e^{\lambda x}$，因为 $\lambda = 0$ 不是特征方程的根，所以 $y_1^* = ax + b$ 代入（1），得到 $-a - 2ax - 2b = x$，比较系数得：$a = -\dfrac{1}{2}$，$b = \dfrac{1}{4}$. 式（1）的特解为 $y_1^* = -\dfrac{1}{2}x + \dfrac{1}{4}$.

对于非齐次项 $f(x) = \cos 2x = e^{\lambda x}P_m(x)\sin \omega x$，$\lambda = 0$，$P_0(x) = 1$，$\omega = 2$.

设其特解为 $y^* = x^k e^{\lambda x}[Q_m(x)\sin \omega x + R_m(x)\cos \omega x]$

现在 $\lambda + i\omega = 2i$ 不是特征方程的根，所以 $y_2^* = a\sin 2x + b\cos 2x$. 代入（2），得到

$a = -\dfrac{1}{20}$，$b = -\dfrac{3}{20}$．式（2）的特解为 $y_2{}^* = -\dfrac{1}{20}\sin 2x - \dfrac{3}{20}\cos 2x$．

原微分方程的特解为 $y^* = -\dfrac{1}{2}x + \dfrac{1}{4} - \dfrac{1}{20}\sin 2x - \dfrac{3}{20}\cos 2x$

通解为 $y = -\dfrac{1}{2}x + \dfrac{1}{4} - \dfrac{1}{20}\sin 2x - \dfrac{3}{20}\cos 2x + C_1 e^{2x} + C_2 e^{-x}$．

【例 9】 解方程 $y'' + 2y' + y = xe^x + 3e^{-x}$．

解： 特征方程 $r^2 + 2r + 1 = 0$，特征根 $r_1 = r_2 = -1$，

齐次方程的通解 $Y = (C_1 + C_2 x)e^{-x}$，

对于 $f_1(x) = xe^x$，$\lambda = 1$ 不是特征根，

设特解 $y_1^* = (ax + b)e^x$，$Q(x) = ax + b$，

代入得特解：$y_1^* = \dfrac{1}{4}(x - 1)e^x$，

对于 $f_2(x) = 3e^{-x}$，$\lambda = -1$ 是二重特征根，

设特解 $y_2^* = Ax^2 e^{-x}$，$Q(x) = Ax^2$，

代入得特解：$y_2^* = \dfrac{3}{2}x^2 e^{-x}$

$$y^* = y_1^* + y_2^* = y_1^* = \dfrac{1}{4}(x - 1)e^x + \dfrac{3}{2}x^2 e^{-x}$$

通解为：$y = Y + y^* = (C_1 + C_2 x)e^{-x} + \dfrac{1}{4}(x - 1)e^x + \dfrac{3}{2}x^2 e^{-x}$．

【例 10】 求微分方程 $y'' + y = x + \cos x$ 的通解．

解： $r^2 + 1 = 0$，$r = \pm i$ 对应齐次方程通解为 $Y = c_1 \cos x + c_2 \sin x$；

设 $y'' + y = x$ 的特解 $y_1^* = Ax + B$，代入原方程得 $A = 1$，$B = 0$，故 $y_1^* = x$．

设 $y'' + y = \cos x$ 的特解 $y_2^* = x(C \cos x + D \sin x)$，代入原方程得 $C = 0$，$D = \dfrac{1}{2}$，故 $y_2^* = \dfrac{1}{2}x \sin x$，所以原方程特解为 $y^* = x + \dfrac{1}{2}x \sin x$．

所求方程通解为 $y = c_1 \cos x + c_2 \sin x + x + \dfrac{1}{2}x \sin x$．

【例 11】 方程 $y'' + 9y = 0$ 的一条积分曲线通过点 $(\pi, -1)$，且在该点和直线 $x - y - 1 - \pi = 0$ 相切，求这条曲线的方程．

解： 由题意，所求曲线方程为 $y'' + 9y = 0$

满足初值条件 $y(\pi) = -1$，$y'(\pi) = 1$ 的特解．

由于方程的特征方程为 $r^2 + 9 = 0$，得特征根为 $r_{1,2} = \pm 3i$，方程通解为

$$y = C_1 \cos 3x + C_2 \sin 3x$$

考虑初值条件，得 $C_1 = 1$，$C_2 = -\dfrac{1}{3}$，故所求积分曲线为

$$y = \cos 3x - \dfrac{1}{3}\sin 3x．$$

【例 12】　设 $f(x)$ 为一连续函数，且满足方程 $f(x) = \sin x - \int_0^x (x-t)f(t)\mathrm{d}t$，求 $f(x)$．

解：将方程的右边写成 $\sin x - x\int_0^x f(t)\mathrm{d}t + \int_0^x tf(t)\mathrm{d}t$，求解一个积分方程，往往可以把它转化为求解一个微分方程，对原方程两边求导，得 $f'(x) = \cos x - \int_0^x f(t)\mathrm{d}t$，两边再对 x 求导，得 $f''(x) + f(x) = -\sin x$，这是一个二阶常系数非齐次线性微分方程．考虑到 $f(0) = 0$，$f'(0) = 1$．所以要求 $f(x)$，就是要解下列初值问题

$$\begin{cases} y'' + y = -\sin x \\ y(0) = 0, y'(0) = 1 \end{cases}$$

这个方程对应的齐次方程的通解为 $Y = C_1 \cos x + C_2 \sin x$，

设非齐次方程的一个特解为 $y^* = x(A\cos x + B\sin x)$，将之代入原非齐次方程，解出 $A = \dfrac{1}{2}$，$B = 0$，所以 $y^* = \dfrac{1}{2}x\cos x$，于是所求非齐次方程的通解为

$$y = C_1 \cos x + C_2 \sin x + \frac{1}{2}x\cos x.$$

再考虑初始条件 $y(0) = 0$，$y'(0) = 1$，可定出 $C_1 = 0$，$C_2 = \dfrac{1}{2}$，从而所求函数为

$$y = \frac{1}{2}(\sin x + x\cos x).$$

【例 13】　已知二阶常系数线性齐次微分方程有特解 $y_1 = 2e^{3x}$ 与 $y_2 = e^{-x}$，试确定方程．

分析：这是求解常系数线性微分方程的反问题．求解此类问题的一般方法是：先由给定的特解确定特征根，再由特征根导出特征方程，最后导出微分方程．

解：所给的两个特解为 $y_1 = 2e^{3x}$ 与 $y_2 = e^{-x}$，由于 $\dfrac{y_1}{y_2} = \dfrac{2e^{3x}}{e^{-x}} = 2e^{4x} \neq C$（常数），因此 y_1 与 y_2 是线性无关的，故特征根分别为 $r_1 = 3$ 与 $r_2 = -1$，对应的特征方程为 $(r-3)(r+1) = 0$，即 $r^2 - 2r - 3 = 0$，因此需确定的二阶常系数线性齐次方程为 $y'' - 2y' - 3y = 0$．

【例 14】　已知 $y_1 = xe^x + e^{2x}$，$y_2 = xe^x + e^{-x}$，$y_3 = xe^x + e^{2x} - e^{-x}$ 是某二阶线性非齐次微分方程三个解，求此微分方程．

分析：关键由非齐次的三个特解，求出对应齐次方程两个线性无关的解，从而确定对应齐次方程和方程右边自由项．

解：$y_1 - y_3 = e^{-x}$，$y_3 - y_2 = e^{2x} - 2e^{-x}$，为对应齐次方程的解．

$(e^{2x} - 2e^{-x}) + 2e^{-x} = e^{2x}$ 仍为齐次方程的解．

e^{2x} 和 e^{-x} 为对应齐次方程的解，且 $\dfrac{e^{2x}}{e^{-x}} \neq$ 常数，则为两个线性无关的解．

对应特征方程两个特征根 $r_1 = -1$，$r_2 = 2$，故特征方程为

$$(r+1)(r-2) = r^2 - r - 2 = 0$$

所求微分方程为 $y'' - y' - 2y = f(x)$

$y_2 - e^{-x} = xe^x$ 为非齐次方程的一个特解，代入上面方程得

$$f(x) = (xe^x)'' - (xe^x)' - 2xe^x = e^x - 2xe^x$$

故 $y'' - y' - 2y = e^x - 2xe^x$ 为所求方程.

【例15】　求通解为 $y = C_1 \cos 2x + C_2 \sin 2x + x$ 的二阶线性常系数微分方程.

解法 1：根据题意，所求方程对应的齐次方程的两个线性无关解为 $y_1 = \cos 2x$，$y_2 = \sin 2x$，所以对应的齐次方程的特征根分别为 $\lambda_1 = 2i$，$\lambda_2 = -2i$，

其特征方程为

$$(\lambda + 2i)(\lambda - 2i) = \lambda^2 + 4 = 0，$$

从而所求方程对应的齐次方程为

$$y'' + 4y = 0.$$

设所求方程为 $y'' + 4y = f(x)$，取 $C_1 = C_2 = 0$，将 $y = x$ 代入得 $f(x) = 4x$，故所求的二阶线性常系数微分方程为：$y'' + 4y = 4x$.

解法2：因为 $y = C_1 \cos 2x + C_2 \sin 2x + x$，所以

$$y' = -2C_1 \sin 2x + 2C_2 \cos 2x + 1$$

$$y'' = -4C_1 \cos 2x - 4C_2 \sin 2x = -4(C_1 \cos 2x + C_2 \sin 2x + x) + 4x = -4y + 4x.$$

即 $y'' + 4y = 4x$. 这就是函数 $y = C_1 \cos 2x + C_2 \sin 2x + x$ 所满足的二阶线性常系数微分方程.

【例16】　设 $y_1 = x$，$y_2 = x + e^{2x}$，$y_3 = x(1 + e^{2x})$ 是二阶常系数非齐次微分方程的特解，求微分方程的通解及微分方程.

解：由于 $y_2 - y_1 = e^{2x}$，$y_3 - y_1 = xe^{2x}$ 为对应齐次方程的解，且线性无关，得对应齐次方程的特征方程为

$$(r - 2)^2 = r^2 - 4r + 4 = 0$$

故对应齐次方程为　　　　　$y'' - 4y' + 4y = 0$

令非齐次方程为　　　　　　$y'' - 4y' + 4y = f(x)$

又由于 $y_1 = x$ 为非齐次方程的一个特解，代入得 $f(x) = -4 + 4x$，即微分方程为

$$y'' - 4y' + 4y = 4(x - 1)$$

其通解为　　　　　　　　　$y = (C_1 + C_2 x)e^{2x} + x$.

习　　题

1. 选择题.

（1）$y'' - 2y' + y = xe^x$ 的特解形式为（　　　）.

　　（A）Axe^x　　　　（B）$(Ax + B)e^x$　　（C）$x(Ax + B)e^x$　　（D）$x^2(Ax + B)e^x$

（2）$y'' - 2y' + 5y = e^x \cos 2x$ 的特解形式为（　　　）.

　　（A）$Ae^x \cos 2x$　　　　　　　　　（B）$xAe^x \cos 2x$

　　（C）$e^x(A\cos 2x + B\sin 2x)$　　　　　（D）$xe^x(A\cos 2x + B\sin 2x)$

（3）$y'' - y = e^x + 1$ 的特解形式为（　　　）.

（A）$ae^x + b$ （B）$axe^x + b$ （C）$ae^x + bx$ （D）$axe^x + bx$

（4）微分方程 $y'' + y = x^2 + 1 + \sin x$ 的特解形式可设为（ ）.

（A）$y^* = ax^2 + bx + c + x(A\sin x + B\cos x)$

（B）$y^* = x(ax^2 + bx + c + A\sin x + B\cos x)$

（C）$y^* = ax^2 + bx + c + A\sin x$

（D）$y^* = ax^2 + bx + c + A\cos x$

（5）微分方程 $y'' + y' = e^{-x} + x$ 的一个特解应具有形式（式中 a,b,c 为常数）（ ）.

（A）$axe^{-x} + x(bx + c)$ （B）$ae^{-x} + x(bx + c)$

（C）$axe^{-x} + bx + c$ （D）$ae^{-x} + bx + c$

（6）若 $y_1 = x, y_2 = \sin x, y_3 = 2\sin x$ 都是方程 $y'' + py' + qy = 0$ 的解，则该方程的通解为（ ）.

（A）$c_1 y_1 + c_2 y_2$ （B）$c_1 y_2 + c_2 y_3$

（C）（A）或（B） （D）既不是（A）也不是（B）

（7）设 $y_1^* = e^x$，$y_2^* = e^{-x}$，$y_3^* = x + e^x$ 是某个二阶线性非齐次微分方程的解，则此方程的通解为（ ）.

（A）$y = x + C_1 e^x + C_2 e^{-x}$ （B）$y = C_1(x + e^x) + C_2 e^{-x} + e^{-x}$

（C）$y = C_1 x + e^x + C_2 e^{-x}$ （D）$y = C_1 x + C_2(e^x - e^{-x}) + e^x$

2．填空题.

（1）设 $y = e^x(c_1\sin x + c_2\cos x)$（$c_1, c_2$ 为任意常数）为某二阶常系数线性齐次微分方程的通解，则该方程为_____.

（2）$y'' - 4y = e^{2x}$ 的通解为 $y = $ _____.

（3）求出微分方程 $y'' - 2y' - 3y = x + xe^{-x} + e^{3x}\sin x$ 的一个特解形式 $y^* = $ _____.

（4）微分方程 $y'' + y = x\cos 2x + 3\sin x$ 的通解为_____.

（5）微分方程 $y'' + y = 2xe^x + 4\sin x$ 满足初始条件 $y|_{x=0} = 0$，$y'|_{x=0} = 0$ 的特解为_____.

（6）微分方程 $y'' - 3y' + 2y = 5$ 满足初始条件 $y|_{x=0} = 1$，$y'|_{x=0} = 2$ 的特解为_____.

3．计算题.

（1）已知 $y = xe^{-x}$ 是微分方程 $y'' + py' + qy = 0$（p,q 为常数）的一个特解，求 $y'' + py' + qy = 2x + 3$ 的通解.

（2）求微分方程 $y'' + 3y' + 2y = e^{-x} + \sin x$ 的通解.

（3）设连续函数 $f(x)$ 满足方程 $\int_0^x (t-x)f(t)\mathrm{d}t = f(x) + \cos 2x$. 求 $f(x)$.

（4）函数 $f(x)$ 对于一切实数 x 满足微分方程 $xf''(x) + 3x[f'(x)]^2 = 1 - e^{-x}$，

① 若 $f(x)$ 在 $x = c$ $(c \neq 0)$ 有极值，试证它是极小值；

② 若 $f(x)$ 在点 $x = 0$ 有极值，则它是极大值还是极小值？

（5）设函数 $y = y(x)$ 在 $(-\infty, +\infty)$ 内具有二阶导数，且 $y' \neq 0$，$x = x(y)$ 是 $y = y(x)$ 的反函数.

① 试将 $x = x(y)$ 所满足的微分方程 $\dfrac{\mathrm{d}^2 x}{\mathrm{d}y^2} + (y + \sin x)\left(\dfrac{\mathrm{d}x}{\mathrm{d}y}\right)^2 = 0$ 变换为 $y = y(x)$ 满足

的微分方程；

② 求变换后的微分方程满足初始条件 $y(0) = 0$，$y'(0) = \dfrac{3}{2}$ 的解.

习题参考答案

1.（1）（D）.（2）（D）.（3）（B）.（4）（A）.（5）（A）.（6）（A）.（7）（D）.

解析：（1）$r^2 - 2r + 1 = (r-1)^2 = 0$，$r = 1$ 为二重根，方程特解形式为 $x^2(Ax + B)e^x$，选（D）.

（2）$r^2 - 2r + 5 = 0$，特征根 $r = 1 \pm 2i$，方程特解形式为 $xe^x(A\cos 2x + B\sin 2x)$，选（D）.

（3）解：$r^2 - 1 = 0$，特征根 $r_1 = -1$，$r_2 = 1$

$y'' - y = e^x$，特解 $y_1^* = axe^x$；$y'' - y = 1$，特解 $y_2^* = b$

所以原方程特解形式为 $y = axe^x + b$，故选（B）.

（4）解：$r^2 + 1 = 0$，$r = \pm i$ 是特征根.

对 $y'' + y = x^2 + 1$ 的特解形式为：$y_1^* = ax^2 + bx + c$

对 $y'' + y = \sin x$ 的特解形式为：$y_2^* = x(A\sin x + B\cos x)$

故原方程特解形式可设为

$y^* = ax^2 + bx + c + x(A\sin x + B\cos x)$，故选（A）.

2.（1）解：该方程的特征根为 $1 \pm i$，特征方程为 $[r - (1+i)][r - (1-i)] = r^2 - 2r + 2 = 0$
故所求原方程为 $y'' - 2y' + 2y = 0$.

（2）解：$r^2 - 4 = (r+2)(r-2) = 0$，$r_1 = -2$，$r_2 = 2$，对应齐次通解为 $Y = c_1 e^{-2x} + c_2 e^{2x}$

设特解 $y^* = Axe^{2x}$ 代入原方程得 $A = \dfrac{1}{4}$，得 $y^* = \dfrac{1}{4}xe^{2x}$，

故　$y = c_1 e^{-2x} + c_2 e^{2x} + \dfrac{1}{4}xe^{2x}$ 为所求通解.

（3）解：原方程对应的齐次方程的两个特征根分别为 -1，3，所以：

微分方程 $y'' - 2y' - 3y = x$ 的一个特解形式为：$y_1 = Ax + B$；

微分方程 $y'' - 2y' - 3y = xe^{-x}$ 的一个特解形式为：$y_2 = x(Cx + D)e^{-x}$；

微分方程 $y'' - 2y' - 3y = e^{3x}\sin x$ 的一个特解形式为：$y_3 = e^{3x}(E\sin x + F\cos x)$.

根据线性非齐次微分方程解的叠加原理，原微分方程的一个特解形式为

$$y^* = y_1 + y_2 + y_3 = Ax + B + x(Cx + D)e^{-x} + e^{3x}(E\sin x + F\cos x).$$

（4）通解为 $y = C_1\cos x + C_2\sin x - \dfrac{3}{2}x\cos x + \dfrac{4}{9}\sin 2x - \dfrac{1}{3}x\cos 2x$.

（5）$y = \cos x + 2\sin x + (x-1)e^x - 2x\cos x$.

（6）$y = -5e^x + \dfrac{7}{2}e^{2x} + \dfrac{5}{2}$.

3. 解：（1）因为 $y = xe^{-x}$ 是 $y'' + py' + qy = 0$ 的解，所以应该满足该方程

$y' = e^{-x} - xe^{-x}$，$y'' = -2e^{-x} + xe^{-x}$，将它们代入原方程，得

$y'' + py' + qy = (p-2)e^{-x} + (q-p+1)xe^{-x} = 0$

所以有 $\begin{cases} p-2=0 \\ q-p+1=0 \end{cases}$，即 $\begin{cases} p=2 \\ q=1 \end{cases}$，

方程为 $y''+2y'+y=2x+3$.

对应齐次方程的特征方程为 $r^2+2r+1=0$，$r=-1$（二重根）

设 $y^*=a_1x+a_0$，则 $y^{*'}=a_1$，$y^{*''}=0$，即有 $2a_1+a_1x+a_0=2x+3$，

比较系数，得 $a_1=2$，$a_0=-1$，$y^*=2x-1$.

所以原方程的通解为 $y=(C_1+C_2x)e^{-x}+2x-1$.

（2）解：对应齐次方程的特征方程为 $r^2+3r+2=0$，特征根 $r_1=-1$，$r_2=-2$. 故齐次方程的通解为

$$Y=C_1e^{-x}+C_2e^{-2x} \quad (C_1,C_2 \text{为任意常数})$$

自由项 $f(x)=f_1(x)+f_2(x)$，其中 $f_1(x)=e^{-x}$，$f_2(x)=\sin x$

对应于 $f_1(x)=e^{-x}$ 的方程为

$$y''+3y'+2y=e^{-x} \quad \cdots\cdots\cdots\cdots\cdots\cdots (1)$$

设一个特解为

$$y_1^*=Axe^{-x}$$

求导并代入式（1），得

$$A=1$$

则

$$y_1^*=xe^{-x}$$

对应于 $f_2(x)=\sin x$ 的方程为

$$y''+3y'+2y=\sin x \quad \cdots\cdots\cdots\cdots\cdots\cdots (2)$$

设一个特解为

$y_2^*=B\cos x+C\sin x$

求导并代入式（2），得 $\begin{cases} 3C+B=0 \\ C-3B=1 \end{cases}$ 解得 $B=-\dfrac{3}{10}, C=\dfrac{1}{10}$.

则

$$y_2^*=-\frac{3}{10}\cos x+\frac{1}{10}\sin x,$$

于是得到原方程的特解为

$$y^*=y_1^*+y_2^*=xe^{-x}-\frac{3}{10}\cos x+\frac{1}{10}\sin x.$$

故原方程的通解为

$$y=Y+y^*=C_1e^{-x}+C_2e^{-2x}+xe^{-x}-\frac{3}{10}\cos x+\frac{1}{10}\sin x.$$

（3）$f(x)=\dfrac{1}{3}\cos x-\dfrac{4}{3}\cos 2x$.

（4）解：① 由 $f(x)$ 可导，且它在 $x=c$ 处有极值，故 $f'(c)=0(c\neq 0)$，将 $x=c$ 代入

原式得：$cf''(c) + 3c[f'(c)] = 1 - e^{-c} \Rightarrow f''(c) = \dfrac{1 - e^{-c}}{c} > 0$，故 $f(c)$ 是 $f(x)$ 的极小值.

② 因为 $f(x)$ 对于一切实数 x 二阶可导，又 $f(0)$ 为极值，所以 $f'(0) = 0$，且 $\lim\limits_{x \to 0} f'(x) = f'(0) = 0$，

又 $f''(0) = \lim\limits_{x \to 0} \dfrac{f'(x) - f'(0)}{x - 0} = \lim\limits_{x \to 0} \dfrac{f'(x)}{x} = \lim\limits_{x \to 0} f''(x)$

$$= \lim\limits_{x \to 0} \left\{ \dfrac{1 - e^{-x}}{x} - 3[f'(x)] \right\} = \lim\limits_{x \to 0} \dfrac{1 - e^{-x}}{x} = 1 > 0.$$

故 $f(0)$ 是 $f(x)$ 的极小值.

（5）解：① 由反函数导数公式知 $\dfrac{dx}{dy} = \dfrac{1}{y'}$，即 $y' \dfrac{dx}{dy} = 1$，两端对 x 求导得

$$y'' \dfrac{dx}{dy} + y'^2 \dfrac{d^2x}{dy^2} = 0,$$

所以

$$\dfrac{d^2x}{dy^2} = -\dfrac{y''}{y'^2} \cdot \dfrac{dx}{dy} = -\dfrac{y''}{y'^3},$$

代入原方程得

$$y'' - y = \sin x.$$

② 上面的方程所对应的齐次方程的通解为

$$Y = c_1 e^x + c_2 e^{-x},$$

设方程的特解为

$$y^* = A\cos x + B\sin x,$$

代入方程可求得 $A = 0, B = -\dfrac{1}{2}$，故

$$y^* = -\dfrac{1}{2}\sin x,$$

从而方程 $y'' - y = \sin x$ 的通解为

$$y = c_1 e^x + c_2 e^{-x} - \dfrac{1}{2}\sin x.$$

由初始条件 $y(0) = 0, y'(0) = \dfrac{3}{2}$ 得 $c_1 = 1, c_2 = -1$，故所求的初值问题的解为

$$y = e^x - e^{-x} - \dfrac{1}{2}\sin x.$$

第十章　空间解析几何与向量代数

【考试内容及要求】

1. 向量代数

（1）理解向量的概念，掌握向量的表示法，会求向量的模、非零向量的方向余弦和非零向量在轴上的投影.

（2）掌握向量的线性运算（加法运算与数量乘法运算），会求向量的数量积与向量积.

（3）会求两个非零向量的夹角，掌握两个非零向量平行、垂直的充分必要条件.

2. 平面与直线

（1）会求平面的点法式方程与一般式方程. 会判定两个平面的位置关系.

（2）会求点到平面的距离.

（3）会求直线的点向式方程、一般式方程和参数式方程. 会判定两条直线的位置关系.

（4）会求点到直线的距离，两条异面直线之间的距离.

（5）会判定直线与平面的位置关系.

10.1　空间直角坐标系与向量代数

【知识要点解读】

1. 向量与向量的表示

（1）向量：既有大小，又有方向的量. 坐标表达式为 $\boldsymbol{a}=(a_x,a_y,a_z)$.

（2）向量的模：$|\boldsymbol{a}|=\sqrt{a_x^2+a_y^2+a_z^2}$. 模等于 1 的向量叫做单位向量，与 $\boldsymbol{a}$ 同方向的单位向量 $\boldsymbol{e}_a=\dfrac{\boldsymbol{a}}{|\boldsymbol{a}|}$. 基本单位向量：$\boldsymbol{i}=(1,0,0)$，$\boldsymbol{j}=(0,1,0)$，$\boldsymbol{k}=(0,0,1)$.

（3）方向角：非零向量 $\boldsymbol{a}$ 与 x 轴、y 轴、z 轴正向的夹角 α、β、γ 称为向量 $\boldsymbol{a}$ 的方向角.

方向余弦：$\cos\alpha=\dfrac{a_x}{|\boldsymbol{a}|}$，$\cos\beta=\dfrac{a_y}{|\boldsymbol{a}|}$，$\cos\gamma=\dfrac{a_z}{|\boldsymbol{a}|}$；$\cos^2\alpha+\cos^2\beta+\cos^2\gamma=1$.

---

2. 向量的运算

若 $\boldsymbol{a} = (a_x, a_y, a_z)$，$\boldsymbol{b} = (b_x, b_y, b_z)$，则

（1）向量的加法：$\boldsymbol{a} \pm \boldsymbol{b} = (a_x \pm b_x, a_y \pm b_y, a_z \pm b_z)$．

（2）向量的数乘：$m\boldsymbol{a} = (ma_x, ma_y, ma_z)$，其中 m 为常数．

（3）向量的数量积（点乘）：$\boldsymbol{a} \cdot \boldsymbol{b} = |\boldsymbol{a}||\boldsymbol{b}|\cos(\widehat{\boldsymbol{a}, \boldsymbol{b}}) = a_x b_x + a_y b_y + a_z b_z$．

推论：$\boldsymbol{a} \cdot \boldsymbol{a} = |\boldsymbol{a}|^2$；$\boldsymbol{a} \perp \boldsymbol{b} \Leftrightarrow \boldsymbol{a} \cdot \boldsymbol{b} = 0 \Leftrightarrow a_x b_x + a_y b_y + a_z b_z = 0$．

（4）向量的向量积（叉乘）：$\boldsymbol{a} \times \boldsymbol{b}$ 与 $\boldsymbol{a}$ 和 $\boldsymbol{b}$ 均垂直，$\boldsymbol{a} \times \boldsymbol{b} = -\boldsymbol{b} \times \boldsymbol{a}$．

$$\boldsymbol{a} \times \boldsymbol{b} = \begin{vmatrix} \boldsymbol{i} & \boldsymbol{j} & \boldsymbol{k} \\ a_x & a_y & a_z \\ b_x & b_y & b_z \end{vmatrix} = \begin{vmatrix} a_y & a_z \\ b_y & b_z \end{vmatrix}\boldsymbol{i} - \begin{vmatrix} a_x & a_z \\ b_x & b_z \end{vmatrix}\boldsymbol{j} + \begin{vmatrix} a_x & a_y \\ b_x & b_y \end{vmatrix}\boldsymbol{k} \text{．（行列式按第一行展开）}$$

$|\boldsymbol{a} \times \boldsymbol{b}| = |\boldsymbol{a}||\boldsymbol{b}|\sin(\widehat{\boldsymbol{a}, \boldsymbol{b}})$，方向由右手法则确定，模 $|\boldsymbol{a} \times \boldsymbol{b}|$ 等于以 $\boldsymbol{a}$，$\boldsymbol{b}$ 为边的平行四边形的面积．

推论：$\boldsymbol{a} /\!/ \boldsymbol{b} \Leftrightarrow \boldsymbol{a} \times \boldsymbol{b} = 0 \Leftrightarrow \boldsymbol{a} = \lambda \boldsymbol{b}$，$\lambda$ 为常数．

（5）向量的投影：$\boldsymbol{a}_b = \text{Prj}_b \boldsymbol{a} = |\boldsymbol{a}|\cos(\widehat{\boldsymbol{a}, \boldsymbol{b}}) = |\boldsymbol{a}|\dfrac{\boldsymbol{a} \cdot \boldsymbol{b}}{|\boldsymbol{a}||\boldsymbol{b}|} = \dfrac{\boldsymbol{a} \cdot \boldsymbol{b}}{|\boldsymbol{b}|} = \dfrac{a_x b_x + a_y b_y + a_z b_z}{\sqrt{b_x^2 + b_y^2 + b_z^2}}$．

3. 向量的夹角及垂直、平行的条件

向量 $\boldsymbol{a} = (a_x, a_y, a_z)$，$\boldsymbol{b} = (b_x, b_y, b_z)$，

（1）$\boldsymbol{a}$ 与 $\boldsymbol{b}$ 的夹角 θ，$\cos\theta = \dfrac{\boldsymbol{a} \cdot \boldsymbol{b}}{|\boldsymbol{a}||\boldsymbol{b}|} = \dfrac{a_x b_x + a_y b_y + a_z b_z}{\sqrt{a_x^2 + a_y^2 + a_z^2} \cdot \sqrt{b_x^2 + b_y^2 + b_z^2}}$；

（2）$\boldsymbol{a} \perp \boldsymbol{b} \Leftrightarrow \boldsymbol{a} \cdot \boldsymbol{b} = 0 \Leftrightarrow a_x b_x + a_y b_y + a_z b_z = 0$；

（3）$\boldsymbol{a} /\!/ \boldsymbol{b} \Leftrightarrow$ 存在实数 λ，有 $\boldsymbol{a} = \lambda \boldsymbol{b} \Leftrightarrow \dfrac{a_x}{b_x} = \dfrac{a_y}{b_y} = \dfrac{a_z}{b_z}$；

【例1】 设 $(\boldsymbol{a} \times \boldsymbol{b}) \cdot \boldsymbol{c} = 2$，则 $[(\boldsymbol{a} + \boldsymbol{b}) \times (\boldsymbol{b} + \boldsymbol{c})] \cdot (\boldsymbol{c} + \boldsymbol{a}) = $ _____．

解：$[(\boldsymbol{a} + \boldsymbol{b}) \times (\boldsymbol{b} + \boldsymbol{c})] \cdot (\boldsymbol{c} + \boldsymbol{a}) = (\boldsymbol{a} \times \boldsymbol{b}) \cdot \boldsymbol{c} + (\boldsymbol{b} \times \boldsymbol{c}) \cdot \boldsymbol{a} = 2(\boldsymbol{a} \times \boldsymbol{b}) \cdot \boldsymbol{c} = 4$．

【例2】 已知向量 $\boldsymbol{P}$ 与 $\boldsymbol{Q}$、x 轴均垂直，其中 $\boldsymbol{Q} = 3\boldsymbol{i} + 6\boldsymbol{j} + 8\boldsymbol{k}$，$|\boldsymbol{P}| = 2$，求向量 $\boldsymbol{P}$．

解法 1：（待定系数法）：设 $\boldsymbol{P} = a\boldsymbol{i} + b\boldsymbol{j} + c\boldsymbol{k}$，由题意 $|\boldsymbol{P}| = 2$，即 $\sqrt{a^2 + b^2 + c^2} = 2$；

$\boldsymbol{P} \perp \boldsymbol{Q} \Leftrightarrow \boldsymbol{P} \cdot \boldsymbol{Q} = 3a + 6b + 8c = 0$；$\boldsymbol{P} \perp x$ 轴 $\Leftrightarrow \boldsymbol{P} \cdot \boldsymbol{i} = a = 0$．

解方程组 $\begin{cases} \sqrt{a^2 + b^2 + c^2} = 2 \\ 3a + 6b + 8c = 0 \\ a = 0 \end{cases}$，解得 $a = 0, b = \mp\dfrac{8}{5}, c = \pm\dfrac{6}{5}$，所以 $\boldsymbol{P} = \mp\dfrac{8}{5}\boldsymbol{j} \pm \dfrac{6}{5}\boldsymbol{k}$．

解法 2：（利用向量的平行、垂直的条件）：因为 $\boldsymbol{P} \perp \boldsymbol{Q}$，$\boldsymbol{P} \perp \boldsymbol{i}$，故 $\boldsymbol{P} /\!/ \boldsymbol{Q} \times \boldsymbol{i}$，

即 $P = \lambda(Q \times i) = \lambda \begin{vmatrix} i & j & k \\ 3 & 6 & 8 \\ 1 & 0 & 0 \end{vmatrix} = \lambda(8j - 6k)$，

已知 $|P| = 2$，得 $\lambda^2(8^2 + 6^2) = 4$，所以 $\lambda = \pm\dfrac{1}{5}$，故 $P = \pm\dfrac{1}{5}(8j - 6k)$.

【例3】　设 $a = i + 4j + 5k$，$b = i + j + 2k$，$c = i + j + k$.

（1）求 λ，使得 $(a + \lambda b) \perp (a - \lambda b)$；

（2）求 μ，使得 $(a + \mu b) // (a - \mu b)$；

解：（1）欲使 $a + \lambda b$ 垂直于 $a - \lambda b$，当且仅当 $(a + \lambda b) \cdot (a - \lambda b) = |a|^2 - \lambda^2 |b|^2 = 0$.

由此得 $\lambda^2 = \dfrac{|a|^2}{|b|^2} = \dfrac{1 + 16 + 25}{1 + 1 + 4} = \dfrac{42}{6} = 7$，从而 $\lambda = \pm\sqrt{7}$.

（2）欲使 $a + \mu b$ 平行于 $a - \mu b$，当且仅当 $(a + \mu b) \times (a - \mu b) = 2\mu b \times a = 0$.

由于 $b \times a \neq 0$，故只有 $\mu = 0$，即 $a // a$.

【例4】　设 $(a + 3b) \perp (7a - 5b)$，$(a - 4b) \perp (7a - 2b)$，求向量 a 与 b 的夹角 θ.

- -

分析：由于 $\cos\theta = \dfrac{a \cdot b}{|a||b|}$，因此只需求出 $a \cdot b$，$|a|$ 与 $|b|$ 即可.

- -

解：由已知 $\begin{cases} (a + 3b) \cdot (7a - 5b) = 0 \\ (a - 4b) \cdot (7a - 2b) = 0 \end{cases} \Rightarrow \begin{cases} 7|a|^2 + 16a \cdot b - 15|b|^2 = 0 \\ 7|a|^2 - 30a \cdot b + 8|b|^2 = 0 \end{cases}$

$|a| = \sqrt{2a \cdot b}$，$|b| = \sqrt{2a \cdot b}$，$\cos\theta = \dfrac{a \cdot b}{|a||b|} = \dfrac{a \cdot b}{2a \cdot b} = \dfrac{1}{2}$，所以 $\theta = \dfrac{\pi}{3}$.

【例5】　设 a 和 b 是非零常向量，且 $|b| = 1$ 及 $(\widehat{a, b}) = \dfrac{\pi}{4}$，求 $\lim\limits_{x \to 0} \dfrac{|a + xb| - |a|}{x}$.

解：设 $f(x) = \dfrac{|a + xb| - |a|}{x} = \dfrac{|a + xb|^2 - |a|^2}{x(|a + xb| + |a|)}$

因为 $|a + xb|^2 = (a + xb) \cdot (a + xb) = a^2 + 2xa \cdot b + x^2 b^2$

$a^2 = |a|^2$，$b^2 = |b|^2$

所以 $\lim\limits_{x \to 0} \dfrac{|a + xb| - |a|}{x} = \lim\limits_{x \to 0} \dfrac{|a + xb|^2 - |a|^2}{x(|a + xb| + |a|)} = \lim\limits_{x \to 0} \dfrac{2xa \cdot b + x^2 b^2}{x(|a + xb| + |a|)}$

$= \lim\limits_{x \to 0} \dfrac{2a \cdot b + xb^2}{|a + xb| + |a|} = \dfrac{2a \cdot b}{2|a|} = \dfrac{2|a||b|\cos\dfrac{\pi}{4}}{2|a|} = \dfrac{\sqrt{2}}{2}$.

【例6】　已知平行四边形的两对角线向量为 $c = m + 2n$ 及 $d = 3m - 4n$，而 $|m| = 1$，$|n| = 2$，

$(\widehat{m, n}) = \dfrac{\pi}{6}$，求此平行四边形面积.

解：设平行四边形面积为 S，由叉乘的几何意义可知，

则 $S = \dfrac{1}{2}|c \times d| = \dfrac{1}{2}|(m+2n) \times (3m-4n)| = \dfrac{1}{2}|-4m \times n + 6n \times m|$

$= \dfrac{1}{2}|-10m \times n| = 5|m \times n| = 5|m||n|\sin(\widehat{m,n}) = 5$.

【例 7】 $|a| = 2$，$|b| = 3$，$(\widehat{a,b}) = \dfrac{\pi}{3}$，试求以向量 $m = 3a - 4b$，$n = a + 2b$ 为邻边的平行四边形的周长及面积.

解：以 m，n 为边的平行四边形的周长为 $2|m| + 2|n|$，面积为 $|m \times n|$. 计算

$$|m|^2 = m \cdot m = (3a-4b) \cdot (3a-4b) = 9|a|^2 - 24a \cdot b + 16|b|^2 = 108,$$

$$|n|^2 = n \cdot n = (a+2b) \cdot (a+2b) = |a|^2 + 4a \cdot b + 4|b|^2 = 52.$$

解得 $|m| = 6\sqrt{3}$，$|n| = 2\sqrt{13}$，所求平行四边形的周长为：$2|m| + 2|n| = 4(3\sqrt{3} + \sqrt{13})$.

面积为：$|m \times n| = |(3a-4b) \times (a+2b)| = 10|a \times b| = 30\sqrt{3}$.

练习题

1. 填空题.

（1）$(a+b) \cdot (a \times b) = $ _____.

（2）设 $|\vec{a}| = 2$，且 $\vec{a}$ 与 x 轴的夹角为 $\dfrac{\pi}{4}$，与 y 轴的夹角为 $\dfrac{\pi}{3}$，则向量 $\vec{a}$ 的坐标 _____.

（3）求与向量 $u = (2,-1,2)$ 平行，且满足方程 $j \cdot x = -18$ 的向量 x _____.

（4）平行于向量 $\vec{a} = (2,3,-1)$ 的单位向量为：_____.

（5）已知向量 $|\vec{a}| = 2, |\vec{b}| = 2$，$\langle \vec{a}, \vec{b} \rangle = \dfrac{\pi}{3}$，则 $|\vec{a} + \vec{b}| = $ _____.

2. 选择题.

（1）已知 $\vec{a}, \vec{b}$ 均为非零向量，且 $|\vec{a}+\vec{b}| = |\vec{a}-\vec{b}|$，则（　　）.

　　（A）$\vec{a} - \vec{b} = 0$　　　（B）$\vec{a} + \vec{b} = 0$　　　（C）$\vec{a} \cdot \vec{b} = 0$　　　（D）$\vec{a} \times \vec{b} = 0$

（2）设向量 $\vec{a}$ 与三个坐标面 xOy, zOx, yOz 之间的夹角分别为 ξ, η, ζ $\left(0 \leqslant \xi, \eta, \zeta \leqslant \dfrac{\pi}{2}\right)$，则 $\cos^2\xi + \cos^2\eta + \cos^2\zeta$ 为（　　）.

　　（A）0　　　　（B）1　　　　（C）2　　　　（D）3

3. 计算题

（1）已知向量 $\vec{a} = 3\vec{i} + 2\vec{j} + \vec{k}, \vec{b} = 2\vec{i} - 3\vec{j}$，求

　　①$(2\vec{a} + 3\vec{b}) \cdot \vec{b}$；　　②$\vec{a} \times \vec{b}$；　　③$\mathrm{Prj}_{\vec{b}}\vec{a}$.

（2）已知 $|\vec{a}| = 3$，$|\vec{b}| = 4$ 且 $a \perp b$，求 $|(3a-b) \times (a-2b)|$.

练习题参考答案

1．（1）0．（2）$\left(\sqrt{2},1,\pm 1\right)$．（3）$(36,-18,36)$．（4）$\pm\dfrac{1}{\sqrt{14}}(2,3,-1)$．

（5）$\sqrt{19}$（提示：利用$\left|\vec{a}+\vec{b}\right|^{2}=\left(\vec{a}+\vec{b}\right)\cdot\left(\vec{a}+\vec{b}\right)$）．

2．（1）（C）．（2）（C）．

3．（1）①39；　　②$(3,2,-13)$；　　③0．

（2）解法1：由于$(3a-b)\times(a-2b)=3a\times a-3a\times 2b-b\times a+b\times 2b=-5a\times b$，

知　　$\left|(3a-b)\times(a-2b)\right|=5|a\times b|=5|a||b|\sin(\hat{a,b})=60$．

解法2：设$a=(3,0,0)$，　$b=(0,4,0)$，　则$3a-b=(9,-4,0),a-2b=(3,-8,0)$，

于是　　　　　　　$(3a-b)\times(a-2b)=\begin{vmatrix} i & j & k \\ 9 & -4 & 0 \\ 3 & -8 & 0 \end{vmatrix}=(0,0,-60)$，

所以　　　　　　　$\left|(3a-b)\times(a-2b)\right|=60$．

10.2　平面与直线方程

【知识要点解读】

　　表示平面和直线有不同的形式，重点掌握平面的**点法式**和直线的**对称式**．求满足一定条件的平面和直线方程，关键是"**定点**"（确定平面和直线上一点）和"**定向**"（确定平面的法向量和直线的方向向量）．在研究平面和直线问题中，我们要把握向量这一工具．把所求问题转化为平面的法向量与直线的方向向量之间的关系问题，很多复杂的问题迎刃而解．

　　1. 平面方程的形式

平面$\varPi$由过点$M_{0}(x_{0},y_{0},z_{0})$及法向量$\boldsymbol{n}=(A,B,C)$所确定．

（1）**点法式**：$A(x-x_{0})+B(y-y_{0})+C(z-z_{0})=0$．

（2）**一般式**：$Ax+By+Cz+D=0$．

特例：

$Ax+By+Cz=0$表示通过原点的平面方程；

$Ax+Cz+D=0$表示平行于y轴的平面方程；

$By+D=0$表示平行于xOz坐标面的方程；

$x=0$表示yOz坐标面．

（3）**截距式**：平面在x轴，y轴，z轴的截距分别为a,b,c，$\dfrac{x}{a}+\dfrac{y}{b}+\dfrac{z}{c}=1$．

（4）三点式：平面过三点 $(x_i, y_i, z_i), i = 1, 2, 3,$ $\begin{vmatrix} x - x_1 & y - y_1 & z - z_1 \\ x_2 - x_1 & y_2 - y_1 & z_2 - z_1 \\ x_3 - x_1 & y_3 - y_1 & z_3 - z_1 \end{vmatrix} = 0.$

（5）两平面的夹角：就是两平面的法线向量所夹的锐角. 两平面平行也就是其法线向量平行，两平面垂直也就是其法线向量垂直.

（6）平面与平面的位置关系：设两平面的法向量为 $\boldsymbol{n}_1 = (A_1, B_1, C_1)$，$\boldsymbol{n}_2 = (A_2, B_2, C_2)$，则

$$\varPi_1 \, // \, \varPi_2 \Leftrightarrow \frac{A_1}{A_2} = \frac{B_1}{B_2} = \frac{C_1}{C_2}, \quad \varPi_1 \perp \varPi_2 \Leftrightarrow A_1 A_2 + B_1 B_2 + C_1 C_2 = 0.$$

（7）平面外一点 $M_1(x_1, y_1, z_1)$ 到平面 $Ax + By + Cz + D = 0$ 的距离为

$$d = \frac{|Ax_1 + By_1 + Cz_1 + D|}{\sqrt{A^2 + B^2 + C^2}}.$$

2. 直线方程的形式

直线 L 由过点 $M_0(x_0, y_0, z_0)$ 及方向向量 $\boldsymbol{s} = (m, n, p)$ 所确定.

（1）对称式方程：$\dfrac{x - x_0}{m} = \dfrac{y - y_0}{n} = \dfrac{z - z_0}{p}$.

（2）一般式方程：$\begin{cases} A_1 x + B_1 y + C_1 z + D_1 = 0 \\ A_2 x + B_2 y + C_2 z + D_2 = 0 \end{cases}$.

注意：将直线的一般式化为标准式，有如下几步.
由一般式方程可知，$\boldsymbol{n}_1 = (A_1, B_1, C_1)$，$\boldsymbol{n}_2 = (A_2, B_2, C_2)$.

第一步，取 $\boldsymbol{s} = \boldsymbol{n}_1 \times \boldsymbol{n}_2 = (m, n, p)$ 为直线 L 的方向向量，即 $\boldsymbol{n}_1 \times \boldsymbol{n}_2 = \begin{vmatrix} \boldsymbol{i} & \boldsymbol{j} & \boldsymbol{k} \\ A_1 & B_1 & C_1 \\ A_2 & B_2 & C_2 \end{vmatrix}$.

第二步，求出 L 上的一个点 $M_0(x_0, y_0, z_0)$.

第三步，写出直线方程.

（3）两点式方程：直线 L 过点 $M_i(x_i, y_i, z_i), i = 1, 2$，$\dfrac{x - x_1}{x_2 - x_1} = \dfrac{y - y_1}{y_2 - y_1} = \dfrac{z - z_1}{z_2 - z_1}$.

（4）参数式方程：$\begin{cases} x = x_0 + mt \\ y = y_0 + nt \\ z = z_0 + pt \end{cases}$.

（5）直线与直线的位置关系：设两直线的方向向量为 $\boldsymbol{s}_1 = (m_1, n_1, p_1)$，$\boldsymbol{s}_2 = (m_2, n_2, p_2)$

$$l_1 \, // \, l_2 \Leftrightarrow \frac{m_1}{m_2} = \frac{n_1}{n_2} = \frac{p_1}{p_2}, \quad l_1 \perp l_2 \Leftrightarrow m_1 m_2 + n_1 n_2 + p_1 p_2 = 0.$$

（6）点到直线的距离：直线 L 外一点 $M_0(x_0, y_0, z_0)$ 到直线 $L: \dfrac{x - x_1}{m} = \dfrac{y - y_1}{n} = \dfrac{z - z_1}{p}$

$$\text{的距离} d = \frac{\left|\overrightarrow{M_1M_0} \times s\right|}{|s|} = \frac{\begin{vmatrix} i & j & k \\ x_0 - x_1 & y_0 - y_1 & z_0 - z_1 \\ m & n & p \end{vmatrix}}{\sqrt{m^2 + n^2 + p^2}}.$$

（7）两条异面直线的距离：空间两条异面直线 L_1 和 L_2，相应的方向为 s_1 和 s_2，两直线上分别有两点 M_1 和 M_2. 求这两条直线间的距离 $d = \dfrac{\left|\overrightarrow{M_1M_2} \cdot (s_1 \times s_2)\right|}{|s_1 \times s_2|}$.

3. 直线与平面的关系

（1）直线 $L /\!/$ 平面 $\Pi \Leftrightarrow s \perp n \Leftrightarrow mA + nB + pC = 0$.

（2）直线 $L \perp$ 平面 $\Pi \Leftrightarrow s /\!/ n \Leftrightarrow \dfrac{m}{A} = \dfrac{n}{B} = \dfrac{p}{C}$.

10.2.1 平面方程

【例1】 填空题.

（1）设一平面过原点及 $A(6, -3, 2)$，且与平面 $4x - y + 2z - 8 = 0$ 垂直，则此平面方程为_____.

（2）过 $M(1, 2, -1)$ 且与直线 $\begin{cases} x = -t + 2, \\ y = 3t - 4, \\ z = t - 1. \end{cases}$ 垂直的平面是_____.

（3）已知 $l_1: \dfrac{x-1}{1} = \dfrac{y-2}{0} = \dfrac{z-3}{-1}$，$l_2: \dfrac{x+2}{2} = \dfrac{y-1}{1} = \dfrac{z}{1}$，则过 l_1 且平行于 l_2 的平面方程为_____.

（4）已知 $l: \begin{cases} x + 3y + 2z + 1 = 0 \\ 2x - y - 10z + 3 = 0 \end{cases}$，及平面 $\Pi: 4x - 2y + z - 2 = 0$，则直线 l 与平面 Π 的位置关系是_____.

解：（1）$\overrightarrow{OA} = (6, -3, 2)$，已知平面的法向量 $n_1 = (4, -1, 2)$，故所求平面的法向量 $n = \overrightarrow{OA} \times n_1 = (-4, -4, 6) = -2(2, 2, -3)$，从而由点法式方程可得所求平面为

$$2(x - 6) + 2(y + 3) - 3(z - 2) = 0,$$

即 $\qquad\qquad\qquad 2x + 2y - 3z = 0$.

（2）已知直线的方向向量 $(-1, 3, 1)$ 就是所求平面的法向量，故应填

$$-(x - 1) + 3(y - 2) + (z + 1) = 0, \text{ 即 } x - 3y - z + 4 = 0.$$

（3）所求平面法向量为 $n = (1, 0, -1) \times (2, 1, 1) = (1, -3, 1)$，故应填

$$(x - 1) - 3(y - 2) + (z - 3) = 0, \text{ 即 } x - 3y + z + 2 = 0.$$

（4）l 的方向向量 $s = (1, 3, 2) \times (2, -1, -10) = (-28, 14, -7)$，$\Pi$ 的法向量 $n = (4, -2, 1)$ 显然 $s /\!/ n$，故直线 l 垂直于平面 Π.

【例2】 求过点 $A(1,1,1)$ 和 $B(2,2,2)$ 且垂直于平面 $x+y-z=0$ 的平面方程.

解： $\overrightarrow{AB}=(1,1,1)$，$\boldsymbol{n}_0=(1,1,-1)$ 则：

$$\boldsymbol{n}=\overrightarrow{AB}\times\boldsymbol{n}_0=\begin{vmatrix} \boldsymbol{i} & \boldsymbol{j} & \boldsymbol{k} \\ 1 & 1 & 1 \\ 1 & 1 & -1 \end{vmatrix}=(-2,2,0)$$

平面方程：$-2(x-1)+2(y-1)=0$，即 $x-y=0$.

【例3】 求过点 $(4,1,3)$ 且与平面 $2x+3y-z+4=0$ 平行的平面方程.

方法1： 采用点法式直接写出平面方程：$2(x-4)+3(y-1)-(z-3)=0$.

方法2： 可设平面方程为 $2x+3y-z+D=0$，把已知点代入解出 $D=-8$，所求平面的方程为 $2x+3y-z-8=0$.

【例4】 求过三点 $A(1,1,-1)$、$B(-2,-2,0)$ 和 $C(1,0,2)$ 的平面方程.

方法1： 由已知三点求得两个向量，作向量积即得到平面的法线向量，再取一个已知点，就可以写出平面的点法式方程.

$\overrightarrow{AB}=(-3,-3,1)$，$\overrightarrow{AC}=(0,-1,3)$，$\overrightarrow{AB}\times\overrightarrow{AC}=\begin{vmatrix} \boldsymbol{i} & \boldsymbol{j} & \boldsymbol{k} \\ -3 & -3 & 1 \\ 0 & -1 & 3 \end{vmatrix}=(-8,9,3)$. 所以所求平面

方程为 $-8(x-1)+9(y-1)+3(z+1)=0$.

方法2： 另一种方法是写出平面的一般式方程，将三个点分别代入求出系数，但是计算较繁.

设平面的方程为 $Ax+By+Cz+D=0$，将三个点的坐标代入得到：

$$\begin{cases} A+B-C+D=0 \\ -2A-2B+D=0 \\ A+2C+D=0 \end{cases}$$，解此方程可取这样的一组解：$\begin{cases} A=-8 \\ B=9 \\ C=3 \\ D=2 \end{cases}$，

则平面的方程为 $-8x+9y+3z+2=0$.

【例5】 求过直线 $\dfrac{x-2}{1}=\dfrac{y+2}{-1}=\dfrac{z-3}{2}$ 和 $\dfrac{x-1}{-1}=\dfrac{y+1}{2}=\dfrac{z-1}{1}$ 的平面方程.

解： 所求平面通过第一条直线，因此通过第一条直线上的点 $(2,-2,3)$，设所求平面方程为 $A(x-2)+B(y+2)+C(z-3)=0$，由题设 $\boldsymbol{n}=(A,B,C)$，$\boldsymbol{n}\perp\boldsymbol{s}_1=(1,-1,2)$，

$\boldsymbol{n}\perp\boldsymbol{s}_2=(-1,2,1)$，于是，可取 $\boldsymbol{n}=\boldsymbol{n}_1\times\boldsymbol{n}_2=\begin{vmatrix} \boldsymbol{i} & \boldsymbol{j} & \boldsymbol{k} \\ 1 & -1 & 2 \\ -1 & 2 & 1 \end{vmatrix}=(-5,-3,1)$，故所求平面方程为：

$-5(x-2)-3(y+2)+(z-3)=0$，即 $-5x-3y+z+1=0$.

【例6】 求平行于 y 轴，且经过点 $P(4,2,-2)$ 和 $Q(5,1,7)$ 的平面 $\varPi$ 的方程.

解法1： 利用平面的点法式方程.

设平面 $\varPi$ 的法向量为 $\boldsymbol{n}$，则 $\boldsymbol{n}\perp\boldsymbol{j}$，且 $\boldsymbol{n}\perp\overrightarrow{PQ}$，于是取

$$\boldsymbol{n}=\boldsymbol{j}\times\overrightarrow{PQ}=(0,1,0)\times(1,-1,9)=(9,0,-1)，$$

故所求的平面 $\varPi$ 的方程为：$9(x-4)-(z+2)=0$，

即
$$9x - z - 38 = 0 .$$

解法 2：利用平面的一般式方程.

因为平面 $\Pi \parallel y$ 轴，所以设平面 Π 的方程为
$$Ax + Cz + D = 0 \quad \cdots\cdots\cdots\cdots\cdots\cdots\cdots\cdots（1）$$

分别把 $P(4,2,-2)$ 及 $Q(5,1,7)$ 的坐标代入上面的方程，有
$$\begin{cases} 4x - 2z + D = 0 \\ 5x + 7z + D = 0 \end{cases},$$

可解得 $A = -\dfrac{9}{38}D,\ C = \dfrac{1}{38}D$，

将 A, C 的值代入方程（1），则有平面 Π 的方程为 $9x - z - 38 = 0$.

【例 7】 求与平面 $2x - 2y + z + 6 = 0$ 平行，且与它相距 3 个单位长度的平面方程.

解：因为所求平面与已知平面平行，所以设此平面方程为 $2x - 2y + z + D = 0$；两平面的距离为 3，取已知平面上一点 $(0,3,0)$，则其到所求平面的距离：$d = \dfrac{|-6 + D|}{\sqrt{4 + 4 + 1}} = \dfrac{|D - 6|}{3} = 3$，求得 $D = 15$ 或者 $D = -3$，对应的方程分别为：$2x - 2y + z + 15 = 0$ 和 $2x - 2y + z - 3 = 0$.

【例 8】 求平面 $\Pi_1 : 2x - y + z - 7 = 0$ 与平面 $\Pi_2 : x + y + 2z - 11 = 0$ 的夹角平分面 Π 的方程.

解：利用点到平面的距离.

任取夹角平分面 Π 上的点 $M(x,y,z)$，则点 M 到平面 Π_1 与平面 Π_2 的距离相等，有
$$\frac{|2x - y + z - 7|}{\sqrt{2^2 + (-1)^2 + 1^2}} = \frac{|x + y + 2z - 11|}{\sqrt{1^2 + 1^2 + 2^2}},$$

于是 $\qquad\qquad 2x - y + z - 7 = x + y + 2z - 11,$

或 $\qquad\qquad 2x - y + z - 7 = -(x + y + 2z - 11),$

故所求的平面 Π 的方程为 $x - 2y - z + 4 = 0$ 或 $x + z - 6 = 0$.

10.2.2 关于直线方程

【例 9】 在直线 L 的一般式方程
$$\begin{cases} \Pi_1 : A_1 x + B_1 y + C_1 z + D_1 = 0 \\ \Pi_2 : A_2 x + B_2 y + C_2 z + D_2 = 0 \end{cases}$$
中，满足何种条件，则有：

（1）L 与 x 轴平行；

（2）L 与 y 轴相交；

（3）L 经过原点；

（4）L 与 z 轴重合.

解：（1）因为 $L \parallel x$ 轴，所以 $\Pi_1 \parallel x$ 轴，且 $\Pi_2 \parallel x$ 轴，于是有：$A_1 = A_2 = 0$.

（2）因为 L 与 y 轴相交，所以 Π_1 与 Π_2 均与 y 轴相交且交于同一个点. 由 Π_1 与 y

轴的交点为 $B\left(0,-\dfrac{D_1}{B_1},0\right)$，$\Pi_2$ 与 y 轴的交点为 $B\left(0,-\dfrac{D_2}{B_2},0\right)$，知

$$-\frac{D_1}{B_1}=-\frac{D_2}{B_2}，\text{即}\frac{D_1}{B_1}=\frac{D_2}{B_2}.$$

（3）因为 L 经过原点，所以 Π_1 与 Π_2 均经过原点，故 $D_1=D_2=0$.

（4）因为 L 与 z 轴重合，所以 L 经过原点且 L 的方向向量与 z 轴平行，故有
$$C_1=C_2=0，\quad D_1=D_2=0.$$

【例 10】 把直线 L 的一般式方程：$\begin{cases}x+y-z=0\\x-y+2=0\end{cases}$ 化为对称式及参数式方程.

解法 1：利用直线的对称式方程.

在直线 L 上选取一个已知点 $M_1(0,2,2)$，（在直线 L 的一般式中，令 $x=0$，可解出 $y=z=2$）再由 L 的一般式中两个平面的法向量的叉乘求得直线 L 的方向向量 $\boldsymbol{S}$.

$$\boldsymbol{S}=\boldsymbol{n}_1\times\boldsymbol{n}_2=(1,1,-1)\times(1,-1,0)=-(1,1,2)，$$

从而得到 L 的对称式方程

$$\frac{x}{1}=\frac{y-2}{1}=\frac{z-2}{2}，$$

再令 $\dfrac{x}{1}=\dfrac{y-2}{1}=\dfrac{z-2}{2}=t$，就得到直线 L 的参数式方程：

$$\begin{cases}x=t\\y=t+2\\z=2t+2\end{cases}.$$

解法 2：利用两点决定一条直线的办法.

在直线 L 上的一般式中，可以选取两个已知点 $M_1(0,2,2)$ 及 $M_2(2,4,6)$，于是 L 的方向向量为 $\boldsymbol{S}=\overrightarrow{M_1M_2}=2(1,1,2)$. 其对称式方程为

$$\frac{x-2}{1}=\frac{y-4}{1}=\frac{z-6}{2}.$$

参数式方程为

$$\begin{cases}x=t+2\\y=t+4\\z=2t+6\end{cases}.$$

【例 11】 求满足下面条件的直线 L 的方程.

（1）通过点 $A(1,0,-2)$；

（2）与平面 $\Pi:3x-y+2z+3=0$ 平行；

（3）与直线 $L_1:\dfrac{x-1}{4}=\dfrac{y-3}{-2}=\dfrac{z}{1}$ 相交.

证明：考虑用直线的标准式，因此要求出直线的方向. 设所求直线 L 的方向向量是 $\boldsymbol{\tau}$. 而已知直线 L_1 的方向是 $\boldsymbol{\tau}_1=4\boldsymbol{i}-2\boldsymbol{j}+\boldsymbol{k}$，其上有一点 $A_1(1,3,0)$. 同时，已知平面 Π 的法线向量为 $\boldsymbol{n}=3\boldsymbol{i}-\boldsymbol{j}+2\boldsymbol{k}$.

根据条件（2），L 的方向向量 $\boldsymbol{\tau}$ 垂直平面 Π 的法线向量 $\boldsymbol{n}$，即 $\boldsymbol{\tau}\perp\boldsymbol{n}$；

再根据条件（3），$\boldsymbol{\tau}$ 必垂直由 $\overrightarrow{AA_1}$ 与 L_1 所确定的平面的法线向量 $\boldsymbol{n}_1 = \boldsymbol{\tau}_1 \times \overrightarrow{AA_1}$.

由于 $\boldsymbol{\tau} \perp \boldsymbol{n}$ 和 $\boldsymbol{\tau} \perp \boldsymbol{n}_1$，可取 $\boldsymbol{\tau} = \boldsymbol{n} \times \boldsymbol{n}_1 = \boldsymbol{n} \times \left(\boldsymbol{\tau}_1 \times \overrightarrow{AA_1}\right)$.

由于　$\boldsymbol{n}_1 = \boldsymbol{\tau}_1 \times \overrightarrow{AA_1} = \begin{vmatrix} \boldsymbol{i} & \boldsymbol{j} & \boldsymbol{k} \\ 4 & -2 & 1 \\ 0 & 3 & 2 \end{vmatrix} = -7\boldsymbol{i} - 8\boldsymbol{j} + 12\boldsymbol{k}$，

从而　$\boldsymbol{\tau} = \boldsymbol{n} \times \boldsymbol{n}_1 = \begin{vmatrix} \boldsymbol{i} & \boldsymbol{j} & \boldsymbol{k} \\ -7 & -8 & 12 \\ 3 & -1 & 2 \end{vmatrix} = -4\boldsymbol{i} + 50\boldsymbol{j} + 31\boldsymbol{k}$.

于是得到所求直线 L 的方程为 $\dfrac{x-1}{-4} = \dfrac{y}{50} = \dfrac{z+2}{31}$.

【例 12】　求过原点且与直线 $L_1: \dfrac{x-1}{2} = \dfrac{y-2}{1} = \dfrac{z+1}{1}$ 及 $L_2: \dfrac{x-2}{1} = \dfrac{y+1}{2} = \dfrac{z}{2}$ 都相交的直线方程.

解：原点与直线 L_1 决定一平面 Π_1，$A(1,2,-1)$ 在直线 L_1 上，$\overrightarrow{OA} = (1,2,-1)$，直线 L_1 的方向向量为 $\boldsymbol{s}_1 = (2,1,1)$，

平面 Π_1 的法线向量为：$\boldsymbol{n}_1 = \boldsymbol{s}_1 \times \overrightarrow{OA} = \begin{vmatrix} \boldsymbol{i} & \boldsymbol{j} & \boldsymbol{k} \\ 2 & 1 & 1 \\ 1 & 2 & -1 \end{vmatrix} = -3(1,-1,-1)$

平面 Π_1 的方程为：$x - y - z = 0$.

再求直线 L_2 与平面 Π_1 的交点，直线 L_2 的参数方程为 $\begin{cases} x = t + 2 \\ y = 2t - 1，\\ z = 2t \end{cases}$

代入平面 Π_1 得 $t + 2 - 2t + 1 - 2t = 0$，则 $t = 1$，交点 $B(3,1,2)$，直线 OB 必通过两直线，OB 方程为：$\dfrac{x}{3} = \dfrac{y}{1} = \dfrac{z}{2}$.

【例 13】　过点 $P(-1,0,4)$ 作直线 L，使它平行于平面 $\Pi: 3x - 4y + z - 10 = 0$ 且与直线 $L_1: \dfrac{x+1}{3} = \dfrac{y-3}{1} = \dfrac{z}{2}$ 相交，求直线 L 的方程.

解：此题可分三步，第一步过 P 点作平面 Π 的平行平面 Π_1；第二步求平面 Π_1 与直线 L_1 的交点 Q；第三步过 P，Q 作直线 L，则 L 即为所求.

过 $P(-1,0,4)$ 点且平行于平面 Π 的平面 Π_1 的方程为
$$3x - 4y + z - 1 = 0$$

令 $x = -1 + 3t$，$y = 3 + t$，$z = 2t$，代入平面 Π_1，得
$$3(-1 + 3t) - 4(3 + t) + 2t - 1 = 0$$

解得 $t = \dfrac{16}{7}$，因此，交点为 $Q\left(\dfrac{41}{7}, \dfrac{37}{7}, \dfrac{32}{7}\right)$. 从而过 P，Q 的直线 L 的方程为

$$\frac{x+1}{\frac{41}{7}+1} = \frac{y-0}{\frac{37}{7}-0} = \frac{z-4}{\frac{32}{7}-4}$$

整理得 $\qquad \dfrac{x+1}{48} = \dfrac{y}{37} = \dfrac{z-4}{4}$.

【例 14】 求点 $P(0,1,1)$ 关于平面 $\varPi : x+y+z=0$ 的对称点.

解： 过点 P 且垂直于平面 $\varPi$ 的直线为 $l : \dfrac{x}{1} = \dfrac{y-1}{1} = \dfrac{z-1}{1}$,

P 到平面 $\varPi$ 的距离为 $d = \dfrac{|0+1+1|}{\sqrt{1+1+1}} = \dfrac{2}{\sqrt{3}}$,

所求点为直线 l 上到平面 $\varPi$ 距离为 $\dfrac{2}{\sqrt{3}}$ 的另一点，l 的参数式为 $\begin{cases} x = t \\ y = t+1 , \\ z = t+1 \end{cases}$

l 上某一点 $(t,t+1,t+1)$ 到 $\varPi$ 的距离为 $\dfrac{2}{\sqrt{3}}$ ，则有 $\dfrac{2}{\sqrt{3}} = \dfrac{|t+t+1+t+1|}{\sqrt{1+1+1}}$ ，解得 $t=0$,

$t = -\dfrac{4}{3}$ ，当 $t=0$ 就是 P 点，$t = -\dfrac{4}{3}$ 对应点为 $\left(-\dfrac{4}{3}, -\dfrac{1}{3}, -\dfrac{1}{3}\right)$ ，此即为所求.

10.2.3　关于距离的计算

【例 15】 求直线 $\dfrac{x-1}{2} = \dfrac{y}{1} = \dfrac{z-1}{0}$ 上一点 $(3,4,5)$ 到此直线与平面 $x+y+z=2$ 的交点的距离.

解： 设直线 $\dfrac{x-1}{2} = \dfrac{y}{1} = \dfrac{z-1}{0}$ 与平面 $x+y+z=2$ 的交点为 M.

令 $\dfrac{x-1}{2} = \dfrac{y}{1} = \dfrac{z-1}{0} = t$ ，则有 $\qquad x = 2t+1$, $y = t$, $z = 1$ $\qquad\cdots\cdots\cdots\cdots$ （1）

将 （1） 代入平面方程 $x+y+z=2$ ，得 $t=0$ ，故交点为 $M(1,0,1)$.

于是点 M 与点 $(3,4,5)$ 的距离为 $d = \sqrt{4+16+16} = 6$.

【例 16】 求点 $P(-1,6,3)$ 到直线 $L : \dfrac{x}{1} = \dfrac{y-4}{-3} = \dfrac{z-3}{-2}$ 的距离 d .

解法 1： 求出 L 上的垂足之后，利用两点间距离的公式.

过点 $P(-1,6,3)$ 作平面 $\varPi$ ，使 $\varPi \perp L$ ，则平面 $\varPi$ 的方程为

$$(x+1) - 3(y-6) - 2(z-3) = 0 ,$$

即 $\qquad\qquad\qquad x - 3y - 2z + 25 = 0 \qquad\qquad\qquad\cdots\cdots\cdots\cdots$ （1）

直线 L 的参数式方程为 $\begin{cases} x = t \\ y = -3t+4 , \\ z = -2t+3 \end{cases}$ 代入 （1） 后可得 $t = -\dfrac{1}{2}$ ，得 L 与平面 $\varPi$ 的交

点 $Q\left(-\dfrac{1}{2}, \dfrac{11}{2}, 4\right)$ ，于是有

$$d = |\overrightarrow{PQ}| = \sqrt{\left(-\frac{1}{2}+1\right)^2 + \left(\frac{11}{2}-6\right)^2 + (4-3)^2} = \frac{\sqrt{6}}{2}.$$

解法 2：利用点到直线的距离公式.

因为 $d = \dfrac{\left|\overrightarrow{M_0 M_1} \times (m,n,p)\right|}{\sqrt{m^2+n^2+p^2}}$. 由于 L 上的定点选取为 $M_0(0,4,3)$，$s=(m,n,p)$

$=(1,-3,-2)$，而点 $P(-1,6,3)$ 即是公式中的 M_1 点，故

$$d = \frac{\left|\overrightarrow{M_0 P} \times (m,n,p)\right|}{\sqrt{m^2+n^2+p^2}} = \frac{|(-1,2,0)\times(1,-3,-2)|}{\sqrt{14}} = \frac{\sqrt{6}}{2}.$$

> **小结：**点 M_0 到直线 L 的距离，在直线 L 上任取两点 M_1、M_2，连接 $M_0 M_1$，得平行四边形，则由向量积的几何意义，有面积相等，得
>
> $$d \cdot |\overrightarrow{M_1 M_2}| = |\overrightarrow{M_1 M_0} \cdot \overrightarrow{M_1 M_2}| \Rightarrow d = \frac{|\overrightarrow{M_1 M_0} \cdot \overrightarrow{M_1 M_2}|}{|\overrightarrow{M_1 M_2}|}.$$

【例 17】　一直线过点 $B(1,2,3)$，且与向量 $c(6,6,7)$ 平行，求点 $A(3,2,4)$ 到该直线的距离.

解：以 $c(6,6,7)$ 为底，以 $\overrightarrow{BA}$ 为另一边作平行四边形，则所求距离就是该平行四边形的高 d，因为该平行四边形的面积为 $S = |\overrightarrow{BA} \times c| = d|c|$，则所求距离为 $d = \dfrac{|\overrightarrow{BA} \times c|}{|c|}$，

而 $\overrightarrow{BA} = (2,0,1)$，$|c| = 11$.

$$\overrightarrow{BA} \times c = \begin{vmatrix} \boldsymbol{i} & \boldsymbol{j} & \boldsymbol{k} \\ 2 & 0 & 1 \\ 6 & 6 & 7 \end{vmatrix} = (-6,-8,12), \quad |\overrightarrow{BA} \times c| = 2\sqrt{61}.$$

所以

$$d = \frac{|\overrightarrow{BA} \times c|}{|c|} = \frac{2\sqrt{61}}{11}.$$

【例 18】　求异面直线 $L_1: \dfrac{x+1}{0} = \dfrac{y-1}{1} = \dfrac{z-2}{3}$ 及 $L_2: \dfrac{x-1}{1} = \dfrac{y}{2} = \dfrac{z+1}{2}$ 之间的距离 d.

解法 1：利用点到平面的距离.

过直线 L_1 作平面 Π，使 $\Pi // L_2$，则在 L_2 上选取一个定点 $M_2(1,0,-1)$，则点 M_2 到平面 Π 的距离 d 即是两条异面直线 L_1 与 L_2 的距离.

设平面 Π 的法向量为 $\boldsymbol{n}$，则直线 L_1 的方向向量 $s_1 \perp \boldsymbol{n}$，且直线 L_2 的方向向量 $s_2 \perp \boldsymbol{n}$，

故取

$$\boldsymbol{n} = s_1 \times s_2 = \begin{vmatrix} \boldsymbol{i} & \boldsymbol{j} & \boldsymbol{k} \\ 0 & 1 & 3 \\ 1 & 2 & 2 \end{vmatrix} = -(4,-3,1).$$

在直线 L_1 上取点 $M_1(-1,1,2)$，则平面 Π 的方程为

$$4(x+1) - 3(y-1) + (z-2) = 0 ,$$

即　　　　　　　　　　　　$4x - 3y + z + 5 = 0 .$

而点 $M_2(1,0,-1)$ 到平面 Π 的距离 d 为

$$d = \frac{|4 \cdot 1 - 3 \cdot 0 + 1 \cdot (-1) + 5|}{\sqrt{4^2 + (-3)^2 + 1^2}} = \frac{4\sqrt{26}}{13} .$$

解法 2：利用向量的投影.

先求直线 L_1 与 L_2 公垂线的方向 s，因为 $s \perp L_1$，$s \perp L_2$，故有

$$s = s_1 \times s_2 = (4,-3,1) ,$$

在直线 L_1 与 L_2 上各取定点 $M_1(-1,1,2)$，$M_2(1,0,-1)$，则

$$d = \left| \text{Prj}_s \overrightarrow{M_1M_2} \right| = \left| \overrightarrow{M_1M_2} \right| \cdot \left| \cos\left(\widehat{\overrightarrow{M_1M_2}, s} \right) \right|$$

$$= \frac{\left| \overrightarrow{M_1M_2} \cdot s \right|}{|s|} = \frac{\left| \overrightarrow{M_1M_2} \cdot (s_1 \times s_2) \right|}{|s_1 \times s_2|} = \frac{4\sqrt{26}}{13} .$$

【例 19】　求直线：$L_1 : \dfrac{x}{2} = \dfrac{y+2}{-2} = \dfrac{z-1}{1}$ 与直线 $L_2 : \dfrac{x-1}{4} = \dfrac{y-3}{2} = \dfrac{z+1}{-1}$ 之间的最短距离.

解：由于 L_1 与 L_2 不平行，因此，过 L_1 作平行于 L_2 的平面 π，则 L_2 上任一点到平面 Π 的距离即为 L_1 与 L_2 的最短距离.

过 L_1 且平行于 L_2 的平面 Π 的方程可表示为

$$\begin{vmatrix} x & y+2 & z-1 \\ 2 & -2 & 1 \\ 4 & 2 & -1 \end{vmatrix} = 0$$

即　　　　　$2x + y = 0$

取 L_2 上点 $(1,3,-1)$，得所求距离为

$$d = \frac{|3-2|}{\sqrt{4+1}} = \frac{1}{\sqrt{5}} .$$

【例 20】　已知直线 $L_1 : \dfrac{x-9}{4} = \dfrac{y+2}{-3} = \dfrac{z}{1}$，$L_2 : \dfrac{x}{-2} = \dfrac{y-7}{9} = \dfrac{z-2}{2}$.

（1）问两直线是否相交？若相交，求交点；

（2）若不相交，求两线的距离；

（3）求两直线的公垂线方程.

解：（1）两直线的方向向量分别为：$s_1 = (4,-3,1)$，$s_2 = (-2,9,2)$.

显然不平行，而点 $M_1(9,-2,0)$，$M_2(0,-7,2)$ 分别在两直线上：$\overrightarrow{M_1M_2} = (-9,-5,2)$

因为 $s_1 \times s_2 \cdot \overrightarrow{M_1M_2} = \begin{vmatrix} 4 & -3 & 1 \\ -2 & 9 & 2 \\ -9 & -5 & 2 \end{vmatrix} = 245 \neq 0$

所以 $s_1, s_2, \overrightarrow{M_1M_2}$ 不共面，两直线不相交.

（2）求两异面直线的距离.

过直线 L_2 作平面 Π_2 与直线 L_1 平行，则直线 L_1 上的点 M_1 到平面 Π_2 的距离，就是两

异面直线的距离．

平面 $\varPi_2$ 的法线向量 $\boldsymbol{n}=\boldsymbol{s}_1\times\boldsymbol{s}_2=\begin{vmatrix} \boldsymbol{i} & \boldsymbol{j} & \boldsymbol{k} \\ 4 & -3 & 1 \\ -2 & 9 & 2 \end{vmatrix}=(-15,10,30)=5(-3,-2,6)$

过点 $M_2(0,-7,2)$ 的平面 $\varPi_2$ 方程为：$-3x-2(y+7)+6(z-2)=0$

即 $\qquad\qquad\qquad\qquad\qquad 3x+2y-6z+26=0$ ．

$M_1(9,-2,0)$ 到平面 $\varPi_2$ 的距离为：$d=\dfrac{|3\times9+2\times(-2)-6\times0+26|}{\sqrt{9+4+36}}=7$

令 $d=\left|\mathrm{Prj}_{n}\overrightarrow{M_1M_2}\right|$，则有 $d=\dfrac{\left|\boldsymbol{s}_1\times\boldsymbol{s}_2\cdot\overrightarrow{M_1M_2}\right|}{\left|\boldsymbol{s}_1\times\boldsymbol{s}_2\right|}=7$ ．

（3）两直线的公垂线方程．

过 $M_1(9,-2,0)$，以 $\boldsymbol{n}_1=\boldsymbol{n}\times\boldsymbol{s}_1=\boldsymbol{s}_1\times\boldsymbol{s}_2\times\boldsymbol{s}_3$ 为法向量作平面 $\varPi_1$，

$\qquad\qquad \boldsymbol{n}_1=(-80,-135,-85)$，$\quad\varPi_1$：$16x+27y+17z-90=0$

过 $M_2(0,-7,2)$，以 $\boldsymbol{n}_2=\boldsymbol{n}\times\boldsymbol{s}_2$ 为法向量作平面 $\varPi_2$，

$\qquad\qquad \boldsymbol{n}_2=(290,30,155)$，$\quad\varPi_2$：$58x+6y+31z-20=0$

平面 $\varPi_1$ 与平面 $\varPi_2$ 的交线 $\begin{cases} 16x+27y+17z-90=0 \\ 58x+6y+31z-20=0 \end{cases}$ 就是两直线的公垂线．

练习题

1．选择题．

（1）若向量 $\boldsymbol{a},\boldsymbol{b},\boldsymbol{c}$ 满足 $\boldsymbol{a}+\boldsymbol{b}+\boldsymbol{c}=0$，则以下说法正确的是（　　）．

　　（A）这三个向量两两垂直　　　　　　（B）这三个向量相互平行

　　（C）这三个向量共面　　　　　　　　（D）$\boldsymbol{a}\times\boldsymbol{b}+\boldsymbol{b}\times\boldsymbol{c}=0$

（2）过 y 轴及点 $(2,0,3)$ 的平面方程是（　　）．

　　（A）$z=\dfrac{3}{2}x$　　　（B）$x+z=5$　　　（C）$x+y+z=5$　　　（D）$2x+3z=y$

（3）直线 $\begin{cases} x=2 \\ y-z=1 \end{cases}$ 与 $\begin{cases} x-y+z+1=0 \\ x+y-z-1=0 \end{cases}$ 的关系是（　　）．

　　（A）平行　　　　　　（B）垂直　　　　　　（C）共线　　　　　　（D）异面

（4）点 $(4,-3,5)$ 到 y 轴的距离为（　　）．

　　（A）$\sqrt{4^2+(-3)^2+5^2}$　　　　　　　　（B）$\sqrt{(-3)^2+5^2}$

　　（C）$\sqrt{4^2+(-3)^2}$　　　　　　　　　　（D）$\sqrt{4^2+5^2}$

（5）设有非零向量 $\boldsymbol{a}$、$\boldsymbol{b}$，若 $\boldsymbol{a}\perp\boldsymbol{b}$，则必有（　　）．

　　（A）$|\boldsymbol{a}+\boldsymbol{b}|=|\boldsymbol{a}|+|\boldsymbol{b}|$　　　　　　（B）$|\boldsymbol{a}+\boldsymbol{b}|=|\boldsymbol{a}-\boldsymbol{b}|$

　　（C）$|\boldsymbol{a}+\boldsymbol{b}|<|\boldsymbol{a}-\boldsymbol{b}|$　　　　　　（D）$|\boldsymbol{a}+\boldsymbol{b}|>|\boldsymbol{a}-\boldsymbol{b}|$

（6）设空间三点的坐标分别为 $M(1,-3,4)$，$N(-2,1,-1)$，$P(-3,-1,1)$，则 $\angle MNP=$

（　　）．

  (A) π (B) $\dfrac{3\pi}{4}$ (C) $\dfrac{\pi}{2}$ (D) $\dfrac{\pi}{4}$

（7）下列结论中正确的是（ ）.

  (A) $|a|a = a^2$ (B) $u(b-c) = ab - ac$

  (C) 若 $a \cdot b = 0$ 则必有 $a = 0$ 或 $b = 0$ (D) 若 $a \neq 0$ ，且 $ab = ac$ 则 $b = c$

（8）已知平面 $\varPi_1 : mx + y - 3z + 1 = 0$ ，平面 $\varPi_2 : 7x - 2y - z = 0$ ，当 $m = ($ $)$ 时，$\varPi_1 \perp \varPi_2$.

  (A) $\dfrac{1}{7}$ (B) $-\dfrac{1}{7}$ (C) 7 (D) -7

（9）平面 $\varPi_1 : x + y - 11 = 0$ 与 $\varPi_2 : 3x + 8 = 0$ 的夹角 $\theta = ($ $)$.

  (A) $\dfrac{\pi}{2}$ (B) $\dfrac{\pi}{3}$ (C) $\dfrac{\pi}{4}$ (D) $\dfrac{\pi}{6}$

（10）直线 $L : \dfrac{x+3}{-2} = \dfrac{y+4}{-7} = \dfrac{z}{3}$ 与平面 $\varPi : 4x - 2y - 2z = 3$ 的关系是（ ）.

  (A) 平行   (B) 垂直相交   (C) L 在 $\varPi$ 上   (D) 相交但不垂直

（11）直线 $L_1 : \begin{cases} x + 2y - z = 7 \\ -2x + y + z = 7 \end{cases}$ 与 $L_2 : \begin{cases} 3x + 6y - 3z = 8 \\ 2x - y - z = 0 \end{cases}$ 的关系是（ ）.

  (A) $L_1 \perp L_2$ (B) $L_1 /\!/ L_2$

  (C) L_1 与 L_2 相交但不垂直   (D) L_1 与 L_2 为异面直线

2. 填空题.

（1）a ，b 的夹角为 $\dfrac{\pi}{3}$ ，$|a| = 3$ ，$|b| = 4$ ，$(a+b)^2 = $ _____ .

（2）通过点 (a,b,c) ，且与 yOz 面平行的平面方程为_____ .

（3）两平面 $\varPi_1 : x + y - z - 1 = 0$ ，$\varPi_2 : 3x + 3y - 3z + 8 = 0$ 的位置关系是_____ .

（4）y 轴的对称式方程为_____ .

（5）通过点 (a,b,c) 和 x 轴的平面方程为_____ .

（6）通过点 $(4,-7,5)$ ，且在三坐标轴上截距相等的平面方程为：_____ .

（7）过点 $M_1(4,0,-2)$ 和 $M_2(5,1,7)$ 且平行于 x 轴的平面方程是_____ .

（8）点 $P(1,2,1)$ 到平面 $x + 2y + 2z = 10$ 的距离是_____ .

（9）当 $l = $ _____ 及 $m = $ _____ 时，两平面 $2x + my + 3z = 5$ 与 $x - 6y - lz = 2$ 互相平行.

（10）当 $m = $ _____ 时，直线 $\dfrac{x-1}{4} = \dfrac{y+2}{3} = \dfrac{z}{1}$ 与平面 $mx + 3y - 5z + 1 = 0$ 平行.

（11）直线 $\begin{cases} x + y + 3z = 0 \\ x - y - z = 0 \end{cases}$ 与 $x - y - z + 1 = 0$ 的夹角为_____ .

（12）求通过点 $P_0(1,2,3)$ ，并平行于两个向量 $a = 2i + j - k$ ，$b = 3i + 6j - 2k$ 的平面方程为_____ .

（13）求通过点 $P_0(2,-3,2)$ 和直线 $\begin{cases} 6x + 4y + 3z + 5 = 0 \\ 2x + y + z - 2 = 0 \end{cases}$ 的平面方程_____ .

（14）求通过点 $P_0(2,-1,-1)$ 和 $P_1(1,2,3)$，并平行于平面 $2x+3y-5z-6=0$ 的平面方程为_____.

3．计算题.

（1）一平面过 z 轴且与平面 $2x+y-\sqrt{5}z=7$ 间的夹角为 $\dfrac{\pi}{3}$，求其方程.

（2）求点 $P(3,-1,2)$ 到直线 $\begin{cases} 2x-y+z=4 \\ x+y-z=-1 \end{cases}$ 的距离.

（3）求过点 $(-1,0,4)$ 且与直线 $L:\begin{cases} x+2y-z=0 \\ x+2y+2z+4=0 \end{cases}$ 垂直，又与 $\varPi:3x-4y+z-10=0$ 平行的直线方程.

（4）设直线通过点 $P(-3,5,-9)$，且和两直线 $L_1:\begin{cases} y=3x+5 \\ z=2x-3 \end{cases}$，$L_2:\begin{cases} y=4x-7 \\ z=5x+10 \end{cases}$ 相交，求此直线方程.

（5）验证 $L_1:\dfrac{x-5}{-4}=\dfrac{y-1}{1}=\dfrac{z-2}{1}$ 与 $L_2:\dfrac{x}{2}=\dfrac{y}{2}=\dfrac{z-8}{-3}$ 是异面直线，求两直线间的最短距离.

（6）有直线 $L:\dfrac{x}{-1}=\dfrac{y-1}{1}=\dfrac{z-1}{2}$ 与平面 $\varPi:2x+y-z-3=0$，

① 求 L 与 $\varPi$ 的交点坐标；

② 求 L 与 $\varPi$ 交角；

③ 通过 L 与 $\varPi$ 交点，且与 L 垂直的平面方程.

练习题参考答案

1．（1）（C）.（2）（A）.（3）（A）.（4）（D）.（5）（B）.（6）（D）.（7）（B）.（8）（B）.（9）（C）.（10）（A）.（11）（B）.

2．（1）37.（2）$x=a$.（3）平行.（4）$\dfrac{x}{0}=\dfrac{y}{1}=\dfrac{z}{0}$.（5）$cy-bz=0$.（6）$x+y+z=2$.
（7）$9y-z-2=0$.（8）$d=1$.（9）$-\dfrac{3}{2}$，-12.（10）-1.（11）0.（12）$4x+y+9z-33=0$.
（13）$16x+7y+8z-27=0$.（14）$9x-y+3z-16=0$.

3．（1）$x+3y=0$ 或 $3x-y=0$.

（2）$\dfrac{3\sqrt{2}}{2}$.

（3）解：已知直线的方向向量为 $\boldsymbol{s}_1=\begin{vmatrix} \boldsymbol{i} & \boldsymbol{j} & \boldsymbol{k} \\ 1 & 2 & -1 \\ 1 & 2 & 2 \end{vmatrix}=(6,-3,0)$，

平面的法向量为 $\boldsymbol{n}=(3,-4,1)$，所求直线的方向向量

$$s = s_1 \times n = \begin{vmatrix} i & j & k \\ 6 & -3 & 0 \\ 3 & -4 & 1 \end{vmatrix} = (-3, -6, -15)$$

所求直线的方程为：$\dfrac{x+1}{-3} = \dfrac{y}{-6} = \dfrac{z-4}{-15}$，即 $\dfrac{x+1}{1} = \dfrac{y}{2} = \dfrac{z-4}{5}$.

（4）解：设所求直线方程为 $\begin{cases} x = -3 + mt \\ y = 5 + nt \\ z = -9 + pt \end{cases}$，将其代入 $L_1 : \begin{cases} y = 3x + 5 \\ z = 2x - 3 \end{cases}$ 中，有

$\begin{cases} (n - 3m)t = -9 \\ p = 2m \end{cases}$，将其代入 $L_2 : \begin{cases} y = 4x - 7 \\ z = 5x + 10 \end{cases}$ 中，有 $\dfrac{n - 4m}{p - 5m} = -6$，由此可得 $p = 2m, n = 22m$，

令 $m = 1$，则 $n = 22, p = 2$.

故所求直线方程为 $\begin{cases} x = -3 + t \\ y = 5 + 22t \\ z = -9 + 2t \end{cases}$.

（5）$\dfrac{5}{3}$（利用三向量共面的条件以及异面直线的距离公式）.

（6）① $(1, 0, -1)$；② $\dfrac{\pi}{6}$；③ $x - y - 2z - 3 = 0$.

习　题

1．选择题.

（1）下列命题，正确的是（　　）.

　　（A）$i + j + k$ 是单位向量　　　　　　（B）$-j$ 非单位向量

　　（C）$a^2 = |a|^2$　　　　　　　　　　　（D）$a(a \cdot b) = a^2 \cdot b$

（2）若直线 $\dfrac{x-1}{1} = \dfrac{y+1}{2} = \dfrac{z-1}{\lambda}$ 和直线 $\dfrac{x+1}{1} = \dfrac{y-1}{1} = z$ 相交，则 $\lambda =$（　　）.

　　（A）1　　　　　　（B）$\dfrac{3}{2}$　　　　　　（C）$-\dfrac{5}{4}$　　　　　　（D）$\dfrac{5}{4}$

（3）两平面 $A_1 x + B_1 y + C_1 z + D_1 = 0$ 与 $A_2 x + B_2 y + C_2 z + D_2 = 0$ 重合的充分必要条件是（　　）.

　　（A）$\dfrac{A_1}{A_2} = \dfrac{B_1}{B_2} = \dfrac{C_1}{C_2}$　　　　　　　　（B）$A_1 = A_2, B_1 = B_2, C_1 = C_2$

　　（C）$\dfrac{A_1}{A_2} = \dfrac{B_1}{B_2} = \dfrac{C_1}{C_2} = \dfrac{D_1}{D_2}$　　　　　（D）$A_1 = A_2, B_1 = B_2, C_1 = C_2, D_1 = D_2$

（4）设 $\vec{D} = \overrightarrow{AB} + \overrightarrow{BC} + \overrightarrow{CA}$（其中 $\overrightarrow{AB}$、$\overrightarrow{BC}$、$\overrightarrow{CA}$ 均为非零向量），则 $\vec{D} =$（　　）.

　　（A）向量 0　　　　　　　　　　　　　（B）$\sqrt{\overrightarrow{AB} + \overrightarrow{BC} + \overrightarrow{CA}}$

　　（C）常数 0　　　　　　　　　　　　　（D）$\sqrt{\left|\overrightarrow{AB}\right|^2 + \left|\overrightarrow{BC}\right|^2 + \left|\overrightarrow{CA}\right|^2}$

（5）向量 a 在 b 上的投影 $\text{Prj}_b a =$（　　）.

(A) $\dfrac{\boldsymbol{a}\cdot\boldsymbol{b}}{|\boldsymbol{a}|}$ (B) $\dfrac{\boldsymbol{a}\cdot\boldsymbol{b}}{|\boldsymbol{b}|}$ (C) $\dfrac{\boldsymbol{a}\times\boldsymbol{b}}{|\boldsymbol{a}|}$ (D) $\dfrac{\boldsymbol{a}\times\boldsymbol{b}}{|\boldsymbol{b}|}$

（6）设 $\boldsymbol{a}=(a_x,a_y,a_z)$ ， $\boldsymbol{b}=(b_x,b_y,b_z)$ ，则 $\boldsymbol{a}\perp\boldsymbol{b}$ 的充分必要条件是（   ）．

  (A) $a_x=b_x,a_y=b_y,a_z=b_z$ (B) $a_xb_x+a_yb_y+a_zb_z=0$

  (C) $\dfrac{a_x}{b_x}=\dfrac{a_y}{b_y}=\dfrac{a_z}{b_z}$ (D) $a_x+a_y+a_z=b_x+b_y+b_z$

（7）设平面方程为 $Ax+Cz+D=0$ ，且 $ACD\neq 0$ ，则平面（   ）．

  (A) 平行于 x 轴   (B) 平行于 y 轴

  (C) 经过 y 轴   (D) 垂直于 y 轴

（8）设有直线 $L_1:\dfrac{x-1}{1}=\dfrac{y-5}{-2}=\dfrac{z+8}{1}$ 与 $L_2:\begin{cases}x-y=6\\2y+z=3\end{cases}$ ，则 L_1,L_2 的夹角为（   ）．

  (A) $\dfrac{\pi}{6}$ (B) $\dfrac{\pi}{4}$ (C) $\dfrac{\pi}{3}$ (D) $\dfrac{\pi}{2}$

（9）设有直线 $L:\begin{cases}x+3y+2z+1=0\\2x-y-10z+3=0\end{cases}$ 及平面 $\varPi:4x-2y+z-2=0$ ，则直线 L（   ）．

   (A) 平行于 $\varPi$ (B) 在 $\varPi$ 上   (C) 垂直于 $\varPi$ (D) 于 $\varPi$ 斜交

2．填空题．

（1）已知 $\boldsymbol{a}$ 与 $\boldsymbol{b}$ 垂直，且 $|\boldsymbol{a}|=5$ ， $|\boldsymbol{b}|=12$ ，则 $|\boldsymbol{a}+\boldsymbol{b}|=$ _____； $|\boldsymbol{a}-\boldsymbol{b}|=$ _____．

（2）一向量与 x 轴和 y 轴成等角，而与 z 轴组成的角是它们的二倍，那么这个向量的方向角 $\alpha=$ _____； $\beta=$ _____； $\gamma=$ _____．

（3） $(\boldsymbol{a}+\boldsymbol{b}+\boldsymbol{c})\times\boldsymbol{c}+(\boldsymbol{a}+\boldsymbol{b}+\boldsymbol{c})\times\boldsymbol{b}+(\boldsymbol{b}-\boldsymbol{c})\times\boldsymbol{a}=$ _____．

（4）若两平面 $kx+y+z-k=0$ 与 $kx+y-2z=0$ 互相垂直，则 $k=$ _____．

（5）已知从原点到某平面所作的垂线的垂足为点 $(-2,-2,1)$ ，则该平面方程为_____．

（6）设平面 $\varPi:x+ky-2z-9=0$ ，若 $\varPi$ 过点 $(5,-4,-6)$ ，则 $k=$ _____；又若 $\varPi$ 与平面 $2x-3y+z=0$ 成 $\dfrac{\pi}{4}$ ，则 $k=$ _____．

（7）一平面过点 $(6,-10,1)$ ，它在 x 轴上的截距为 -3 ，在 z 轴上的截距为 2 ，则该平面的方程是_____．

（8）点 $(-1,2,0)$ 在平面 $x+2y-z=0$ 上的投影点的坐标为_____．

（9）一直线与三坐标轴间的角分别为 α 、 β 、 γ ，则 $\sin^2\alpha+\sin^2\beta+\sin^2\gamma=$ _____．

（10）与两直线 $\begin{cases}x=1\\y=-1+t\\z=2+t\end{cases}$ 及 $\dfrac{x+1}{1}=\dfrac{y+2}{2}=\dfrac{z-1}{1}$ 都平行，且过原点的平面方程为_____．

（11）已知直线 $L_1:\dfrac{x-1}{1}=\dfrac{y-2}{0}=\dfrac{z-3}{-1}$ ， $L_2:\dfrac{x+2}{2}=\dfrac{y-1}{1}=\dfrac{y-1}{1}=\dfrac{z}{1}$ ，则过 L_1 且平行于 L_2 的平面方程是_____．

3．计算题．

（1）已知空间三点 $A(1,2,3)$、$B(2,-1,5)$ 和 $C(3,2,-5)$，求：

①△ABC 的面积；②△ABC 的 AB 边上的高；③∠A 的余弦值；④△ABC 所在的平面方程；⑤过 A 且与 BC 边平行的直线方程．

（2）设 $(a+3b)\perp(7a-5b)$，$(a-4b)\perp(7a-2b)$，求向量 a 与 b 的夹角．

（3）求过点 $A(1,0,-1)$ 且与平面 $\Pi:2x-y+z-5=0$ 平行，又与直线 $L:\dfrac{x+1}{2}=\dfrac{y-1}{-1}=\dfrac{z}{2}$ 相交的直线 l．

（4）求通过直线 $L:\begin{cases}2x+y=0\\4x+2y+3z=6\end{cases}$ 且与球面 $x^2+y^2+z^2=4$ 相切的平面 Π 的方程．

习题参考答案

1．（1）（C）．（2）（D）．（3）（C）．（4）（A）．（5）（B）．（6）（B）．（7）（B）．（8）（C）．（9）（C）．

2．（1）13；13．（2）$\dfrac{\pi}{2}$；$\dfrac{\pi}{2}$；π．（3）$2a\times c$．（4）±1．（5）$2x+2y-z+9=0$．

（6）2；$\pm\sqrt{\dfrac{35}{2}}$．（7）$\dfrac{x}{3}+\dfrac{y}{4}-\dfrac{z}{2}=-1$．（8）$\left(-\dfrac{3}{2},1,\dfrac{1}{2}\right)$．（9）2．（10）$x-y+z=0$．

（11）$x-3y+z+2=0$．

解析：（10）设所求平面的法向量为 n，则由已知条件

$$n=(0,1,1)\times(1,2,1)=\begin{vmatrix}i&j&k\\0&1&1\\1&2&1\end{vmatrix}=i+j-k$$

所求平面为 $-x+y-z=0$，即 $x-y+z=0$．

（11）由已知所求平面过点 $(1,2,3)$，设法向量为 n

$$则\ n=(1,0-1)\times(2,1,1)=\begin{vmatrix}i&j&k\\1&0&1\\2&1&1\end{vmatrix}=i-3j+k$$

故所求平面方程为 $-(x-1)+3(y-2)+(z+1)=0$，即 $x-3y+z+2=0$．

3．（1）①$3\sqrt{21}$；②$3\sqrt{6}$；③$-\sqrt{\dfrac{7}{34}}$；④$4x+2y+z-11=0$；⑤$\dfrac{x-1}{1}=\dfrac{y-2}{3}=\dfrac{z-3}{-10}$．

（2）$\dfrac{\pi}{3}$．

（3）过 A 且与平面 Π 平行的平面方程 $\Pi_1:2(x-1)-y+(z+1)=0$．

因为 L 与 Π_1 不平行，则相交，令 $\dfrac{x+1}{2}=\dfrac{y-1}{-1}=\dfrac{z}{2}=t$，则 $\begin{cases}x=2t-1\\y=-t+1\\z=2t\end{cases}$ 代入 Π_1，得

$2(2t-2)-(-t+1)+(2t+1)=0 \Rightarrow t=\dfrac{4}{7}$

则交点为：$x=\dfrac{1}{7}, y=\dfrac{3}{7}, z=\dfrac{8}{7}$，则 l 的方向矢量为 $\left(\dfrac{1}{7}-1,\dfrac{3}{7},\dfrac{8}{7}+1\right)=\dfrac{3}{7}(-2,1,5)$，

所以，l 的方程为 $\dfrac{x-1}{-2}=\dfrac{y}{1}=\dfrac{z+1}{5}$．

（4）通过直线的平面束方程为 $4x+2y+3z-6+\lambda(2x+y)=0$，

即 $(4+2\lambda)x+(2+\lambda)y+3z-6=0$，

由球心 $(0,0,0)$ 到平面的距离 $d=\dfrac{|-6|}{\sqrt{(4+2\lambda)^2+(2+\lambda)^2+9}}=2$，解得 $\lambda=-2$，

所求相切的平面 $\varPi$ 的方程 $z=2$．

（2）$\cos(\alpha \pm \beta) = \cos\alpha \cos\beta \mp \sin\alpha \sin\beta$.

（3）$\tan(\alpha \pm \beta) = \dfrac{\tan\alpha \pm \tan\beta}{1 \mp \tan\alpha \tan\beta}$.

（4）$\cot(\alpha \pm \beta) = \dfrac{\cot\alpha \cot\beta \mp 1}{\cot\alpha \pm \cot\beta}$.

（5）$\sin\alpha + \sin\beta = 2\sin\dfrac{\alpha+\beta}{2}\cos\dfrac{\alpha-\beta}{2}$.

（6）$\sin\alpha - \sin\beta = 2\cos\dfrac{\alpha+\beta}{2}\sin\dfrac{\alpha-\beta}{2}$.

（7）$\cos\alpha + \cos\beta = 2\cos\dfrac{\alpha+\beta}{2}\cos\dfrac{\alpha-\beta}{2}$.

（8）$\cos\alpha - \cos\beta = -2\sin\dfrac{\alpha+\beta}{2}\sin\dfrac{\alpha-\beta}{2}$.

（9）$\sin\alpha\cos\beta = \dfrac{1}{2}\left[\sin(\alpha+\beta) + \sin(\alpha-\beta)\right]$.

（10）$\cos\alpha\sin\beta = \dfrac{1}{2}\left[\sin(\alpha+\beta) - \sin(\alpha-\beta)\right]$.

（11）$\cos\alpha\cos\beta = \dfrac{1}{2}\left[\cos(\alpha+\beta) + \cos(\alpha-\beta)\right]$.

（12）$\sin\alpha\sin\beta = -\dfrac{1}{2}\left[\cos(\alpha+\beta) - \cos(\alpha-\beta)\right]$.

4. 倍角与半角公式

（1）$\sin 2\alpha = 2\sin\alpha\cos a$.　　（2）$\cos 2\alpha = \cos^2\alpha - \sin^2\alpha = 2\cos^2\alpha - 1 = 1 - 2\sin^2\alpha$.

（3）$\tan 2\alpha = \dfrac{2\tan\alpha}{1 - \tan^2\alpha}$.　　（4）$\cot 2\alpha = \dfrac{\cot^2\alpha - 1}{2\cot\alpha}$.

（5）$\sin^2\dfrac{\alpha}{2} = \dfrac{1 - \cos\alpha}{2}$.　　（6）$\cos^2\dfrac{\alpha}{2} = \dfrac{1 + \cos\alpha}{2}$.

（7）$\tan\dfrac{\alpha}{2} = \sqrt{\dfrac{1 - \cos\alpha}{1 + \cos\alpha}}$.　　（8）$\cot\dfrac{\alpha}{2} = \sqrt{\dfrac{1 + \cos\alpha}{1 - \cos\alpha}}$.

5. 斜三角形中的关系式

（1）正弦定理：

$\dfrac{a}{\sin A} = \dfrac{b}{\sin B} = \dfrac{c}{\sin C} = 2R$ （R 为外接圆半径）.

（2）余弦定理：

$a^2 = b^2 + c^2 - 2bc\cos A$.

（3）面积公式：

$S = \dfrac{1}{2}ab\sin C$.

三、极限

1. 常用等价无穷小：（$x \to 0$）

$\sin x \sim x$，$\tan x \sim x$，$1 - \cos x \sim \dfrac{1}{2}x^2$，$e^x - 1 \sim x$，$\ln(1+x) \sim x$，$(1+x)^a - 1 \sim ax$，

$a^x - 1 \sim x \ln a$．

2. 两个重要极限

$$\lim_{x \to 0}\frac{\sin x}{x} = 1，\quad \lim_{x \to \infty}\left(1 + \frac{1}{x}\right)^x = e．$$

3. "抓大头" 公式

$$\lim_{x \to \infty}\frac{a_0 x^n + a_1 x^{n-1} + \cdots + a_n}{b_0 x^n + b_1 x^{n-1} + \cdots + b_n} = \begin{cases} 0, & n < m \\ \dfrac{a_0}{b_0}, & n = m \\ \infty, & n > m \end{cases}．$$

4. 渐近线

（1）若 $\lim\limits_{x \to \infty} f(x) = c$，则 $y = c$ 为水平渐近线．

（2）若 $\lim\limits_{x \to a} f(x) = \infty$，则 $x = a$ 为铅直渐近线．

（3）若 $\lim\limits_{x \to \infty}\dfrac{f(x)}{x} = a \neq 0$，且 $\lim\limits_{x \to \infty}[f(x) - ax] = b$，则 $y = ax + b$ 为斜渐近线．

四、一元函数微分学

1. 导数定义

$$f'(a) = \lim_{x \to a}\frac{f(x) - f(a)}{x - a} = \lim_{\Delta x \to 0}\frac{f(a + \Delta x) - f(a)}{\Delta x}．$$

2. 基本求导公式

（1）$(C)' = 0$ （C 为常数）．

（2）$(x^\alpha)' = \alpha x^{\alpha - 1}$．

（3）$(a^x)' = a^x \ln a$．

（4）$(e^x)' = e^x$．

（5）$(\log_a x)' = \dfrac{1}{x \ln a}$．

（6）$(\ln x)' = \dfrac{1}{x}$．

（7）$(\sin x)' = \cos x$．

（8）$(\cos x)' = -\sin x$．

（9）$(\tan x)' = \sec^2 x$．

（10）$(\cot x)' = -\csc^2 x$．

（11）$(\sec x)' = \sec x \tan x$．

（12）$(\csc x)' = -\csc x \cot x$．

（13） $(\arcsin x)' = \dfrac{1}{\sqrt{1-x^2}}$.

（14） $(\arccos x)' = -\dfrac{1}{\sqrt{1-x^2}}$.

（15） $(\arctan x)' = \dfrac{1}{1+x^2}$.

（16） $(arc\cot x)' = -\dfrac{1}{1+x^2}$.

（17） $y = f(x)$.

（18） $\left[\ln\left(x+\sqrt{x^2-1}\right)\right]' = \sqrt{\dfrac{1}{x^2-1}}$.

3. 求导法则

（1） $(u \pm v)' = u' \pm v'$.

（2） $(Cu)' = Cu'$.

（3） $(uv)' = u'v + uv'$.

（4） $\left(\dfrac{u}{v}\right)' = \dfrac{u'v - uv'}{v^2}$.

4. 复合函数 $y = f[\varphi(x)]$ 的导数

$y'_x = y'_u \cdot u'_x$ ，其中 $u = \varphi(x)$.

5. 几个常用的 n 阶导数公式

（1） $(x^n)^{(n)} = n!$.

（2） $[(ax+b)^{\mu}]^{(n)} = \mu(\mu-1)(\mu-2)\cdots(\mu-n+1) \cdot a^n \cdot (ax+b)^{\mu-n}$.

（3） $(\sin x)^{(n)} = \sin\left(x + n \cdot \dfrac{\pi}{2}\right)$.

（4） $(\sin ax)^{(n)} = a^n \sin\left(ax + n \cdot \dfrac{\pi}{2}\right)$.

（5） $(\cos x)^{(n)} = \cos\left(x + n \cdot \dfrac{\pi}{2}\right)$.

（6） $(\cos ax)^{(n)} = a^n \cos\left(ax + n \cdot \dfrac{\pi}{2}\right)$.

（7） $(a^x)^{(n)} = a^x (\ln a)^n$.

（8） $\left(\dfrac{1}{x+a}\right)^{(n)} = \dfrac{(-1)^n n!}{(x+a)^{n+1}}$.

（9） $[\ln(x+a)]^{(n)} = \dfrac{(-1)^{n-1}(n-1)!}{(x+a)^n}$.

6. 牛顿-莱布尼茨公式

$(u \cdot v)^{(n)} = C_n^0 u^{(n)} \cdot v + C_n^1 u^{(n-1)} \cdot v' + C_n^2 u^{(n-2)} \cdot v'' + \cdots + C_n^n u \cdot v^{(n)}$.

7. 常用的泰勒公式（ $x \to 0$ ）

（1） $\dfrac{1}{1-x} = 1 + x + x^2 + \cdots + x^n + o(x^n)$.

（2） $e^x = 1 + x + \dfrac{x^2}{2!} + \cdots + \dfrac{x^n}{n!} + o(x^n)$.

（3） $\sin x = x - \dfrac{x^3}{3!} + \dfrac{x^5}{5!} - \cdots + (-1)^n \dfrac{x^{2n+1}}{(2n+1)!} + o(x^{2n+2})$.

（4）$\cos x = 1 - \dfrac{x^2}{2!} + \dfrac{x^4}{4!} - \cdots + (-1)^n \dfrac{x^{2n}}{(2n)!} + o(x^{2n+1})$.

（5）$\ln(1+x) = x - \dfrac{x^2}{2} + \cdots + (-1)^{n-1} \dfrac{x^n}{n} + o(x^n)$.

（6）$(1+x)^a = 1 + ax + \dfrac{a(a-1)x^2}{2!} + \cdots + \dfrac{a(a-1)\cdots(a-n+1)x^n}{n!} + o(x^n)$.

五、一元函数积分学

1. 基本积分表

（1）$\displaystyle\int dx = x + C$.

（2）$\displaystyle\int x^a dx = \dfrac{1}{a+1} x^{a+1} + C (a \neq -1)$.

（3）$\displaystyle\int \dfrac{1}{x} dx = \ln|x| + C$.

（4）$\displaystyle\int a^x dx = \dfrac{a^x}{\ln a} + C$.

（5）$\displaystyle\int e^x dx = e^x + C$.

（6）$\displaystyle\int \sin x dx = -\cos x + C$.

（7）$\displaystyle\int \cos x dx = \sin x + C$.

（8）$\displaystyle\int \sec^2 x dx = \int \dfrac{1}{\cos^2 x} dx = \tan x + C$.

（9）$\displaystyle\int \csc^2 x dx = \int \dfrac{1}{\sin^2 x} dx = -\cot x + C$.

（10）$\displaystyle\int \dfrac{1}{\sqrt{1-x^2}} dx = \arcsin x + C$.

（11）$\displaystyle\int \dfrac{1}{1+x^2} dx = \arctan x + C$.

（12）$\displaystyle\int \sec x dx = \ln|\sec x + \tan x| + C$.

（13）$\displaystyle\int \csc x dx = \ln|\csc x - \cot x| + C$.

2. 分部积分公式

$$\int u dv = uv - \int v du , \quad \int_a^b u dv = uv \Big|_a^b - \int_a^b v du .$$

3. 定积分中几个常用公式

$$\int_{-a}^{a} f(x) dx = \int_0^a \big[f(x) + f(-x) \big] dx = \begin{cases} 0, & f(x) \text{为奇函数时} \\ 2\displaystyle\int_0^a f(x) dx, & f(x) \text{为偶函数时} \end{cases} .$$

若 $f(x)$ 为周期函数，周期为 T，则对任意实数 a，有 $\displaystyle\int_a^{a+T} f(x) dx = \int_0^T f(x) dx$.

4. 广义积分的两个结果

（1）$\displaystyle\int_1^{+\infty} \dfrac{dx}{x^p} \Rightarrow \begin{cases} \text{发散}, & 0 < p \leqslant 1 \\ \text{收敛}, & p > 1 \end{cases}$.

（2）$\displaystyle\int_0^1 \dfrac{dx}{x^a} \Rightarrow \begin{cases} \text{发散}, & a \geqslant 1 \\ \text{收敛}, & 0 < a < 1 \end{cases}$.

5. 定积分的几何应用

(1) 由 $y = f(x)$，$x = a$，$x = b$ 及 x 轴所围图形的面积为 $\int_a^b |f(x)|\,dx$.

(2) 由 $y = f(x)$，$y = g(x)$，$x = a$，$x = b$ 及 x 轴所围图形的面积为 $\int_a^b |f(x) - g(x)|\,dx$.

(3) 由 $x = \varphi(y)$，$y = c$，$y = d$ 及 y 轴所围图形的面积为 $\int_c^d |\varphi(y)|\,dy$.

(4) 由 $y = f(x)$，$x = a$，$x = b$ 及 x 轴所围图形绕 x 轴旋转所得旋转体体积为

$$V_x = \pi \int_a^b f^2(x)\,dx.$$

(5) 由 $y = f(x)$，$x = a$，$x = b$ 及 x 轴所围图形绕 y 轴旋转所得旋转体体积为

$$V_y = 2\pi \int_a^b x|f(x)|\,dx.$$

(6) 由 $x = \varphi(y)$，$y = c$，$y = d$ 及 y 轴所围图形绕 y 轴旋转所得旋转体体积为

$$V_y = \pi \int_c^d \varphi^2(y)\,dy.$$

六、无穷级数

几个常用的麦克劳林级数展开式：

(1) $\dfrac{1}{1-x} = 1 + x + x^2 + \cdots + x^n + \cdots$，$|x| < 1$.

(2) $e^x = 1 + x + \dfrac{x^2}{2!} + \cdots + \dfrac{x^n}{n!} + \cdots$，$x \in (-\infty, +\infty)$.

(3) $\sin x = x - \dfrac{x^3}{3!} + \dfrac{x^5}{5!} - \cdots + (-1)^n \dfrac{x^{2n+1}}{(2n+1)!} + \cdots$，$x \in (-\infty, +\infty)$.

(4) $\cos x = 1 - \dfrac{x^2}{2!} + \dfrac{x^4}{4!} - \cdots + (-1)^n \dfrac{x^{2n}}{(2n)!} + \cdots$，$x \in (-\infty, +\infty)$.

(5) $\ln(1+x) = x - \dfrac{x^2}{2} + \cdots + (-1)^{n-1} \dfrac{x^n}{n} + \cdots$，$x \in (-1, 1]$.

(6) $(1+x)^a = 1 + ax + \dfrac{a(a-1)x^2}{2!} + \cdots + \dfrac{a(a-1)\cdots(a-n+1)x^n}{n!} + \cdots$，$|x| < 1$.

七、常微分方程

(1) 一阶线性方程 $\dfrac{dy}{dx} + P(x)y = Q(x)$ 的通解公式：$y = e^{-\int P(x)dx}\left(\int Q(x)e^{\int P(x)dx}\,dx + C\right)$.

(2) 二阶齐次线性方程 $y'' + py' + q = 0$ ·· (A_1)

	特征方程 $r^2 + pr + q = 0$ 的根	（$y'' + py' + q = 0$）的通解
$\Delta > 0$	两个不同实根 $r_1 \neq r_2$	$y = C_1 e^{r_1 x} + C_2 e^{r_2 x}$
$\Delta = 0$	两个相同实根 $r_1 = r_2 = r$	$y = (C_1 + C_2 x)e^{rx}$
$\Delta < 0$	一对共轭复根 $r_{1,2} = \alpha \pm \beta i$	$y = e^{\alpha x}(C_1 \cos \beta x + C_2 \sin \beta x)$

（3）二阶非齐次线性方程 $\quad y'' + py' + q = f(x)$ ·······························(B_1)

通解为 $\quad y = Y(x) + y^*(x)$.

其中 $Y(x)$ 是对应齐次方程（A_1）的通解，$y^*(x)$ 是(B_1)的一个特解，其求法如下：

① 若 $f(x) = e^{\lambda x} P_m(x)$，可设 $y^*(x) = x^k e^{\lambda x} Q_m(x)$，

其中 λ 是 k 重特征根（$k = 0,1,2$），$Q_m(x)$ 设为与 $P_m(x)$ 次数相同的多项式；

② 若 $f(x) = e^{\lambda x}(a\cos\omega x + b\sin\omega x)$，可设 $y^*(x) = x^k e^{\lambda x}(A\cos\omega x + B\sin\omega x)$，

其中 $\lambda + \omega i$ 是 k 重特征根 ($k = 0,1$).

八、向量代数

（1）向量的模：$|\boldsymbol{a}| = \sqrt{a_x^2 + a_y^2 + a_z^2}$.

（2）与 $\boldsymbol{a}$ 同方向的单位向量：$\boldsymbol{e}_a = \dfrac{\boldsymbol{a}}{|\boldsymbol{a}|}$.

（3）方向余弦：$\cos\alpha = \dfrac{a_x}{|\boldsymbol{a}|}$，$\cos\beta = \dfrac{a_y}{|\boldsymbol{a}|}$，$\cos\gamma = \dfrac{a_z}{|\boldsymbol{a}|}$.

（4）向量的数量积（点乘）：$\boldsymbol{a} \cdot \boldsymbol{b} = |\boldsymbol{a}||\boldsymbol{b}|\cos(\widehat{\boldsymbol{a},\boldsymbol{b}}) = a_x b_x + a_y b_y + a_z b_z$

$\boldsymbol{a} \cdot \boldsymbol{a} = |\boldsymbol{a}|^2$；$\boldsymbol{a} \perp \boldsymbol{b} \Leftrightarrow \boldsymbol{a} \cdot \boldsymbol{b} = 0 \Leftrightarrow a_x b_x + a_y b_y + a_z b_z = 0$.

（5）向量的向量积（叉乘）：

$$\boldsymbol{a} \times \boldsymbol{b} = \begin{vmatrix} \boldsymbol{i} & \boldsymbol{j} & \boldsymbol{k} \\ a_x & a_y & a_z \\ b_x & b_y & b_z \end{vmatrix} = \begin{vmatrix} a_y & a_z \\ b_y & b_z \end{vmatrix}\boldsymbol{i} - \begin{vmatrix} a_x & a_z \\ b_x & b_z \end{vmatrix}\boldsymbol{j} + \begin{vmatrix} a_x & a_y \\ b_x & b_y \end{vmatrix}\boldsymbol{k}$$

$|\boldsymbol{a} \times \boldsymbol{b}| = |\boldsymbol{a}||\boldsymbol{b}|\sin(\widehat{\boldsymbol{a},\boldsymbol{b}})$，方向由右手法则确定.

$$\boldsymbol{a}\,/\!/\,\boldsymbol{b} \Leftrightarrow \boldsymbol{a} \times \boldsymbol{b} = 0 \Leftrightarrow \boldsymbol{a} = \lambda\boldsymbol{b}，\lambda \text{ 为常数}.$$

（6）向量的投影：$\boldsymbol{a}_b = \mathrm{Prj}_b\boldsymbol{a} = |\boldsymbol{a}|\cos(\widehat{\boldsymbol{a},\boldsymbol{b}}) = |\boldsymbol{a}|\dfrac{\boldsymbol{a} \cdot \boldsymbol{b}}{|\boldsymbol{a}||\boldsymbol{b}|} = \dfrac{\boldsymbol{a} \cdot \boldsymbol{b}}{|\boldsymbol{b}|} = \dfrac{a_x b_x + a_y b_y + a_z b_z}{\sqrt{b_x^2 + b_y^2 + b_z^2}}$.

（7）平面的点法式方程：$A(x - x_0) + B(y - y_0) + C(z - z_0) = 0$，$(A,B,C)$ 为平面的法线向量.

（8）平面的一般式方程：$Ax + By + Cz + D = 0$，(A,B,C) 为平面的法线向量.

特例：

$Ax + By + Cz = 0$ 表示通过原点的平面方程；

$Ax + Cz + D = 0$ 表示平行于 y 轴的平面方程；

$By + D = 0$ 表示平行于 yOz 坐标面的方程；

$x = 0$ 表示 yOz 坐标面.

（9）两平面的夹角就是两平面的法线向量所夹的锐角. 两平面平行也就是其法线向量平行，两平面垂直也就是其法线向量垂直.

（10）平面外一点 $M_1(x_1, y_1, z_1)$ 到平面 $Ax + By + Cz + D = 0$ 的距离为

$$d = \frac{|Ax_1 + By_1 + Cz_1 + D|}{\sqrt{A^2 + B^2 + C^2}}.$$

（11）空间直线的一般方程：$\begin{cases} A_1 x + B_1 y + C_1 z + D_1 = 0 \\ A_2 x + B_2 y + C_2 z + D_2 = 0 \end{cases}$，其中未知数的系数不全对应成比例．

（12）空间直线的对称式（也叫点向式方程）方程：$\dfrac{x - x_0}{m} = \dfrac{y - y_0}{n} = \dfrac{z - z_0}{p}$，$(m, n, p)$ 为直线的方向向量．

（13）空间直线的参数式方程：$\begin{cases} x = x_0 + mt \\ y = y_0 + nt \\ z = z_0 + pt \end{cases}$，$t$ 为参数，(m, n, p) 为直线的方向向量．

附录二 2012年浙江省普通高校"专升本"联考真题

一、选择题（本大题共5小题，每小题4分，共20分）

1. 设 $f(x)=\dfrac{\sin(x+1)}{1+x^2}$，$-\infty<x<+\infty$，则此函数是（   ）.

   （A）有界函数   （B）奇函数   （C）偶函数   （D）周期函数

2. 若函数 $y=f(x)$ 满足 $f'(x_0)=2$，则当 $\Delta x\to 0$ 时，函数 $y=f(x)$ 在点 $x=x_0$ 处的微分 $\mathrm{d}y$ 是（   ）.

   （A）与 Δx 等价的无穷小   （B）与 Δx 同阶的无穷小

   （C）比 Δx 低阶的无穷小   （D）比 Δx 高阶的无穷小

3. 设函数 $f(x)$ 满足 $f(0)=1$，$f(2)=3$，$f'(2)=5$，$f''(x)$ 连续，则 $\int_0^2 xf''(x)\mathrm{d}x=$（   ）.

   （A）10   （B）9   （C）8   （D）7

4. 由曲线 $y=\sqrt{x}$，$y=1$，$x=4$ 所围成的平面图形的面积是（   ）.

   （A）$\dfrac{4}{3}$ （B）$\dfrac{5}{3}$ （C）$\dfrac{7}{3}$ （D）$\dfrac{16}{3}$

5. 已知二阶微分方程 $y''+2y'+2y=e^{-x}\sin x$，则其特解形式为（   ）.

   （A）$e^{-x}(a\cos x+b\sin x)$ （B）$ae^{-x}\cos x+bxe^{-x}\sin x$

   （C）$xe^{-x}(a\cos x+b\sin x)$ （D）$axe^{-x}\cos x+be^{-x}\sin x$

二、填空题（本大题共10小题，每小题4分，共40分）

6. 极限 $\lim\limits_{x\to+\infty} x\left[\sqrt{x^2+2x+5}-(x+1)\right]=$_____.

7. 函数 $y=\sin\sqrt{x+\sqrt{1-x^2}}$ 的连续区间为_____.

8. 已知 $f'(3)=2$，则 $\lim\limits_{h\to 0}\dfrac{f(3-2h)-f(3)}{h}=$_____.

9. 若函数 $y=y(x)$ 由方程 $y=1+xe^y$ 所确定，则 $y'=$_____.

10. $\displaystyle\int\dfrac{\cos^2 x}{\sin x}\mathrm{d}x=$_____.

11. 极限 $\lim\limits_{n\to\infty}\dfrac{1}{n\sqrt{n}}\left(\sqrt{1}+\sqrt{2}+\cdots+\sqrt{n}\right)$ 用定积分表示为_____.

12. 级数 $\displaystyle\sum_{n=0}^{\infty}\dfrac{x^n}{3^{\sqrt{n}}}$ 的收敛区间是_____.

13. 一阶线性微分方程 $y'+P(x)y=Q(x)$ 的通解为_____.

14. 在 xOy 平面上与向量 $\boldsymbol{a} = (4, -3, 7)$ 垂直的单位向量是_____.

15. 平面 $2x + y - z - 1 = 0$ 与平面 $2x + y - z + 3 = 0$ 之间的距离等于_____.

三、计算题（本大题共 8 小题，其中 1~4 小题每小题 7 分，5~8 小题每小题 8 分，共 60 分）

16. 设 $f(x) = \begin{cases} \left[\arctan(x^{-1})\right]\sin x + x^{-1}\ln(1 + 3x), & -\dfrac{1}{3} < x < 0 \\ a, & x \geq 0 \end{cases}$，若 $f(x)$ 在点 $x = 0$ 处连续，求 a 的值.

17. 设 $f(x) = \begin{cases} 1 - e^{2x}, & x \leq 0 \\ x^2, & x > 0 \end{cases}$，求 $f'(x)$.

18. 求函数 $y = \dfrac{3}{x^2 - 2x + 4}$ 图形的拐点与凹凸区间.

19. 讨论方程 $x^2 = x\sin x + \cos x$ 的根的个数.

20. 求 $\displaystyle\int x^2 \ln x \, \mathrm{d}x$.

21. 计算 $\displaystyle\int_{-1}^{4} x\sqrt{|x|}\, \mathrm{d}x$.

22. 计算瑕积分 $\displaystyle\int_0^1 \dfrac{\mathrm{d}x}{\sqrt{x(x+1)^3}}$.

23. 将函数 $f(x) = \ln(1 - x - 2x^2)$ 展开成 x 的幂级数，并指出其收敛域.

四、综合题（本大题共 3 小题，每小题 10 分，共 30 分）

24. 已知 $f(x) = \lim\limits_{n \to \infty} \dfrac{\ln(e^n + x^n)}{n}$（$x > 0$），求 $f(x)$.

25. 设 $a > b > e$，证明：$a^b < b^a$.

26. 若 $f(x)$ 在 $[0, 1]$ 上是连续的，

（1）证明 $\displaystyle\int_0^\pi x f(\sin x)\, \mathrm{d}x = \dfrac{\pi}{2}\int_0^\pi f(\sin x)\, \mathrm{d}x$；

（2）计算 $\displaystyle\int_0^\pi \dfrac{x \sin^3 x}{1 + \cos^2 x}\, \mathrm{d}x$.

参　考　答　案

一、选择题

1. A，2. B，3. C，4. B，5. C.

二、填空题

6. 2；

7. $\left[-\dfrac{1}{\sqrt{2}},1\right]$；

8. -4；

9. $\dfrac{e^y}{1-xe^y}$；

10. $\ln\left|\csc x-\cot x\right|+\cos x+C$；

11. $\displaystyle\int_0^1\sqrt{x}\,\mathrm{d}x$；

12. $(-1,1)$；

13. $y=e^{-\int P(x)\mathrm{d}x}\left[Q(x)e^{\int P(x)\mathrm{d}x}+C\right]$；

14. $\left(\dfrac{3}{5},\dfrac{4}{5},0\right)$ 或 $\left(-\dfrac{3}{5},-\dfrac{4}{5},0\right)$；

15. $\dfrac{2\sqrt{6}}{3}$.

三、计算题

16. 解：要使 $f(x)$ 在 $x=0$ 处连续，必有 $a=\lim\limits_{x\to 0^+}f(x)=\lim\limits_{x\to 0^-}f(x)=f(0)$，

所以 $a=\lim\limits_{x\to 0^-}(\sin x)\cdot\left(\arctan\dfrac{1}{x}\right)+\lim\limits_{x\to 0^-}\dfrac{\ln(1+3x)}{x}=0+3=3$，

故当 $a=3$ 时，$f(x)$ 在 $x=0$ 处连续.

17. 解：当 $x>0$ 时，$f'(x)=2x$；当 $x<0$ 时，$f'(x)=-2e^{2x}$；

当 $x=0$ 时，因为 $f'_+(0)=\lim\limits_{x\to 0^+}\dfrac{x^2-0}{x}=0$，$f'_-(0)=\lim\limits_{x\to 0^-}\dfrac{1-e^{2x}-0}{x}=-2\neq f'_+(0)$，

所以函数 $f(x)$ 在点 $x=0$ 处不可导.

因此，$f'(x)=\begin{cases}-2e^{2x},x<0\\2x,\quad x>0\end{cases}$.

18. 因为 $y'=-\dfrac{6(x-1)}{(x^2-2x+4)^2}$，$y''=-\dfrac{18x(x-2)}{(x^2-2x+4)^3}$，

由 $y''>0$，得 $x>2$ 或 $x<0$，所以函数图形的凹区间是 $(-\infty,0)\bigcup(2,+\infty)$；

由 $y''<0$，得 $0<x<2$，所以函数图形的凸区间是 $(0,2)$.

函数图形的拐点是 $\left(0,\dfrac{3}{4}\right)$，$\left(2,\dfrac{3}{4}\right)$.

19. 解：设 $f(x)=x^2-x\sin x-\cos x$，因为 $f'(x)=x(2-\cos x)$，所以当 $x>0$ 时，$f'(x)>0$，函数 $f(x)$ 单调递增，当 $x<0$ 时，$f'(x)<0$，函数 $f(x)$ 单调递减.

所以 $f(x)$ 在 $x=0$ 处取得极小值 $f(0)=-1$，且 $\lim\limits_{x\to\pm\infty}f(x)=+\infty$，所以函数 $f(x)$ 由两个零点，即原方程有两个实根.

20. 解：$\displaystyle\int x^2\ln x\,\mathrm{d}x=\dfrac{1}{3}\int\ln x\,\mathrm{d}x^3=\dfrac{1}{3}x^3\ln x-\dfrac{1}{3}\int x^3\cdot\dfrac{1}{x}\mathrm{d}x=\dfrac{1}{3}x^3\ln x-\dfrac{1}{9}x^3+C$.

21. 解：$\displaystyle\int_{-1}^4 x\sqrt{|x|}\mathrm{d}x=\int_{-1}^1 x\sqrt{|x|}\mathrm{d}x+\int_1^4 x\sqrt{|x|}\mathrm{d}x=0+\int_1^4 x\sqrt{|x|}\mathrm{d}x=\dfrac{62}{5}$.

22. 解：$\displaystyle\int_0^1\dfrac{\mathrm{d}x}{\sqrt{x(x+1)^3}}=\int_0^1\dfrac{1}{(x+1)^2}\sqrt{\dfrac{x+1}{x}}\mathrm{d}x$，令 $\sqrt{\dfrac{x+1}{x}}=t$，则 $x=\dfrac{1}{t^2-1}$，

原式 $=\displaystyle\int_{+\infty}^2\dfrac{1}{\left(\dfrac{1}{t^2-1}+1\right)^2}\cdot t\cdot\dfrac{-2t}{(t^2-1)^2}\mathrm{d}t=\int_{+\infty}^2\dfrac{2}{t^2}\mathrm{d}t=\sqrt{2}$.

23. 解：函数 $f(x)$ 的定义域为 $\left(-1,\dfrac{1}{2}\right)$，则函数化为

$f(x)=\ln(1-x-2x^2)=\ln(1+x)+\ln(1-2x)$

因为 $\ln(1+x)=\displaystyle\sum_{n=1}^{\infty}\dfrac{(-1)^{n-1}}{n}x^n,-1<x\leqslant1$；$\ln(1-2x)=\displaystyle\sum_{n=1}^{\infty}\dfrac{(-1)^{n-1}}{n}(-2x)^n,-1<-2x\leqslant1$.

故 $f(x)=\displaystyle\sum_{n=1}^{\infty}\dfrac{(-1)^{n-1}(1-2^n)}{n}x^n,-\dfrac{1}{2}\leqslant x<\dfrac{1}{2}$.

四、综合题

24. 解：（1）当 $0<x<e$ 时，$f(x)=\lim\limits_{n\to\infty}\dfrac{\ln(e^n+x^n)}{n}=\lim\limits_{n\to\infty}\ln\left[e\left(1+\dfrac{x^n}{e^n}\right)^{\frac{1}{n}}\right]=1$；

（2）当 $x>e$ 时，$f(x)=\lim\limits_{n\to\infty}\dfrac{\ln(e^n+x^n)}{n}=\lim\limits_{n\to\infty}\ln\left[x\left(1+\dfrac{e^n}{x^n}\right)^{\frac{1}{n}}\right]=\ln x$；

（3）当 $x=e$ 时，$f(x)=\lim\limits_{n\to\infty}\dfrac{\ln(e^n+x^n)}{n}=\lim\limits_{n\to\infty}\ln\left[e(1+1)^{\frac{1}{n}}\right]=1$.

综上所得：$f(x)=\begin{cases}1,&0<x\leqslant e\\\ln x,&x>e\end{cases}$.

25. 解：原不等式两边取对数，得 $b\ln a < a\ln b$，即证 $\dfrac{\ln a}{a} < \dfrac{\ln b}{b}$.

令 $f(x) = \dfrac{\ln x}{x}$，因为 $f'(x) = \dfrac{1 - \ln x}{x^2} < 0\ (x > e)$，

所以函数 $f(x)$ 在区间 $(e, +\infty)$ 上是单调递减函数，因此 $\dfrac{\ln a}{a} < \dfrac{\ln b}{b}$，即原不等式成立.

26. （1）证明：$\displaystyle\int_0^\pi xf(\sin x)\mathrm{d}x \xlongequal{x = \pi - t} \int_0^\pi (\pi - t)f(\sin t)\mathrm{d}t$

$$= \pi\int_0^\pi f(\sin t)\mathrm{d}t - \int_0^\pi tf(\sin t)\mathrm{d}t ,$$

所以 $\displaystyle\int_0^\pi xf(\sin x)\mathrm{d}x = \dfrac{\pi}{2}\int_0^p f(\sin x)\mathrm{d}x$.

（2）解：$\displaystyle\int_0^\pi \dfrac{x\sin^3 x}{1 + \cos^2 x}\mathrm{d}x = \dfrac{\pi}{2}\int_0^\pi \dfrac{\sin^3 x}{1 + \cos^2 x}\mathrm{d}x = -\dfrac{\pi}{2}\int_0^\pi \dfrac{1 - \cos^2 x}{1 + \cos^2 x}\mathrm{d}\cos x = \dfrac{\pi^2}{2} - \pi$.

附录三　2013年浙江省普通高校"专升本"联考真题

一、选择题（本大题共 5 小题，每小题 4 分，共 20 分）

1. 设 $f(x) = \sin(\cos 2^x)$，$-\infty < x < \infty$，则此函数是（　　）.

   （A）有界函数　　　（B）奇函数　　　（C）偶函数　　　（D）周期函数

2. 若函数 $y = f(x)$ 是区间 $[1,5]$ 上连续函数，则该函数一定（　　）.

   （A）在 $[1,5]$ 上可积　　　　　　　　（B）在 $(1,5)$ 上有最小值

   （C）在 $(1,5)$ 上可积　　　　　　　　（D）在 $(1,5)$ 上有最大值

3. $\int_0^\pi x \cos x \, \mathrm{d}x =$（　　）.

   （A）0　　　　　（B）1　　　　　（C）–1　　　　　（D）–2

4. 由曲线 $y = \sqrt{x}$，$y = x$ 所围成的平面图形的面积是（　　）.

   （A）$\dfrac{2}{3}$　　　　（B）$\dfrac{1}{2}$　　　　（C）$\dfrac{1}{6}$　　　　（D）1

5. 已知二阶微分方程 $y'' + y' - 6y = 3e^{2x} \sin x \cos x$，则其特解形式为（　　）.

   （A）$e^{2x}(a\cos x + b\sin x)$　　　　　　（B）$e^{2x}(a\cos 2x + b\sin 2x)$

   （C）$xe^{2x}(a\cos x + b\sin x)$　　　　　　（D）$xe^{2x}(a\cos 2x + b\sin 2x)$

二、填空题（本大题共 10 小题，每小题 4 分，共 40 分）

6. 极限 $\lim\limits_{x \to 0} x \ln \sin(x^2) =$ _____ .

7. 已知 $y = \sqrt{\sin x}$ 的定义域为 _____ .

8. 已知 $f'(1) = 1$，则 $\lim\limits_{\Delta x \to 0} \dfrac{f(1 - \Delta x) - f(1 + \Delta x)}{\Delta x} =$ _____ .

9. 若函数 $y = y(x)$ 由方程 $y = 1 + xe^{\sin y}$ 所确定，则 $y' =$ _____ .

10. $\int \dfrac{\mathrm{d}x}{x \ln x} =$ _____ .

11. 极限 $\lim\limits_{n \to \infty} \dfrac{1}{n^2}\left(\sin\dfrac{1}{n} + 2\sin\dfrac{2}{n} + 3\sin\dfrac{3}{n} + \cdots + n\sin\dfrac{n}{n} \right)$ 用定积分表示为 _____ .

12. 级数 $\sum\limits_{n=1}^{\infty} \dfrac{(-1)^n x^{2n+1}}{n}$ 的收敛区间是 _____ .

13. 常微分方程 $y' + p(x)y = Q(x)y^2$ 的通解为 _____ .

14. 法向量为 $\alpha = (1, -3, 2)$ 的过点 $(1, 0, 1)$ 的平面方程是 _____ .

15. 球面 $x^2 + y^2 + (z-2)^2 = 4$ 与平面 $2x + y - z + 26 = 0$ 之间的距离等于 _____ .

三、计算题（本大题共 8 小题，其中 16～19 题，每题 7 分，20～23 题每题 8 分，共 60 分）

16. 设 $f(x)=\begin{cases}\dfrac{e^x\sin x-ax(1+x)}{\sin^3 x}, & -\pi<x<0\\[3mm]\dfrac{1}{3}, & x\geq 0\end{cases}$，若 $f(x)$ 是连续函数，求 a 的值.

17. 设 $f(x)=\begin{cases}e^{-\frac{1}{x^2}}, & x\neq 0\\ 0, & x=0\end{cases}$，求 $f'(x)$.

18. 求函数 $y=\dfrac{e^{2x}}{x}$ 的单调区间及凹凸区间.

19. 讨论方程 $3x^2-1=\cos x$ 的根的个数.

20. 求 $\displaystyle\int x\sin 2x\,\mathrm{d}x$.

21. 计算 $\displaystyle\int_0^1\frac{2\ln(1+x)}{1+x}\,\mathrm{d}x$.

22. 计算瑕积分 $\displaystyle\int_0^1\frac{\mathrm{d}x}{\sqrt{x(x+1)}}$.

23. 将函数 $f(x)=\dfrac{1}{x^2+x-6}$ 展开成 x 的幂级数，并求出其收敛域.

四、综合题（本大题共 30 题，每小题 10 分，共 30 分）

24. 证明：若 $f(x)$ 是 $[-a,a]$ 上的连续函数，则

$$\int_{-a}^{a}f(x)\mathrm{d}x=\begin{cases}2\displaystyle\int_0^a f(x)\mathrm{d}x, & \text{当 }f(x)\text{ 偶函数时}\\ 0, & \text{当 }f(x)\text{ 奇函数时}\end{cases}.$$

25. 设 $f(t)$ 是实的非负可积函数，若可积函数 $x(t)$ 满足 $x(t)\leq\displaystyle\int_0^t f(s)x(s)\mathrm{d}s$，则 $x(t)\leq 0$.

26. 若 $f(x)$ 在 $x=0$ 的某个邻域中有连续的一阶导数，$f'(0)=0$，$f''(0)$ 存在.

证明：$\displaystyle\lim_{x\to 0^+}\frac{f(x)-f(\sin x)}{x^4}=\frac{1}{6}f''(0)$.

参 考 答 案

一、选择题

1. A，2. A，3. D，4. C，5. B.

二、填空题

6. 0；

7. $\left[2k\pi,(2k+1)\pi\right](k \in Z)$；

8. -2；

9. $\dfrac{e^{\sin y}}{1-xe^{\sin y}\cos y}$；

10. $\ln\ln x+C$；

11. $\int_0^1 x\sin x\mathrm{d}x$；

12. $[-1,1]$；

13. $\dfrac{1}{y}=\left[-\int Q(x)e^{-\int P(x)\mathrm{d}x}+C\right]e^{\int P(x)\mathrm{d}x}$；

14. $x-3y+2z-3=0$；

15. $4\sqrt{6}-2$.

三、计算题

16. 解：由题可知，$\lim\limits_{x\to 0^+}f(x)=\dfrac{1}{3}$，而

$$\lim_{x\to 0^-}f(x)=\lim_{x\to 0^-}\frac{\left[1+x+\dfrac{1}{2}x^2+o(x^2)\right]\left[x-\dfrac{1}{6}x^3+o(x^3)\right]-a(x+x^2)}{x^3}$$

$$=\lim_{x\to 0^-}\frac{x+x^2+\dfrac{1}{3}x^3+o(x^3)-a(x+x^2)}{x^3}$$

故 $a=1$.

17. 解：由 $f(x)=\begin{cases}e^{-\frac{1}{x^2}}, & x\neq 0 \\ 0, & x=0\end{cases}$，得

当 $x = 0$ 时， $f'(0) = \lim_{x \to 0} \dfrac{f(x) - f(0)}{x - 0} = \lim_{x \to 0} \dfrac{e^{-\frac{1}{x^2}}}{x} = \lim_{x \to 0} \dfrac{\frac{1}{x}}{e^{\frac{1}{x^2}}}$

$\qquad\qquad = \lim_{x \to \infty} \dfrac{x}{e^{x^2}} = \lim_{x \to \infty} \dfrac{1}{2xe^{x^2}} = 0$.

当 $x \neq 0$ 时， $f'(x) = \dfrac{2}{x^3} e^{-\frac{1}{x^2}}$.

所以 $f'(x) = \begin{cases} \dfrac{2}{x^3} e^{-\frac{1}{x^2}}, & x \neq 0 \\ 0, & x = 0 \end{cases}$.

18. 解： $y' = \dfrac{2x-1}{x^2} e^{2x}$ ， $y'' = \dfrac{4x^2-4x+2}{x^3} e^{2x}$.

所以，原函数的单调递减区间是 $(-\infty,0) \bigcup \left(0, \dfrac{1}{2}\right]$ ，单调递增区间是 $\left[\dfrac{1}{2}, +\infty\right)$.

原函数的凸区间是 $(-\infty, 0)$ ；凹区间是 $(0, +\infty)$.

19. 解：令 $f(x) = 3x^2 - 1 - \cos x$ ，则 $f'(x) = 6x + \sin x$.

由 $f'(x) = 0$ ，得 $x = 0$ 。故 $f(x)$ 在 $(-\infty, 0)$ 上递减，在 $(0, +\infty)$ 上递增.

由 $\lim_{x \to \infty} f(x) = +\infty$ ， $f(0) = -2$ ，所以 $f(x)$ 有两个根.

20. 解： $\displaystyle\int x\sin 2x \, dx = \int x \, d\left(-\dfrac{1}{2}\cos 2x\right) = -\dfrac{1}{2} x\cos 2x + \dfrac{1}{2}\int \cos 2x \, dx$

$\qquad\qquad = \dfrac{1}{4}\sin 2x - \dfrac{1}{2} x\cos 2x + C$

21. 解： $\displaystyle\int_0^1 \dfrac{2\ln(1+x)}{1+x} \, dx = \int_0^1 \dfrac{2\ln(1+x)}{1+x} \, d(x+1) = \int_0^1 2\ln(1+x) \, d\ln(1+x)$

$\qquad\qquad = \left[\ln(1+x)\right]^2 \Big|_0^1 = (\ln 2)^2$.

22. $\displaystyle\int_0^1 \dfrac{dx}{\sqrt{x(x+1)}} = \lim_{\varepsilon \to 0^+} \int_\varepsilon^1 \dfrac{dx}{\sqrt{x(x+1)}} = 2\lim_{\varepsilon \to 0^+} \int_\varepsilon^1 \dfrac{d\sqrt{x}}{\sqrt{1+\left(\sqrt{x}\right)^2}}$ ，设 $\sqrt{x} = t$ ，

则 $\displaystyle\int_0^1 \dfrac{dx}{\sqrt{x(x+1)}} = \lim_{\varepsilon \to 0^+} 2\int_{\sqrt{\varepsilon}}^1 \dfrac{dt}{\sqrt{1+t^2}} = 2\lim_{\varepsilon \to 0^+} \ln\left(t + \sqrt{1+t^2}\right)\Big|_{\sqrt{\varepsilon}}^1 = 2\ln\left(1 + \sqrt{2}\right)$.

23. 解： $f(x) = \dfrac{1}{x^2 + x - 6} = \dfrac{1}{5}\left(\dfrac{1}{x-2} - \dfrac{1}{x+3}\right) = \dfrac{1}{5}\left(\dfrac{1}{-2\left(1 - \dfrac{x}{2}\right)} - \dfrac{1}{3\left(1 + \dfrac{x}{3}\right)}\right)$

$\qquad\qquad = \dfrac{1}{5}\left(-\dfrac{1}{2}\sum_{n=0}^{\infty}\left(\dfrac{x}{2}\right)^n - \dfrac{1}{3}\sum_{n=0}^{\infty}\left(-\dfrac{x}{3}\right)^n\right) = -\dfrac{1}{5}\sum_{n=0}^{\infty}\left(\dfrac{1}{2^{n+1}} + \dfrac{(-1)^n}{3^{n+1}}\right)x^n$

收敛域为： $\left\{x \,\big|\, |x| < 2\right\}$.

四、综合题

24. 证明：（1）若 $f(x)$ 是 $[-a,a]$ 上连续的偶函数，则 $f(x)=f(-x)$，由
$$\int_{-a}^{a} f(x)\,dx = \int_{-a}^{0} f(x)\,dx + \int_{0}^{a} f(x)\,dx，对应第一个积分，令 x=-t，则$$
$$\int_{-a}^{0} f(x)\,dx = \int_{a}^{0} f(-t)\,d(-t) = \int_{0}^{a} f(t)\,dt，$$

所以 $\int_{-a}^{a} f(x)\,dx = 2\int_{0}^{a} f(x)\,dx$.

（2）若 $f(x)$ 是 $[-a,a]$ 上连续的奇函数，则 $f(x)=-f(-x)$，由
$$\int_{-a}^{a} f(x)\,dx = \int_{-a}^{0} f(x)\,dx + \int_{0}^{a} f(x)\,dx，对应第一个积分，令 x=-t，则$$
$$\int_{-a}^{0} f(x)\,dx = \int_{a}^{0} f(-t)\,d(-t) = -\int_{0}^{a} f(t)\,dt，$$

所以 $\int_{-a}^{a} f(x)\,dx = 0$.

综合（1）、（2）可得结论.

25. 证明：可以验证，$\left[\int_{0}^{t} f(s)x(s)\,ds\, e^{-\int_{0}^{t} f(s)\,ds}\right]' \leqslant 0$，可得 $x(t) \leqslant \int_{0}^{t} f(s)x(s)\,ds \leqslant 0$.

26. 证明：由中值定理，存在 $\xi \in (\sin x, x)$，使 $f(x)-f(\sin x) = f'(\xi)(x-\sin x)$.
于是
$$\frac{f(x)-f(\sin x)}{x^4} = \frac{f'(\xi)}{\xi}\cdot\frac{\xi}{x}\cdot\frac{x-\sin x}{x^3}.$$

由洛必达法则，有
$$\lim_{x\to 0^+}\frac{x-\sin x}{x^3} = \frac{1}{6}，$$

又因为 $\frac{\sin x}{x} < \frac{\xi}{x} < 1$，所以由 $\lim_{x\to 0^+}\frac{\sin x}{x} = 1$，得到 $\lim_{x\to 0^+}\frac{\xi}{x} = 1$.

最后由 $\lim_{x\to 0^+}\frac{f'(\xi)}{\xi} = \lim_{x\to 0^+}\frac{f'(\xi)-f'(0)}{\xi} = f''(0)$，得
$$\lim_{x\to 0^+}\frac{f(x)-f(\sin x)}{x^4} = \frac{1}{6}f''(0).$$

附录四 2014 年浙江省普通高校"专升本"联考真题

一、选择题（本大题共 5 小题，每小题 4 分，共 20 分）

1. 当 $x \to x_0$ 时，若 $f(x)$ 存在极限，$g(x)$ 不存在极限，则下列结论正确的是（ ）.
   （A）当 $x \to x_0$ 时，$f(x)g(x)$ 必定存在极限
   （B）当 $x \to x_0$ 时，$f(x)g(x)$ 必定不存在极限
   （C）当 $x \to x_0$ 时，$f(x)g(x)$ 若存在极限，则此极限必为零
   （D）当 $x \to x_0$ 时，$f(x)g(x)$ 可能存在极限，也可能不存在极限

2. 曲线 $y = x^3 - 3x$ 上切线平行于 x 轴的点是（ ）.
   （A）$(0,0)$　　　　（B）$(1,2)$　　　　（C）$(-1,2)$　　　　（D）$(0,2)$

3. 函数 $f(x) = (x^2 - x - 2)\left|x^3 - x\right|$ 不可导点的个数是（ ）.
   （A）3　　　　　　（B）2　　　　　　（C）1　　　　　　（D）0

4. 若 $f(x) = \dfrac{\mathrm{d}}{\mathrm{d}x} \displaystyle\int_0^x \sin(t - x)\mathrm{d}t$，则 $f'(x) =$（ ）.
   （A）$-\sin x$　　　（B）$-1 + \cos x$　　　（C）$\sin x$　　　（D）0

5. 微分方程 $y' + \dfrac{1}{x} y = \dfrac{1}{x(x^2 + 1)}$ 的通解是（ ）.

   （A）$\arctan x + C$

   （B）$\dfrac{1}{x}(\arctan x + C)$

   （C）$\dfrac{1}{x}\arctan x + C$

   （D）$\dfrac{1}{x} + \arctan x + C$

二、填空题（本大题共 10 小题，每小题 4 分，共 40 分）

6. 设 $f(x)$ 在 $(-\infty, +\infty)$ 上连续，且 $f(2) = 3$，则 $\displaystyle\lim_{x \to 0} \frac{\sin 3x}{x} f\left(\frac{\sin 2x}{x}\right) =$ _____.

7. 设 $f(x) = \begin{cases} 1 + x, & x < 0 \\ 1, & x \geq 0 \end{cases}$，则 $f[f(x)] =$ _____.

8. 曲线 $y = x \ln\left(e + \dfrac{1}{x}\right)$（$x > 0$）的渐近线方程是 _____.

9. 设 $y = \ln\sqrt{\dfrac{1-x}{1+x}}$，则 $y'\big|_{x=0} =$ _____.

10. 曲线 $y = \dfrac{1}{1+x^2}$（$x > 0$）的拐点是 _____.

11. 由曲线 $y = x$ 和 $y = x^2$ 所围成的平面图形的面积是 _____.

12. 将函数 $f(x) = \sin^2 x$ 展开成 x 的幂级数为_____.

13. 设 $(a \times b) \cdot c = 1$，则 $[(a+b) \times (b+c)] \cdot (c+a) = $_____.

14. 微分方程 $(1+x)y\mathrm{d}x + (1-y)x\mathrm{d}y = 0$ 的通解为_____.

15. 设二阶常系数线性齐次微分方程 $y'' + ay' + by = 0$ 的通解为 $Y = C_1 e^x + C_2 e^{2x}$，那么，非齐次方程 $y'' + ay' + by = 1$ 满足条件 $y(0) = 2$，$y'(0) = -1$ 的解为_____.

三、**计算题**（本大题共 8 小题，其中 1～4 小题每小题 7 分，5～8 小题每小题 8 分，共 60 分）

16. 求极限 $\lim\limits_{x \to 0} \dfrac{\ln(\sin^2 x + e^x) - x}{\ln(x^2 + e^{2x}) - 2x}$.

17. 确定函数 $f(x) = \dfrac{1}{1 - e^{\frac{x}{1-x}}}$ 的间断点及类型.

18. 设函数 $y = y(x)$ 由参数方程 $\begin{cases} x = t - \ln(1+t) \\ y = t^2 + t \end{cases}$ 所确定，求 $\dfrac{\mathrm{d}^2 y}{\mathrm{d}x^2}$.

19. 在曲线 $y = x^2 - x$ 上求一点 P，使点 P 到定点 $A(0,1)$ 的距离最近.

20. 求 $\displaystyle\int \dfrac{1}{\sqrt{x} \sin^2 \sqrt{x}} \mathrm{d}x$.

21. 设 $f'(\sin^2 x) = \cos 2x + \tan^2 x$，$f(0) = 0$，当 $0 < x < 1$ 时，求 $f(x)$.

22. 根据 a 的取值情况，讨论级数 $\displaystyle\sum_{n=2}^{\infty} \dfrac{\sqrt{n+2} - \sqrt{n-2}}{n^a}$ 的敛散性.

23. 求过点 $M(1,2,-1)$ 且与直线 $\begin{cases} x = 1 - z \\ y = 3z - 1 \end{cases}$ 垂直的平面方程.

四、**综合题**（本大题共 3 小题，每小题 10 分，共 30 分）

24. 设函数 $f(x) = \lim\limits_{n \to \infty} \dfrac{x^{2n-1} + ax^2 + bx}{x^{2n} + 1}$ 是连续函数，试求 a，b 的值.

25. 设 $\lim\limits_{x \to 0} \dfrac{f(x)}{x} = 1$，且 $f''(x) > 0$，证明：$f(x) \geqslant x$.

26. 已知 $\displaystyle\int_x^{2\ln 2} \dfrac{\mathrm{d}t}{\sqrt{e^t - 1}} = \dfrac{\pi}{6}$，求 x 的值.

参 考 答 案

一、选择题

1. D，2. C，3. B，4. A，5. B.

二、填空题

6. 9；

7. $\begin{cases} 2+x, & x<-1 \\ 1, & x\geq-1 \end{cases}$；

8. $y = x + \dfrac{1}{e}$；

9. -1；

10. $\left(\dfrac{\sqrt{3}}{3}, \dfrac{3}{4} \right)$；

11. $\dfrac{1}{6}$；

12. $\dfrac{1}{2} - \dfrac{1}{2}\sum_{n=0}^{\infty} \dfrac{(-1)^n}{(2n)!}(2x)^{2n}, -\infty < x < +\infty$；

13. 2；

14. $\ln|xy| + x - y + C = 0$，C 为任意常数；

15. $y = 4e^x - \dfrac{5}{2}e^{2x} + \dfrac{1}{2}$.

三、计算题

16. 解：原式 $= \lim\limits_{x\to 0} \dfrac{\ln\left[e^x(e^{-x}\sin^2 x + 1)\right] - x}{\ln\left[e^{2x}(e^{-2x}x^2 + 1)\right] - 2x} = \lim\limits_{x\to 0} \dfrac{\ln(e^{-x}\sin^2 x + 1)}{\ln(e^{-2x}x^2 + 1)} = \lim\limits_{x\to 0} \dfrac{e^{-x}\sin^2 x}{e^{-2x}x^2} = 1$.

17. 解：（1）由 $1 - e^{\frac{x}{1-x}} = 0$ 得 $x = 0$，而当 $x \to 0$ 时，$e^{\frac{x}{1-x}} \to 1$，

因此 $\lim\limits_{x\to 0} f(x) = \lim\limits_{x\to 0} \dfrac{1}{1 - e^{\frac{x}{1-x}}} = \infty$，故 $x = 0$ 为第二类间断点（无穷间断点）；

由于当 $x \to 1^+$ 时，$\dfrac{x}{1-x} \to -\infty$，$e^{\frac{x}{1-x}} \to 0$，

因此，$\lim\limits_{x\to1^+}f(x)=\lim\limits_{x\to1^+}\dfrac{1}{1-e^{\frac{x}{1-x}}}=1$；

又由于当 $x\to1^-$ 时，$\dfrac{x}{1-x}\to+\infty$，$e^{\frac{x}{1-x}}\to+\infty$，

因此 $\lim\limits_{x\to1^-}f(x)=\lim\limits_{x\to1^-}\dfrac{1}{1-e^{\frac{x}{1-x}}}=0$，故 $x=1$ 为第一类间断点（跳跃间断点）.

18. 解：$\dfrac{\mathrm{d}y}{\mathrm{d}x}=\dfrac{\mathrm{d}y/\mathrm{d}t}{\mathrm{d}x/\mathrm{d}t}=\dfrac{2t+1}{1-\dfrac{1}{1+t}}=2t+3+\dfrac{1}{t}$，

$$\dfrac{\mathrm{d}^2y}{\mathrm{d}x^2}=\dfrac{\mathrm{d}}{\mathrm{d}x}\left(\dfrac{\mathrm{d}y}{\mathrm{d}x}\right)=\dfrac{\dfrac{\mathrm{d}}{\mathrm{d}t}\left(\dfrac{\mathrm{d}y}{\mathrm{d}x}\right)}{\mathrm{d}x/\mathrm{d}t}=\left(2-\dfrac{1}{t^2}\right)\left(1+\dfrac{1}{t}\right)=2+\dfrac{2}{t}-\dfrac{1}{t^2}-\dfrac{1}{t^3}.$$

19. 解：设点 P 的坐标是 (x,y)，则
$$|PA|=\sqrt{x^2+(y-1)^2}=\sqrt{x^2+(x^2-x-1)^2}，$$

令 $f(x)=x^2+(x^2-x-1)^2$，由 $f'(x)=2(x-1)^2(2x+1)=0$，得驻点 $x=1$，$x=-\dfrac{1}{2}$.

进一步判定 $x=-\dfrac{1}{2}$ 是最小点，所以点 $P\left(-\dfrac{1}{2},\dfrac{3}{4}\right)$ 即为所求的点.

20. 解：$\displaystyle\int\dfrac{1}{\sqrt{x}\sin^2\sqrt{x}}\,\mathrm{d}x=2\int\dfrac{1}{\sin^2\sqrt{x}}\,\mathrm{d}\sqrt{x}=-2\cot\sqrt{x}+C$.

21. 解：$f'(\sin^2x)=\cos2x+\tan^2x=1-2\sin^2x+\dfrac{\sin^2x}{1-\sin^2x}$，

所以 $f'(x)=1-2x+\dfrac{x}{1-x}\,(0<x<1)$，

由此 $f(x)=\displaystyle\int_0^x f'(t)\,\mathrm{d}t=-x^2-\ln(1-x)\,(0<x<1)$.

22. 将级数的一般向进行分子有理化，得到
$$u_n=\dfrac{\sqrt{n+2}-\sqrt{n-2}}{n^a}=\dfrac{4}{n^a\left(\sqrt{n+2}+\sqrt{n-2}\right)}，$$

所以有 $\lim\limits_{n\to\infty}n^{a+\frac{1}{2}}u_n=2$.

（1）当 $a>\dfrac{1}{2}$ 时，由于 $\displaystyle\sum_{n=2}^{\infty}\dfrac{1}{n^{a+\frac{1}{2}}}$ 收敛，因此级数 $\displaystyle\sum_{n=2}^{\infty}\dfrac{\sqrt{n+2}-\sqrt{n-2}}{n^a}$ 收敛；

（2）当 $a\leqslant\dfrac{1}{2}$ 时，由于 $\displaystyle\sum_{n=2}^{\infty}\dfrac{1}{n^{a+\frac{1}{2}}}$ 发散，因此级数 $\displaystyle\sum_{n=2}^{\infty}\dfrac{\sqrt{n+2}-\sqrt{n-2}}{n^a}$ 发散.

23. 解：由题意知直线的方向向量是 $(-1,3,1)$，即为所求平面的法向量。所以所求平面的方程是：$x-3y-z+4=0$.

四、综合题

24. 解：（1）当 $|x|<1$ 时，$f(x)=ax^2+bx$；

当 $|x|>1$ 时，$f(x)=\dfrac{1}{x}$.

因为 $f(x)$ 是连续函数，故

$$a+b=1=\frac{1}{2}(1+a+b)，\quad a-b=-1=\frac{1}{2}(-1+a-b)；$$

即 $\begin{cases} a+b=1 \\ a-b=-1 \end{cases}$，解之得 $\begin{cases} a=0 \\ b=1 \end{cases}$.

25. 解：因为函数 $f(x)$ 连续且具有一阶导数，故由 $\lim\limits_{x\to 0}\dfrac{f(x)}{x}=1$，得到

$$f(0)=0，\quad f'(0)=\lim_{x\to 0}\frac{f(x)}{x}=1，$$

由 $f(x)$ 的泰勒公式，得

$$f(x)=f(0)+f'(0)x+\frac{f''(\xi)}{2}x^2，\quad \xi \text{ 在 } 0 \text{ 与 } x \text{ 之间.}$$

又因为 $f''(x)>0$，所以 $f(x)\geqslant x$.

26. 解：设 $u=\sqrt{e^t-1}$，则 $e^t=u^2+1$，$e^t\mathrm{d}t=2u\mathrm{d}u$.

$$\int_x^{2\ln 2}\frac{\mathrm{d}t}{\sqrt{e^t-1}}=\int_{\sqrt{e^x-1}}^{\sqrt{3}}\frac{2\mathrm{d}u}{u^2+1}=2\left(\arctan\sqrt{3}-\arctan\sqrt{e^x-1}\right)$$

$$=\frac{2\pi}{3}-2\arctan\sqrt{e^x-1}=\frac{\pi}{6}.$$

所以 $\arctan\sqrt{e^x-1}=\dfrac{\pi}{4}$，即 $\sqrt{e^x-1}=1$，因此 $x=\ln 2$.

附录五 2015年浙江省普通高校"专升本"联考真题

一、选择题（本大题共 5 小题，每小题 4 分，共 20 分）

1. 当 $x \to x_0$ 时，$f(x)$ 是比 $g(x)$ 高阶的无穷小，则当 $x \to x_0$ 时，无穷小 $f(x) - g(x)$ 是无穷小 $g(x)$ 的（　　）.

    (A) 等价无穷小   (B) 同阶无穷小

    (C) 高价无穷小   (D) 低阶无穷小

2. 设 $f(x)$ 在点 $x = a$ 处可导，则 $\lim\limits_{x \to 0} \dfrac{f(a+x) - f(a-x)}{x} = $（　　）.

    (A) $f'(a)$ (B) $2f'(a)$ (C) 0 (D) $f'(2a)$

3. 设可导函数 $F(x)$ 满足 $F'(x) = f(x)$，且 C 为任意常数，则（　　）.

    (A) $\int F'(x)\,\mathrm{d}x = f(x) + C$ (B) $\int f(x)\,\mathrm{d}x = F(x) + C$

    (C) $\int F(x)\,\mathrm{d}x = F(x) + C$ (D) $\int f'(x)\,\mathrm{d}x = F(x) + C$

4. 设直线 $L_1: \dfrac{x-1}{1} = \dfrac{y-5}{1} = \dfrac{z+3}{-2}$ 与 $L_2: \begin{cases} x - z = 1 \\ y + 2z = 3 \end{cases}$，则 L_1 与 L_2 的夹角为（　　）.

    (A) $\dfrac{\pi}{6}$ (B) $\dfrac{\pi}{4}$ (C) $\dfrac{\pi}{3}$ (D) $\dfrac{\pi}{2}$

5. 在下列级数中，发散的是（　　）.

    (A) $\sum\limits_{n=1}^{\infty} (-1)^{n-1} \dfrac{1}{\ln(n+1)}$ (B) $\sum\limits_{n=1}^{\infty} \dfrac{n}{3^{n/2}}$

    (C) $\sum\limits_{n=1}^{\infty} (-1)^{n-1} \dfrac{1}{3^n}$ (D) $\sum\limits_{n=1}^{\infty} \dfrac{n}{3n-1}$

二、填空题（本大题共 10 小题，每小题 4 分，共 40 分）

6. 数列极限 $\lim\limits_{n \to \infty} n[\ln(n-1) - \ln n] = $ _____.

7. 若 $\lim\limits_{x \to +\infty} \left(\dfrac{x^2+1}{x+1} + ax + b \right) = 2$，则 $a = $ _____，$b = $ _____.

8. 函数 $F(x) = \int_2^x \left(1 - \dfrac{1}{\sqrt{t}} \right) \mathrm{d}t \ (x > 0)$ 的单调递减区间为 _____.

9. 设函数 $f(x) = \begin{cases} \dfrac{\sqrt{2+x} - \sqrt{2-x}}{x}, & -2 < x < 0 \\ a, & x \geqslant 0 \end{cases}$ 在 $x = 0$ 连续，则必有 $a = $ _____.

10. 设 $y = \ln(1 + 2^{-x})$，则 $\mathrm{d}y = $ _____.

11. 若 $f'(x)=|x|$，且 $f(-2)=1$，则 $f(x)=$ _____.

12. $\displaystyle\int\frac{\mathrm{d}x}{1+e^x}=$ _____.

13. 已知级数 $\displaystyle\sum_{n=1}^{\infty}\frac{1}{n^2}=\frac{\pi^2}{6}$，则级数 $\displaystyle\sum_{n=1}^{\infty}\frac{1}{(2n-1)^2}$ 的和等于 _____.

14. 在 $x=1$ 处，函数 $\ln x$ 的幂级数展开式为 _____.

15. 直线 $\dfrac{x+2}{3}=\dfrac{y-3}{-2}=z$ 与平面 $x+2y+2z=5$ 的交点坐标是 _____.

三、计算题（本大题共 8 小题，其中 16～19 小题每小题 7 分，20～23 小题每小题 8 分，共 60 分）

16. 设 $f\left(x+\dfrac{1}{x}\right)=\dfrac{x^2}{x^4+1}(x\neq 0)$，求 $f(x)$.

17. 求极限 $\displaystyle\lim_{x\to+\infty}x^2\left(1-\cos\frac{1}{x}\right)$.

18. 设 $y=\cos\left[f(x^2)\right]$，其中 f 具有二阶导数，求 $\dfrac{\mathrm{d}^2y}{\mathrm{d}x^2}$.

19. 已知曲线 $y=x^2+ax+b$ 与 $2y=xy^3-1$，在点 $(1,-1)$ 处有公共切线，求常数 a,b 的值.

20. 讨论方程 $\ln x=ax\,(a>0)$ 有几个实根.

21. 求 $\displaystyle\int\frac{1+x+x^3}{x+x^3}\mathrm{d}x$.

22. 计算 $\displaystyle\int_0^{\frac{\pi}{2}}|\sin x-\cos x|\mathrm{d}x$.

23. 求曲线 $(x-b)^2+y^2=a^2\,(b>a>0)$ 所围成的平面图形绕 y 轴旋转一周所得的旋转体体积.

四、综合题（本大题共 3 小题，每小题 10 分，共 30 分）

24. 已知函数 $y=\dfrac{x^3}{(x-1)^2}$，求

（1）函数的单调区间及极值；

（2）函数图形的凹凸区间及拐点；

（3）函数图形的渐近线.

25. 已知 $f(x)=\begin{cases}x,&0\leqslant x\leqslant 1\\2-x,&1<x\leqslant 2\end{cases}$，求

（1）$S_0=\displaystyle\int_0^2 f(x)e^{-x}\mathrm{d}x$；

（2）$S_n=\displaystyle\int_{2n}^{2n+2}f(x-2n)e^{-x}\mathrm{d}x$.

26. 设 $f(x)=\sin x-\displaystyle\int_0^x(x-t)f(t)\mathrm{d}t$，$f$ 为连续函数，试求 $f(x)$.

参 考 答 案

一、选择题

1. B，2. B，3. B，4. C，5. D.

二、填空题

6. 原式 $\lim\limits_{n\to\infty} n\ln\dfrac{n-1}{n} = \lim\limits_{n\to\infty} n\ln\left(1-\dfrac{1}{n}\right) = \lim\limits_{n\to\infty} n\cdot\left(-\dfrac{1}{n}\right) = -1$（等价无穷小）

也可以用第二个重要极限

原式 $\lim\limits_{n\to\infty} n\ln\dfrac{n-1}{n} = \lim\limits_{n\to\infty} n\ln\left(1-\dfrac{1}{n}\right) = \lim\limits_{n\to\infty}\ln\left(1-\dfrac{1}{n}\right)^n = \ln e^{-1} = -1$.

7. $\lim\limits_{x\to+\infty}\dfrac{x^2+1+ax^2+(a+b)x+b}{x+1} = \lim\limits_{x\to+\infty}\dfrac{(1+a)x^2+(a+b)x+(b+1)}{x+1} = 2$

则 $\begin{cases} a+b=2 \\ 1+a=0 \end{cases}$，所以得 $a=-1$，$b=3$.

8. 因为 $F'(x)=1-\dfrac{1}{\sqrt{x}}$，当 $0<x<1$ 时，$F(x)$ 递减.

9. $\lim\limits_{x\to 0^-} f(x) = \lim\limits_{x\to 0^-}\dfrac{\sqrt{2+x}-\sqrt{2-x}}{x} = \lim\limits_{x\to 0^-}\dfrac{2x}{x\left(\sqrt{2+x}+\sqrt{2-x}\right)} = \dfrac{\sqrt{2}}{2}$

$\lim\limits_{x\to 0^+} f(x) = a$，所以 $a=\dfrac{\sqrt{2}}{2}$.

10. $y' = \dfrac{1}{1+2^{-x}}\cdot 2^{-x}(-\ln 2) = -\dfrac{\ln 2}{1+2^x}$，所以 $\mathrm{d}y = -\dfrac{\ln 2}{1+2^x}\mathrm{d}x$

11. 因为 $f'(x)=\begin{cases} x, & x\geqslant 0 \\ -x, & x<0 \end{cases}$，则 $f(x)=\begin{cases} \dfrac{x^2}{2}+C_1, & x\geqslant 0 \\ -\dfrac{x^2}{2}+C_2, & x<0 \end{cases}$.

因为 $f(-2)=-2+C_2=1$，得 $C_2=3$，则 $C_1=3$，

所以 $f(x)=\begin{cases} \dfrac{x^2}{2}+3, & x\geqslant 0 \\ -\dfrac{x^2}{2}+3, & x<0 \end{cases}$.

12. $\displaystyle\int\dfrac{e^{-x}\mathrm{d}x}{1+e^{-x}} = -\int\dfrac{\mathrm{d}(e^{-x}+1)}{e^{-x}+1} = -\ln(e^{-x}+1)+C$.

13. 因为 $\displaystyle\sum_{n=1}^{\infty}\frac{1}{n^2}=\sum_{k=1}^{\infty}\frac{1}{(2k)^2}+\sum_{k=1}^{\infty}\frac{1}{(2k-1)^2}$

即 $\displaystyle\frac{\pi^2}{6}=\frac{1}{4}\cdot\frac{\pi^2}{6}+\sum_{k=1}^{\infty}\frac{1}{(2k-1)^2}$

所以 $\displaystyle\sum_{k=1}^{\infty}\frac{1}{(2k-1)^2}=\frac{3}{4}\cdot\frac{\pi^2}{6}=\frac{\pi^2}{8}$.

14. 因为 $(\ln x)'=\dfrac{1}{x}=\dfrac{1}{1+(x-1)}=\displaystyle\sum_{n=0}^{\infty}[-(x-1)]^n$ ， $(|x-1|<1)$

所以 $\ln x=\displaystyle\sum_{n=0}^{\infty}\frac{(-1)^n}{n+1}(x-1)^{n+1}$ ， $(0<x<2)$.

15. 设 $\dfrac{x+2}{3}=\dfrac{y-3}{-2}=z=t$ ，则 $x=3t-2,y=-2t+3,z=t$ 代入平面方程 $x+2y+2z=5$ ，
得 $t=1$ ，所以交点坐标为 $(1,1,1)$.

三、计算题

16. $f\left(x+\dfrac{1}{x}\right)=\dfrac{x^2}{x^4+1}=\dfrac{1}{x^2+\dfrac{1}{x^2}}=\dfrac{1}{\left(x+\dfrac{1}{x}\right)^2-2}$ ，所以 $f(x)=\dfrac{1}{x^2-2}$.

17. 原式 $\displaystyle\lim_{x\to\infty}x^2\left(1-\cos\frac{1}{x}\right)=\lim_{x\to\infty}x^2\left(\frac{1}{2}\cdot\frac{1}{(x)^2}\right)=\frac{1}{2}$ （等价无穷小）.

18. $\dfrac{\mathrm{d}y}{\mathrm{d}x}=-\sin[f(x^2)]\cdot f'(x^2)\cdot 2x$.

$\dfrac{\mathrm{d}^2y}{\mathrm{d}x^2}=-2\left\{\begin{matrix}2\cos[f(x^2)]\cdot[f'(x^2)]^2\cdot x^2+2\sin[f(x^2)]f''(x)\cdot x^2\\+\sin[f(x^2)]f'(x^2)\end{matrix}\right\}$.

19. 由 $(1,-1)$ 过点 $(1,-1)$ ，则 $-1=1+a+b$ ……………………………… （1）

又由于 $y'|_{x=1}=(2x+a)|_{x=1}=2+a$ ……………………………… （2）

对 $2y=xy^3-1$ 两边求导

$2y'=y^3+3xy^2y'$ 将 $(1,-1)$ 代入，可得

$y'=1$ …………………………………………………………………………… （3）

由（2）＝（3）得 $2+a=1$ ， $a=-1$ ，

联合（1）可得 $b=-1$.

20. 取函数 $f(x)=\ln x-ax$ ， $x\in(0,+\infty)$ ， $f'(x)=\dfrac{1}{x}-a$ ，令 $f'(x)=0$ ，得驻点 $x=\dfrac{1}{a}$ ，

当 $0<x<\dfrac{1}{a}$ 时， $f'(x)>0$ ，因此函数 $f(x)$ 在 $\left(0,\dfrac{1}{a}\right)$ 内单调增加；

当 $\dfrac{1}{a}<x<+\infty$ 时， $f'(x)<0$ ，因此函数 $f(x)$ 在 $\left(\dfrac{1}{a},+\infty\right)$ 内单调减少，

又 $\displaystyle\lim_{x\to0^+}f(x)=-\infty$ ， $\displaystyle\lim_{x\to+\infty}f(x)=-\infty$ ，从而 $f\left(\dfrac{1}{a}\right)$ 为最大值. 故

当 $f\left(\dfrac{1}{a}\right)=\ln\dfrac{1}{a}-1=0$ 即 $a=\dfrac{1}{e}$ 时，曲线 $f(x)=\ln x-ax$ 与 x 轴仅有一个交点，这时，

原方程有唯一实根；

当 $f\left(\dfrac{1}{a}\right)=\ln\dfrac{1}{a}-1>0$ 即 $0<a<\dfrac{1}{e}$ 时，曲线 $f(x)=\ln x-ax$ 与 x 轴有两个交点，这时，

原方程有两个实根；

当 $f\left(\dfrac{1}{a}\right)=\ln\dfrac{1}{a}-1<0$ 即 $a>\dfrac{1}{e}$ 时，曲线 $f(x)=\ln x-ax$ 与 x 轴没有一个交点，这时，

原方程没有实根.

21. 原式 $=\displaystyle\int\left(\dfrac{1}{x+x^3}+1\right)\mathrm{d}x=\int\dfrac{1}{x(1+x^2)}\mathrm{d}x+\int\mathrm{d}x$

$\qquad =\displaystyle\int\left(\dfrac{1}{x}-\dfrac{x}{1+x^2}\right)\mathrm{d}x+x=\ln|x|-\dfrac{1}{2}\int\dfrac{\mathrm{d}(1+x^2)}{1+x^2}+x$

$\qquad =\ln|x|-\dfrac{1}{2}\ln(1+x^2)+x+C$.

22. 原式 $=\displaystyle\int_0^{\frac{\pi}{4}}(\cos x-\sin x)\,\mathrm{d}x+\int_{\frac{\pi}{4}}^{\frac{\pi}{2}}(\sin x-\cos x)\,\mathrm{d}x$

$\qquad =(\sin x+\cos x)\Big|_0^{\frac{\pi}{4}}+(-\cos x-\sin x)\Big|_{\frac{\pi}{4}}^{\frac{\pi}{2}}=2\left(\sqrt{2}-1\right)$.

23. $V_y=2\pi\displaystyle\int_{b-a}^{b+a}x\cdot 2\sqrt{a^2-(x-b)^2}\,\mathrm{d}x$ （柱壳法）

$\qquad =4\pi\displaystyle\int_{b-a}^{b+a}x\sqrt{a^2-(x-b)^2}\,\mathrm{d}x\xlongequal{x-b=t}4\pi\int_{-a}^{a}(t+b)\sqrt{a^2-t^2}\,\mathrm{d}t$

$\qquad =4\pi\displaystyle\int_{-a}^{a}t\sqrt{a^2-t^2}\,\mathrm{d}t+4\pi\int_{-a}^{a}b\sqrt{a^2-t^2}\,\mathrm{d}t$

$\qquad =2\pi^2a^2b$.

（其中：$\displaystyle\int_{-a}^{a}t\sqrt{a^2-t^2}\,\mathrm{d}t=0$ ，由定积分对称区间奇函数性质；

$\qquad\displaystyle\int_{-a}^{a}\sqrt{a^2-t^2}\,\mathrm{d}t=\dfrac{\pi}{2}a^2$ ，由定积分得几何意义，半圆的面积）.

24. 因为

（1） $y'=\dfrac{x^2(x-3)}{(x-1)^3}$.

x	$(-\infty,1)$	1	$(1,3)$	3	$(3,+\infty)$
y'	+	不	−	0	+
y	↑	不	↓	极小值 $\dfrac{27}{4}$	↑

（2） $y''=\dfrac{6x}{(x-1)^4}$.

x	$(-\infty,0)$	0	$(0,1)$	1	$(1,+\infty)$
y''	−	0	+	不	+
y	$\cap$	拐点 $(0,0)$	$\cup$	不	$\cup$

（3）因为 $\lim\limits_{x\to\infty}\dfrac{x^3}{(x-1)^2}=\infty$ 无水平渐近线；

$\lim\limits_{x\to1}\dfrac{x^3}{(x-1)^2}=+\infty$ ，有垂直渐近线 $x=1$ ；

由于
$$\lim\limits_{x\to\infty}\dfrac{x^3}{x(x-1)^2}=1$$
$$\lim\limits_{x\to\infty}\left(\dfrac{x^3}{(x-1)^2}-x\right)=2$$

所以有斜渐近线 $y=x+2$.

25. （1） $S_0=\displaystyle\int_0^2 f(x)e^{-x}\mathrm{d}x=\int_0^1 xe^{-x}\mathrm{d}x+\int_1^2(2-x)e^{-x}\mathrm{d}x$

$\qquad=\dfrac{1}{e^2}-\dfrac{2}{e}+1$.

（2）令 $x-2n=t$ ，则
$$S_n=\int_{2n}^{2n+2}f(x-2n)e^{-x}\mathrm{d}x=\int_0^2 f(t)e^{-(t+2n)}\mathrm{d}t$$
$$=e^{-2n}\int_0^2 f(t)e^{-t}\mathrm{d}t=e^{-2n}\left(\dfrac{1}{e^2}-\dfrac{2}{e}+1\right).$$

26. $f(x)=\sin x-x\displaystyle\int_0^x f(t)\mathrm{d}t+\int_0^x tf(t)\mathrm{d}t$ ， $f(0)=0$

$\qquad f'(x)=\cos x-\displaystyle\int_0^x f(t)\mathrm{d}t$ ， $f'(0)=1$

$\qquad f''(x)=-\sin x-f(x)$

可得微分方程
$$\begin{cases}y''+y=-\sin x\\ y(0)=0,y'(0)=1\end{cases}.$$

（1）特征方程 $r^2+1=0$ ， $r=\pm i$ ，

所以 $y''+y=0$ 得通解为： $Y=C_1\cos x+C_2\sin x$.

（2） $y''+y=-\sin x$ ，

则可设特解为： $y^*=x(a\cos x+b\sin x)$ 代入（2）中可得 $a=\dfrac{1}{2}$ ， $b=0$

所以（2）得通解为：
$$y=y^*+Y=C_1\cos x+C_2\sin x+\dfrac{x}{2}\cos x$$

由 $y(0)=0$ ，知 $C_1=0$ ；

由 $y'(0)=1$ ，知 $C_2=\dfrac{1}{2}$ ；

则 $y=\dfrac{1}{2}(\sin x+x\cos x)$.

参 考 文 献

金明义. 2011. 高等数学宝典 [M]. 杭州：浙江工商大学出版社.

李晋明. 2011. 大学生数学竞赛[M]. 北京：经济管理出版社.

苏德矿. 2015. 2016 考研数学《数学强化复习全书》（数学三）[M]. 北京：中国政法大学出版社.

同济大学数学系. 2012. 高等数学 [M]. 6 版. 北京：高等教育出版社.

张宇. 2012. 高等数学 18 讲 [M]. 北京：北京理工大学出版社.

浙江省考试院. 2015 年浙江普通专升本数学考试大纲.

RJ